普通高等教育包装统编教材

包装材料学

（第二版）

主　编　骆光林
主　审　卢立新

文化发展出版社
Cultural Development Press

内容提要

包装材料学是包装工程专业的专业基础课，是学习运输包装、包装工艺、包装结构设计、包装机械、包装印刷等课程的必备基础课程。本书根据教育部针对普通高等教育包装工程专业新制定的包装工程专业规范的要求和本课程在教学中存在的问题，以及参考各校课程改革的有益经验修订改编而成。本书修订后共分九章，分别讲述了高分子材料的基础知识、塑料、纸张、黏合剂及包装复合材料、油墨、涂料、金属、陶瓷玻璃、防潮缓冲及其他包装材料等。书中对各种材料的组成、结构、性质、作用原理以及在包装工业中的应用等做了较全面的论述，并介绍了一定的生产实例，以提高学生和专业读者解决实际问题的能力。

本书可作为高等院校包装工程专业学生的专业基础教材，也可供从事包装、印刷的相关人员及高等院校其他相关专业的师生参考。

图书在版编目（CIP）数据

包装材料学/骆光林主编；卢立新主审.－2版．－北京：文化发展出版社，2011.8（2025.8重印）
普通高等教育包装统编教材
ISBN 978-7-5142-0199-4

I.包… II.①骆…②卢… III.材料学－高等学校－教材 IV.TB48

中国版本图书馆CIP数据核字(2011)第123757号

包装材料学（第二版）

主　　编：骆光林
主　　审：卢立新

责任编辑：李　毅　　　　责任校对：岳智勇
责任印制：邓辉明　　　　责任设计：韦思卓
出版发行：文化发展出版社（北京市翠微路2号 邮编：100036）
发行电话：010-88275993 010-88275710
网　　址：www.wenhuafazhan.com
经　　销：全国新华书店
印　　刷：天津嘉恒印务有限公司

开　　本：787mm×1092mm　1/16
字　　数：440千字
印　　张：19
印　　次：2025年8月第2版第12次印刷

定　　价：49.00元
I S B N：978-7-5142-0199-4

出版说明

包装工业是国民经济产业体系的重要组成部分，在生产、流通、消费活动中发挥着不可或缺的作用。随着我国工业化与城市化进程的快速发展和人民物质文化生活水平的不断提高，包装工业也获得了强大的发展动力，取得了长足的进步。近年来，中国包装工业总产值一直呈现大幅度的递增趋势。2009年，中国包装工业总产值突破了1万亿元，包装产品的品种和质量已基本满足了国民经济发展的需要。

为了满足社会对新型人才的需要和适应包装新材料、新技术、新设备的更新和应用，作为包装工业发展支撑点和推动力的包装教育，必须与时俱进、不断更新和升级，努力提高教育质量。高等教育、教学的三大基本建设是师资队伍、教材和实验室建设，而教材是提升教育、教学的基础配套条件。

近20多年来，中国包装学科教育的兴起、发展，始终紧扣包装工程专业的教材建设。1985年首次开创高等学校适用教材建设，出版了第一套12本开拓性教材；1995年为推进全国包装统编教材建设，又出版了第二套12本探索性教材；跨入21世纪，2005年在中国包装联合会包装教育委员会与教育部包装工程专业教学指导分委员会联合组织、规划，全国包装教材编审委员会指导下，规划出版了第三套23本包装工程专业教材。印刷工业出版社作为国内唯一一家以印刷包装为特色的专业出版社，一直致力于包装专业教材的建设，积极推动教材的发展与更新，先后承担了三套包装工程专业教材的出版工作，并取得了可喜的成果。许多包装专业教材经过专家的审定，获得了国家级精品教材、国家级规划教材等荣誉称号，并得到了广大院校、教学机构和读者的认可。

目前，全国已有近70所高等学校开设包装工程专业。近年来，西安理工大学、上海大学、北京印刷学院、陕西科技大学、浙江理工大学、湖南工业大学等高校在相近专业以学科方向的形式开展包装工程专业硕士研究生教育，这给我国包装教育的发展注入了新的活力。

随着产业技术的发展，原有的包装工程专业教材无论在体系上还是内容上都已经落后于产业和专业教育发展的要求。因此，印刷工业出版社作为“教育部普通高等学校包装教学分指导委员会”的委员单位，根据教育部《全面提高高等教育教学质量的若干意见》的指导思想，紧密配合教育部 “十二五”国家级规划教材的建设，在十二五期间对包装工程专业教材不断进行修订和补充，出版了一套新的包装工程专业教材。本套教材具有以下显著特点：

1.时代性。教材引用了大量当今国际、国内包装工业的科技发展现状和实例，以及当前科技研发的成果和学术观点，内容较为先进。

2.科学性。教材以科学发展观为统领，从理论的高度，全面总结了包装工业发展的成功经验，读者可以从中得到启发和借鉴。同时坚持以科学的态度，分析和判断了包装工业发展的趋势和方向。

3.实用性。教材紧扣包装工业实际，并注重联系相关产业的基本知识和发展需求，实现知识面广、工理渗透，强调基础知识、技能素质的协调发展和综合提高。

4.规范性。教材体系更符合教学实际，同时紧扣教育部新制定的普通高等学校包装工程专业规范，教材的内容涵盖了新专业规范中要求学生需要掌握的知识点与技能。

5.实现立体化建设。本套教材大部分将采用“教材+配套PPT课件”的新模式，其中PPT课件免费供使用本套教材的院校教师使用。

“普通高等教育包装工程专业教材”已陆续出版并稳步前进，我们真诚地希望全国相关院校的师生及行业专家将本套教材在使用中发现的问题及时反馈给我们，以利于我们改进工作，便于编者再版时对教材进行改进，使教材质量不断提高，真正满足当今包装工程专业教育、教学发展的需求。

印刷工业出版社
2011年5月

再版前言

在国民经济发展进入第十二个五年规划之际，教育部对普通高等教育包装工程专业的规范进行了新的调整。《包装材料学》（第二版）按照普通高等教育包装工程专业新规范中的要求，同时参考各校课程改革的有益经验，在作为“普通高等教育统编教材”《包装材料学》（第一版）的基础上进行了修订。

本书经修订、改编后，在教学内容和方法上突出了下列6点：

1. 确立了本课程在学科上属于包装工程专业的专业基础课，所以本书内容以论述各类包装材料的结构、性能为主，而应用部分，均结合包装工程专业课的专业教学内容进行简单介绍，没有作深入讨论，以免与其他课程重复。

2. 本书修订时，考虑到许多高校包装工程专业没有开设高分子物理学课程，因此本书仍然保留了高分子包装材料的基础知识，不过将原来的有关高分子的高弹性、黏弹性和黏流性的内容删除，为学习本书其他知识打下坚实的基础。

3. 本书修订时，针对当下包装材料的新发展、新技术进行了补充，学生学习本书知识后，更能适应我国包装工业的发展和满足生产实践的需要，并且在第四章黏合剂中新增了包装复合材料一节，讲述了包装复合材料的种类和复合工艺。

4. 本书修订时，内容结构上充分考虑了学时的限制和教学安排的灵活性。由于我国开设包装工程专业的学校较多，各院校对本课程教学内容的要求也有差别，有的甚至相差甚远。编者建议可采用有选择的方式进行教学，例如，某高校对涂料知识要求不高，则该部分内容少讲，可在实习中讲一些实际应用；包装捆扎材料、密封材料也可以不讲，让学生自学等。还有本书已将有关木材包装材料的章节删除。有关学校可根据本校特点，讲课时补充这方面的内容或增设木材包装材料的选修课。

5. 本课程虽然属于包装工程专业的专业基础课，但讲授时，应与生产实践密切结合，这也是培养现代包装卓越工程师的重要方法之一。因此编者建议在进行本课程的教学时，有些内容可以在课堂进行，有些内容可以在有关企业进行，这样学生更容易掌握本课程的内容。

6. 为了配合教学模式的转变和方便教师教学，本书在修订时，制作了配套的PPT课件（由出版社免费提供给使用本教材的任课教师），供教师教学参考。

本书修订后共分九章，分别讲述了高分子材料的基础知识、塑料、纸张、黏合剂及包装复合材料、油墨、涂料、金属、陶瓷玻璃、防潮缓冲及其他包装材料等。本书第一、六章由西安理工大学骆光林编写，第二、三章由陕西省产品质量监督检验所王兵部编写，第四章由广东轻工职业技术学院李永梅编写，第五章由西安理工大学任鹏刚编写，第七章由西安理工大学方长青编写，第八章由西安理工大学王宏涛编写，第九章由西安理工大学付云岗编写；全书由骆光林教授统稿并担任主编，江南大学卢立新教授担任主审。本书在编写过程中得到了多方的帮助与支持，在此一并向他们表示由衷的感谢。本书可作为高等学校包装工程专业及相关专业用教材，还可供从事包装、印刷工作的科研人员及工程技术人员参考使用。

由于编者的编写水平所限，本书难免有错误和不妥之处，故望读者和各位同行提出批评与建议，以期共同完善本门课程的教材建设工作，本人不胜感谢与期盼。

骆光林

2011 年 6 月于西安

前 言

在人类近代文明史中，包装技术有了飞跃的发展。现在，包装不仅具有容纳商品、便于运输和防止破损的功能，而且还是提高商品的使用价值和销售价值，促进销售的重要技术手段。

现代包装技术是一个跨部门、跨行业的综合性技术领域，由材料、机电、化工、印刷以及计算机技术等构成完整的工业体系。在这个工业体系中，包装材料占有非常重要的地位，是发展包装技术、提高包装质量、促进销售和降低包装成本的重要手段。只有认真研究包装材料的组成、结构、性质、使用范围和发展趋势，才能扩大包装材料商品来源、采用新的绿色包装材料和加工新技术、创造新型的包装容器与包装技术方法，提高包装技术和管理水平。

包装材料学是包装工程专业的专业基础课，是学习运输包装、包装工艺、包装结构设计、包装机械、包装印刷等课程的必备的基础课程。本书是作者在从事20年的教学与实践的基础上完成的。本书共分十章，分别讲述了高分子包装材料的基础知识、塑料、纸张、黏合剂、油墨、涂料、防潮及缓冲材料、金属、陶瓷玻璃、木材等。书中对各种材料的组成、结构、性质、作用原理以及在包装工业中的应用等作了较全面的论述，并编入了一定的生产实例，以提高读者解决实际问题的能力。

本书既可用于高等院校包装工程专业的教科书，也可用做高等院校相关专业的教学参考书，还可供从事包装、印刷工作的科研人员及工程技术人员参考使用。在编写本书的过程中，得到了同行的大力支持，尤其是本书的主审郑州大学的王经武教授，其认真审阅的精神是本人学习的楷模，使我受益匪浅，表示衷心感谢，还有方长青老师、付云岗老师、谢利老师、王宏涛老师等为本书做了很多工作，研究生李萌、李倩及王薇同学也做了不少工作，在此一并表示感谢。本书虽然以取材的先进性、理论性、知识性和适用性为编写原则，也参考了较多的国内外资料和多年的教学与实践，但由于本书内容涉及的学科较多，编者的编写水平限制，书中难免存在错误和不妥之处，恳切期望得到读者及相关专家的批评指正。

骆光林

2006年5月于西安

目　录

绪　论

包装的历史究竟起始于何时没有明确的文献记载。即使你为追溯包装的起源而去图书馆查阅文献依据，也是不会查到的。但我们从半坡博物馆等出土文物中可知，早在原始社会，人类为了保存由狩猎、农耕而得来的食物，为了蓄存水，需要树叶、贝壳、陶器之类的包装或容器。而包装作为一个行业其形成时间却并不长。尤其是作为现代包装行业，还是在世界工业革命之后。世界资本主义兴起并将电子、化工、机械、生物工程、能源开发等现代科技应用于开发商品新包装，是自 20 世纪 30 年代开始的。所以说现代包装工业的历史，也只有半个多世纪。

随着现代商品经济高速发展，大量涌现于市场的一切新商品，都需要适时的新包装，以增加附加值。而包装材料和包装机械，是构成包装技术的两大支柱，为了促使现代包装工业的高速发展，必须对包装材料进行研究。

一、材料科学与包装材料

在当今世界上，包装材料和其他材料一样，正随着科学技术的飞速发展而迅速发展，它不仅影响着整个社会的生产建设，也紧密地联系着人们的日常生活，成为当代科学技术的重要部分。

特别是第二次世界大战后，由于物质结构等基础科学的发展，已逐渐由对材料的宏观认识进入微观探讨，促进了新材料的发展，也给新技术带来突破。现在，人们对材料的认识在不断深化，并形成了一门新兴的综合性学科。

材料科学是研究材料组成、结构与其性能关系的科学，和其他学科有着密切的联系，涉及数学、物理、化学、固体物理、表面物理化学、材料化学、生物学、生命科学、计算机科学与工程等，是一门跨学科的科学。其任务是：运用各门科学知识和技术手段，研究材料的形成机理和制备方法；研究材料的组织、结构、杂质、缺陷等与性能的关系；研究材料在加工、使用过程中的变化和改进途径；研究材料各种性能的物理化学本质等。在浩如烟海的材料当中，包装材料是重要的组成部分，通过发展材料科学揭示材料世界的奥秘的同时，也促进包装材料的发展。

包装材料是指制作包装容器和满足产品包装要求所使用的材料。从广义上说，包装材料包括金属材料和非金属材料两大类。包装材料品种繁多，性能千差万别。包装技术的发展，主要决定于包装材料的发展。对于包装材料的研究和使用，是包装科学与工程的重要组成部分。对于从事包装专业的人员，只有具备丰富的包装材料的理论与知识，才有可能创造出新型的产品包装和包装方法，提高包装的科学技术水平。

因此，我们在学习、研究包装材料的过程中，就要从材料的组成和结构入手，认识和掌握组成、结构、性能、应用四者之间关系，才能在应用包装材料时，扬长避短，科学地筛选，极大地发挥包装材料的优异特性，产生最佳的技术/经济比。

二、包装材料的一般性能要求

1. 保护性

①保护被包装物品是包装最根本的机能，即为防止被包装物品损坏，如运输中的振动，装卸时的碰撞所带来的损伤而施加保护。因而要求包装材料具有一定的抗冲击强度、振动强度、潮湿强度和堆集强度等。

②为了防止被包装物品的变质或满足其他的要求，包装材料应对水分、水蒸气、气体、光线、芳香气、臭气、热量等具有一定的阻挡能力。

2. 安全性

①包装材料本身应无毒或毒性尽可能小，特别是不能释放出毒物，以免影响人的身体健康。

②为了使被包装物品免受某种生物或细菌的侵蚀而遭到损害，因此包装材料应具有防微生物、防鼠、防蛀、防虫等性能。

③包装材料应具有阻燃、防静电的性能。

3. 加工性

①包装材料要易成型加工，方便制成各种包装容器。

②要能够大规模进行生产，易于包装作业的机械化、自动化。

③要适宜印刷，便于比较牢固地印上产品的标志、装潢以及有关说明等。

4. 方便性

①资源丰富，取材方便。

②使用后的包装容器和包装材料应易于处理，不污染环境。

5. 商品性

①所使用的包装材料要能容易使内装物品显示出其特性。

②有些包装材料要能满足透明性的要求，以使顾客看见内装物品。

③所选用的包装材料要经济、便宜。

三、主要包装材料的种类和用途

①塑料。不仅可将单一的塑料包装材料直接用于制作多种类型的包装容器，还可以加工成复合包装材料、缓冲包装材料等。

②纸张和纸板。不仅可直接用于许多物品的包装，还可以加工成复合包装材料、缓冲包装材料等。

③金属。金属包装材料主要用于制作外包装容器，木箱包装的加固材料，防潮箔材等。

④陶瓷和玻璃。陶瓷、玻璃包装材料主要用于制作食品及化工产品等的包装容器。

⑤油墨。对包装进行装饰、装潢等印刷的材料。

⑥黏合剂。主要用于制造复合包装材料和由包装材料制成包装容器以及包装过程中材料间的粘接。

思考题

1. 什么是材料科学？其任务是什么？

2. 包装材料的定义是什么？对于从事包装专业的人员，为什么要学习包装材料？如何学习？

3. 对包装材料的性能要求有哪些？

4. 包装材料一般分哪几类？各有什么用途？

第一章　高分子包装材料基础知识

高分子包装材料在包装材料中占有重要地位，品种多、用量大。除了塑料外，还有橡胶、纤维制成的织物、黏合剂、涂料等。纸和纸板实际上是天然高分子材料的复合材料。下面介绍高分子材料的一些基本知识。

第一节　高分子化合物的合成机理

一、高分子化合物的基本概念

日常生活中，衣食住行都离不开高分子化合物。高分子化合物是由成千上万个原子或原子团以共价键相互连接而成的大分子。棉、麻、丝、毛等都是天然高分子化合物，合成塑料、合成橡胶、合成纤维是人工合成的高分子化合物。这些物质和水、盐、酒精之类物质相比，就其分子量来说差别十分巨大，水、盐、酒精之类物质的相对分子质量只是几十、几百，而高分子化合物的相对分子质量可达几万、几十万甚至几百万。一般将相对分子质量在10000以上的物质称为高分子化合物，又简称为高分子或大分子。目前习惯将除蛋白质以外的合成高分子化合物称为聚合物或高聚物，高分子中重复连接组成的或结构相同的单元称为重复单元，形成聚合物的低分子物质称为单体。

单体或单体混合物变成聚合物的过程称为聚合反应，简称聚合。例如，在常温、常压下为气体的氯乙烯单体，经聚合反应形成高聚物聚氯乙烯。其反应式表示如下：

$$n\mathrm{CH_2{=}}\underset{\underset{\mathrm{Cl}}{|}}{\mathrm{CH}} \xrightarrow{\text{聚合}} \cdots\!-\mathrm{CH_2}-\underset{\underset{\mathrm{Cl}}{|}}{\mathrm{CH}}-\mathrm{CH_2}-\underset{\underset{\mathrm{Cl}}{|}}{\mathrm{CH}}-\mathrm{CH_2}-\underset{\underset{\mathrm{Cl}}{|}}{\mathrm{CH}}-\cdots$$

这种聚合物分子，通常称为“分子链”，它是由 $-\mathrm{CH_2}-\underset{\underset{\mathrm{Cl}}{|}}{\mathrm{CH}}-$ 这样的结构单元经多次重复连接成的，可简写为$\left[\!-\mathrm{CH_2}-\underset{\underset{\mathrm{Cl}}{|}}{\mathrm{CH}}-\!\right]_n$，这种情况下结构单元与重复单元的含义相

同。这种由一种单体分子所形成的结构单元与单体结构相同，这种结构单元又可称为单体单元。常将高分子的重复单元称为链节，重复单元的数目 n 称为链节数，也称为聚合度。对聚氯乙烯而言，括号外面的 n 反映了结构单元的重复次数，也反映了聚合度的大小。有些情况下，单体单元、结构单元、重复单元的含义是不一样的。如尼龙 66：

$$H_2N(CH_2)_6NH_2 + HOOC(CH_2)_4COOH \longrightarrow \left[HN(CH_2)_6NHCO(CH_2)_4CO\right]_n$$

$—HN(CH_2)_6NH—$和$—CO(CH_2)_4CO—$称为结构单元，但不能称为单体单元，因为它们与单体的组成不同。而$\left[HN(CH_2)_6NHCO(CH_2)_4CO\right]_n$称为重复单元。

二、合成聚合物的聚合机理

合成聚合物的反应称为聚合反应，聚合反应的分类有多种，按有机化学反应的基础分类，可分为加聚反应和缩聚反应，按反应机理分类，可分为链式聚合反应和逐步聚合反应。

（一）链式聚合反应（加聚反应）

链式聚合反应（加聚反应）的单体一般都是不饱和双键，即烯烃和二烯烃等，这类反应的一般方式是：由引发剂 I 产生一个活性基团 R·，然后引发链式聚合：

$$I \longrightarrow R\cdot$$

R·可以是自由基、阳离子或阴离子，它进攻单体的双链，使 π 键打开，形成新的活性中心，这一过程多次重复进行，单体分子逐一进行加成，使活性链连续增长：

$$R\cdot \xrightarrow{CH_2=CHX} R—CH_2—\underset{X}{\overset{H}{C}}\cdot \xrightarrow{nCH_2=CHX} R\left[CH_2—\underset{X}{\overset{H}{C}}\right]_n CH_2—\underset{X}{\overset{H}{C}}\cdot$$

在一定情况下，由适当的反应使活性中心消灭，从而使聚合物链停止增长。

链式聚合反应分为自由基型、阳（正）离子型和阴离子型。这里主要讨论自由基型链式聚合反应。自由基型链式聚合反应的整个过程，可以分为链引发、链增长、链终止三个不同阶段。

1. 引发反应

这是自由基链式聚合反应的第一步。有机物质（R—R）或单体（M）分子在一定的条件下，发生均裂反应，变成了活性分子，即最初自由基（又称引发剂自由基）或单体自由基：

$$R—R \xrightarrow{\text{光或热}} 2R\cdot$$

$$M \xrightarrow[\text{引发作用}]{\text{光或热}} M\cdot$$

自由基具有很大的运动能量，异常活泼。因此很容易和其他单体反应，产生新的自由基（最初单体自由基）。例如：

$$R\cdot + M \xrightarrow{\text{引发}} RM$$

$$R\cdot + \underset{Cl}{CH_2}{=}\!\!=\!CH \longrightarrow R—CH_2—\underset{Cl}{\overset{H}{C}}\cdot$$

上述有机物（R—R）通常称为引发剂，所谓引发剂就是一种在聚合反应条件下能分解出自由基，并能引发单体使之聚合的物质。

2. 增长反应

链增长是形成高分子最重要的一步，这一阶段开始的标志是体系中出现一些最初单体自由基 RM·，这些活性中心和第二个单体分子作用，生成新的活性中心 RMM·，新的活性中心再和第三个单体分子作用，又生成新的活性中心 RMMM·……反应如此继续下去，分子链越来越大，形成带有最初活性中心的大分子链 $RM_nM\cdot$。

$$RM\cdot + M \longrightarrow RMM\cdot$$

$$RMM\cdot + M \longrightarrow RMMM\cdot \xrightarrow{+nM} RM_nM\cdot$$

例如，过氧化二苯甲酰引发氯乙烯的链增长反应：

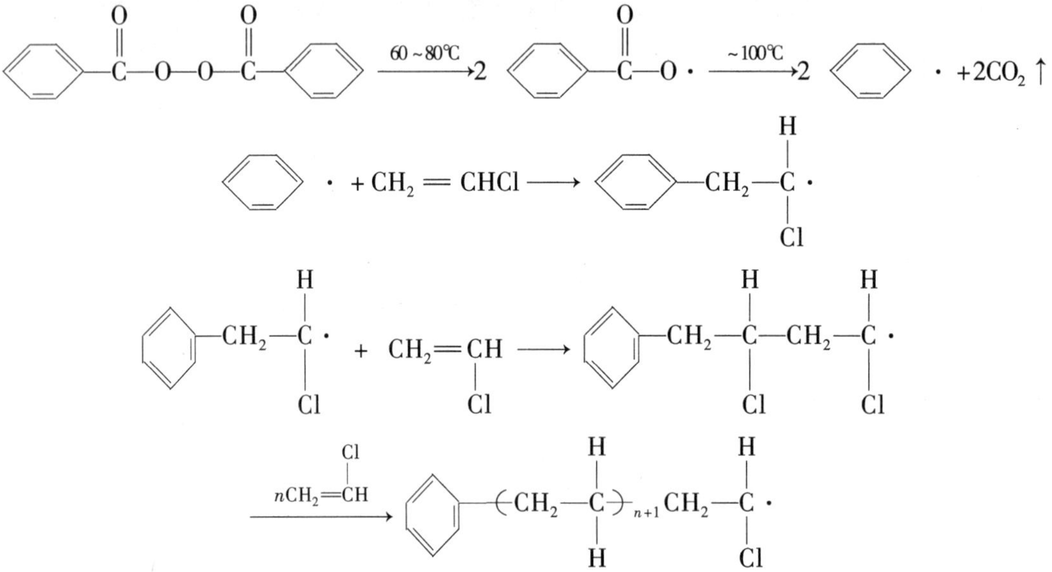

3. 终止反应

事实上链的增长也不会无限制地继续下去，到了一定程度时，链就终止了。链的终止是指由两个活性链相互作用或者一个活性链和另一种物质作用时，活性中心同时消失，而不再有新的活性中心生成。常见的链终止反应有以下两种：

（1）重合终止反应。两个生长着的大分子活性链相互作用，由于两个未成对电子结合成稳定的共价键，而变成了一个稳定的大分子链，活性中心同时消失，这种反应称为重合终止反应或偶合终止反应：

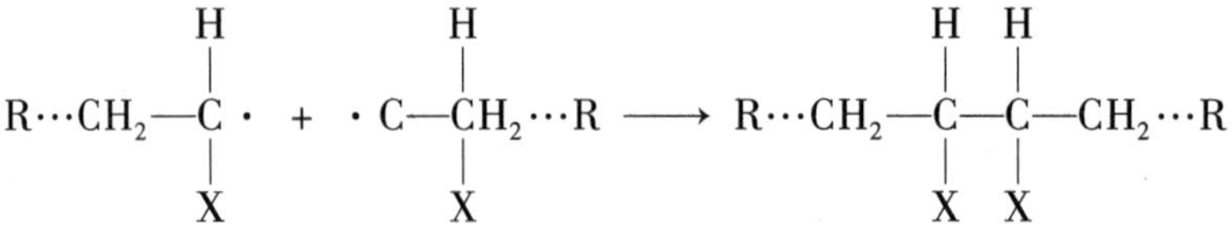

结果，大分子链增长了，两端都带上引发剂根基（R）。

（2）歧化终止反应。两个生长着的大分子链相互作用，一个由于端基生成双键而终止，另一个则因为末端碳原子价键饱和而稳定。这种反应称为歧化终止反应。

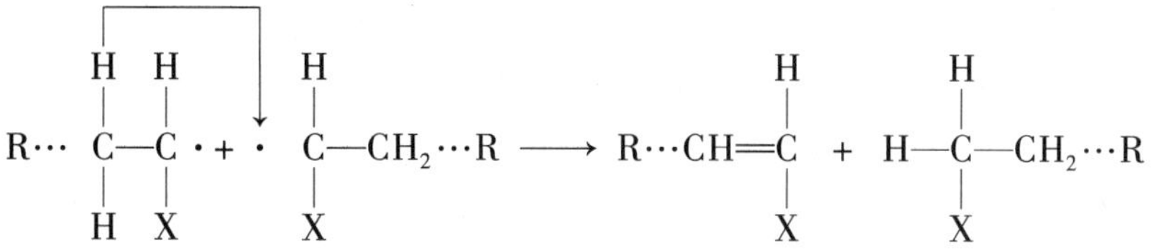

反应结果，大分子链的长度并不改变，得到两个大分子链，只有一端含有引发剂根基(R)。

上述这两种反应是链终止的主要反应。它们所需要的反应活化能都很低，因此，只要体系中活性链相对浓度足够大时，终止反应就很容易进行。

参加链式聚合反应的单体可以是一种，也可以是两种或多种。凡同种单体聚合，称为均聚反应，所得产物称为均聚物。由于均聚物往往存在着某些性能上的缺陷，为了改善聚合物的性能，使两种或两种以上的单体一起进行聚合，得到含有两种或两种以上结构单元的共聚物，这种合成共聚物的反应称为共聚合反应。显然，共聚物在分子结构上与均聚物是不同的，共聚物分子中有两种或两种以上相应均聚物的某些结构特征，因而共聚物的性能综合了均聚物的性能。

共聚物的分类，以二元共聚物为例，一般可按两种结构单元在共聚物分子链中的排列方式来分，有以下四类：

（1）无规共聚物。共聚物分子链中两种结构单元（M）排列顺序没有规律性，如：

$$\cdots M_1M_1M_2M_2M_2M_1M_2M_2M_1\cdots$$

氯乙烯与醋酸乙烯酯的共聚物就是无规共聚物的典型代表。

（2）交替共聚物。共聚物分子链中两种结构单元交替地排列，如：

$$\cdots M_1M_2M_1M_2M_1M_2M_1M_2\cdots$$

这是无规共聚物的一种特殊情况，只有很少数几种难以均聚或不能均聚合的单体，像顺丁烯二酸酐与苯乙烯共聚才能形成交替共聚物。

（3）嵌段共聚物。共聚物分子链中两种结构单元各自排列成段，各段均聚物的长短可以不同，不同均聚物段之间是有化学键连接着的。有二嵌段（AB 型）、三嵌段（ABA 型）、多嵌段［$\leftarrow\!AB\!\rightarrow_n$型］等。如：

$$\cdots\cdots—M_1M_1M_1M_1M_1\cdots\cdots—M_2M_2M_2M_2\cdots\cdots—M_1M_1M_1\cdots\cdots$$

丁二烯与苯乙烯的三嵌段共聚——SBS，它是一种常用的热塑性单体。

（4）接枝共聚物。这种共聚物是一种支链型聚合物，即在一种聚合物主链上接另一种聚合物链做支链所形成的共聚物。而主链与支链本身可以是均聚物，也可以是共聚物。如：

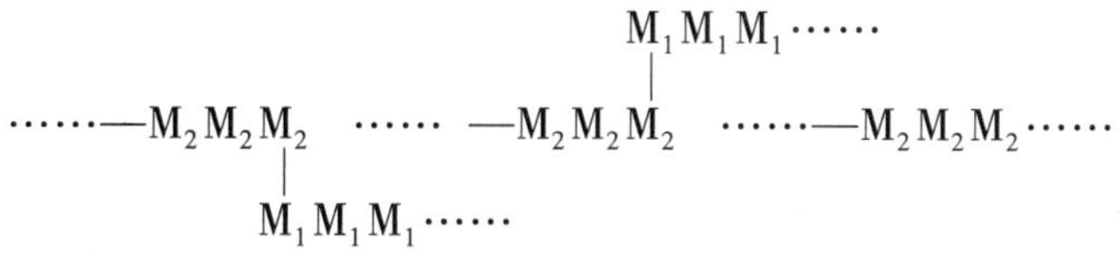

以上四种为一般共聚物中的典型结构，其中第一种是工业生产中最普遍存在的共聚体结构。另外还有无规多元共聚，它是由三种或多种结构单元构成的无规键接结构，实质上仍属于无规共聚的类型。如：

$$\cdots M_1M_2M_3M_2M_1M_3M_2M_2M_1\cdots$$

链式聚合反应的速率非常快，有时仅在几秒内就形成由数千个链节组成的大分子，链式聚合反应的实施方法主要有本体聚合、悬浮聚合、溶液聚合和乳液聚合四种典型方法。

同一种单体实施聚合的方法不同，所得产物的形态、性能、应用范围等可以有很大的差别。例如，乙烯在高压下进行本体聚合时，得到含支链结构的低密度聚乙烯；而采用催化剂在低压溶液中聚合时，得到线形结构的高密度聚乙烯。因此我们可以根据单体的性质和最终聚合物的用途以及经济效益来选择聚合反应的实施方法。

本体聚合是将单体、引发剂和其他添加剂混合在一起，在热、光或高能射线辐照的作用下使单体聚合成聚合物的聚合反应。本体聚合的最大优点是聚合物纯度高，产品性能好，不需要后处理，设备、工艺简单。但在本体聚合中要特别注意聚合热的发散，防止反应热来不及发散而产生“爆发聚合”带来的生产事故和次品。目前各种规格的有机玻璃，管、棒材均由本体聚合方法制得。

悬浮聚合又称珠状聚合，它是把单体、引发剂等在搅拌下借助某种悬浮剂（如明胶、聚乙烯醇等）存在下，悬浮于某种介质（通常是水）中进行的聚合方法。单体以珠状形式分散于介质中，每个小珠就是一个小的本体聚合体系，聚合反应就在其中完成。所得聚合物根据搅拌速度的不同，可分为粉末（粒径约 50～100μm）或小珠（粒径约 1mm），搅拌速度越慢，珠体越大。悬浮聚合是聚氯乙烯树脂的主要生产方法。该法的主要优点是聚合反应通常用水做热交换介质，比较经济，反应热也容易发散，因此聚合反应较易控制，而且分子量的分散性也小，产品分离也比较容易。但产物的纯度不及本体聚合，而且在聚合中粒子易结块黏壁，这是该法的缺点。

溶液聚合是把单体、引发剂等溶解在适当的溶剂中进行聚合的聚合方法。该法的最大优点就是反应热易通过溶剂介质散失，因此，聚合反应易控制，产物的分子量也易控制。该法的关键是溶剂的选择。使用大量溶剂，要考虑资源、公害、燃爆、经济效益等问题。当然，若能选择水作为溶剂，则这种聚合方法就有更大的优越性。目前有些水溶性涂料的生产已开始采用水做溶剂了。

乳液聚合是指单体借乳化剂的作用，在介质水中靠机械搅拌或剧烈振荡，分散成乳液状而进行聚合。这是一种生成具有胶体溶液特征的聚合物乳液的聚合方法。聚合物粒径约 0.1～1μm，易在增塑剂等液体中调成糊状，故称这种聚合物为糊状树脂。乳液聚合的特点是聚合反应速度快，反应平稳易控制，聚合物的分子量大而分散性小，而且该法可连续化生产。但该法所得产物的纯度较差，后处理也比较麻烦，产物的热稳定性、电绝缘性也较差。目前制造人造革用的糊状聚氯乙烯就是用该法生产的。有些直接使用聚合物乳液的场合，如涂料、黏结剂等，也采用该法。

（二）逐步聚合反应（缩聚反应）

逐步聚合反应（缩聚反应）是制取聚合物的又一主要方法。逐步聚合反应是通过一种或几种低分子化合物，它们的分子上含有两个或两个以上相同或不相同的官能团，进行分子官能团间的相互缩合反应而成，往往有小分子物质（如 H_2O、HCl、NH_3、ROH……）生成。逐步聚合反应有不同的分类方法。按参加反应的单体的种类和数目分类，有逐步均聚反应，即一种单体分子或两种单体参加聚合反应，生成的聚合物大分子中只含有一种重复单元。如尼龙 6：

$$H_2N\!\left(CH_2\right)_5\underset{\underset{O}{\|}}{C}-OH + H_2N\!\left(CH_2\right)_5\overset{\overset{O}{\|}}{C}-OH \longrightarrow\cdots\cdots\longrightarrow$$

$$\longrightarrow H\!\left[\!HN\!\left(CH_2\right)_5\overset{\overset{\displaystyle O}{\|}}{C}\right]_n OH + (n-1)\ H_2O$$

如尼龙 66：

$$H_2N\!\left(CH_2\right)_6 NH_2 + HO-\overset{\overset{\displaystyle O}{\|}}{C}-\left(CH_2\right)_4 C-\overset{\overset{\displaystyle O}{\|}}{C}-OH \longrightarrow \cdots\cdots$$

己二胺　　　　己二酸

$$\longrightarrow H\!\left[NH\!\left(CH_2\right)_6 NH-\overset{\overset{\displaystyle O}{\|}}{C}-\left(CH_2\right)_4\overset{\overset{\displaystyle O}{\|}}{C}\right]_n OH + (2n-1)\ H_2O$$

还有逐步共聚反应，即是两种以上含双官能团单体或含有三个不同官能团的两种单体间进行的缩聚，聚合物大分子中有两种或两种以上重复单元。如一些聚酰胺：

$$\left[NH-R-CO\right]_n\left[NH-R'-CO\right]_m \text{或}$$

$$\left[NH-R-NHCO-R'-CO\right]\left[NH-R''-NHCO-R'''-CO\right]_m$$

按反应机理分类，有逐步缩聚反应，即聚合反应是通过不同官能团之间进行缩合反应，有小分子副产物生成。如：

$$nHO-R-COOH \rightleftharpoons H\!\left[O-R-CO\right]_n OH + (n-1)\ H_2O$$

还有逐步加聚反应，即通过两种官能团之间进行加成反应，没有小分子副产物的生成。如二元醇与二异氰酸酯生成聚氨酯的反应：

$$nHO-R-OH + nOCN-R'-NCO$$

$$HO\!\left[R-OOCNH-R'-NHCOO\right]_{n-1} ROOCNH-R'-NCO$$

按聚合物链结构分类，有线形逐步聚合反应和支化、交联逐步聚合反应。

按聚合反应的实施方法分类有熔融缩聚、溶液缩聚、界面缩聚、乳液缩聚、固相缩聚以及气相缩聚等，但应用较多的是前两种。

熔融缩聚是单体处于熔融状态，在氮气或二氧化碳气体保护下进行反应，后期抽真空脱除反应生成的小分子。该法的优点是不用溶剂，反应物浓度高，产品质量好，反应设备简单，生产量大，可连续化生产也可间歇生产，适合于熔点低于 300℃且不易升华或分解的单体。

要求单体严格等摩尔，纯度高，否则得不到高分子量的产物。如涤纶、尼龙等大品种缩聚物就是用此法生产。

溶液缩聚是单体在常温或略高于常温的某种溶剂中进行的反应，产物是聚合物溶液或聚合物沉淀，此法优点是反应程度低，反应易控制，一般不需要加压或减压，反应设备简单。但产物需要进一步提纯，溶剂需要回收，使工艺过程复杂化。一些新型耐高温缩聚物如聚酰亚胺、聚砜、聚苯醚等都是采用此法生产的。

逐步聚合反应是由若干步骤聚合反应构成的，因此反应是逐步进行的，可以停留在某一阶段上，得到中间产物。聚合产物的结构单元的化学结构一般和单体的化学结构不完全相同，往往在聚合过程中总伴随着小分子副产物析出。

加聚与缩聚两大类反应，各自具有不同的特点，现归纳比较于表 1－1。

表 1－1　加聚与缩聚反应特点

项　目	加聚反应	缩聚反应
单体与反应特点	含双键或环状化合物单体打开双键或环状相互直接反应； 链式聚合，反应在瞬间完成不易得到中间产物； 绝大多数是不可逆的，无小分子生成	含活泼官能团化合物，官能团相互作用形成新的共价键； 反应分段进行，逐步聚合得到中间产物； 一般都是可逆的，有小分子生成
链节特点	链节和单体的化学组成相同	链节和单体的化学组成不同
聚合产物	产物的分子量分布较宽，如合成橡胶、聚烯烃类塑料； 某些用于黏合剂的树脂，某些用于涂料的成膜物质	分子量分布窄，如酚醛、环氧、尼龙、聚酯、有机硅等工程塑料； 某些用于黏合剂的树脂，某些用于涂料的成膜物质

三、聚合物分子量的多分散性

低分子化合物的分子量概念是十分简单而明确的，每一个分子的分子量都是完全相同的。但合成的高分子，由于它们是由单体分子经过链式聚合反应或逐步聚合反应生成的，从聚合过程的机理来看，很难想象在一次作用所生成的产物中，任一高分子都会有完全相等的均一聚合度。即使天然高分子化合物，除了少数几种蛋白质具有近似均一的聚合度以外，绝大多数的分子量也是不均一的。所以聚合物是各种长度不同、分子量不同、化学组成相同的同系高分子混合物。聚合物所具有的这种特性称为聚合物分子量的多分散性。

对于多分散性聚合物，我们所能得到的是分子量的平均值。由于测定分子量的方法不同，同一种聚合物有几种不同的平均分子量。平均分子量有多种多样，但一般所用的平均分子量为数均分子量、重均分子量、黏均分子量等。其定义如下：设质量为 M_i 的高分子，其分子数为 N_i 个（$i=1，2，\cdots\cdots，\infty$），则：

数均分子量　$$\overline{M_n}=\frac{\sum N_iM_i}{\sum N_i}$$

重均分子量　$$\overline{M_w}=\frac{\sum N_iM_i^2}{\sum N_iM_i}$$

式中　M_i——相对分子质量（在国际单位制中，相对分子质量和以 g/mol 表示的摩尔质量在数值上是相等的，因此$\overline{M_n}$和$\overline{M_w}$也表示平均摩尔质量）。

对于分子量均一的聚合物，$\overline{M_w}/\overline{M_n}$值等于1。这种聚合物称为单分散性的聚合物。在其他情况下，$\overline{M_w}/\overline{M_n}>1$，该数值是分子量分布宽度（大小不均一的程度）的度量（图 1－1）。聚合物的相对分子质量和分子量分布的不同对熔体的流动特性和力学性能具有重要的影响。

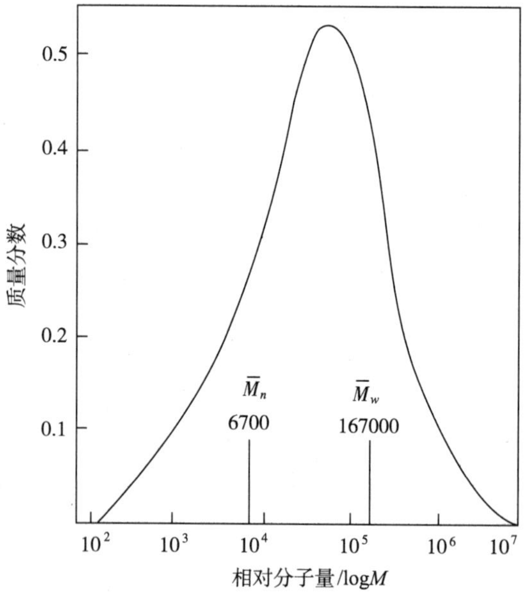

图 1－1　高密度聚乙烯实验测定的相对分子量分布

若聚合物的相对分子质量为 M_r，聚合度为 n，重复单元的相对分子质量为 M'_r，则

$$M_r = n \times M'_r$$

在同一种聚合物中，由于各个大分子所含链节数目是不等的，即 n 不同。因此在多数情况下，n 是平均聚合度，这是导致聚合物分子量多分散性的最根本原因。

第二节　聚合物的物理状态

一、聚合物分子链的结构

聚合物分子链的几何形状，即链的骨架形态有线形、支链形、体形等多种，比较常见的如图 1－2 所示的三种。

一般高分子都是线形的，分子长链可以卷曲成团，也可以伸展成直线，这取决于分子本身的柔顺性及外部条件。线形高分子的分子间没有化学键结合，在受热或受力情况下分子间可互相移动（流动），因此线形高聚物可以在适当溶剂中溶解，加热时可以熔融，易于加工成型。这种聚合物也称为热塑性聚合物。

如果在缩聚过程中有三个或三个以上官能团的单体存在：或在加聚过程中，自由基的链转移反应发生；或双烯类单体中双键的活化；某些线形、支链形高分子因外界因素影响（如活性交联剂的存在，辐射源辐照）在链上产生活性反应点情况下，均可能产生支链或交联。支化或交联的结果是生成支链或交联的高分子。交联一般为网状结构。

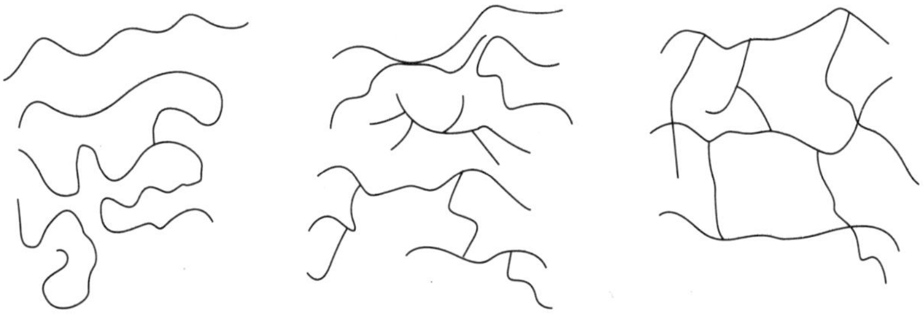

（a）线形　　（b）支链形　　（c）体形

图 1－2　聚合物分子链的几何形状

在自由基聚合过程中，链转移反应可能有几种方式，例如：

(1)

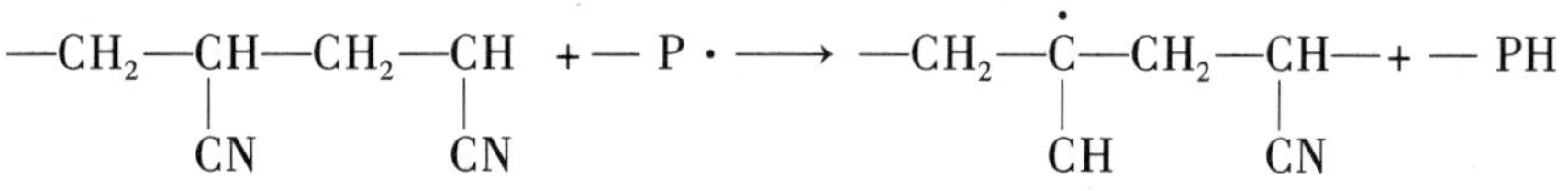

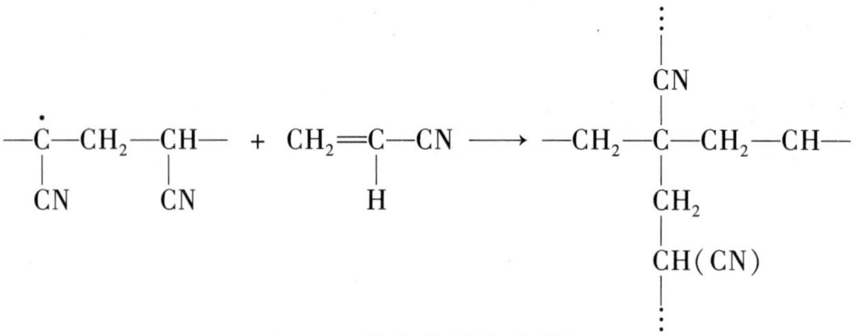

（—P·是高分子自由基）

（2）

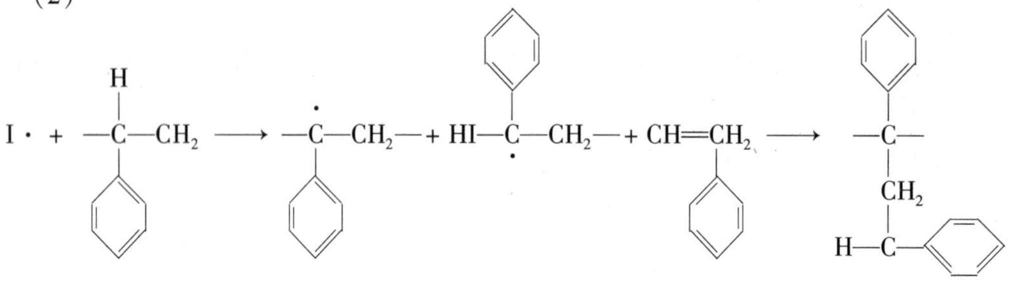

（I·是引发剂自由基）

（3）

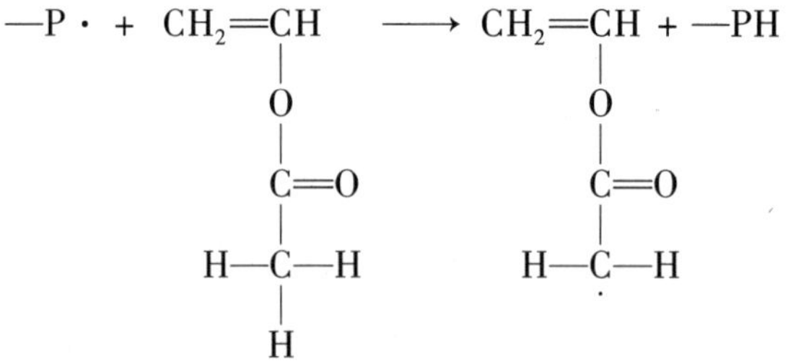

带有自由基的单体参加聚合，则在高分子链上产生支链。聚合反应中影响产生支链的因素如下：

①聚合温度越高，支化的可能性越大。例如，醋酸乙烯酯在60～70℃聚合，每1×10^4个单体中平均有3个长支链形成；若在－30℃下聚合并控制在低转化率，则基本上无支链形成。

②聚合时转化率越高产生支链的可能性越大。

③取决于是否有链转移的存在，与溶剂、单体、高分子的性质以及引发剂的性质和浓度有关。引发剂的浓度高，则发生支化反应的可能性就大。

支链形高分子的化学性质与线形高分子相似，但支化对物理机械性能的影响有时相当显著。例如：高压聚乙烯，由于支化破坏了分子的规整性，使其结晶度大大降低；低压聚乙烯是线形高分子，易于结晶，故在密度、熔点、结晶度和硬度等方面都要高于前者。

当高分子链之间通过桥链联结成一个三维空间网形大分子时，即成为交联结构。交联与支化是有质的区别的，支链形的高分子能够溶解，而交联的高分子是不溶的，只有当交联度不太大时，才能在溶剂中溶胀。这种聚合物也称为热固性聚合物。交联作用在高分子材料的应用方面是很重要的。它能使产品在使用过程中克服分子间的流动，提高强度、耐热性及抗溶剂性能。例如辐射交联聚乙烯提高了制品的软化点及强度。

二、聚合物分子间的作用力

聚合物分子间的作用力又称次价力，这是和主价力相对而言的。主价力是构成化学键的力（包括离子键、共价键、配价键和金属键），它们的键能较高，其数量级为 4.2×10^5 ~ 8.4×10^5 J/mol。分子间作用力通常包括范德华力和氢键力。范德华力又包括取向力、诱导力和色散力三种。

（一）取向力

取向力又称静电力，是极性分子之间的引力。极性分子都具有永久偶极，永久偶极之间的静电相互作用的大小与分子偶极的大小和定向程度有关。定向程度高则静电力大。而热运动往往使偶极的定向程度降低，所以随着温度的升高，静电力将减小。静电力与分子间距离的 6 次方成反比。偶极矩分别为 μ_1 和 μ_2 的两种极性分子，如果分子间距离为 R，则其相互作用能为：

$$E_k = -\frac{2\mu_1^2\mu_2^2}{3R^6kT}$$

式中　k——波兹曼常数；

T——温度，K。

对于同类分子 $\mu_1=\mu_2=\mu$，则：

$$E_k = -\frac{2\mu^4}{3R^6kT}$$

取向力的作用能为 1.2×10^4 ~ 2.1×10^4 J/mol。

（二）诱导力

诱导力是极性分子的永久偶极与它在其他分子上引起的诱导偶极之间的相互作用力。在极性分子的周围存在分子电场。其他分子，不管是极性分子，还是非极性分子，与极性分子靠近时，都将受到其分子电场的作用而产生诱导偶极，因此诱导力不仅存在于极性分子与非极性分子之间，也存在于极性分子与极性分子之间。对于偶极矩分别为 μ_1 和 μ_2，分子极化率分别为 α_1 和 α_2 的两种分子，如果分子间距离 R，则其相互作用能为：

$$E_D = \frac{-(\alpha_1\mu_2^2+\alpha_2\mu_1^2)}{R^6}$$

对于同类分子，$\mu_1=\mu_2=\mu$，$\alpha_1=\alpha_2=\alpha$，则：

$$E_D = \frac{-2\alpha\mu^2}{R^6}$$

诱导力的作用能一般为 0.6×10^4 ~ 1.2×10^4 J/mol。

（三）色散力

色散力是分子瞬时偶极之间的相互作用力。在一切分子中，电子在诸原子周围不停地旋转着，原子核也在不停地振动着，在某一瞬间，分子的正、负电荷中心不相重合，便产生瞬时偶极。因此色散力存在于一切极性和非极性分子中，是范德华力中最普遍的一种，色散力的作用能与分子的电离能 I、分子极化率 α 和分子间距离 R 有关：

$$E_L = -\frac{3}{2} \times \left(\frac{I_1 I_2}{I_1 + I_2}\right) \times \left(\frac{\alpha_1 \alpha_2}{R^6}\right)$$

对于同类分子，简化为：

$$E_L = -\frac{3I\alpha^2}{4R^6}$$

色散力比较弱，小分子的色散作用能一般为 $0.8 \times 10^3 \sim 8.4 \times 10^3$ J/mol。但因为色散力有加和性，所以随着分子量的增加，高分子之间的色散力就相当可观了。在一般非极性聚合物中，它甚至占分子间相互作用总能量的 80% ~100%。聚乙烯、聚丙烯、聚苯乙烯等非极性聚合物中的分子间作用力主要是色散力。

以上三种力统称为范德华力，它是永远存在于分子之间的作用力，作用距离只能在十几个 nm 以内，随距离增大而很快衰减，这种作用力没有方向性和饱和性，每摩尔的能量比化学键力小 1 ~2 个数量级。

（四）氢键

人们在实验中发现，当氢原子同电负性大的原子 X 形成化合物 HX 时，H 原子上有多余的作用力，它可以吸引另一分子 YR 中电负性大的原子 Y，生成分子之间的键 X—H……Y。其中点线……代表这种键，X 和 Y 都代表电负性大和半径小的原子，如 F（电负性 4.0）、O（3.5）和 N（3.0）等。这种分子间因氢原子而形成的键就称为氢键。

关于氢键的理论，目前仍在发展中，一般可以近似地认为氢键的形成是由于静电相互作用，即在氢键 X—H…Y 中，X—H 基本上是共价键，由于 X 电负性很大，吸引 H 原子的电子云，使 H 原子几乎成为“裸体”质子，造成了很大的偶极矩。由于这个半径特别小（3nm），又无内层电子所带的部分正电荷的 H，因此允许带有部分负电荷的 Y 原子充分接近它，并产生相当强烈的静电相互作用，从而形成氢键。

氢键的强弱应与 X 和 Y 的电负性大小有关，它们的电负性越大则氢键越强；此外又与 Y 的半径大小有关，Y 的半径越小越能接近 H—X，使氢键也愈强。依原子电负性的不同，氢键强弱的变化顺序如下：

F—H…F > O—H…O > O—H…N > N—H…N

C 原子的电负性较小，一般不形成氢键。

氢键可以在分子内生成，称为分子内氢键。如邻位亚硝基苯酚及邻羟基苯甲酸都有内氢键存在。

邻位亚硝基苯酚　　　　邻羟基苯甲酸

若氢键发生在分子之间，则称分子间氢键。纤维素、聚丙烯腈、聚酰胺、蛋白质、聚乙烯醇等高分子化合物都能形成氢键。下面是聚酰胺分子间形成氢键的结构示意。

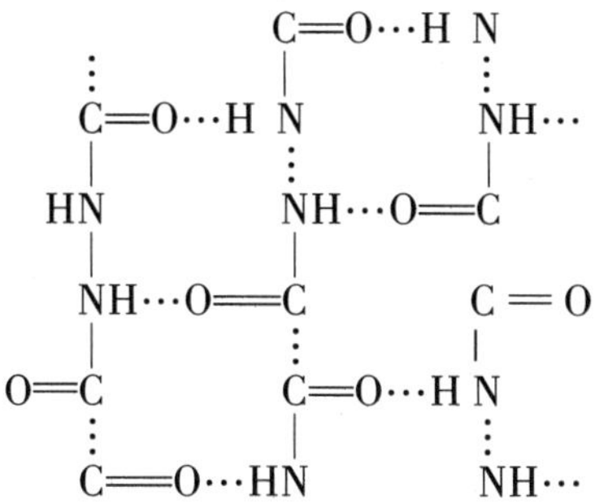

氢键的键能为 $2.1\times10^4\sim4.2\times10^4$J/mol，这比化学键的能量要小得多，大于范德华力，但数量级相同，与范德华力所不同的是氢键有饱和性和方向性。

分子间的作用力大小通常采用内聚能或内聚能密度来表示。

（五）内聚能密度

聚合物分子间作用力的大小，是各种吸引力与排斥力所作贡献的总和反映。通常用内聚能或内聚能密度这一宏观的量来表征高分子间作用力的大小。内聚能是指 1mol 分子聚集在一起的总能量，这等于使同样数量分子分离的总能量。当我们将 1mol 液体或能升华的固体进行蒸发或升华，使原来聚集在一起的分子分离到彼此不再有相互作用的距离时，这一过程所需的总能量即是此液体或固体的内聚能。根据热力学第一定律，内聚能 ΔE 为：

$$\Delta E=\Delta H_{\mathrm{v}}-RT$$

式中　ΔH_{v}——摩尔蒸发热；

RT——转化为气体时所做的膨胀功。

内聚能密度（cohesive energy density），简称 CED，就是单位体积的内聚能；$\mathrm{CED}=\dfrac{\Delta E}{\overline{V}_{\mathrm{m}}}$，其中，$\overline{V}_{\mathrm{m}}$ 为摩尔体积。表 1－2 列出了部分常见聚合物的内聚能密度。

表 1－2　部分聚合物的内聚能密度

聚合物名称	聚合物结构式	内聚能密度/J·cm^{-3}
聚乙烯	$-[CH_2-CH_2]_n-$	259
聚异丁烯	$-[CH_2-C(CH_3)_2]_n-$	272
聚异戊二烯	$-[CH_2-C(CH_3)=CH-CH_2]_n-$	280
聚苯乙烯	$-[CH_2-CH(C_6H_5)]_n-$	309

续表

聚合物名称	聚合物结构式	内聚能密度/J·cm^{-3}
聚甲基丙烯酸甲酯	$\text{-[}CH_2—C(CH_3)(COOCH_3)\text{]}_n\text{-}$	347
聚乙酸乙烯酯	$\text{-[}CH_2—CH(OCOCH_3)\text{]}_n\text{-}$	368
聚氯乙烯	$\text{-[}CH_2—CH(Cl)\text{]}_n\text{-}$	380
聚对苯二甲酸乙二醇酯	$\text{-[}CH_2CH_2—OCOC_6H_4COO\text{]}_n\text{-}$	477
聚酰胺－66	$\text{-[}NH(CH_2)_6NHOC(CH_2)_4CO\text{]}_n\text{-}$	773
聚丙烯腈	$\text{-[}CH_2—CH(CN)\text{]}_n\text{-}$	991

由表1－2可见，聚合物内聚能密度在290J·cm^{-3}以下的，说明分子间作用力比较小，分子链比较柔顺，容易变形，具有较好的弹性，通常可作为橡胶使用；内聚能密度较高的聚合物，分子链刚性较大，属于典型的塑料；当内聚能密度达到400J·cm^{-3}以上，则具有较高的强度，一般可作为纤维使用。由此可见，分子间作用力的大小，对于聚合物的强度、耐热性和物理状态等都有很大的影响，因而也决定着聚合物的使用性能。

三、聚合物分子链的柔顺性

在化合物中，任何一种单键在保持键长、键角不变的情况下都有可能做旋转运动，称为内旋转。例如C—C单键是σ键，其电子云分布是轴向对称的，C—C单键能够绕着轴线相对旋转。若碳原子上不带任何其他原子或基团时，则C—C键的内旋转没有阻力，应该是能够自由旋转的。如图1－3所示，C—C键的键角为109°28′，$C_1—C_2$单键内旋转，则使$C_2—C_3$在固定的键角下，绕$C_1—C_2$单键旋转，旋转一周后的轨迹是一个以链脚的补角为半顶角的圆锥面；$C_3—C_4$绕$C_2—C_3$旋转也是一个圆锥面。这种内旋转的速度很快。由于线形高分子碳链是由千百万个$C—C_\sigma$单键构成的，就整个大分子而言，每一根单键都会内旋转。它的内旋转要比小分子复杂得多。高分子链原子上会带有原子或原子团，单键的内旋转必然受到分子内近程作用力和远程作用力的影响；同时又由于高分子总是处于高分子的聚集体中，所以单键的内旋转又要受到分子间作用力的影响，使得单键的内旋转总是不完全自由的。

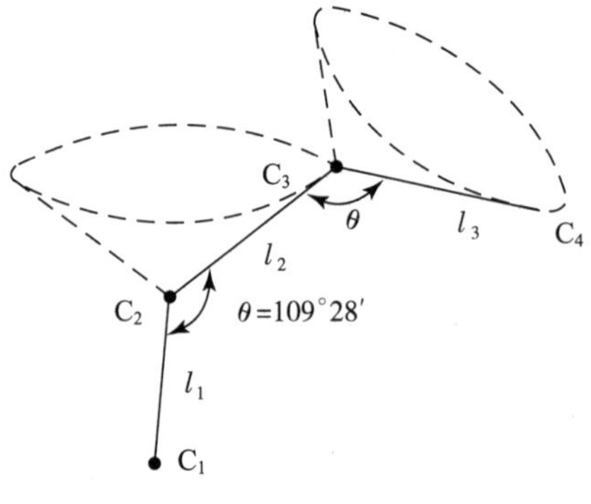

图1－3　单键内旋转示意图

单键的内旋转会引起高分子呈现不同空间形态，而高分子的空间形态称为构象。一个线形高分子链具有很大数目的单键，这些单键的内旋转可以呈现许多构象，而且这些构象还会在热运动下时刻改变着。高分子链能够改变其构象的性质称为柔顺性，这是高聚物许多性能不同于低分子物质的主要原因。

大分子链的柔顺性与刚性是辩证的对立统一关系。假定大分子链上没有任何原子或基团的阻碍，分子之间也无相互干扰，则内旋转是完全自由的，这种链可以认为是理想的柔性链，它必然卷曲成无规线团状。如果一个大分子的单键内旋转很困难，整个链成为一个独立的运动单元，这就是理想的刚性链。事实上，绝大多数高分子因为受链原子上带的原子或基团的影响及分子之间相互的影响，在通常情况下仅有部分单键能够内旋转，将相邻的两个可以内旋转的单键间的一段链称为链段，可以把高分子链看做由链段构成的，链段可以自由取向，做相对独立的运动，使高分子改变构象，呈现出一定的柔顺性。当温度一定，对不同结构的大分子而言，可以独立运动的链段越短或每个大分子所包含的可以独立运动的链段数目越多，则大分子柔顺性越好。反之，链段越长或每个大分子内所包含的独立运动的链段数越少，则大分子刚性越大。对同一种大分子而言，温度越高，链段越短，分子链的柔性越好。故链段的长短除了与分子的结构有关外，亦与大分子所处的条件（温度、外力和介质等）有关。

下面我们定性地讨论一下分子结构对高分子链柔顺性的影响。

（1）主链结构。主链结构对高分子链的刚柔性影响起决定性的作用。如果主链全部是由单键组成，柔顺性就比较好。Si—O 键比 C—O 键内旋转容易，C—O 键又比 C—C 键容易，这是因为 Si—O 键比 C—O 键的键长、键角大，所以内旋转容易。C—O 键中的氧原子周围没有其他的原子和基团，C—O 键的存在使非近邻原子之间的距离比 C—C 键上非近邻原子间的距离大，所以 C—O 键的内旋转比 C—C 键容易。例如聚二甲基硅氧烷其主链就是 Si—O 键构成的，故分子链的柔顺性相当好。

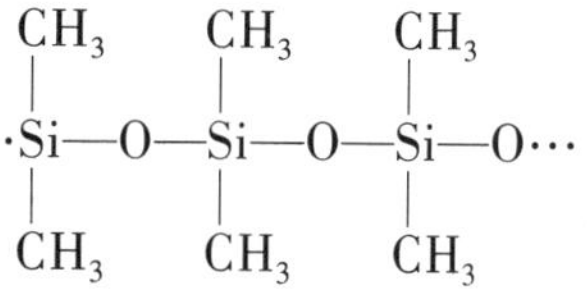

主链中如含有芳杂环结构，由于芳杂环不能内旋转，空间位阻比较大，可以内旋转的单键相对较少，所以这类高分子的刚性较好，在温度较高的情况下链段也难以转动、移动，即难以进行重排运动，若作为塑料使用，这种材料具有耐高温的特点。如双酚 A 型聚碳酸酯其分子主链上带有苯环，其耐热性比不带苯环的高分子要好，玻璃化转变温度可达到 150℃。

对于有内双键的高分子链，显然双键不能旋转，但由于连在双键上的原子或基团数目较单键少，使原子或基团间的排斥减弱，以致双键邻近的单键的内旋转位垒减少。所以分子链中含有内双键的聚合物，如聚 1，4 - 丁二烯，聚 1，4 异戊二烯等分子链，都具有较好的柔顺性，可作为橡胶。

含有共轭双键 $\left[C=C-C=C\right]_n$ 的高分子，由于共轭双链的 π 电子云没有轴对称性，因此带有共轭双键的高分子链不能内旋转，刚性很大，耐热性能优良，但脆性也大。如聚对亚苯基、聚乙炔和某些杂环高分子都是刚性分子。

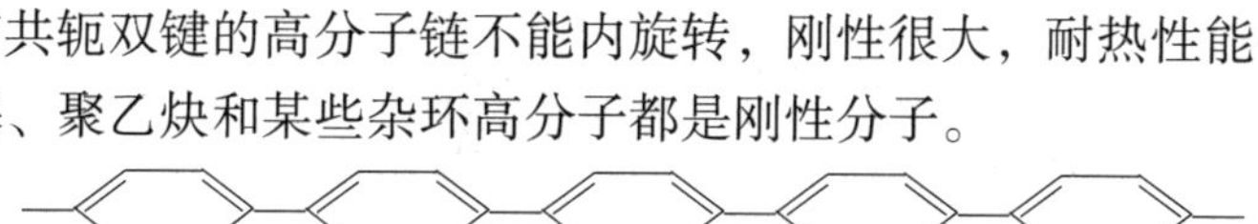

聚对亚苯基

—CH═CH—CH═CH—CH═CH—　　聚乙炔

梯形高分子也是典型的刚性链。

（2）侧基。侧基极性的强弱对高分子链的柔性影响很大。侧基的极性越强，其相互间的作用力越大，单键的内旋转越困难，因而链的柔顺性愈差。如聚氯乙烯分子比聚乙烯分子的柔性差。对于非极性的侧基，主要考虑其体积的大小和对称性。侧基体积越大，空间位阻越大，对键的内旋转越不利，使链的刚性增加，如聚丙烯比聚乙烯的柔性差。然而聚异丁烯的每个链节上，有两个对称的侧甲基，这使主链间的距离增大，链间作用力减弱，内旋转位垒降低，因而柔顺性增加，所以聚异丁烯的柔性比聚丙烯还要好，可以作为橡胶材料使用。

（3）分子间的作用力。分子间的作用力随着主链或侧基的极性的增加而增加。如果分子内或分子间有氢键生成，则氢键的影响要超过任何极性基团，可大大增加分子的刚性。例如聚酰胺类，分子与分子之间可以生成氢键，结果排列规整，甚至形成结晶。在晶区中，分子的构象无法改变。纤维素分子中能生成内氢键，类似梯形高分子，使分子链变得比较刚硬。

（4）分子链的规整性。分子结构越规整，结晶能力越强，而高分子一旦结晶，其柔性大大降低。因为分子中的原子和基团被严格地固定在晶格上，当没有足够的能量破坏晶格能时，单键的内旋转不可能，因此材料显出刚性的特征。例如聚乙烯，分子链本身是柔性的，但因为规整性好，很容易结晶，在通常条件下具有塑料的性质。

（5）链的长短。假若分子的链很短，可以内旋转的单键数目很少，分子可能呈现的构象数也很少，必然呈现出刚性。小分子物质都没有柔顺性，就是这个缘故。如果链比较长，单键数目多，即使内旋转受到某种程度的限制，但整个分子仍旧可以呈现很多种构象，因此分子还会具有柔顺性。不过，当分子量增大到一定数值（如10^4），此时分子量对柔性的影响就不明显了。

以上粗略地分析了高分子的链结构对链的柔顺性的影响，这只是几个主要的方面。当然不同的因素对其产生的影响也不同，要看哪一种是决定性的因素。至于材料所表现出的柔顺性则是各种因素综合的结果。

四、高分子的聚集态结构

材料的化学结构对性能起决定性作用，而大量高分子聚集体中高分子的空间排列方式，即高分子的聚集态结构是影响其性能的直接因素。前面讨论了聚合物的分子结构，也就是讨论了各种高分子的内部构成。现在我们将研究高分子是如何被组合形成整体材料的。

（一）聚合物的晶态结构

由于柔性高分子的长链结构，长度与直径相差非常悬殊，链柔软而易于互相纠缠，而且每个分子的长短不一，要形成像金属那样规整的晶体结构是很难的。然而大量的实验事实证明，许多聚合物是能够结晶的（图1－4）。

结晶聚合物内，大分子呈现有规则排列的区域，称为“晶区”。在晶区内长链大分子（往往是链的某些部分）可以按折叠、伸展的构象作规则排列。聚合物内除晶区外，还有相当多的大分子处于无序状态，这些区域称为“非晶区”（图1－5）。

聚合物“结晶”和“晶区”的概念与低分子化合物及金属的晶体概念是有区别的。关于结晶聚合物的结构有多种模型，下面简单介绍缨状微束模型。该模型认为：在结晶聚合物内晶区与非晶区互相穿插，同时存在。在晶区中，分子链互相平行排列形成规整的结构，但晶区尺寸很小，一根分子链可以同时穿过几个晶区和非晶区；而在非晶区中，分子链的堆砌是完全无序的。因此，在结晶聚合物中通常总是同时包含晶区（分子规整部分）和非晶区（分子不规整部分）两个部分。晶区部分所占的质量分数（或体积分数），称为结晶度。一般结晶聚合物，如尼龙、聚乙烯等，其结晶度为50%～95%，如表1－3所示。

图1－4　聚乙烯单晶的电镜照片

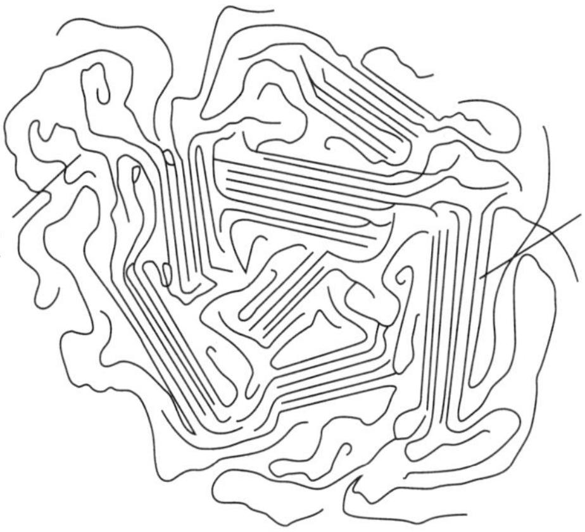

图1－5　聚合物晶区与非晶区结构示意图

表1－3　某些聚合物的最大结晶度

聚合物	聚乙烯		聚四氟乙烯	聚丙烯	聚苯乙烯	尼龙66	聚异戊二烯（顺式）	聚异丁烯
	高压	低压						
结晶度/%	65	95	88	80	50	50	30	20

结晶度对聚合物性能有重要影响，一般结晶度越高，晶区范围越大，分子间作用力越强，聚合物的熔点、密度、强度、刚性、硬度越高，耐热性、化学稳定性也越好；但与链运动有关的性能如弹性、伸长率、耐冲击性则降低。

（二）聚合物的非晶态结构

关于聚合物的非晶态结构，大体有两种模型。一种是完全无序模型，即大分子排列是杂乱无章的，相互穿插缠结的；一种是局部有序模型，即非晶态聚合物的结构只是大距离范围内无序，小距离范围内是有序的，即远程无序，近程有序。

（三）高分子的结构与高分子结晶能力的关系

聚合物的结晶能力有大有小：有些聚合物容易结晶，或者结晶的倾向大；另一些聚合物则不容易结晶或结晶倾向小；还有一些完全没有结晶的能力。这种结晶能力差别的根本原因是不同聚合物具有不同的分子结构特征，哪怕是分子结构特征的微细差异都会给它们的结晶能力带来很大的影响。下面我们从几个方面来分析这个问题。

1. 链的对称性

高分子链的结构对称性越高，越容易结晶。聚乙烯和聚四氟乙烯的分子，主链上全部是碳原子，没有杂原子，也没有不对称碳原子。碳原子上连接的全部都是氢原子或氟原子，对称性好，最容易结晶。它们的结晶能力强得使我们无法通过人工得到完全晶态的样品。它们所能达到的最高结晶度，也在其他聚合物之上，如聚乙烯的最高结晶度可达95%，而一般聚合物大多只有50%左右。但是将聚乙烯氯化后，由于分子链对称性受到破坏，使结晶能力下降，甚至丧失了结晶能力。如果用来取代氢原子的不是另一种原子，而是一种基团，这时聚合物的结晶能力与基团的体积和极性有关。基团为体积小而极性强的—OH 时，即使它是无规立构的高分子，也仍能结晶。无规立构的聚乙烯醇可以有30%的结晶度。但若基团为体积稍大而极性又弱的—CH_3 时，除非是等规立构的聚丙烯，否则就不能结晶。而如果在同一碳原子上有两个—CH_3 同时取代，则仍能结晶。不过因为重复单元中的两个碳原子的侧基体积相差太悬殊，其结晶能力并不好，最多也只有20%的结晶。

对于分子链中有孤立双键的聚合物，由于主链中有双键存在，便有顺式和反式两种异构体。因反式的对称性比顺式的好，所以反式的要比顺式的容易结晶。

2. 链的规整性

对于主链含有不对称中心的聚合物，如果是无规立构构型的，则高分子链的对称性和规整性都被破坏，这样的聚合物一般都失去了结晶能力。例如自由基聚合得到的聚苯乙烯、聚甲基丙烯酸甲酯、聚醋酸乙烯酯等就是完全不能结晶的非晶性聚合物。用定向聚合的方法，使主链上的不对称中心具有规整的构型，如全同或间同立构聚合物，具有不同程度的结晶能力，其结晶能力的大小，与聚合物的等规度有密切关系，等规度越高其结晶能力也就越大。

3. 共聚结构

普通的共聚合既要破坏链的对称性，又要破坏链的规整性，那么共聚物是否就不能结晶了呢？这也并不完全如此，要视具体情况而定。不过有一点是肯定的，那就是共聚物的结晶能力要比均聚物的差些。如果两种共聚单元各自的均聚物有相同类型的结晶结构，那么这种共聚物也是可以结晶的。一般说来，其晶胞参数要随共聚组成的不同而发生变化。但下列两种共聚单元所组成的无规共聚物，在整个配比范围内都能结晶，且晶格参数不发生变化。这两种共聚单元是：

$$\cdots NH—(CH_2)_6—NH—CO—(CH_2)_2—C_6H_4—O—CH_2—CO\cdots$$

$$\cdots NH—(CH_2)_6—NH—CO—CH_2—C_6H_4—(CH_2)_3—CO\cdots$$

如果两种共聚单元的均聚物有不同的结晶结构，那么在一种组分占优势时，共聚物是可以结晶的，含量少的共聚单元作为缺陷存在于另一种均聚物的结晶结构中，如大量丙烯与少量乙烯共聚形成的无规共聚聚丙烯。若是在某些中间组成时，结晶能力大大减弱，甚至不能结晶。乙丙橡胶就是这样。

嵌段共聚物的各嵌段基本上保持着相对独立性，能结晶的嵌段将形成自己的晶区。如聚酯－聚丁二烯－聚酯嵌段共聚物，聚酯段仍可较好地结晶，当它们含量较小时，将形成结晶的微区，分散于聚丁二烯的基体中，起物理交联点的作用，使共聚物成为良好的热塑性弹性体。

4. 其他结构因素

链具有一定的柔性是结晶时链段向结晶表面扩散和排列所必需的，链的柔性不好，将在一定程度上降低聚合物的结晶能力。例如，链柔性好的聚乙烯结晶能力极强；主链上含苯环使聚对苯二甲酸乙二酯链柔性下降，结晶能力减弱，若熔体冷却速度稍快，便来不及结晶；而主链上苯环密度更大的聚碳酸酯，链柔性更差，结晶能力很弱，在通常情况下，很难结晶。

支化使链对称性和规整性受到破坏，使结晶能力降低，因此高压法得到的支化聚乙烯结晶能力小于低压法制得的线形聚乙烯。

交联大大限制了链的活动性。轻度交联时，聚合物的结晶能力下降，但还能结晶，如轻度交联的聚乙烯。随着交联度增加，聚合物便迅速失去结晶能力。

分子间力也往往使链柔性降低，影响结晶能力。但是分子间能形成氢键时，则有利于结晶结构的稳定。

关于高分子的聚集态结构，还有取向态、液晶态及织态结构，其中织态结构是更高级的结构。在此不作一一讨论了。

第三节 聚合物的力学状态与转变

一、高分子热运动的特点

聚合物的分子结构比低分子化合物要复杂得多，自然其分子运动也更复杂和多样化。就其运动的特点而论，可以归纳如下：

1. 运动单元的多重性

高分子运动单元具有多重性，它可以是侧基、支链、链节几个链节组成的曲柄、链段和整个分子等。除了整个分子可以像小分子那样作振动、转动和移动外，高分子的一部分还可以作相对于其他部分的转动、移动和取向。即使整个分子的质心不移动，它的链段仍可以通过主链单键的内旋转而达到移动。而整个高分子的移动，也是通过各链段的协同移动来实现的。按照运动单元的大小，可以把高分子的这些运动单元分为大尺寸和小尺寸两类，大尺寸运动单元指数条高分子链，小尺寸运动单元指链段、曲柄、链节、支链和侧基等。有时根据低分子的习惯，把整个高分子的运动称为布朗运动，各种小尺寸运动单元的运动则称为微布朗运动。

2. 高分子热运动是一个松弛过程

在一定的外力和温度条件下，聚合物从一种平衡状态，通过分子的热运动，达到与外界条件相适应的新的平衡态，这个过程是一个松弛过程。由于高分子运动时，运动单元所受到的摩擦力一般都很大，因此这个过程通常是慢慢地完成的，称为松弛过程。

譬如取一段橡胶，用外力把它拉长 Δx，当外力除去后，橡胶不会瞬时缩短，即 Δx 不是立刻为零，而是开始缩短较快，然后缩短的速度越来越慢，以致缩短过程继续几昼夜或几星期，并且只有用精密的仪器才能测出。Δx 随时间 t 的变化如图 1－6 所示。这是因为橡胶被拉长时，橡胶分子也相应地从卷曲的构象状态被拉成伸展的构象状态，一旦外力除去后，高分子链要从伸展的构象状态回复到卷曲的构象状态，还要通过各种单元的热运动来实现，

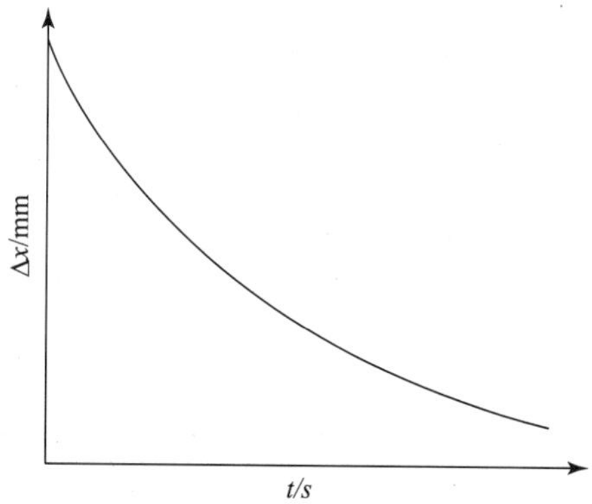

图 1－6 聚合物的松弛曲线

而各种运动单元的运动是一个松弛过程。根据图 1－6 曲线的形状，可知 Δx 与 t 的关系是指数关系。

$$\Delta x(t) = \Delta x_0 e^{-t/\tau} \tag{1-1}$$

式中 Δx_0——外力未除去前橡胶增加的长度，mm；

$\Delta x(t)$——外力除去后，在 t 时间测出的橡胶增加长度，mm；

τ——常数，s。

从式中可以看出，当 $t=\tau$ 时，$\Delta x(t) = \Delta x_0/e$，也就是说，$\tau$ 是 $\Delta x(t)$ 变到等于 Δx_0 的 $1/e$ 倍时所需要的时间，τ 称为松弛时间。

松弛时间 τ 是用来描述松弛过程快慢的物理量。当 $\tau \to 0$ 时，则在很短的时间 t 时，$\Delta x(t)$ 已达到 $\Delta x_0/e$，这意味着松弛过程进行得很快。低分子液体的松弛时间很短，约只 $10^{-9} \sim 10^{-10}$s，因而它的松弛过程几乎是在瞬间内完成的。在我们日常的时间标尺上，觉察不出低分子的松弛过程，总把它看做是瞬变过程。如果松弛时间长，即过程要经过很长的时间才能达到 $\Delta x_0/e$，就是说过程进行得很慢。因此，对指定的体系（运动单元），在给定的外力、温度和观察的时间标尺下，从一个平衡态过渡到另一个平衡态的快慢，取决于它的松弛时间的大小。

实际上每种聚合物的松弛时间不是一个单一的数值，由于运动单元的大小不同，松弛时间的长短也不一致，短的可以几秒钟，长的可达几天甚至几年。松弛时间的分布是很宽的，在一定范围内可以认为是一个连续的分布，常用“松弛时间谱”来表示。

松弛过程除了上述例子中的形变松弛过程外，还可以有应力松弛、体积松弛和介电松弛等。这些过程在后面的章节中都会提到。

3. 高分子热运动与温度有关

温度对高分子的热运动有两方面的作用，一种作用是使运动单元活化。温度升高使高分子热运动的能量增加，当能量增加到足以克服运动单元以一定方式运动所需要的位垒时，运动单元处于活化状态，从而开始了一定方式的热运动。另一种作用是，温度升高使聚合物发生体积膨胀，加大了分子间的自由空间，它是各种运动单元发生运动所必须的。当自由空间大到某种运动单元运动所必须的大小后，这一运动单元便可以迅速地运动。这两种作用的结果，都是随温度的升高，加快松弛过程而进行的，或者说缩短了松弛时间。因此松弛时间与温度是有一定关系的，根据实验结果，两者之间的关系为：

$$\tau = \tau_0 e^{\Delta E/RT} \tag{1-2}$$

式中 τ_0——一个常数，s；

R——气体常数，J/mol · K；

T——热力学温度，K；

ΔE——松弛过程所需要的活化能，即相应运动单元活化所需要的能量，J/mol。

ΔE 的数值可以通过实验测得，方法是在各种温度下测定过程的松弛时间，作 $\ln\tau$ 对 $1/T$ 的图，由直线的斜率便可得到：

$$\Delta E = R\frac{\mathrm{d}\ln\tau}{\mathrm{d}(1/T)} \tag{1-3}$$

从式（1－2）可以看出：如果聚合物体系的温度较低，运动单元的松弛时间 τ 就较长，因而在较短的时间内将观察不出松弛现象，只有在较长的时间内，才能觉察出松弛现象。但是如果温度升高，缩短了运动单元的松弛时间 τ，就能在较短的时间内观察到松弛现象。

对于链段这一类运动单元，松弛时间 τ 与温度的关系可用 WLF 方程描述，即：

$$\lg \frac{\tau}{\tau_0} = \frac{-C_1\ (T - T_S)}{C_2 +\ (T - T_S)}$$

式中　τ_0——与温度 T_S 对应的松弛时间，s；

τ——与温度 T 对应的松弛时间，s；

T_S——参照温度，K；

C_1、C_2——两个参数，其值取决于 T_S，若 T_S 为玻璃化转变温度 T_g 时，$C_1 = 17.44$，$C_2 = 51.6$。

二、聚合物的力学状态和热转变

如果取一块非晶聚合物试样，对它施加一恒定的力，观察试样发生的形变与温度的关系，我们便会得到如图 1－7 中所示的曲线，通常称为温度形变曲线或热机械曲线。当温度较低时，试样呈刚性固体状，在外力作用下只发生非常小的形变；温度升到某一定范围后，试样的形变明显地增加，并在随后的温度区间达到一相对稳定的形变，在这一区域中，试样变成柔韧的弹性体，温度继续升高时，形变基本上保持不变；温度再进一步升高，则形变量又逐渐加大，直到试样最后完全变成黏性的流体。

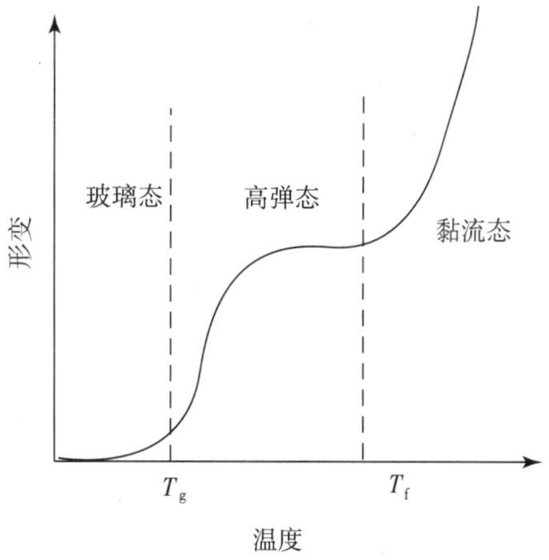

图 1－7　非晶态聚合物的温度形变曲线

根据试样的力学性质随温度变化的特征，可以把非晶态聚合物按温度区域不同划为 3 种力学状态——玻璃态、高弹态和黏流态。玻璃态与高弹态之间的转变，称为玻璃化转变，对应的转变温度即玻璃化转变温度，通常用 T_g 表示。而高弹态与黏流态之间的转变温度称为黏流温度，用 T_f 表示。

非晶聚合物随温度变化出现 3 种力学状态，这是内部不同模式的分子运动（某种运动单元发生某种形式的热运动）的宏观表现。

在玻璃态，由于温度较低，分子运动的能量低，不足以克服链段重排运动的位垒，链段处于被冻结的状态，或者说是链段重排运动的松弛时间远远超过了外场作用时间，在外场作用时间内链段来不及发生重排运动，只有那些比链段小的运动单元，如侧基、支链和小链节能运动。此时聚合物所表现的力学性质和小分子的玻璃差不多。因此从宏观上来说，聚合物受力后所产生的形变是很小的，形变与受力的大小成正比，当外力除去后形变能立刻回复。这种力学性质称为虎克型弹性，又称普弹性，非晶态聚合物处于具有普弹性的状态，称为玻璃态。

随着温度的升高，分子热运动能量逐渐增加，当达到某一温度时，虽然整个分子的移动、转动仍不可能，但分子热运动的能量已足以克服链段重排运动的位垒，这时链段运动被激发，链段可以通过主链中单键的内旋转产生转动、移动（图 1－8），也就是说，当温度升高到某一温度，链段运动的松弛时间减少到与实验测量时间同一个数量级时，我们便可以觉察到链段的运动了，聚合物便进入了高弹态。

在高弹态下，聚合物受到外力时，分子链可以通过链段的重排运动在较大的范围内改变构象以适应外力的作用。例如受到拉伸力时，分子链可以由不同程度卷曲状态变到比较伸展状态。因而表现在宏观上可以发生很大的形变。一旦外力除去，分子链又要通过链段重排运动回复到原来的卷曲状态（因为卷曲状态的熵比伸展状态大），在宏观上表现为弹性回缩。由于这种变形是外力作用促使高分子构象发生变化的过程，它所需的外力显然比聚合物在玻璃态时，变形（改变化学键的键长和键角）所需的外力要小得多，而变形量却大得多，这种力学性质我们称为高弹性，它是非晶聚合物处在高弹态下的特有的力学特征。这是两种不同尺寸的运动单元处于两种不同的运动状态的结果：就链段运动来看，它是液体；就整个分子链来看，它是固体，所以这种聚集态是双重性的，既表现出液体的性质，又表现出固体的性质。高弹性的模量为$10^5 \sim 10^7$Pa，比普弹性的模量$10^{10} \sim 10^{11}$ Pa 小得多；高弹形变为 100% ~1000%，比普弹形变 0.01% ~0.1% 大得多。

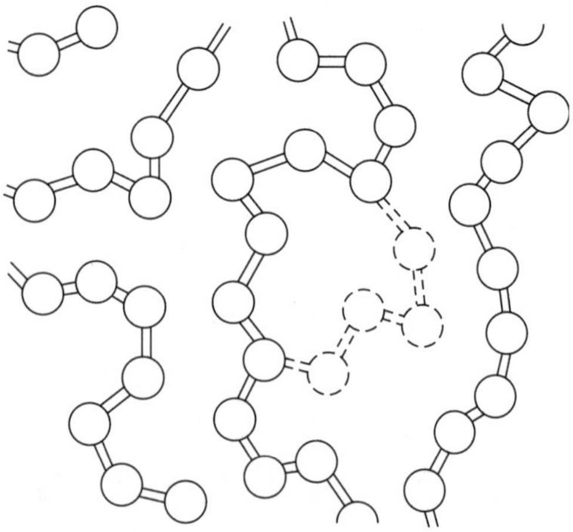

图 1－8　链段运动示意图

温度继续升高，不仅链段运动的松弛时间缩短了，而且整个分子链转动、移动的松弛时间也缩短到与实验观察的时间同数量级，这时聚合物在外力作用下便发生黏性流动，它是整个分子链重心相对位移的宏观表现。这种流动同低分子液体流动相类似，是不可逆的变形，当外力除去后，变形不能自发回复。表 1－4 为上述非晶态聚合物力学三态的特征。

表 1－4　聚合物力学三态的特征

状　态	分子机理	力学行为特征	应　用
玻璃态	原子在平衡位置上作振动	产生普弹形变，形变是可逆的，断裂伸长率小（＜1%）力学性能依赖于原子的性质	常温下处于玻璃态的材料，可作为塑料，纤维等使用
高弹态	链段发生位移	产生高弹形变，形变是可逆的，但有滞后。断裂伸长率大（100% ~1000%）力学性能依赖于链段的性质	常温下处于高弹态的材料可做高弹材料及密封材料
黏流态	大分子链整体位移	产生黏性流动变形，形变很大，且不可逆。力学性能依赖于整个分子链的性质	常温下处于黏流态的材料，可做黏合剂及涂料。一般是材料的加工成型状态

对于晶态聚合物，由于其中通常都存在非晶区，非晶部分在一定温度条件下，也会发生玻璃化转变。然而，随着结晶度的不同，结晶聚合物的宏观表现是不同的。在轻度结晶的聚合物中，微晶体起着类似交联点的作用，这种试样仍然存在明显的玻璃化转变：当温度升高时，非晶部分从玻璃态变为高弹态，试样也会变成柔软的皮革状。例如，增塑的聚氯乙烯在室温时，就是处于这种力学状态，由于其轻度的结晶，使柔软的聚氯乙烯薄膜不

会发生很大的形变和蠕变。随着结晶度的增加，相当于交联度的增加，非晶部分处在高弹态的结晶聚合物的硬度将逐渐增加，当结晶度大于40%后，微晶体彼此衔接，形成贯穿整个材料的连续结晶相，此时结晶相承受的应力要比非结晶相大得多，使材料变得坚硬，宏观上将觉察不到它有明显的玻璃化转变，其温度形变曲线（图1-9）在熔点以前不出现明显的转折，当温度继续升高，结晶聚合物呈现结晶态的力学状态。结晶聚合物的晶区熔融后，是不是进入黏流态，要视试样的分子量而定。如果分子量不太大，则晶区熔融后，整个试样便成为黏性的流体；如果分子量足够大，$T'_f > T_m$，则晶区熔融后，将出现高弹态，直到温度进一步升高到 T'_f 以上，才进入黏流态。从加工成型的角度来看，后一种情况通常是不希望看到的，因为这样的聚合物需要提高加工温度，而且在高温下出现高弹态，将给加工成型带来麻烦，正是这个原因，结晶聚合物的分子量通常应控制得低一些，下限一般以满足机械强度的要求为度。

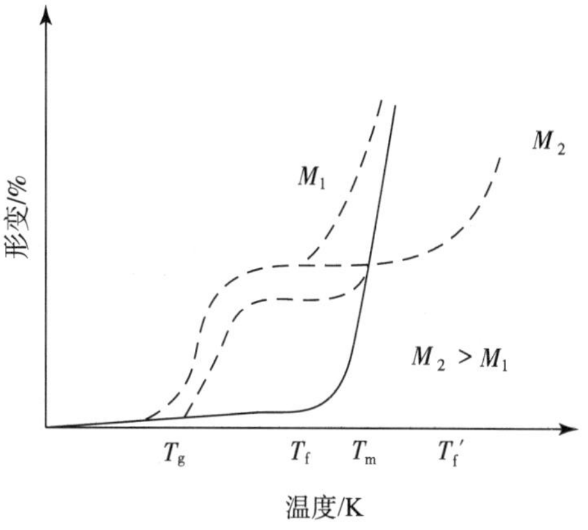

图1-9 晶态和非晶态高聚物的温度形变曲线

三、玻璃化转变现象

即使是结晶聚合物，也很少可能形成100%的结晶，总有非晶区存在，因此玻璃化转变是聚合物的一种普遍现象。在聚合物发生玻璃化转变时，许多物理性能发生了急剧的变化，特别是力学性能。在只有几度范围的转变温度区间前后，模量将改变3~4个数量级（图1-10），使材料从坚硬的固体，突然变成柔韧的弹性体，完全改变了材料的使用性能。作为塑料使用的聚合物，当温度升高到发生玻璃化转变时，便失去了塑料的性能，变成了橡胶；而作为橡胶使用的材料，当温度降低到发生玻璃化转变时，便丧失橡胶的高弹性，变成硬而韧的塑料。因此，玻璃化转变是聚合物的一个重要性质。

除了模量以外，表征高聚物特性的一些物理量，如比体积、热焓、比热容、膨胀系数、折光指数、导热系数、介电常数、介电损耗、力学损耗、核磁共振吸收等，在高聚物玻璃化转变的温度范围，都发生突变或不连续变化（图1-11~图1-14）。从原则上说，所有在玻璃化转变过程中发生突变或不连续变化的物理性质，都可利用来测量玻璃化转变温度。

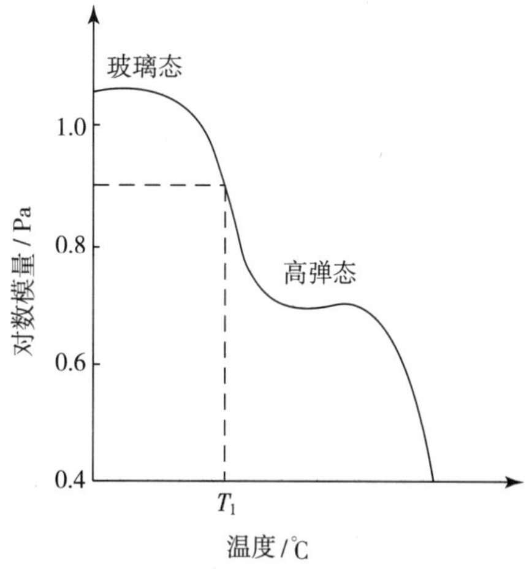

图1-10 非晶高聚物的模量-温度曲线

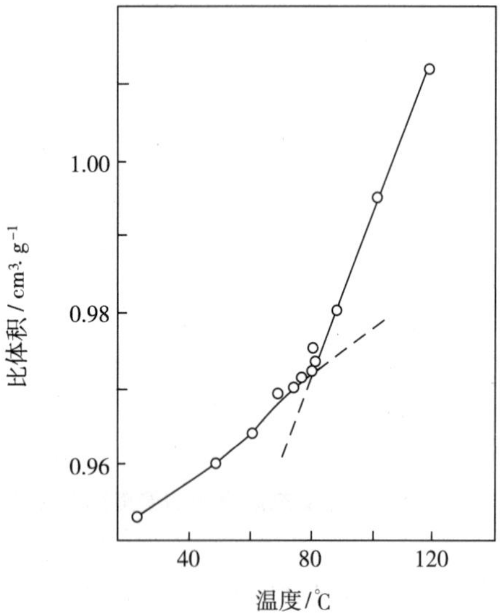

图 1－11　聚苯乙烯的比体积－温度曲线

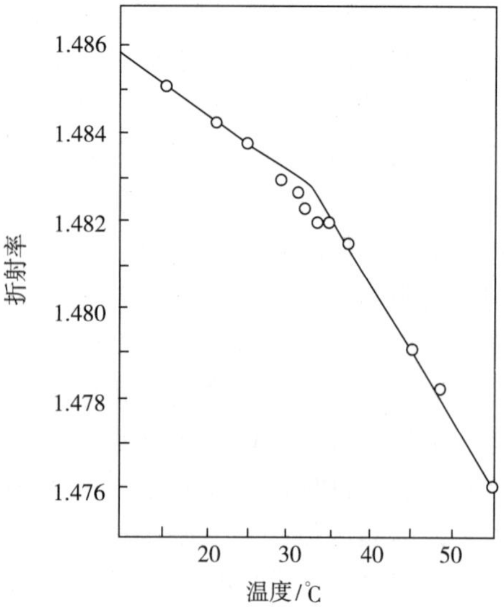

图 1－12　聚甲基丙烯酸丙酯的折射率－温度曲线

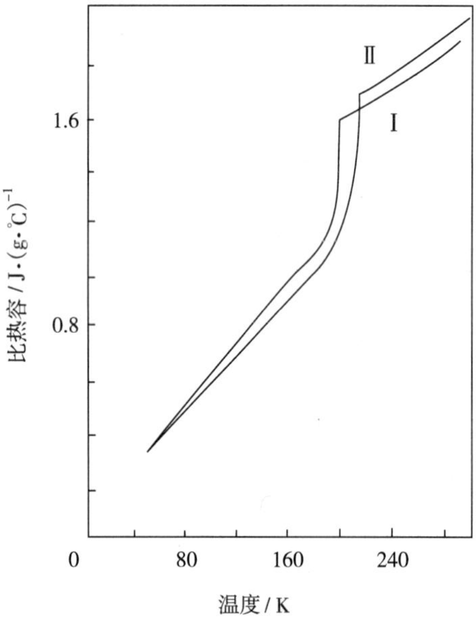

图 1－13　天然橡胶和丁苯橡胶的比热容－温度曲线

Ⅰ－天然橡胶，T_g = －73℃；Ⅱ－丁苯橡胶，T_g = －60℃

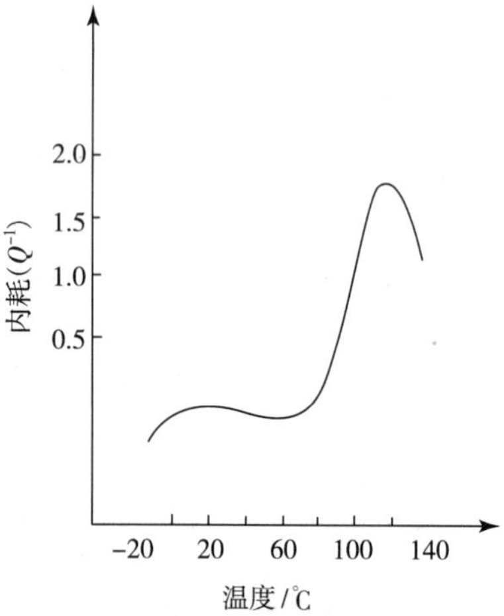

图 1－14　聚甲基丙烯酸甲酯动态力学内耗－温度曲线

T_g = 105℃

四、影响玻璃化转变温度的因素

玻璃化温度（T_g）是高分子的链段从冻结到运动（或从运动到冻结）的一个转变温度，而链段运动是通过主链的单键内旋转来实现的，因此，凡是能影响高分子链柔性的因素，都对 T_g 有影响。减弱高分子链柔性或增加分子间作用力的因素，如引入刚性基团或极性基团，交联和结晶都会使 T_g 升高，而增加高分子链柔性的因素，如加入增塑剂或溶剂、引进柔性基团等都使 T_g 降低。

（一）化学结构的影响

1. 主链结构

主链由饱和单键构成的聚合物，例如—C—C—，—C—N—，—C—O—，—Si—O—等，因为分子链中有很多可以单键内旋转的，所以一般 T_g 都不太高。特别是没有极性侧基取代时，其 T_g 就更低。例如聚乙烯的 T_g 为 -68℃；聚甲醛的 T_g 为 -83℃；聚二甲基硅氧烷的 T_g 为 -123℃，它是目前耐寒性较好的一种橡胶。当主链中引入苯基、联苯基、萘基和均苯四酸二酰亚胺基等芳杂环以后，链上可以内旋转的单键比例相对地减少，分子链的刚性增大，因此有利于玻璃化转变温度的提高。主链中含有孤立双键的高分子链都比较柔顺，所以 T_g 都比较低，天然橡胶和许多合成橡胶的分子都属于这种结构。天然橡胶的 T_g 为 -73℃，因此，即使在零下好几十度，它仍能保持高弹性。

2. 侧基的极性

侧基的极性，会使分子内和分子间的相互作用增强，单键内旋转的位垒升高，影响高分子的柔顺性，进而影响 T_g。侧基的极性越强，T_g 越高。例如，聚乙烯的 T_g 为 -68℃，引入弱极性基团—CH_3 后，聚丙烯的 T_g 变为 -10℃；引入—Cl、—OH 后，聚氯乙烯和聚乙烯醇的 T_g 升高到 80℃以上；引入强极性基团—CN 后，聚丙烯腈的 T_g 超过 100℃。

3. 空间位阻和侧基的柔性

空间位阻增加，单键内旋转受阻碍程度也要增加，因此 T_g 就要升高，如表 1-5 所示。

表 1-5　空间位阻与 T_g 的关系

聚合物	$\text{-(-}CH_2\text{—}CH_2\text{-)-}_n$	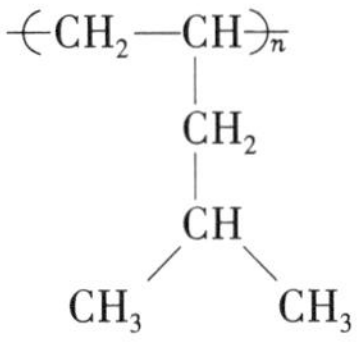	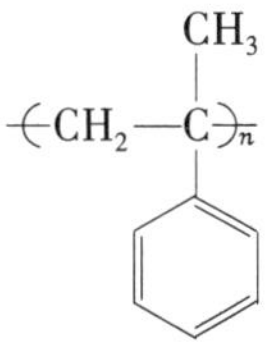	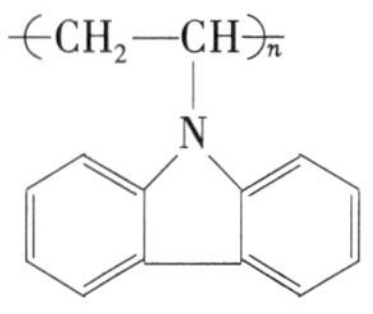
T_g/℃	-68	29	100	208

如果在主链的季碳原子上，甲基作不对称取代时，其空间位阻增加，T_g 将提高。例如，聚甲基丙烯酸甲酯的 T_g 比聚丙烯酸甲酯高，聚 α—甲基苯乙烯比聚苯乙烯高。

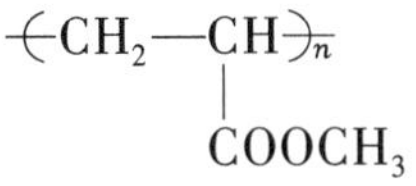

$T_g = 3℃$

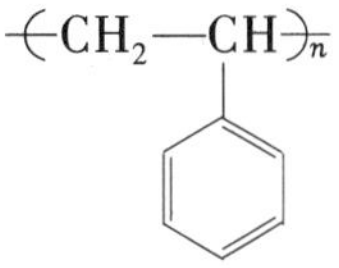

$T_g = 100℃$

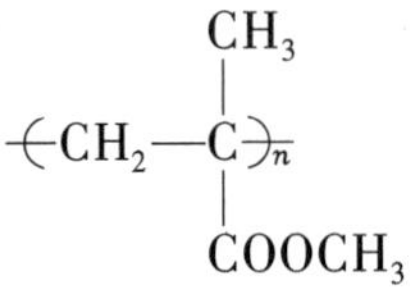

$T_g = 115℃$

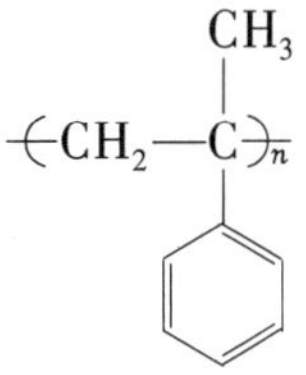

$T_g = 192℃$

然而并不是侧基的体积增大，T_g 就一定要提高。例如，聚甲基丙烯酸正烃基酯类的侧基越大，T_g 反而下降，这是因为它的侧基是柔性的。侧基越大，则柔性也越大，这种柔性侧基的存在相当于起了增塑剂的作用，所以使 T_g 下降（表 1-6）。

表 1-6　聚甲基丙烯酸酯中正烃基碳原子数 n 对 T_g 的影响

n	1	2	3	4	6	8	12	18
T_g/℃	105	65	35	21	-5	-20	-65	-100

如果在季碳原子上作对称双取代，则单键内旋转位垒反而比单取代时小，因而 T_g 下降。例如聚异丁烯的 T_g 比聚丙烯低，聚偏二氟乙烯比聚氟乙烯低，聚偏二氯乙烯比聚氯乙烯低。

单从考虑化学结构对高聚物的玻璃化转变温度影响的角度出发，有人提出了一种根据经验常数来估算 T_g 的方法。这种方法认为：每一个基团的柔顺性和内聚能密度或极性，几乎与分子中其他基团无关，因此可以假定每一个基团有一个表观的 T_{gi}，而一个聚合物的 T_g 则可由其所有基团贡献的加和得到，即：

$$T_g = \sum_i n_i T_{gi} \tag{1-4}$$

式中　n_i——聚合物中第 i 个基团的摩尔分数。

类似的估算公式还有：

$$T_g = \sum_i Y_i / \sum_i Z_i \tag{1-5}$$

式中　Y_i——聚合物结构单元中所含各个基团对 T_g 的贡献（经验值）；

Z_i——各个基团在主链上所占的原子数目。

用这类方法，可以根据化学结构式初步估计聚合物的 T_g，在某些特殊的情况下，有一定参考价值。

考虑到化学结构是影响聚合物的玻璃化转变温度和熔点的主要因素，同一聚合物的这两个特征温度之间，似乎存在一定的关系。目前从理论上还没有找到 T_g 与 T_m 的定量关系，但大量实验数据表明对于链结构对称的聚合物有：

$$\frac{T_g}{T_m} \approx \frac{1}{2} \tag{1-6}$$

对于不对称的聚合物，则：

$$\frac{T_g}{T_m} \approx \frac{2}{3} \tag{1-7}$$

式（1-6）和式（1-7）中 T_g 和 T_m 都用绝对温度计算，这是一条有用的经验规则。例如，尼龙 6 的 T_m = 498K，按规则预计 T_g = 332K，而实验值为 323K；聚对苯二甲酸乙二酯 T_m = 540K，按规则预计 T_g = 360K，实验值 342K；聚乙烯 T_m = 410K，按规则预计 T_g = 205K，实验值为 205K；聚偏二氯乙烯 T_m = 471K，预计 T_g = 235.5K，实测值为 256K。

（二）其他结构因素的影响

1. 共聚

无规共聚物的 T_g 介于两种或几种共聚组分单体的均聚物的 T_g 之间，图 1-15 是两种

共聚物的 T_g 与丁二烯含量的关系。当丁二烯含量为0时，就是纯聚苯乙烯和纯聚丙烯腈，它们的 T_g 分别为81℃和104℃。随着丁二烯含量的增加，共聚物的 T_g 相应地降低，当丁二烯含量为100%时，就是纯聚丁二烯的值。从这里可看到共聚作用是连续改变 T_g 的好方法，因而也有人把共聚称为“内增塑作用”。共聚对 T_g 的影响可用下式表示：

$$W_2 = \frac{T_g - T_{g1}}{K(T_{g2} - T_g) + (T_g - T_{g1})} \quad (1-8)$$

式中　W_2——共聚物中单体2的质量分数；

T_g——共聚物的玻璃化温度，℃；

T_{g1} 和 T_{g2}——均聚物1和均聚物2的玻璃化温度，℃；

$K = \Delta\alpha_2 / \Delta\alpha_1$；

$\Delta\alpha$——均聚物的玻璃态和高弹态两种膨胀系数之差。

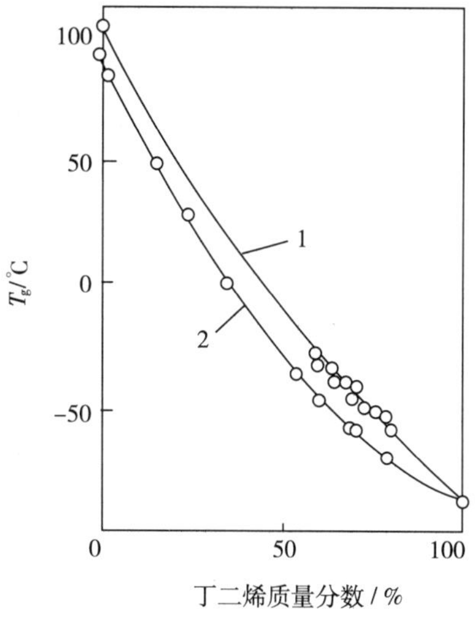

图1-15　共聚物组成对 T_g 的影响

1-丙烯腈-丁二烯共聚物；
2-苯乙烯-丁二烯共聚物

接枝共聚对 T_g 的影响要比无规共聚对 T_g 的影响大，也更复杂。例如，接枝的密度，支链的长度，组分的比例，组分的相容性，主链和支链的选择以及所谓正接和反接等因素，都在不同程度上对 T_g 产生影响。对于共混聚合物，当两组分可以相容而成均相体系时，整个聚合物只有一个 T_g，如果两个组分不相容，共混物发生了相分离时会出现两个 T_g，它们的数值分别接近两个纯组分的 T_g。

2. 化学交联

随着化学交联点密度的增加，分子链活动受约束的程度也要增加，相邻交联点（化学交联点和物理交联点全考虑在内）之间的平均链长变小，所以交联作用使 T_g 增高。表1-7是以二乙烯基苯作为交联剂的交联聚苯乙烯的 T_g 值。

表1-7　交联作用对聚苯乙烯 T_g 的影响

二乙烯苯含量/%	T_g/℃	交联点之间的平均链节数
0	87.0	—
0.6	89.5	172
0.8	92.0	101
1.0	94.5	92
1.5	97.0	58

二乙烯基苯含量越高表示交联度越大，交联度越大，T_g 提高越多，它们之间的定量关系可用下式表示为：

$$T_{gx} = T_g + K_x\rho \quad (1-9)$$

式中　T_{gx}——交联聚合物的玻璃化温度，℃；

T_g——未交联的聚合物的玻璃化温度，℃；

K_x——常数；

ρ——交联密度。

Nielsen认为，在使用交联剂进行交联时，必须同时考虑交联与共聚两种效应。后一种效应是由于在交联时，引入了化学上与原聚合物不同的组分，而且随交联度的增加，交联聚合物的组成逐渐变化。共聚效应可能提高或降低交联聚合物的 T_g。根据一些实验数据，他提出如下经验关系式：

$$T_{gx}-T_{go}\approx\frac{3.9\times10^{4}}{\overline{M}_{c}} \quad (1-10)$$

式中 $\overline{M}_c$——交联点之间有效链的数均分子量；

T_{go}——具有与交联聚合物相同化学组成的未交联聚合物的玻璃化温度，℃。

3. 分子量

分子量的增加使 T_g 增加，特别是当分子量较低时，这种影响更为明显。当分子量超过一定程度以后，T_g 随分子量的增加而增加的效果不明显了（图 1－16）。这是因为在分子链的两头各有一个链端链段。这种链端链段的活动能力要比一般的链段来得大。分子量越低时，链端链段的比例越高，所以 T_g 也越低。随着分子量的增大，链端链段的比例不断地减少，所以 T_g 不断增高，分子量增大到一定程度后，链端链段的比例可以忽略不计，所以 T_g 与分子量的关系不大。如以 T_g 对分子量的倒数作图可得一直线（图 1－17），直线方程为：

$$T_g=T_g(\infty)-\frac{K}{\overline{M}_n} \quad (1-11)$$

式中 $T_g(\infty)$——分子量为无限大时，聚合物的玻璃化温度，℃；

K——每个聚合物的特征常数，可从直线斜率得到；

$\overline{M}_n$——数均分子量。

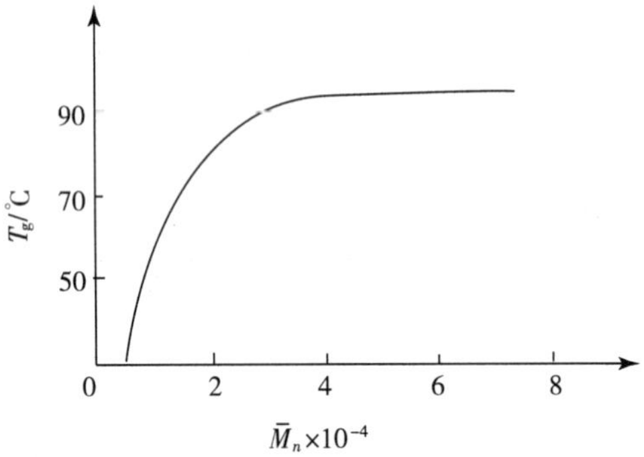

图 1－16 PMMA 的分子量与 T_g 的关系

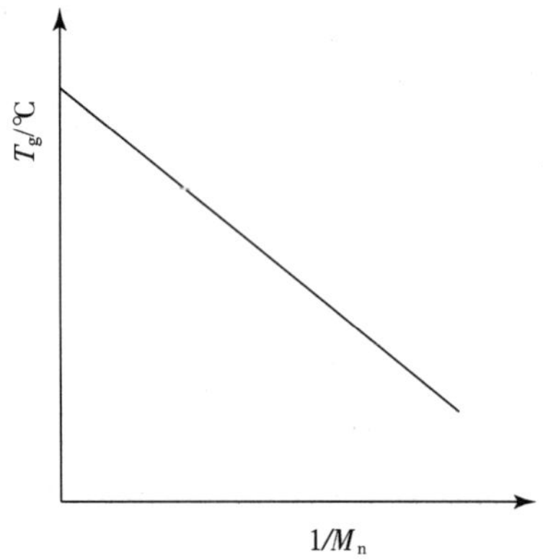

图 1－17 高聚物的 T_g 对分子量倒数作图

从自由体积概念出发，可以导出上述关系式。因为链端具有较大的活动性，可以认为它比处在分子链中央的同样原子数目的基团贡献更多的自由体积。如果每个链端对聚合物贡献的超额自由体积为 θ，每根分子链贡献为 2θ，每克重的分子链的贡献即为 $2\theta\,\overline{N}/\overline{M}_n$，其中 $\overline{N}$ 是阿佛加德罗常数。根据自由体积理论，玻璃化转变时，聚合物具有相同的自由体积分数，则有：

$$\frac{2\overline{N}\theta}{\overline{M}_n}=\alpha'_f\left[T_g(\infty)-T_g\right] \quad (1-12)$$

式中 α'_f——单位质量聚合物的自由体积膨胀率，$cm^3/(g\cdot ℃)$。

若写成与式（1－11）相似的形式，则有：

$$T_g=T_g(\infty)-\frac{2\overline{N}\theta}{\alpha'_f\overline{M}_n} \quad (1-13)$$

与式（1－11）比较，可得常数：

$$K=\frac{2\overline{N}\theta}{\alpha'_f} \quad (1-14)$$

4. 增塑剂

增塑剂对 T_g 的影响是相当显著的。玻璃化转变温度较高的聚合物，加入增塑剂以后，可以使 T_g 明显下降。增塑剂是聚氯乙烯塑料不可缺少一个组分。这不但是为了便于加工，也是为了使制品能够满足各种不同的使用要求。由表 1－8 数据可以看到，纯的聚氯乙烯 T_g 为 78℃，在室温下是硬性塑料；加入 45% 的增塑剂后，T_g 变为－30℃，可作为橡胶用品。聚氯乙烯常用的增塑剂一般是分子量较大的酯类低分子化合物，例如，苯二甲酸二丁酯、苯二甲酸二辛酯、癸二酸二辛酯、磷酸三酯、磷酸三甲酚酯、烷基磺酸苯酯等。这些增塑剂加入以后，使 T_g 下降的原因：其一是增塑剂上的极性基团与聚氯乙烯上的—Cl 基团存在相互吸引的作用，减少了聚氯乙烯分子之间—Cl 基团与—Cl 基团的相互作用，因而增塑剂的加入，相当于把—Cl 基团遮盖起来，称为屏蔽作用，结果使物理交联点减少；其二是增塑剂的分子比聚氯乙烯分子小得多，它们活动比较容易，可以很方便地提供链段活动时所需要的空间。上述两个原因都导致聚氯乙烯 T_g 的下降。

表 1－8　增塑剂对聚氯乙烯 T_g 的影响

增塑剂含量/%	聚氯乙烯 T_g/℃	增塑剂含量/%	聚氯乙烯 T_g/℃
0	78	30	3
10	50	40	－16
20	29	45	－30

如果以 T_{gp} 和 T_{gd} 分别表示纯聚合物 p 和增塑剂 d 的玻璃化温度，则可以按下面两个关系式，即根据混合的体积分数 ϕ 或质量分数 W 粗略估计增塑聚合物的 T_g。

$$T_g \approx T_{gp}\phi_p + T_{gd}\phi_d \quad (1-15)$$

$$\frac{1}{T_g} \approx \frac{W_p}{T_{gp}} + \frac{W_d}{T_{gd}} \quad (1-16)$$

为了较准确地估算增塑聚合物的 T_g，可采用与式（1－8）类似的关系：

$$T_g=\frac{T_{gp}+(KT_{gd}-T_{gp})\phi_d}{1+(K-1)\phi_d} \quad (1-17)$$

式中　K——经验常数，$K \approx \Delta\alpha_d/\Delta\alpha_p$；

$\Delta\alpha_p$ 和 $\Delta\alpha_d$——分别为组分 p 和 d 在玻璃化温度上、下的膨胀系数之差。

如果令 $K=1$，则式（1－17）变成式（1－15）；$K=2$ 时，式（1－17）所得结果常与式（1－16）一致。

通常，共聚作用在降低熔点的效应上比增塑作用更为有效，而增塑作用在降低玻璃化转变温度的效应上比共聚效应更为有效（图 1－18）。

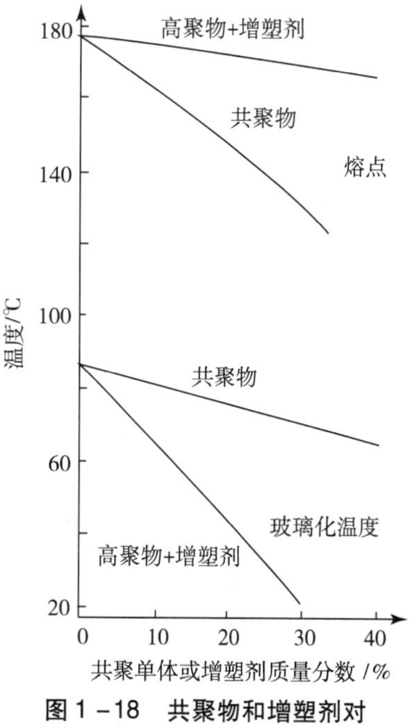

图 1－18　共聚物和增塑剂对高聚物 T_m 和 T_g 影响的比较

（三）外界条件的影响

1. 升温速度

由于玻璃化转变不是热力学的平衡过程，测量 T_g 时，随着升温速度的减慢，所得数值偏低。在降温测量中，降温速度减慢，测得的 T_g 也向低温方向移动。按照自由体积概念，在 T_g 以上，随着温度的降低，分子通过链段运动进行位置调整，这样将会腾出多余的自由体积，并使它们逐渐扩散出来，因此，聚合物在冷却的体积收缩过程中，自由体积也逐渐减少。但是由于温度降低，黏度增大，这种位置调整不能及时进行，致使聚合物的体积总比该温度下最后应具有的平衡体积大，在比体积－温度曲线上则偏离平衡线，发生拐折。冷却速度越快，则拐折得越早，因此所得 T_g 越高。一般地说，升温速度降低 10 倍，T_g 降低 3℃。通常采用的升温速度是 1℃/min。

2. 外力

单向的外力促使链段运动，因而使 T_g 降低，外力越大，T_g 降低越多。例如有报道聚氯乙烯在 20.0MPa 的张力作用下，T_g 降到 50℃。

Boyer 导出了 T_g 与张力 f 的关系：

$$T_g = A - Bf$$

式中　A、B——均为常数。

硫化橡胶的实验结果（图 1－19）证实了 T_g 与 f 之间的线性关系。

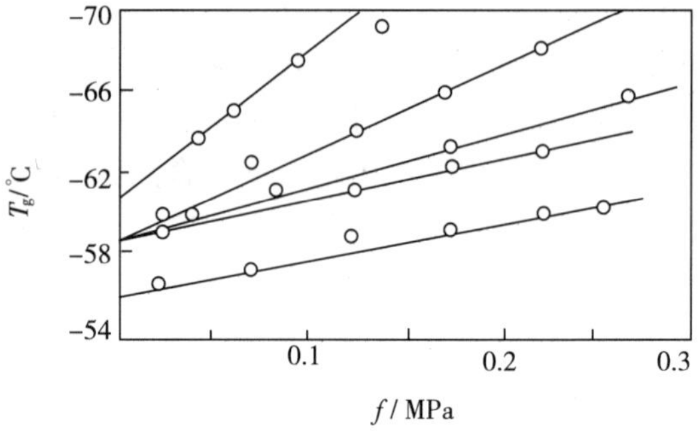

图 1－19　硫化橡胶的 T_g 与外力的关系

3. 围压力

随着聚合物周围流体静压力的增加，许多聚台物的 T_g 线性地升高。例如，含硫量 19.5% 的硫化橡胶在 1atm 时，T_g = 36℃；当压力增加到 800atm 时，T_g = 45℃；当压力增加到 2000atm 时，聚苯乙烯的 T_g 从 80℃，线性地升高到 145℃。

表 1－9 列出了几种聚合物 T_g 对周围压力的依赖性。压力变化会影响聚合物 T_g，这是因为随着周围压力的增加，聚合物内部的自由体积也要受到压缩，这必然使 T_g 提高。

表 1－9　几种聚合物的 T_g 的压力依赖性

聚合物	dT_g/dp	聚合物	dT_g/dp
聚苯乙烯	0.0342	聚甲基丙烯酸甲酯	0.0180
聚醋酸乙烯	0.0220	硫化橡胶	0.0170
聚氯乙烯	0.0140	聚丙烯	0.2100

4. 外力频率

由于玻璃化转变是一个松弛过程，外力作用的速度不同将引起转变点的移动。用动态方法测量的玻璃化转变温度 T_g 通常要比静态的膨胀计法测得的 T_g 高，而且 T_g 随测量频率 v_d 增加而升高（图 1－20）。

$$\log \nu_d = a - \frac{b}{T_g} \qquad (1-18)$$

式中　a、b——均为常数。

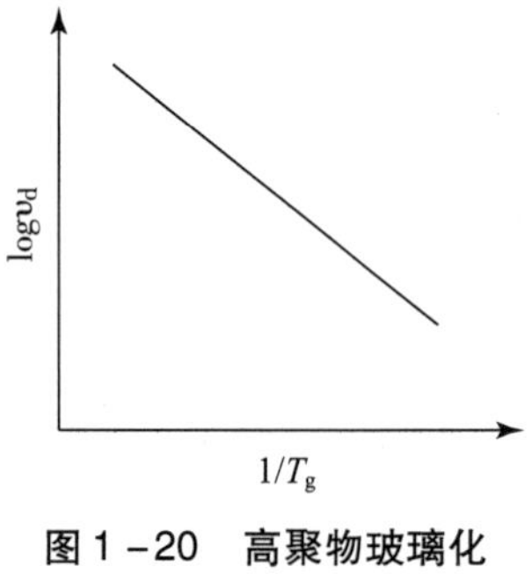

图 1－20　高聚物玻璃化转变温度对频率的依赖性

各种测量玻璃化转变温度的方法使用的频率（或者相当于

某种频率）范围不同，因而对同一聚合物测得的结果不同。表 1－10 给出了几种方法测量聚氯醚的结果。

表 1－10　不同方法测量聚氯醚的玻璃化转变温度 T_g

测量方法	介电	动态力学	慢拉伸	膨胀计法
频率/Hz	1000	89	3	10^{-2}
T_g/℃	32	25	15	7

第四节　聚合物的性能

要正确选用聚合物材料，设计聚合物制品及评价制品的质量，就需要了解聚合物的各种性能。对于高分子包装材料来说，主要是聚合物的力学强度、热性能、渗透性能、化学性能等。下面就其各项性能分别进行论述。

一、力学强度

聚合物作为一类材料，在许多使用场合，其力学强度都受到人们的重视。例如，用做纤维材料，要能经得起拉力；用做塑料制品，要经得起撞击；用做薄膜，要能抗撕裂；用做黏结剂、油墨、涂料等，要富有弹性和耐磨损。此外，它们还要经得起各种环境介质的作用等。因此，在抗张强度、硬度、耐冲击性等方面，对聚合物材料就产生了各种性能指标的要求。

聚合物包装材料力学行为的特点是它具有黏弹性，这已在前面详述过。下面内容将侧重于介绍聚合物包装材料的力学破坏行为。

（一）聚合物的应力－应变特性

聚合物材料的破坏过程常伴有不可逆形变（流动），通常是以应力－应变曲线来反映这一过程。典型的曲线示意图如图 1－21 所示。由此图可以获得反映破坏过程的力学量：断裂强度、断裂伸长、屈服应力、屈服伸长和断裂能等。这些量表征了材料的力学性质，如表 1－11 所示。它们主要与大形变特性有关。

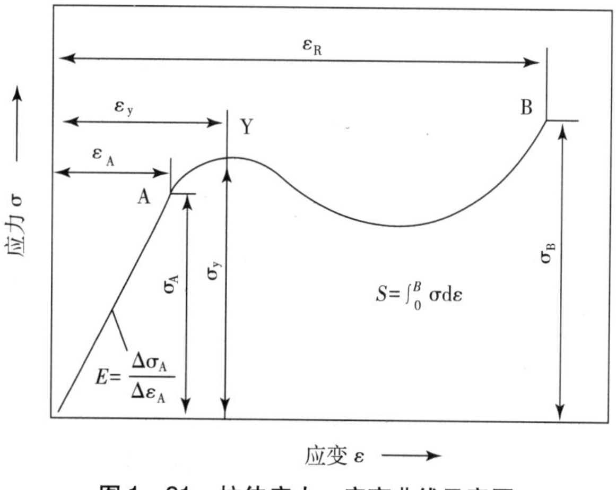

图 1－21　拉伸应力－应变曲线示意图

A－弹性极限；Y－屈服点；B－断裂点；S－应力－应变曲线下部的面积

材料破坏有两种方式：脆性破坏和韧性破坏。它们通常可从拉伸应力－应变曲线的形状和破坏时断面的形态来区分。试样在出现屈服点之前发生断裂，断裂表面光滑者为脆性破坏；试样在拉伸过程中有明显的屈服点和颈缩现象，断裂表面粗糙者为韧性破坏。图 1－21 所示曲线为拉伸应力－应变关系的综合曲线，而对实际聚合物材料，通常是综合曲线的一部分或是其变异，如图 1－22 所示，根据这些曲线的形状特点，在相同温度及外力作用下可将聚合物分为五类：软而弱、硬而脆、硬而强、软而韧、硬而韧。它们的力学特点及其差别如表 1－12 所示。从图 1－22 中这些曲线的形状可明显地看出，具有大的断裂伸长和高的断裂强度的材料是韧性最好的。这样的材料在拉伸时都有明显的屈服现象和塑性形变，如图 1－22（e）所示。相反，断裂伸长很小，断裂前无塑性形变的材料是脆性的，如图 1－22（b）所示。这类材料在断裂前试样上一般还会出现银纹，银纹通常开始出现于表面，并在垂直于应力方向上发展。

表 1－11　拉伸应力－应变曲线反映的材料力学性质

力学性质	力学参量	力学性质	力学参量
刚性	弹性模量	强度	屈服应力或断裂强度
弹性	屈服点	韧性	应变曲线下部的面积
延性	断裂伸长	回弹性	弹性限下部的面积

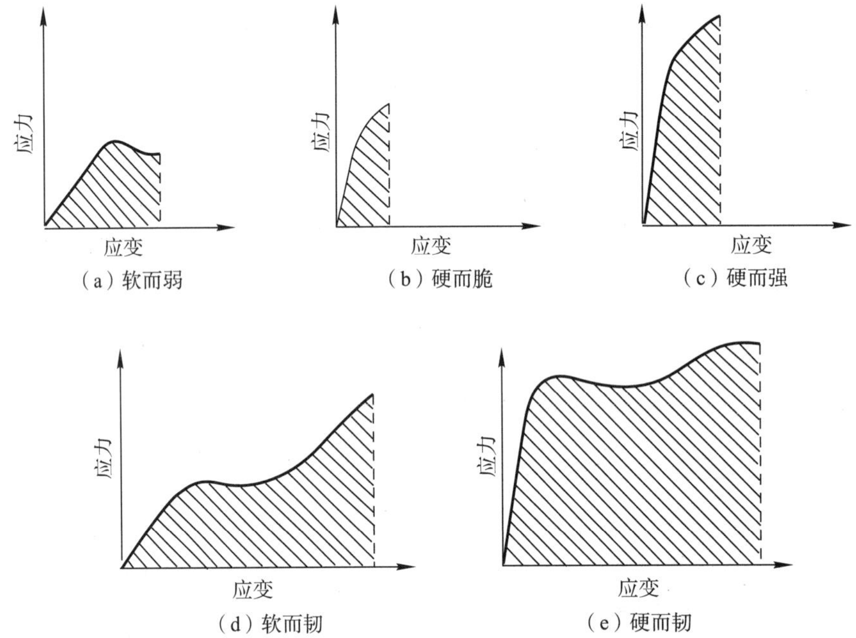

图 1－22　应力－应变曲线的类型

表 1－12　聚合物的应力－应变曲线特点及其分类

聚合物力学类型	应力－应变曲线的特点				实　例
	模量	屈服应力	极限强度	断裂伸长	
软而弱	低	低	低	中等	聚合物凝胶和干酪状材料
硬而脆	高	—	中等	低	聚苯乙烯、聚甲基丙烯酸甲酯、酚醛树脂
硬而强	高	—	高	中等	硬聚氯乙烯
软而韧	低	低	按屈服应力	高	增塑聚氯乙烯、聚乙烯、聚四氟乙烯等
硬而韧	高	高	高	高	聚酰胺、聚碳酸酯、聚丙烯等

（二）冲击强度

冲击强度是以极快的速度对试样施加载荷（冲击力），使之破坏，它是以单位断裂面积所消耗的能量大小来表示，单位为 J/cm^2。冲击强度可在冲击试验机上测得。冲击试验机有多种，如落重冲击试验机、摆锤冲击试验机等。摆锤冲击试验机又由于试样在试验机上放置的情况及冲击点的位置不同，有悬臂梁和简支梁两种试验方法。试样有两种：一种中间有缺口，一种没有缺口。对于强度较高的聚合物（塑料），多采用有缺口的试样测定。

冲击破坏所消耗的能量理论上应等于快速拉伸试验中应力－应变曲线下所围的面积。这个面积越大，表明破坏材料所需的能量越大。由此可知，高冲击强度与高抗张强度和大断裂伸长率相联系。这也是提高材料冲击强度两个经常考虑的因素。例如，不饱和聚酯树脂抗张强度为 39～86MPa，断裂伸长 $<5\%$，冲击强度 $1\sim2J/cm^2$（缺口）。将它用玻璃纤维增强而得到的玻璃钢，其抗张强度提高到 209～333MPa，冲击强度提高到 $27\sim162J/cm^2$，但断裂伸长率仍很低，为 0.5%～2.0%，并无改善。

改善聚合物冲击强度的途径总体上是采取措施，以增强吸收能量的能力。以橡胶和塑料机械共混所得的橡胶增韧塑料为例，聚苯乙烯的抗张强度为 29～61.8MPa，断裂伸长 1.0%～2.5%，冲击强度 $1.5\sim2.0J/cm^2$，加入丁苯橡胶共混所得增韧聚苯乙烯，抗张强度为 13.7～47.1MPa，断裂伸长 5%～80%，冲击强度达 $3\sim60J/cm^2$。

对于塑料来说，热塑性塑料的冲击强度，一般在 $0.2\sim1.5J/cm^2$（带缺口试样），聚碳酸酯比较高，可达 $6.0\sim7.0J/cm^2$；热固性塑料较低，以木粉填充的酚醛塑料仅为 $0.4\sim0.6J/cm^2$（不带缺口）。

（三）开裂

聚合物在使用过程中常发生开裂现象；开裂是物体在应力的作用下，发生过度形变的结果。有些开裂在早期人们常可看到裂纹生成。如聚苯乙烯、有机玻璃等一类透明塑料，对着光常可看到一些闪闪发光的细丝般的裂纹（或称“银纹”）。这些裂纹开始时常出现在物体表面，然后再逐渐向内部发展。具有裂纹的制品，其强度受到一定影响。裂纹的存在使它在受力时常成为应力集中点，容易迅速扩大开裂，而导致材料的破坏。

裂纹的出现最早认为与聚合物的结构不均匀有关。如刚性大分子、填料、杂质（灰尘、聚合催化剂残迹）、机械损伤、气泡等，它们易使应力集中。但是后来发现，即使经过仔细制备的均匀样品，也会产生裂纹。因此认为产生裂纹的因素在大分子制备、凝聚时已预伏下来，如玻璃态聚合物的分子无规排列中包藏着大量直径 10.0nm 以下的空穴。产生裂纹的最主要外界因素是应力，一切开裂几乎都是应力作用造成的。通常裂纹沿拉力的垂直方向产生、发展，应力越大，裂纹的产生和发展越快；而当应力低于某一水平时则不产生裂纹。这种产生裂纹的最低应力称为临界应力。如果将外力移除或对物体施以压缩力，生成的裂纹可慢慢消除，加热可促进这一过程。例如，含有裂纹的聚苯乙烯加热到玻璃化温度以上可使裂纹消失，强度恢复，因此裂纹不是真正的开裂，裂纹内不全是空的，而是填充着取向的聚合物。所以生成裂纹的过程是在应力下，该处聚合物分子发生了流动、取向。由于聚合物取向与未取向部分存在折光率的差异，所以表现出闪亮的银纹。

除应力外，某些环境介质的作用是造成开裂的另一重要因素，如热、氧化、溶剂、非溶剂物质等的作用。热可增强分子的运动，从而可在较低的应力下产生物料的流动、破坏，视为“热应力破坏”。氧化会造成大分子结构的破坏，如老化降解，在橡胶中最为典型。溶剂可进入聚合物中，起到增塑、降低 T_g 的作用，有利分子运动，可能引起结晶，导致聚合物结构的变化和破坏。非溶剂物质的破坏，如某些表面活性剂对于聚乙烯的破坏，所谓“环境应力开裂”。这是由于这些活性物质具有很高的活动性和润滑性，能进入聚合物的裂纹中，通过吸附、浓聚的作用而降低聚合物的表面能，从而易于使新表面出现开裂（裂纹扩大）。

（四）聚合物力学强度特点

和金属、玻璃、陶瓷等传统材料比较，聚合物材料的力学强度有许多特点：

1. 力学强度的数值范围甚宽

杨氏模量可以在橡胶的 10^6Pa 到硬塑料的 5×10^9Pa 之间。这也是聚合物应用非常多样化的原因之一。它可供人们选择刚柔程度大小不相同的材料。

2. 强度低、模量低

聚合物的模量要比金属低得多，即使是硬质聚合物也要低 100 倍，甚至比普通玻璃也要低 10 倍，这就使聚合物在应用上受到限制。但是在许多情况下这种限制是可以克服的，如将聚合物零部件的体积做得大一些。这是因为聚合物质轻，其比强度（强度/密度）比一般金属高，因此在等质量基础上作比较时，聚合物材料是有利的，如表 1－13 最后一栏中所列数值。

表 1－13 不同材料的力学性能比较

材料	杨氏模量 /10^9Pa	抗张强度 /10^5Pa	密度 /(10^3kg/m^3)	抗张强度/密度 /(10^4N·m/kg)
铝	70	620	2.7	2.3
铸铁	90	1030	7.9	1.3
软钢	220	4150	8.0	5.2
玻璃	60	690	2.5	2.75
聚苯乙烯	3.4	415	1.07	3.85
聚甲基丙烯酸甲酯	3.7	480	1.19	4.0
聚酰胺－66	2	690	1.10	6.3
低密度聚乙烯	0.24	140	0.91	1.5
聚碳酸酯	2.3	650	1.2	5.4
橡胶	2×10^{-3}	140	0.91	1.5
70%玻璃纤维增强环氧树脂	40	12000	2.2	54.5
70%碳纤维增强环氧树脂	500	70000	2.0	350

3. 与分子结构及高分子聚集态结构有关

（1）平均分子量或平均聚合度。聚合度高，即重复单元多，则分子量大，分子链也长，从而增加了相互纠缠的内聚作用，加大了分子间引力，阻碍了分子的活动，提高材料的柔韧性，减少了脆性。例如，线形低聚物是脆性的，抗冲击性很差，当分子量增大时，冲击强度就提高了。一般聚合度小于 150 的低聚物，其机械性能小到不能测定。随聚合度的提高，可以显著地提高其抗拉强度、抗冲强度、耐磨性。聚合度再高，当超过 200 以上时，这个影响就不太显著。但是特别高的分子量又产生特殊效应，如特高相对分子质量（200 万～300 万）的聚乙烯的冲击强度超过 92.4J/cm^2（缺口试件），比起低分子量聚乙烯的冲击强度 38～43.5J/cm^2，其冲击强度的提高是突出优异的范例。聚合物中含有 10%～15% 低分子量聚合物，会造成抗拉强度和冲击强度降低。工业上为了改进塑料的机械强度，通常除去低分子量的组分及制造分子量分布狭窄的聚合物，对提高塑料的机械性能是十分有利的。

（2）结晶度。结晶聚合物的抗拉强度随结晶度的增大而提高。但冲击强度则下降。由于结晶使链段排列紧密，链段重排运动难以进行。当受到冲击力作用时，聚合物发生黏弹性形变的能力差，吸收冲击力场能量差，所以冲击强度下降，但硬度变得良好。结晶度提高对塑料性能影响的关系如表 1－14 所示。

表 1－14　结晶度提高对塑料性能的影响

结晶度提高	被提高的性能	熔点、软化点、脆化点、热变形温度、硬度、抗拉强度、不透气性、耐化学药剂性
	被降低的性能	弹性、伸长率、冲击强度、蠕变性、耐磨性、透气性、透明性、溶剂吸收性（耐应力开裂性）

（3）取向性。聚合物的大分子、链段以及结晶聚合物的微晶，在加工时受拉伸作用，或多或少地作平行于拉伸方向的排列，即取向。沿取向方向施加外力时，便由主价力代替次价力来决定其机械强度。定向性和结晶度越大，其机械强度越高，但垂直于拉伸方向的机械性能较差。所以薄膜的拉伸加工，最好是双轴定向，使任何方向都具有良好的抗撕裂的性能。

二、热性能

聚合物的热性能主要有耐热性、导热性、热膨胀性、耐燃烧性等。

（一）耐热性

聚合物的耐热性是用来确定它的最高允许使用温度范围。其耐热性能的指标主要有玻璃化温度（T_g）、熔点（T_m）和热分解温度（T_d）。若聚合物的 T_g 或 T_m 比室温高得越多，作为塑料、纤维材料，其工作温度也越高，使用范围就广。一般陶瓷材料和金属材料，多数都具有出色的耐热性，而聚合物其耐热性都比较差。因此提高 T_g、T_m 和 T_d，可以抑制聚合物降解（主链断裂）和分解（侧链断裂），防止和克服聚合物变色、发脆等缺陷，都是当前合成聚合物的研究方向之一。

聚合物的热稳定性、玻璃化转变温度和熔点都取决于大分子链内和链间的相互作用。

因此提高聚合物的耐热性能的方法主要有：

1. 提高大分子间作用力（次价力）

聚合物的软化，本质上是大分子链段能够发生重排运动，因此增加分子间作用力，可提高其耐热性。如增加分子间的氢键数目，就十分有效。聚酰胺、聚氨酯等树脂的熔点较高，正是由于大分子链间氢键作用的缘故。氢键不仅可以增加分子的内聚力，也可以提高其结晶性。

增加分子的偶极矩（不对称结构），如引入强的极性基团也可以增加分子间的吸引力，提高 T_g 或 T_m。例如，在聚乙烯碳链上引入氯原子或羟基取代氢原子，成为聚氯乙烯或聚乙烯醇时，T_g 和 T_m 就比聚乙烯高，引入极性更大的氰基变成为聚丙烯腈时，其玻璃化温度（103℃）就比聚氯乙烯（87℃）还高。

2. 提高分子链的刚性，减弱柔顺性

分子链段内旋转受到的能障越大，则材料的刚性越强，玻璃化转变温度、熔点越高。例如，可以用大的基团取代碳链上的氢原子，使空间位阻增大；若用氟原子代替氢，由于 F 的电负性很大，相互排斥作用强，使高分子链的刚性很大，所以聚四氟乙烯的熔点高达 327℃。

另外向主链结构引入空间障碍大的芳香环、杂环，也可提高 T_g，如聚酯（PET），聚碳酸酯的 T_g 及 T_m 都较高。

3. 增加分子结构的规整性

使大分子的结构规整性提高，不仅具有结晶能力，而且结晶能力强，有利于提高结晶度，形成结构规整程度高的结晶，使大分子的柔顺性呈现不出来。例如，低密度聚乙烯支链很多，结晶度低，其 T_m 为 110℃；而高密度聚乙烯，结晶度高，T_m 为 137℃；定向聚合的等规聚丙烯的熔点高达 164℃。

4. 适度交联

大分子链与链之间交联，交联度越大，T_g 也越高。所以交联点多的热固性塑料一般耐热性都高。交联密度（交联点与点之间的距离）在 20.00nm 左右，呈现弹性体状。若交联密度为 1nm 时，就成为脆硬的塑料（如酚醛塑料）。所以控制交联密度，是提高聚合物软化点和分解温度的方法之一。例如，聚乙烯经 γ 射线辐射后，产生交联，其耐热性可提高到 250℃。

对于塑料来讲，耐热性的测定方法有马丁法、维卡法和热变形温度法。

马丁耐热温度是将长条形标准试样（120mm × 15mm × 10mm）按水平方向夹住一端，另一端加以静弯曲力矩，在弯曲应力为 5MPa 作用下慢慢升温。当试样末端弯曲到规定的变形值时的温度，即为塑料的马丁耐热温度，以摄氏温度（℃）表示。热塑性塑料的马丁耐热温度随着其玻璃化温度（T_g）、熔点（T_m）的升高而提高，但一般马丁耐热温度在 100℃以下，只有少数几种塑料如聚苯醚（PPO）、聚砜可达 150℃左右。热固性塑料的马丁耐热温度一般都比热塑性塑料高。如酚醛塑料和三聚氰胺甲醛塑料为 130 ~ 150℃。

（二）导热性

聚合物的导热性能是用热导率来表示。一个立方形的物体，它的两个平行面的温度如果相差 1℃，在单位时间内所传递的热量，称为热导率。单位为 M/(m · h · ℃)。

聚合物的导热性不好，热导率一般仅为 0.84 ~ 2.5kJ/(m · h · ℃)，与金属相比，相差较大，钢为 189kJ/(m · h · ℃)，铜为 1386kJ/(m · h · ℃)。

（三）膨胀系数

聚合物受热后要膨胀，膨胀多少是以膨胀系数来表示。线膨胀系数是使试样温度升高1℃所增加的长度与它原来长度之比。塑料的线膨胀系数比较大，是典型金属——铁的2～17 倍。

（四）耐燃烧性

在空气中，不同种类的塑料，燃烧时会出现不同的燃烧现象。利用这些燃烧性能，可以简易地大体鉴别塑料的品种。常用塑料的燃烧特性如表 1－15 所示。

表 1－15　常用塑料的燃烧特性

塑料名称	燃烧难易	离火后是否燃烧	火焰状态	塑料变化状态	气　味
聚乙烯	易	继续燃烧	上端黄色，下端蓝色	熔融、滴落同时燃烧	石蜡燃烧时的气味
聚丙烯	易	继续燃烧	上端黄色，下端蓝色	熔融、滴落同时燃烧	石蜡燃烧时的气味，比聚乙烯弱
聚氯乙烯	难	离火即灭	上端黄色，下端绿色	软化	刺激性酸味
聚苯乙烯	易	继续燃烧	橙黄色，黑烟	熔融、滴落同时燃烧	苯乙烯单体特有的气味
聚偏二氯乙烯	极难	离火即灭	橙黄色火焰下绿色	软化	收缩而端部炭化、黑色
尼龙	难	慢慢熄灭	尖端黄蓝色火焰	熔融、滴落、气泡	羊毛、指甲烧焦气味
聚碳酸酯	较易	继续燃烧	黄色火焰，黑烟	边熔融边燃烧	端部收缩、固化，黑色
聚酯	较易	继续燃烧	尖端黄色下端蓝绿色，黑烟	稍有收缩并熔融	熔融物固化，黑色
ABS	容易	继续燃烧	黄色，黑烟	软化、烧焦	特殊
醋酸纤维素	较易	继续燃烧	暗黄色，稍有黑烟	熔融、滴落同时燃烧	醋酸味
普通玻璃纸	容易	继续燃烧	红黄色火焰	与纸样充分燃烧	纸的气味
氯化橡胶	难	离火即灭	上部橙黄色，底部蓝色黑烟	一靠近火就猛烈收缩、稍微燃烧	橡胶的气味，黏糊，黑色
聚乙烯醇	较易	继续燃烧	黄色火焰，底部蓝色	熔融、滴落同时燃烧	乙烯的气味，浅灰色
聚氨酯	较易	继续燃烧	底部蓝色，黑烟	熔融、滴落并燃烧	熔融物固化，黑色
酚醛树脂	缓慢燃烧	自熄或继续燃烧	黄色，有少量黄烟	膨胀、开裂	木材、布或纸，苯酚味

三、透气性能

塑料、橡胶制品等，在其使用过程中都有一个透气性的问题。对透气性的要求要视用途而定，有的要求透气性小，有的要求透气性大，有的还要求只能透过某种气体。故研究聚合物的透气性，在包装材料的应用中占有一定的地位。

（一）扩散的菲克（Fick）定律

当气体或蒸汽透过聚合物时，是气体先溶解在聚合物内，然后在聚合物中向低浓度处扩散，最后从聚合物的另一面逸出。故聚合物的透气性一方面决定于扩散系数，另一方面决定于气体在聚合物中的溶解度。当扩散气体浓度较低，扩散系数不依赖于浓度变化的情况下，扩散的菲克定律为：

$$q = -D \cdot \frac{\mathrm{d}c}{\mathrm{d}x} \cdot A \cdot t \tag{1-19}$$

式中 q——气体扩散透过量，cm^3；

D——扩散系数，cm^2/s；

x——薄膜厚度，cm；

c——扩散气体分子的浓度，cm^3/cm^3；

A——薄膜的面积，cm^2；

t——扩散时间，s。

当气体刚开始扩散时，扩散速率随时间而变化，这是由于扩散物的气体浓度在膜中逐渐增加的结果。后来整个膜内的浓度达到恒定值时，扩散速率成为稳定的状态（图1-23），亦即 q 与 x 无关。设薄膜的厚度为 L，薄膜两边的浓度为 C_1 和 C_2，当扩散分子与聚合物链两者间的吸引力较小时，溶解度也小。这时浓度 C 的变化不影响扩散系数 D。故可将（1-19）式改写成下式：

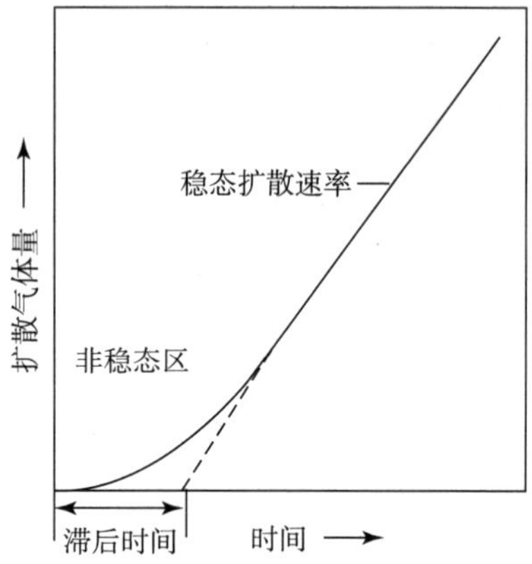

图1-23 气体扩散穿过聚合物膜时的时间滞后

$$J = \frac{q}{A \cdot t} = -D\frac{\mathrm{d}c}{\mathrm{d}x}$$

然后积分

$$\int_0^L J\mathrm{d}x = -\int_{C_1}^{C_2} D\mathrm{d}c$$

则

$$J = -\frac{D}{L}(c_2 - c_1) \tag{1-20}$$

根据亨利（Henry）定律（溶质的蒸汽压在定温定压下近似地与其在溶液中的物质的量成正比），溶于膜中的气体浓度与相应平衡气体压力 p 间的关系为 $C_1 = S_1p_1$，$C_2 = S_2p_2$，设若溶解度系数 $S_1 = S_2 = S$，单位为 $cm^3/cm^3 \cdot atm$（聚合物），则式（1-20）可改写为：

$$J = DS\frac{p_1 - p_2}{L} \tag{1-21}$$

令

$$P_g = DS$$

亦或

$$J = \frac{P_g}{L}(p_1 - p_2) \tag{1-22}$$

式中 P_g——气体渗透系数，$(cm^3 \cdot cm)/(cm^2 \cdot s \cdot atm)$。

（二）聚合物分子结构及聚集态与气体渗透性的关系

1. 分子的极性对气体渗透性的影响

聚合物的极性是由于分子中带有极性基团，不同的极性分子也由于它们的分子偶极矩不等，所表现出极性的强弱也不相同。一般把分子偶极矩 μ 的大小作为衡量分子极性强弱的标准。

①$\mu=0$ 的分子为非极性分子，如聚乙烯、聚丁二烯、聚四氟乙烯等。

②$\mu\leqslant 0.5$ 的分子为弱极性分子，如聚苯乙烯、聚异丁烯、天然橡胶等。

③$0.5<\mu<0.7$ 的分子为极性分子，如聚氯乙烯、尼龙、有机玻璃等。

④$\mu>0.7$ 的分子为强极性分子，如聚酯、聚乙烯醇、酚醛树脂等。

气体对塑料的透气性能取决于该聚合物对某些气体的渗透系数的大小，而渗透系数的大小又取决于气体对该聚合物的扩散系数和溶解度系数的大小。例如，聚乙烯和聚酯都是结晶聚合物，结晶度大致相同，然而它们的分子极性不同。聚乙烯为非极性分子，而聚酯为强极性分子。由于聚酯分子中存在极性基团，分子间引力增加，因而气体对聚酯薄膜的扩散系数远小于聚乙烯。对氧的扩散系数（测定温度为 20℃）：$D_{PE}=3.2\times10^{-8}cm^2/s$，$D_{PET}=0.0087\times10^{-8}cm^2/s$；其相应的渗透系数为：$P_{PE}=2.1\times10^{-10}$ $(cm^3\cdot cm)/(cm^2\cdot s\cdot atm)$，$P_{PET}=0.028\times10^{-10}$ $(cm^3\cdot cm)/(cm^2\cdot s\cdot atm)$。

2. 结晶度对气体渗透性能的影响

不同的结晶聚合物材料具有不同的结晶度，而不同结晶度的聚合物材料对气体的透过性能是不相同的。如聚氯乙烯和聚酯两者均为极性分子，聚氯乙烯是属于无定形状态，而聚酯为结晶度较高的聚合物。当气体渗透过这两种聚合物时，由于气体透过结晶形物质比透过无定形物质需要更多的扩散激活能，因而气体透过聚酯的扩散系数远小于聚氯乙烯。对氧的扩散系数为（测定温度为 20℃）：

$$D_{PVC}=0.74\times10^{-8}cm^2/s,\ D_{PET}=0.087\times10^{-8}cm^2/s$$

其相应的渗透系数为：

$$P_{PVC}=0.61\times10^{-1}\ (cm^3\cdot cm)/(cm^2\cdot s\cdot atm),$$

$$P_{PET}=0.028\times10^{-8}\ (cm^3\cdot cm)/(cm^2\cdot s\cdot atm)$$

3. 密度对气体渗透性的影响

对某些聚合物来说，虽然是同一品种，但由于密度不同其透气性也不相同。一般密度高的其透气性能低于密度低的。例如相对密度为 $0.926g/cm^3$ 和 $0.951g/cm^3$ 的聚乙烯其对氧的渗透系数分别为 2.1×10^{-10} $(cm^3\cdot cm)/(cm^2\cdot s\cdot atm)$ 和 0.83×10^{-10} $(cm^3\cdot cm)/(cm^2\cdot s\cdot atm)$。这也是由于气体透过密度高的物质比透过密度低的物质需要更多激活能的缘故。

4. 分子的排列对气体渗透性的影响

对压延法、挤出法及流延法工艺生产的塑料薄膜的分子排列是属于无取向的。而高倍率的双轴或单轴拉伸工艺生产的塑料薄膜是属于有取向的分子排列。吹塑法及低倍率拉伸工艺所生产的薄膜其分子排列则在两者之间。由于分子的排列不同，气体的透过性能也各有区别。一般来讲，取向的塑料薄膜，它的渗透系数小于无取向的塑料薄膜。例如，聚氯乙烯在 30℃下测得对氧的渗透系数分别如下：

①压延法，P 为 1.26×10^{-10} $(cm^3\cdot cm)/(cm^2\cdot s\cdot atm)$。

②吹塑法，P 为 1.20×10^{-10} $(cm^3\cdot cm)/(cm^2\cdot s\cdot atm)$。

③拉伸法，P 为 0.78×10^{-10}（$cm^3\cdot cm$）/（$cm^2\cdot s\cdot atm$）。

（三）聚合物分子结构及聚集状态与水蒸气渗透性能的关系

水蒸气透过聚合物薄膜的机理，基本上与气体透过薄膜的机理相同，不同的是水蒸气属于极性分子物质，而气体（O_2、N_2、CO_2 等）属于非极性分子物质。

1. 亲水性聚合物对水蒸气的渗透性能的影响

在聚合物分子结构中，凡是含有较多或较强的亲水性基团者，称为亲水性聚合物。如聚乙烯醇、尼龙以及玻璃纸等在分子结构中都含有较多的亲水基团，因而它们属于亲水性聚合物薄膜。亲水性聚合物由于它本身容易吸水，被吸的水分对于聚合物薄膜来讲，起到增塑作用，因而水蒸气在这种聚合物薄膜中的扩散系数就不是一个常数，它随着水蒸气浓度的增大而增加，它不符合菲克定律，这是它与非亲水性聚合物的不同之处。例如，聚乙烯醇在温度为20℃，相对湿度为40%和60%，其扩散系数分别为 $0.03\times10^{-88}cm^2/s$ 和 $0.06\times10^{-88}cm^2/s$，它的扩散系数是随水蒸气浓度的增加而增加。而非极性聚合物的扩散系数则不随水蒸气浓度的增加而增加。

2. 极性分子聚合物对水蒸气的渗透性能的影响

由于水蒸气是极性分子，所以，水蒸气对极性分子聚合物的溶解速率和扩散速率均大于非极性分子聚合物，因而水蒸气对极性分子聚合物的渗透系数大于非极性分子聚合物。下面是聚酯薄膜和聚乙烯薄膜在38℃下测得的渗透系数：

$$P_{PET}=13.48\times10^{-12}\ (cm^3\cdot cm)/(cm^2\cdot s\cdot atm)$$

$$P_{PE}=10.06\times10^{-12}\ (cm^3\cdot cm)/(cm^2\cdot s\cdot atm)$$

3. 结晶、密度、分子排列对水蒸气的渗透性能的影响

聚合物的结晶度、密度和取向度对水蒸气的渗透性能的影响，规律与气体分子的渗透基本相似。

（1）结晶度。水蒸气对结晶聚合物的渗透速率小于非结晶聚合物。例如，聚氯乙烯和聚酯都是极性分子聚合物，但前者为无定形物质，后者为结晶形物质，它们在32℃下测得的渗透系数分别为：1.2×10^{-10}（$cm^3\cdot cm$）/（$cm^2\cdot s\cdot atm$）和 0.152×10^{-10}（$cm^3\cdot cm$）/（$cm^2\cdot s\cdot atm$）。

（2）密度。水蒸气对不同密度的聚合物，其透过能力有所差别。具体来讲，水蒸气对高密度聚合物的透过能力小于低密度聚合物。如高密度聚乙烯和低密度聚乙烯在38℃下测得的渗透系数分别为：4.01×10^{-12}（$cm^3\cdot cm$）/（$cm^2\cdot s\cdot atm$）和 10.06×10^{-1}（$cm^3\cdot cm$）/（$cm^2\cdot s\cdot atm$）。

（3）取向。聚合物薄膜中有无取向的聚集态结构对水蒸气的透过性能有直接的影响。一般情况下，水蒸气对取向聚集态结构的聚合物薄膜的透过性小于非取向排列的聚合物薄膜，此外还与取向度有关。如双轴定向的聚丙烯薄膜和吹塑的聚丙烯薄膜在38℃下测得的渗透系数分别为：3.27×10^{-12}（$cm^3\cdot cm$）/（$cm^2\cdot s\cdot atm$）和 7.32×10^{-12}（$cm^3\cdot cm$）/（$cm^2\cdot s\cdot atm$）。

四、对介质的耐受性能

聚合物一般都具有较好的介质耐受性，耐酸、耐碱、耐大气腐蚀。聚合物中的分子链很长，而且有些是纠缠在一起，许多分子链上的基团包在里面，即使接触到腐蚀性试剂，也不易显露出来，可减缓有机溶剂的侵蚀。但是，总体来说，含有活性基团的聚合物，耐化学腐蚀性较差。

聚合物对介质的稳定性与其化学结构有着密切的关系。聚合物分子链上含有 C—C 键、C—H 键、C—O 键，这些都是牢固的共价键，而且大分子链上能发生反应的官能团较少，因此聚合物不容易和其他物质发生化学反应，具有较好的化学稳定性。

聚合物的化学性能主要包括抗溶剂性、耐腐蚀性等。

（一）聚合物的抗溶剂性

聚合物在溶剂中首先是溶剂分子进入大分子链间，产生溶胀现象。经过一定时间后，大分子中所有的链段都与溶剂分子结合了（溶剂化），大分子才向被溶剂分散成的溶液中扩散而完全溶解。这个扩散过程，取决于分子间的内聚能密度。我们用“溶解度参数”来描述物质的溶解性能。溶解度参数定义为内聚能密度的平方根，其计算公式为：

$$\delta = \left(\frac{\Delta H - RT}{\frac{M}{d}}\right)^{\frac{1}{2}} \qquad (1-23)$$

式中　ΔH——汽化潜能，cal/mol；

T——绝对温度，K；

M——分子量，g；

d——密度，g/cm^3；

R——气体常数为 1.986。

部分聚合物和常用溶剂的溶解度参数如表 1-16 所示。

表 1-16　聚合物和溶剂的溶解度参数 δ

聚合物 δ/（cal/cm^3）$^{1/2}$		溶剂 δ/(cal/cm^3)$^{1/2}$	
聚四氟乙烯	6.2	聚氧化甲烯	11.1
聚二甲基硅氧烷	7.3	尼龙 66	13.6
聚乙烯	8.0	聚丙烯腈	15.4
聚丙烯	7.9	正戊烷	6.3
聚异丁烯	8.0	正己烷	7.3
丁苯橡胶	8.1~8.6	正辛烷	7.6
天然橡胶	8.1	二异丙基甲酮	8.0
丁二烯橡胶	8.5	环己烷	8.2
聚硫橡胶	9.0~9.4	四氯化碳	8.6
氯丁橡胶	9.2	甲苯	8.9
聚苯乙烯	8.5~9.7	乙酸乙酯	9.1
聚醋酸乙酯	9.4	二噁烷	9.9
聚甲基丙烯酸甲酯	9.2	丙酮	10.0
聚氯乙烯	9.7	吡啶	10.9

续表

聚合物 $\delta/(cal/cm^3)^{1/2}$		溶剂 $\delta/(cal/cm^3)^{1/2}$	
聚偏二氯乙烯	9.8	乙醇	12.7
聚对苯二甲酸乙二酯	10.7	甲醇	14.5
醋酸纤维素	11.4	丙三酮	16.5
环氧树脂	11.0	水	23.4

注：1cal = 4.1868J。

溶解性的规律是：凡两种物质的溶解度参数数值差 <1 的，一般都能互相溶解。例如，二醋酸纤维素（$\delta = 10.9$）能溶于丙酮（$\delta = 10.0$）而不溶于甲醇（$\delta = 14.5$）或甲苯（$\delta = 8.9$）。但有些聚合物却不能溶于参数相近的溶剂中，这是由于它们之间能够形成氢键或发生其他能增强分子间引力的作用，因而改变了溶解性的关系。例如，聚氯乙烯（$\delta = 9.7$）和聚碳酸酯（$\delta = 9.5$），溶解度参数都相似，但聚氯乙烯却溶于环己酮（$\delta = 9.9$）；而聚碳酸酯溶于二氯甲烷（$\delta = 9.7$）或氯仿（$\delta = 9.3$）；如果倒转过来，则都不能溶解。这是由于聚氯乙烯是一种弱的给质子体，而聚碳酸酯是一种弱的受质子体。因此聚氯乙烯溶于受质子体环己酮中，而聚碳酸酯溶于给质子体二氯甲烷中。

聚氯乙烯　　　　环己酮

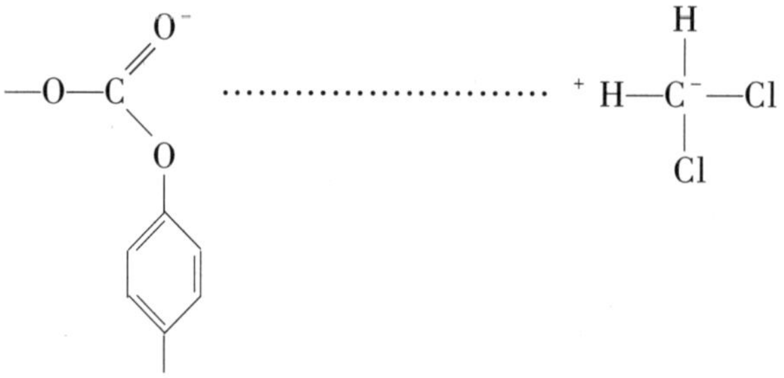

聚碳酸酯　　　　二氯甲烷

同样道理，聚酰胺易溶解于苯酚或甲酸等强给质子体中，而聚丙烯腈要溶解于二甲基甲酰胺或环四甲撑砜 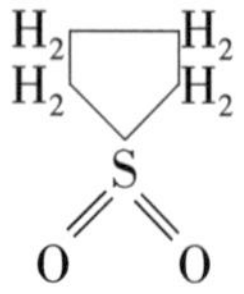 等受质子体中。这种分子间的特定作用，使聚合物能够克服结晶态的能障而产生溶解现象。

交联的聚合物在溶剂中，只能发生有限的溶胀，这是因为溶剂小分子渗透进入网状结构，把网张开拉长，发生高弹形变，产生回弹力，阻止溶剂分子的继续进入，最后渗透压力和网的回弹力达到平衡时，即达到溶胀平衡。

有时混合溶剂比单独溶剂的溶解力强，这是因为可将混合溶剂的溶解度参数调整到更接近于聚合物的溶解度参数的缘故。

一般说，带有极性基团的塑料，对水的亲和性大，如尼龙的吸水性较强，而聚乙烯醇则可溶于水。但它们对非极性的物质均具有排斥性，这也可以说是它们的溶解度参数相差很大的缘故，所以具有良好的耐油和耐有机溶剂性能，可用于油脂性物质的包装。

（二）聚合物的耐腐蚀性

带有活性基团的聚合物，耐化学腐蚀性就差。如聚酯中的酯键 $-\overset{\overset{\displaystyle O}{\|}}{C}-O-$ 易被水解。聚碳酸酯在高温水蒸气作用下也会发生水解。聚酰胺中的酰胺键 $-\overset{\overset{\displaystyle O}{\|}}{C}-NH-$ 遇到强酸、强碱，尤其在加热的条件下，容易起水解反应而被破坏。

因此，一般不带极性基团的聚合物，对酸碱化学试剂都具有良好的抗腐蚀性能。尤其主价键键能高的，不易断键。特殊的是聚四氟乙烯，分子中的 C—F 键结合很牢，同时氟原子还组成一个“保护层”，封闭了碳键，使碳键不易受到侵蚀，甚至在沸腾的“王水”中也无变化，比黄金还要稳定。

在分子结构相同的情况下，分子量大的或结晶度高的聚合物，溶解度比较小，分子间结合能高，也就比较耐腐蚀。

五、其他性能

聚合物材料除了力学性能、热性能、渗透性能、化学性能外，还有密度、透明度、吸水性等。

1. 密度

密度是单位体积的单个分子的质量及它们的堆砌方式的函数。碳氢化合物是由碳氢原子组成，因此，一般密度较低。简单碳氢化合物的聚合物——聚乙烯、聚丙烯、聚苯乙烯的密度是 0.9 ~ 1.1g/cm^3。以较重的氯或氟原子来代替氢，可以得到密度为 1.2 ~ 1.5g/cm^3 的聚氯乙烯及密度为 2.1 ~ 2.2g/cm^3 的聚四氟乙烯。聚甲醛密度更大，是因为 C—O—C 键堆砌得更紧密。

结晶态的聚合物总比非晶态聚合物更致密，因为堆砌得更密集，因而密度大。通过密度可反映出聚合物的组成、结构及结晶度。

2. 透明度

透明度是透过物体的光通量与入射总光通量之比，也称为透光度，有时是用一定波长范围的光进行测定。

密度差对决定透明度是重要的，因为折射率总是与密度成正比关系。如果非晶体的密度和晶体材料相近，当光穿过这两种结构的混合物时，则稍有散射，且材料是透明的；另一方面，若两者密度相差很大时，材料是不透明的。例如在聚乙烯中，密度差较大（非晶态的相对密度为 0.85，而晶态的相对密度为 1.01），因此，在有明显结晶的场合，材料是不透明的。而聚丙烯的密度较小（非晶态的相对密度为 0.85，而晶态的相对密度为 0.94），故聚丙烯是半透明的。对聚戊烯 $\left[C_5H_{10} \right]_n$ 来说，相对密度相近，因此是透明的。

然而，若将聚合物晶体材料快速冷却而得到非常细小的晶体，以至于其晶体尺寸比要透过的光的波长更短时，这种聚合物晶体材料可以是透明的。

3. 吸水性

将规定尺寸的试样浸入一定温度［25℃或（20±2）℃］的蒸馏水中经24h的测量增重，常用增重百分比表示，称为吸水率。也可用单位面积吸水量（mg/cm^2 或 $g/100cm^2$）或吸水增重（毫克数）表示。

思考题

1. 解释下列各词：

高分子、结构单元、单体、聚合度、引发剂、加聚反应、缩聚反应、共聚、均聚、数均分子量、重均分子量、热塑性聚合物、热固性聚合物、结晶度、玻璃化温度、黏流化温度、透湿度、透气率、内聚能密度、应力松弛过程、溶解度参数、气体渗透系数。

2. 什么叫聚合物分子量的分散性？聚合物的平均分子量大小及其分布对性能有何影响？

3. 什么叫平均聚合度？聚合物分子量、聚合度及结构单元间存在何种关系？

4. 以氯乙烯为例，说明自由基加聚反应机理。

5. 加聚反应和缩聚反应有哪些主要差别？

6. 共聚物和共混聚合物为什么性能不同？

7. 高分子链结构与聚集态结构各所指的内容是什么？

8. 聚合物结构对结晶度有何影响？结晶度对聚合物性能产生怎样的影响？

9. 聚合物受热其力学状态（物理状态）有哪些变化？并用聚合物分子运动特点进行解释。

10. 影响聚合物玻璃化温度的因素有哪些？

11. 根据聚合物的分子结构和分子间作用能，定性讨论下列聚合物的性能（强度、耐热性、抗溶剂性等）：

聚乙烯 $-[CH_2CH_2]_n-$（$259J/cm^3$）、

聚异丁烯 $-[CH_2C(CH_3)_2]_n-$（$272J/cm^3$）、聚苯乙烯 $-[CH_2CH(C_6H_5)]_n-$（$309J/cm^3$）、

聚氯乙烯 $-[CH_2CH(Cl)]_n-$（$380J/cm^3$）、聚丙烯腈 $-[CH_2CH(CN)]_n-$（$991J/cm^3$）、

尼龙66 $-[NH-(CH_2)_6-NHCO-(CH_2)_4-CO]_n-$（$773J/cm^3$）。

12. 解释下列聚合物结构对玻璃化温度的影响：

聚丙烯腈 $-[CH_2CH(CN)]_n-$、聚丙烯 $-[CH_2CH(CH_3)]_n-$、聚氯乙烯 $-[CH_2CH(Cl)]_n-$、

聚异丁烯 $\leftarrow CH_2C(CH_3)_2 \rightarrow_n$ 、尼龙66 $\{ NH—(CH_2)_6—NHCO—(CH_2)_4—CO \}_n$、

聚乙烯 $\leftarrow CH_2CH_2 \rightarrow_n$、聚酯 $\leftarrow CO—C_6H_4—CO—C—CH_2—CH_2—O \rightarrow_n$ 。

13. 有人认为将会发生下列聚合反应，请回答下列问题。

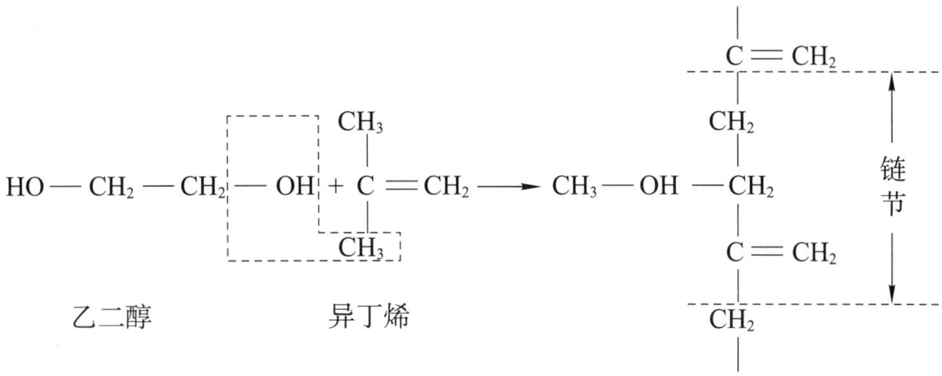

①所给聚合物是热塑性的，还是热固性的？上述反应是加聚反应还是缩聚反应？

②计算每克乙二醇加异丁烯所产生甲醇的克数。

③若聚合物的平均分子量是74500g/mol，那么平均聚合度是多少？

14. 什么叫高分子链的柔性？影响高分子链柔性的因素有哪些？

15. 试说明几类聚合物的拉伸行为，聚合物力学性能有哪些特点？

16. 提高聚合物耐热性的方法有哪些？

17. 聚合物溶解有哪些特点？如何选择溶剂？

18. 气体渗透系数是由哪两个系数决定的？聚合物分子结构及聚集态对其气体渗透性有何影响？对其透湿性又有何影响？

第二章 塑料包装材料

塑料是可塑性高分子材料的简称，其主要成分是树脂和添加剂。树脂决定各类塑料的物理和化学特性。树脂是塑料的基本成分，就像水泥把沙子、石块等填料，黏结成永久性的固体一样，塑料树脂能把填料或者有机和无机物黏结成一定形状的物品。塑料树脂是由许多重复单元或链节组成的大分子、高分子，也称聚合物、高聚物。目前世界上生产的高分子化合物大多应用于生产塑料。

从1868年美国的J. W. Hyatt制造出赛璐珞开始，到1909年美国的L. H. Baketand制造出酚醛树脂后，世界各大化学工业公司竞相对塑料进行研究。特别是第二次世界大战后，在大分子链学说理论的指导下，塑料工业得到了更加迅速的发展，制造出了种类繁多的各种塑料。塑料作为包装材料被广泛地应用是近期的事，与纸、木材、金属等包装材料相比，它具有以下优点：

①透明度好，内装物可以看清。

②具有一定的物理强度。

③防潮、防水性能好。

④耐药品、耐油脂性能好。

⑤耐热、耐寒性能良好。

⑥耐污染，包装物卫生。

⑦适宜于各种气候。

目前我国生产包装塑料制品的工厂有上万家之多，聚乙烯、聚丙烯、聚氯乙烯、聚酯、聚苯乙烯等已成为我国的重要包装材料，塑料包装材料与制品逐渐增多。我国塑料薄膜产量每年以10%左右的速度增长，聚乙烯、聚丙烯薄膜开始取代玻璃纸，高密度聚乙烯和聚丙烯编织袋在工厂、矿产及土产品的包装上已大量取代传统的麻袋和牛皮纸袋。超薄膜、双向拉伸聚丙烯薄膜、热收缩薄膜、复合薄膜、吹塑瓶等大型容器、编织袋、捆扎绳带、周转箱、钙塑瓦楞箱、泡沫塑料等都有大量供应，并向系统化、标准化发展。我国的塑料包装材料工业已形成了自己的体系，并进入了蓬勃发展的新时期。

第一节　塑料的组成与成型加工

一、塑料的组成

塑料是可塑造成型的材料，它是以合成树脂为主要成分，添加其他添加剂，经一定温度、压力、时间等塑制成型或制成薄膜。

树脂是塑料中最主要的组分，起着黏合剂的作用，能将塑料中的其他组分黏结成一个整体。虽然加入各类添加剂可以改变塑料的性质，但树脂是决定塑料类型、性能和用途的根本因素。单一组分塑料中，树脂的含量几乎达 100%，在多组分塑料中，树脂的含量约为 30% ~70%。

塑料组分中除了树脂外，还有以下几种主要的添加剂。

①填充剂。填充剂又称填料，是塑料中的重要组成部分，它是对合成树脂呈惰性的补充材料。填充剂的加入不仅仅是单纯的混合，除了可以增量、降低成本外，往往可以改变塑料的硬度、冲击强度、耐磨性和尺寸稳定性，改善塑料的耐热性能、电性能、抗化学及美化外表的作用。

填充剂的种类很多，常用的有机填充剂有木粉、棉花、纸张和木材单片等；常用的无机填充剂有碳酸钙、硅酸盐、黏土、滑石粉、石膏、石棉、金属粉、玻璃纤维等。

填充剂的用量根据性能要求加入，一般在 40% 以下，但有时也会超过合成树脂的用量。

②增塑剂。为了使塑料具有柔软性、弹性和流动性。必须使塑料本身或通过加入增塑剂以改善塑料的塑性。没有增塑剂，塑料不可能制成薄膜、片材、管子和其他柔软产品。增塑剂能促进大分子链的相互运动，且在运动中保持最小的摩擦系数，这样，它起到了一种内部润滑剂的作用，克服了链与链之间的分子作用力（引力），阻止了分子链之间的相互缠结，在加工过程中，温度越高，分子链之间的增塑剂渗透得越快，最终这种塑料的实际柔韧性就越强。

大多数增塑剂是液体，具有与树脂相溶的特点。增塑剂通常是无色的、低蒸汽压性的和热稳定性好的液态有机物。常用的增塑剂主要有邻苯二甲酸酯、脂肪二元酸酯、磷酸酯、环氧化合物、含氯化合物等。

增塑剂单独或与其他成分一起加入到树脂时，能增强塑料的柔韧性、抗冲击性、弹性、可模塑性和软度。但是，增塑剂的加入也带来了减弱塑料的强度、耐热性、尺寸稳定性和抗溶剂性的缺点。因此，塑料制品需要什么样的性能，在很大程度上决定使用什么程度和类型的增塑剂。

③稳定剂。塑料制品在加工和使用过程中，由于受热、光或氧的作用，过早地发生降解、氧化断链、交联等现象，而使材料性能变坏。为了稳定塑料制品质量，阻缓制品材料劣化，延长使用寿命，通常会在其组分中加入稳定剂。所以稳定剂又称防老化剂。

稳定剂的加入可抑制聚合物因光照、热、高能辐射、超声波、水、氧、微生物等因素造成的降解，使塑料变色、脆裂、强度下降等变质过程减缓。由于不同聚合物降解的机理不同，所以选用的稳定剂也不同。

按稳定剂的作用可分为热稳定剂、光稳定剂、抗氧剂等。

热稳定剂可以与具有催化作用的金属离子络合，或者能消除产生的游离基等活性中心。如聚氯乙烯成型加工时的塑料熔融流动温度接近于分解温度，容易分解出 HCl，而 HCl 又会起催化作用，促进聚氯乙烯加速分解。为了防止这一影响，可在其组分中加入热稳定剂，如加入硬脂酸盐作为热稳定剂以阻缓这种变化。

常用的热稳定剂有脂肪酸、酚或醇类的铬、镍、镉、锌盐，有机锡化合物，胺类、环氧油和酯、亚磷酸酯及硫醇类等。

光稳定剂有紫外线吸收剂、光屏蔽剂等。常用的光稳定剂有：一羟二苯甲酮衍生物，取代丙烯酸酯、芳酯（如间苯二酚酯、水杨酸芳酯）镍络合物，以及颜料（如炭黑、氧化锌、氧化钛等）。

抗氧剂可以抑制合成树脂氧化、降解。常用的抗氧剂有酚（如 2，6－二叔丁基酚）、芳香胺（如 N，N－二苯基对苯二胺）、正磷酸酯类（如三壬基苯基正磷酸酯）和各种类型的含硫化合物（如硫化二丙酸二月桂酯）等。

稳定剂要根据塑料制品的用途来选用，包装食品的塑料制品必须选用无毒稳定剂，儿童玩具制品也要选用低毒或无毒稳定剂。

④固化剂。固化剂又称硬化剂。其作用是在塑料树脂中生成横跨键；使大分子交联，由受热可塑的线形结构，变成体形（网状）的热稳定结构，如环氧、醇酸树脂等，在成型前加入固化剂，才能成为坚硬的塑料制品。

固化剂的种类很多，通常因塑料制品及加工条件不同而异。用于酚醛树脂的固化剂有六次甲基四胺，环氧树脂的固化剂有胺类、酸酐类、酰胺类等化合物，聚酯树脂用固化剂有过氧化物等。

⑤着色剂。颜色是塑料制品的一个很重要的特色。目前，使用的着色剂能使塑料制品的呈色效果从淡色到深色、大理石色以及其他各种不同的颜色。用于塑料制品的两种基本着色剂为染料与颜料。染料与颜料的重要区别是溶解度，染料在塑料化合物中能充分地溶解，而颜料相对来说不易溶解，但能扩散在整个塑料制品中。在塑料制品的整个使用过程中，颜料比染料更稳定，不易退色。近几年，发展了一种着色剂，称为色母料，它可在加工成型过程中加入到塑料制品中去。塑料制品厂可将这种着色剂和塑料组分搅拌在一起，或在制品加工时直接加入这种着色剂，就能使塑料变色。

⑥润滑剂。为改进塑料熔体的流动性能，减少或避免对塑料制品加工设备的黏附，提高制品表面光洁度等，而加入塑料中的一类添加剂称为润滑剂。一般聚烯烃、聚苯乙烯、醋酸纤维素、聚酰胺（尼龙）、ABS 树脂、聚氯乙烯等在成型加工过程中，常常加入润滑剂，其中尤以聚氯乙烯最常用。

润滑剂可根据其作用不同，而分为内润滑剂及外润滑剂两类。内润滑剂与塑料树脂有一定的相容性，加入后可减少树脂分子间的作用力，降低其熔体黏度，从而削弱聚合物熔体的内摩擦。一般常用的内润滑剂有：硬脂酸及其盐类、硬脂酸丁酯、硬脂酰胺等。外润滑剂与塑料树脂仅有很弱的相容性，而在成型过程中，易从内部析出表面而黏附于设备的接触表面（或涂于设备的表面上），形成一润滑剂层，降低了熔体和接触表面间的摩擦，防止塑料熔体对设备的黏结。属于这类润滑剂的有：硬脂酸、石蜡、矿物油及硅油等。

塑料中除上述组分外，有时根据特殊用途，在塑料中还加入发泡剂、防黏剂、增韧剂、抗静电剂等。

所以，通常我们所指的塑料是由合成树脂与添加剂等组分共同组成。反映各种添加剂与树脂重量的比例关系称为配方，它是根据制品的用途，所需性能和成型要求，再结合各种组分的特性和来源来制定的，合理的配方既能改善加工工艺条件，又能以较低的成本生产出优质产品，因此配方要经过多次反复实践，才能不断完善和提高。

二、聚合物的分类与命名

1. 聚合物的分类

聚合物品种繁多，性质各异，为研究聚合物结构与性质，必须要按一定原则对聚合物进行分类。由于着眼点不同，原则不同，分类的方法也不同，常见的分类方法如表 2 -1 所示。

表 2 -1 聚合物常见的分类方法

分类的原则	类 型	特征或举例
按聚合物来源	天然聚合物	纸张、天然橡胶、纤维素等
	人造及合成聚合物	聚乙烯、聚酰胺等
按聚合反应的类型不同	加聚聚合物	聚烯烃等
	缩聚聚合物	酚醛、环氧等高聚物
按聚合物的用途或工艺性质	塑料	有固定形状、热稳定性与机械强度
	橡胶	具有高弹性，可做弹性及密封材料
	纤维	单丝强度高，多用做纺织材料
	涂料	涂布于物体表面，可以形成坚固的防护膜
	黏合剂	能将两种物质黏结在一起，形成很牢固的物质
按聚合物的几何结构	线形聚合物	分子为线形或支链形结构
	体形聚合物	分子为网状或体形结构
按聚合物的热行为	热塑性聚合物	线形（或支链）分子结构，可熔可溶
	热固性聚合物	体形（或网状）分子结构，不熔不溶
按聚合物的主链结构	碳链聚合物	—C—C—
	杂链聚合物	—C—C—O—C—；—C—C—N—
	元素有机聚合物	—O—Si—O—Si—O—

在上述分类方法中，以按聚合物的化学组成即结构分类（按主键结构分类）最重要，现简述如下：

①碳链聚合物。这一类聚合物的主链全部由碳原子组成，它的侧基可以是各种各样的原子或原子团。属于此类聚合物的有聚烯烃、聚二烯烃等。

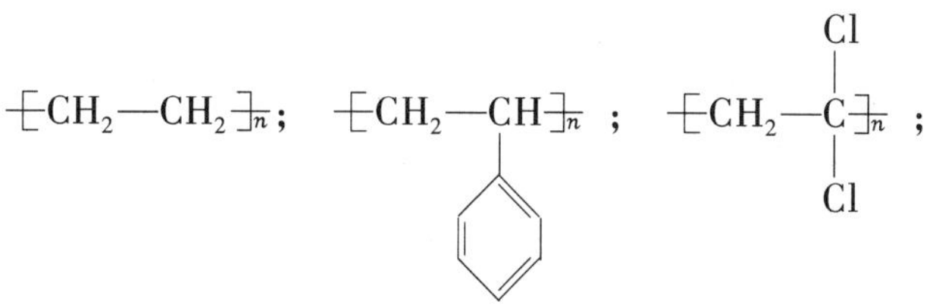

聚乙烯　　聚苯乙烯　　聚二氯乙烯

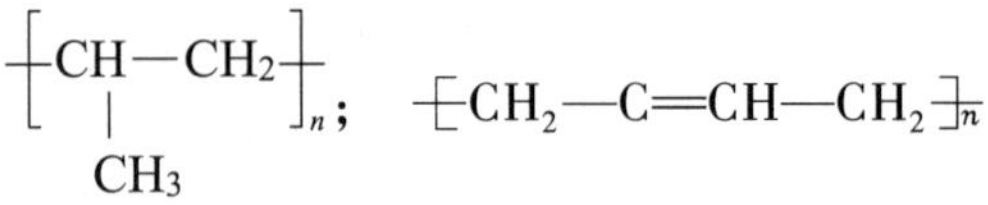

聚丙烯　　　　聚1，4－丁二烯

②杂链聚合物。这一类聚合物主链的化学结构除碳原子外，还含有氧、氮、硫、磷等原子。如聚酯、聚醚、聚酰胺、聚砜及环氧塑料等。

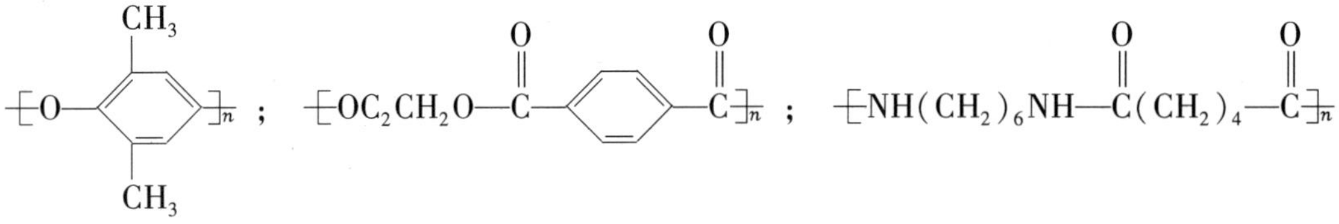

聚苯醚　　　　涤纶　　　　尼龙66

③元素有机聚合物。这一类聚合物分子的主链中，一般都含有氧、硅、钛、硼、铝、砷、锡等元素，它的侧基是由有机基团组成，如硅橡胶。

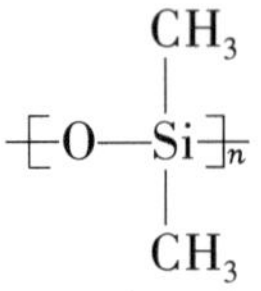

2. **聚合物的命名**

聚合物的命名尚未完全系统化，目前多采用习惯法命名。天然高分子化合物一般按来源和性质而用其俗名，如纤维素、蛋白质、虫胶等。合成的聚合物中加聚物命名一般是在其单体名称前加“聚”字，如聚乙烯、聚氯乙烯、聚甲基丙烯酸甲酯等。缩聚物因与单体的组成不同，它们的命名可按在其结构单元前加“聚”字，如聚对苯二甲酸乙二酯。若缩聚产物结构复杂，则常以原料名称命名，并在名称后加“树脂”二字。如酚醛树脂、环氧树脂、醇酸树脂、脲醛树脂等。目前，树脂二字的应用范围已扩大了，凡未加工的聚合物，也都称为树脂。如聚氯乙烯树脂。

此外，有些聚合物用商品命名，如尼龙、涤纶等。有些则是根据制品的特征命名的。如有机玻璃、电木、电玉等。

以上命名法具有简明的优点，但不能充分反映出聚合物的结构。国际化学联合会（IUC）的系统命名法，很烦琐，目前应用得很少，故不再介绍。

3. **塑料包装材料的分类**

塑料包装材料按照机能可分为运输包装、储藏包装、集合包装、保护包装、销售包装；按使用程度可分为一次性包装、再使用包装（回收包装）等；按包装对象可分为食品包装、药品包装、纺织品包装、液体包装、粉状包装、器械包装、危险品包装等；按使用部门可分为军需包装、民用包装、特需包装等。我国一般是根据塑料包装材料制品形态将其分为六大类。

①塑料薄膜。它包括普通薄膜、定向拉伸薄膜、涂布薄膜、复合薄膜等。薄膜可定义为厚度小于0.25mm的软质塑料薄片材。

②中空容器（瓶、罐）类。

③塑料箱，包括食品周转箱。

④编织袋。

⑤塑料袋，包括胶合带、捆扎绳等。

⑥泡沫塑料。

若根据包装材料的化学组成，则可将塑料包装材料分为许多种。表 2－2 为常用的塑料包装材料及其外文缩写。

表 2－2　常用塑料包装材料

编　号	学　名	俗　名	符　号
1	黏胶纤维素薄膜	普通玻璃纸	PT
2	聚偏二氯乙烯涂布黏胶纤维素薄膜	防潮玻璃纸	KT
3	聚氯乙烯涂布黏胶纤维素薄膜	防潮玻璃纸	MST
4	醋酸纤维素薄膜		CA
5	乙基纤维素薄膜		EC
6	聚乙烯		PE
7	低密度聚乙烯		LDPE
8	线形低密度聚乙烯		LLDPE
9	高密度聚乙烯		HDPE
10	聚丙烯		PP
11	单向拉伸聚丙烯		OPP
12	双向拉伸聚丙烯		BOPP
13	未拉伸聚丙烯		CPP
14	聚偏二氯乙烯涂布聚丙烯		KOPP
15	聚丁二烯		PB
16	聚氯乙烯		PVC
17	氯化聚氯乙烯		CPVC
18	聚偏二氯乙烯		PVDC
19	聚苯乙烯		PS
20	双向拉伸聚苯乙烯		BOPS
21	高耐冲性聚苯乙烯		HIPS
22	聚四氟乙烯	特氟隆	PTFE、F4
23	聚丙烯腈		PAN
24	聚醋酸乙烯酯		PVAC
25	聚乙烯醇		PVA
26	聚丙烯酸甲酯		PMA
27	聚甲基丙烯酸甲酯	有机玻璃	PMMA
28	聚对苯二甲酸乙二醇酯	聚酯	PET
29	聚酰胺	尼龙	PA、NY
30	聚己内酰胺	尼龙 6	PA6

续表

编　号	学　名	俗　名	符　号
31	聚己二酰己二胺	尼龙66	PA66
32	聚碳酸酯		PC
33	酚醛树脂	电木	PF
34	脲醛树脂	电玉	UF
35	聚氨酯		PU
36	环氧树脂		EP
37	丙烯腈－丁二烯－苯乙烯共聚物		ABS
38	丙烯腈－苯乙烯共聚物		AS
39	乙烯－乙烯醇共聚物		E/VAL、EVOH
40	乙烯－乙酸乙烯酯共聚物		E/VAC、EVA
41	乙烯－丙烯共聚物		E/P
42	氯乙烯－乙烯共聚物		VC/E
43	氯乙烯－乙烯－丙烯酸甲酯共聚物		VC/E/MA
44	氯乙烯－乙烯－乙酸乙烯酯共聚物		VC/E/VAC
45	氯乙烯－丙烯酸甲酯共聚物		VC/MA
46	氯乙烯－乙酸乙烯酯共聚物		VC/VAC
47	氯乙烯－偏二氯乙烯共聚物		VC/VDC

三、塑料成型加工方法

塑料制品的成型加工是一种既复杂而又繁重的过程，它的目的是根据各种塑料的固有性能，利用一切可以实施的方法，使其成为具有一定形状而又有使用价值的物品或定型材料。目前塑料制品的主要成型加工方法有：挤出成型、注塑成型、压缩模塑成型、压延成型、传递模塑、热成型、吹塑成型等。

1. 挤出成型

挤出成型又称挤压模塑或挤塑，即借助螺杆或柱塞的挤压作用，使受热熔化的塑料在一定压力推动下，强行通过口模而成为具有恒定截面的连续型材的一种成型方法。挤出法几乎可以成型所有的热塑性塑料，也可加工某些热固性塑料。生产的制品有管材、板材、薄膜、片、扁带、复合材料、中空容器、异型材等。目前挤出制品约占热塑性塑料制品生产量的40%～50%。此外，挤出设备还可用于塑料的塑化造粒、着色和共混等。

挤出成型用的主要设备为挤出机，其加工过程是将塑料在一定的温度和一定的压力条件下熔融塑化，并连续地通过一个型孔，成为特定断面形状的产品。图2－1为单螺杆挤出机结构示意图。

挤出成型除了可以生产各种规格的硬管、软管、异形材、薄膜、板、片、平面拉幅薄膜、单丝、泡沫塑料外，还可用于生产织物或纸张的涂复材料；采用2～3台挤出机器和多层吹塑机头连用，可生产多层复合薄膜或挤出复合制品；使用旋转机头还可生产各种连续的管形网状挤出物。

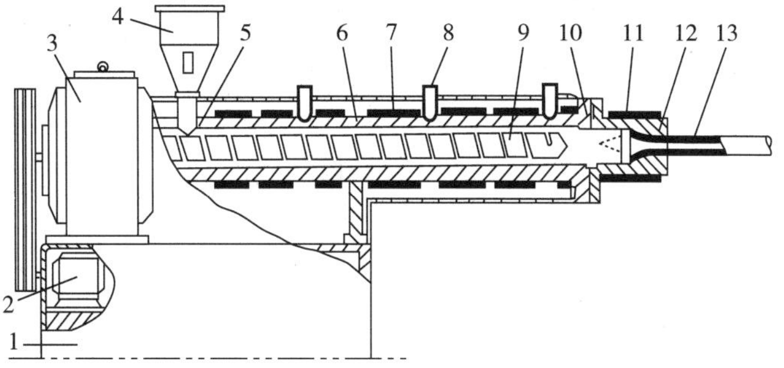

图 2－1　单螺杆挤出机结构示意图

1－机座；2－电动机；3－传动装置；4－料斗；5－料斗冷却区；6－料筒；7－料筒加热器；8－热电耦控温点；9－螺杆；10－过滤网及多孔板；11－机头加热器；12－机头；13－挤出物

2. 注塑成型

注塑成型又称注射成型或注射模塑，是热塑性塑料的一种重要成型方法。注塑成型就是将塑料（一般为粒料）在注塑成型机的料筒内加热熔化，当呈流动状态时，在柱塞或螺杆加压下熔融塑料被压缩并向前移动，进而通过料筒前端的喷嘴以很快的速度注入温度较低的闭合模具内，经过一定时间冷却定型后，开启模具即得制品。图 2－2 是注塑成型示意图。

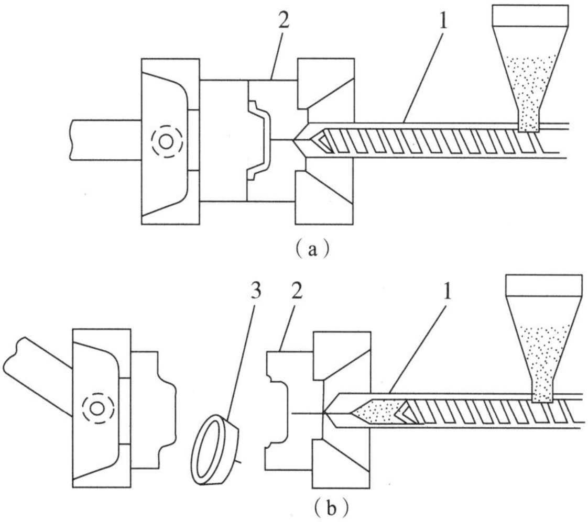

图 2－2　注塑成型示意图

1－注塑机；2－模具；3－制品

迄今为止，注塑成型除氟塑料外，几乎所有的热塑性塑料都可以采用此成型法。它的特点是生产周期快、适应性强、生产率高和易于自动化等，因此被广泛地用于塑料制品的生产中。从塑料产品的形状看，除了很长的管、棒、板等型材不能采用此法生产外，其他各种形状、尺寸的塑料制品，基本上都可应用这种方法进行成型，它所生产的产品占目前塑料制品生产的 20%～30%。近年来，注塑成型也用于某些热固性塑料（如酚醛树脂、液体环氧树脂）成型，泡沫塑料、多色塑料、复合塑料及增强塑料的成型中。

3. 压缩模塑成型

压缩模塑成型又称模压成型，是塑料成型加工技术中历史最久，也是最重要的方法之一。主要用于热固性塑料的成型。

压缩模塑成型是将粉状、粒状、碎屑或纤维状的物料放入加热的阴模槽中，合上阳模后加热使其熔化，并在一定压力作用下使物料充满模腔，形成与模腔形状一样的模制品，再经加热（使其进一步发生交联反应而固化）或冷却（对热塑性塑料，应冷却使其硬化），脱模后即得制品。其成型过程如图 2－3 所示。

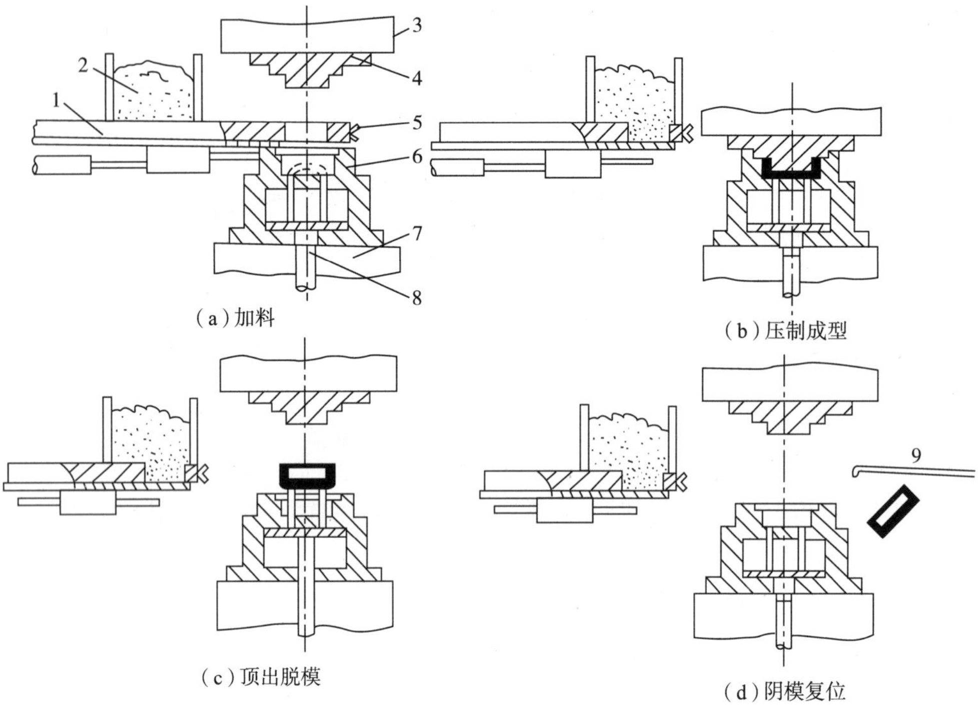

图 2－3 热固性塑料模压成型过程示意图

1－自动加料装置；2－料斗；3－上模板；4－阳模；5－压缩空气上、下吹管；
6－阴模；7－下模板；8－顶出杆；9－成品脱模装置

用模压法加工成型的塑料主要有酚醛树脂、氨基树脂、硬聚氯乙烯、聚三氟氯乙烯、氯乙烯与醋酸乙烯共聚物、聚酰亚胺等。除以压塑粉为基础的模压成型外，以片材（或纤维状）做填料（如玻璃纤维等），通过压制成型还能获得另一类材料——层压材料。制造这种层压材料的方法称为层压成型。用层压成型技术可生产板状、管状、棒状等形状简单的制品，也可生产增强塑料和热塑性的聚氯乙烯板等。

4. 压延成型

压延成型是生产薄膜和片材的主要方法。它是将已经塑化的接近黏流温度的热塑性塑料通过一系列相向旋转着的水平辊筒间隙，使物料承受挤压和延展作用，成为具有一定厚度、宽度与表面光洁的薄片状制品。图 2－4 为压延成型的示意图。

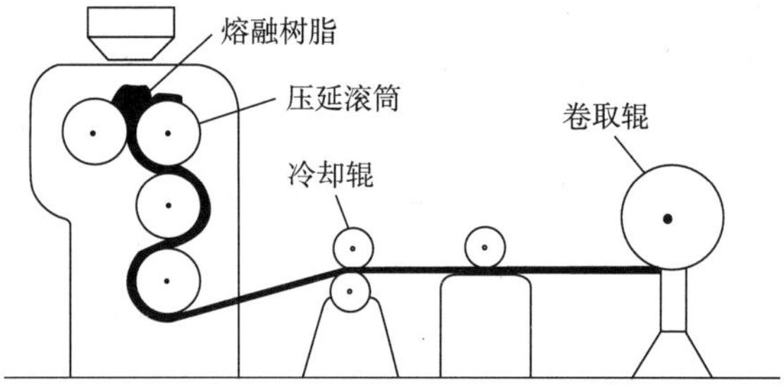

图 2－4 压延成型示意图

压延成型具有较大的生产能力（可连续生产，也易于自动化），生产率高，生产薄膜的线速度可达 250m/min 以上，产品质量较好（所得薄膜质量优于吹塑薄膜和 T 形挤出薄膜），还可制备复合材料（人造革、涂层纸等），印刻花纹等。用做压延成型的塑料大多为热塑性非晶态塑料，其中以聚氯乙烯用得最多，它适用于生产厚度在 0.05 ~ 0.5mm 范围内的软质聚氯乙烯薄膜和 0.25 ~ 0.7mm 范围内的硬质聚氯乙烯片材。当制品厚度大于或低于这个范围时，一般均不采用压延法而采用挤出吹塑法或其他方法。

5. 传递模塑

传递模塑又称传递成型或注压成型，它是在模压成型的基础上发展起来的一种热固性塑料的成型方法。它弥补了模压成型难以制造外形复杂，薄壁或壁厚变化很大，带有精细嵌件的制品和制品尺寸精度不高，生产周期长等缺陷。

传递模塑法是将热固性塑料置入一加料室内加热熔化，借助于压力使塑料熔体通过铸口进入模腔成型的一种作业。如图 2－5 所示，传递模塑分活板式、锚式、柱塞式三类，最常用的为活板式。

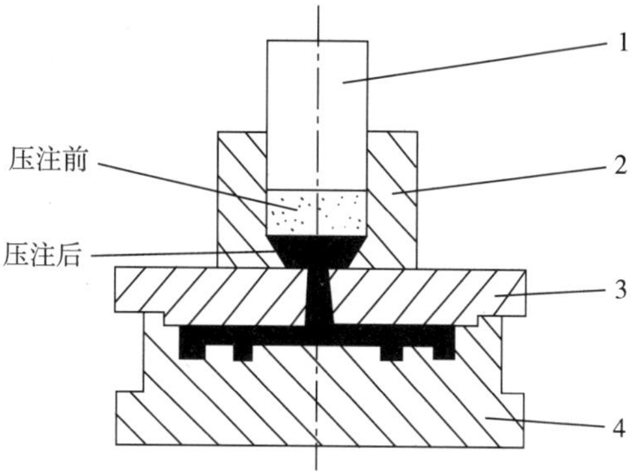

图 2－5 传递模塑成型示意图

1－注压活塞；2－加料套；3－阳模；4－阴模

适用于传递模塑成型的材料只能是硬化前流动性较好的树脂，如酚醛、三聚氰胺甲醛树脂和环氧树脂。脲醛和不饱和聚酯硬化太快，仅适用于生产小型制品。

6. 泡沫塑料的成型

泡沫塑料是以气体物质为分散相、以固体树脂为分散介质所组成的分散体；它是一类带有许多气孔的塑料制品。现在不论热塑性塑料还是热固性塑料都可以做成泡沫体，主要有聚氯乙烯、聚苯乙烯、聚乙烯、聚丙烯、聚氨酯、酚醛树脂、脲醛树脂等。作为包装方面所用的泡沫塑料，最常用的材料为聚苯乙烯、聚乙烯、聚丙烯、聚氯乙烯、聚氨酯等，它们的特性比较如表 2－3 所示。

表 2－3 各种泡沫塑料的性能比较

性　能	聚乙烯	软质聚氨酯	聚苯乙烯	软质聚氯乙烯
密度/$g \cdot cm^{-3}$	0.40～0.03	0.06～0.02	0.03～0.016	0.10～0.05
气泡	独立	连续	独立	独立
机械强度	强	弱	脆弱	稍强一些
吸水性	极少	吸水	少	少
最高使用温度/℃	85	120	80	60
耐药品性	非常良好	良	差	差
耐燃性	可燃	可燃（有毒气）	可燃（有毒气）	自熄（有毒气）
柔软性	稍硬一些	软	硬	稍软一些
耐候性	良	差	差	差
冲击特性	良	不良	不良	稍微良好

泡沫塑料在发泡时必须使树脂处于液体或一定黏度的范围。其发泡原理是利用机械、物理或化学的作用，使产生的气体分散在树脂中形成空隙，此时树脂受热熔化，或链段逐步增长而使聚合体达到某一适当的黏度，或树脂交联到某一适当程度使气体不能逸出，形成体积已膨胀的多孔结构，同时树脂适时固化，使多孔结构稳定下来。制造泡沫塑料的方法可以分为机械法、物理法、化学法三种。

（1）机械法。通过强烈的搅拌将空气卷入树脂液中，先使其成为均匀的泡沫物，而后再通过物理或化学变化使其稳定。

（2）物理法。利用物理成泡的方法很多，但比较常用的是：①在加压的情况下，先使惰性气体溶于熔融状树脂或其糊状的复合物中，然后再减压使被溶解的气体释放出来而发泡；②先将挥发性的液体均匀地混合于树脂中，而后再加热使其在树脂中汽化或发泡；③先将颗粒细小的物质（食盐或淀粉等）混入树脂中，而后用溶剂或伴以化学方法使其溶出而成泡沫；④先将微型空心玻璃球等埋入熔融的树脂或液态的热固性树脂中，而后使其冷却或交联而成多孔的固体物；⑤将疏松、粉状的热塑性塑料烧结在一起。

（3）化学法。如果发泡气体是通过混合原料的某些组分在过程中的化学作用而产生，则这种制造方法称为化学法。按照发泡原理不同，工艺上常用的化学法有两种：①发泡气体是由特意加入的热分解物质（发泡剂）在受热时产生的；②发泡气体是由形成聚合物的组分相互作用而产生的副产物，或者是这类组分与其他物质作用的生成物。

7. 热成型

热成型是利用热塑性塑料的片材作为原料加热到高弹态，然后施以压力使之贴附于模具上成型来制造塑料制品的一种方法。首先将裁成一定尺寸和形状的片材，夹在模具的框架上，让其在玻璃化温度与黏流态温度间的适宜温度加热软化，片材一边受热，一边延伸，而后凭施加在片材上下两面的压力差，使其紧贴模具的型面，取得与型面相仿的形样，经冷却定型和整修后即得制品，这种方法通常称为热成型。热成型时，施加压力主要靠片材两面的气压差，也有借助于机械力或液压力的。典型的热成型工艺原理及工艺过程如图 2－6 所示。

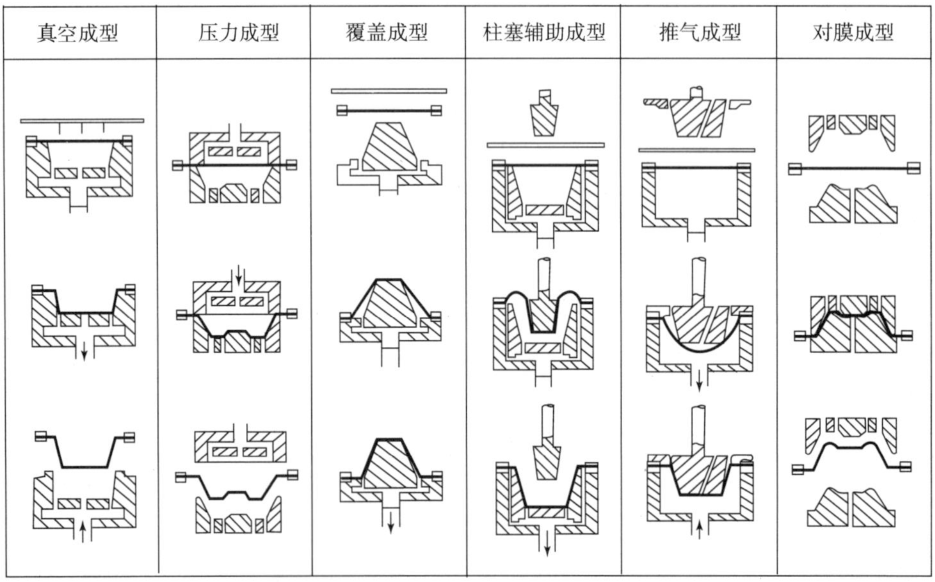

图 2－6　典型的热成型工艺原理示意图

热成型的特点是制品壁厚不大，片材厚度一般为 1～2mm（绝大多数是偏低的，少数特殊制品所用片材竟有薄到 0.05mm 的），而制品的厚度总是小于这一数值，但制品的表面积可以很大，而且都属于半壳形（内凹外凸）的，其深度有一定限制，制品的种类繁多，从日用器皿到电子仪表外壳、玩具、雷达罩、飞机罩、各类食品罐头盒等。目前可用热成型方法加工的塑料有：聚氯乙烯、聚苯乙烯、聚丙烯、聚乙烯、ABS 及许多热塑性共聚物等；聚碳酸酯、聚对苯二甲酸乙二醇酯等用热成型法加工的很少。

8. 中空吹塑成型

吹塑成型用于热塑性塑料的加工，是制造中空容器最重要的方法。它是利用空气的压力，将橡胶状的加工物料吹胀（拉伸），并使之在模具内冷却成型。

吹塑有两种基本方法：挤出吹塑和注塑吹塑。在挤出吹塑过程中，熔化的树脂先形成型坯，或成型为另一种像所需产品那样的形状。然后，将型坯放入阴模中，利用气压使它像气球一样在模具中膨胀，冷却后从模中移出。

在注塑吹塑过程中，用注塑法事先制成的塑料模型，在模槽与盖板之间被夹住，并通过气压法把它吹胀，使之与模具接触。模具的形状和所需的成品形状一样，塑料件冷却后从模中取出，如图 2-7 所示。

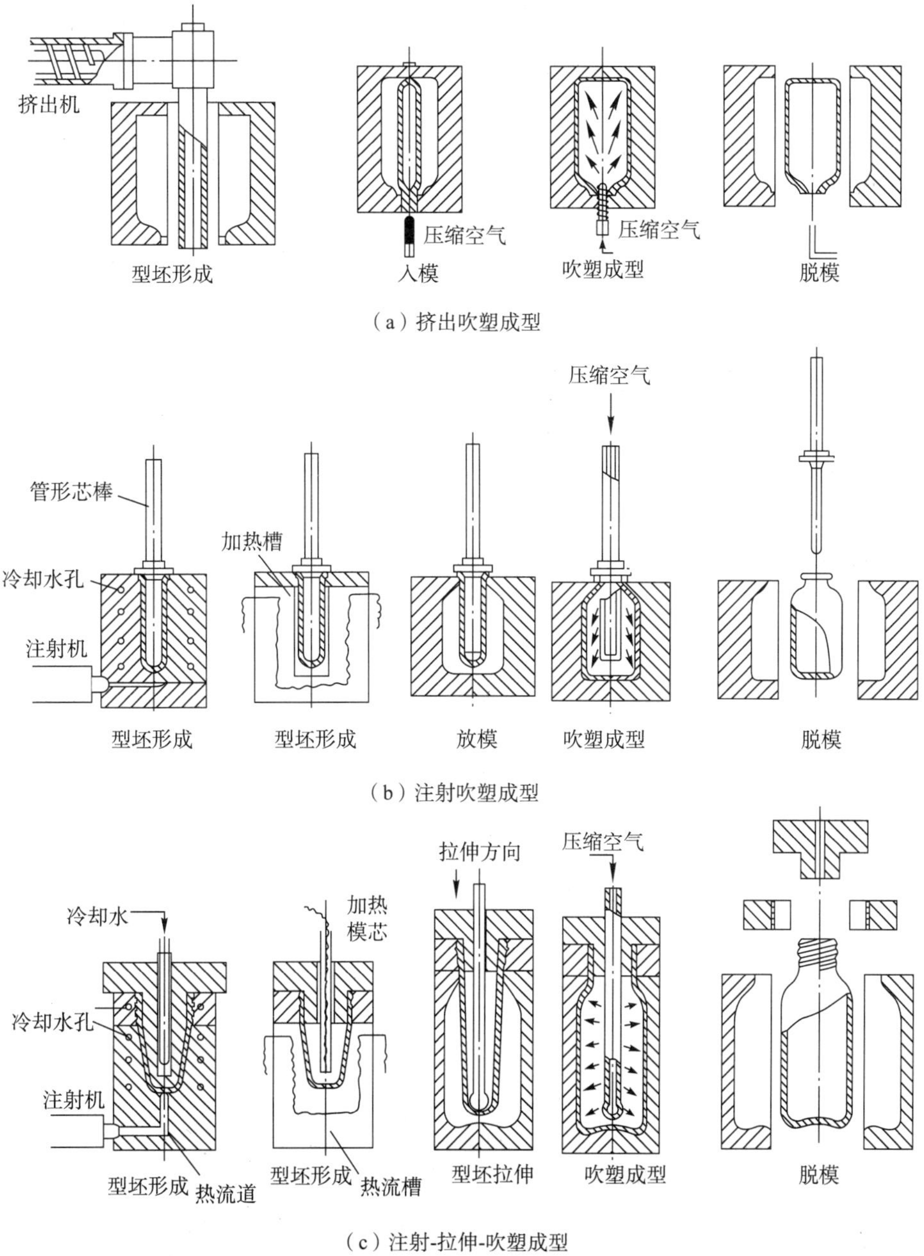

图 2-7 挤出吹塑和注射吹塑成型工艺原理示意图

吹塑成型可生产各种瓶、壶、桶、儿童玩具和塑料薄膜。适用于吹塑成型的塑料有：聚乙烯、聚氯乙烯、聚丙烯、聚苯乙烯、聚酯、聚酰胺、聚碳酸酯、醋酸纤维素等。其中以聚乙烯应用最广。

9. 拉幅薄膜成型

拉出（包括吹塑、平模口挤出）和压延法生产的薄膜受到的拉伸作用很小，薄膜的性质也比较一般。拉幅薄膜则是将挤出得到的厚度为 1～3mm 的厚片或管坯，重新加热到 $T_g \sim T_m$（或 T_f）温度范围进行大幅度拉伸而形成的薄膜。

拉幅薄膜的生产，可以将挤出的厚片（或管坯）与拉幅整个过程直接联系起来进行连续生产，也可以将挤出的厚片或管坯与拉幅工序分为两个单独的过程来进行。但不管哪种方式，聚合物在拉伸以前都必须从较低的温度重新加热到 $T_g \sim T_m$（或 T_f）之间的加工温度，因此拉幅薄膜的成型是一种二次成型技术。

聚合物在加工成型过程中不可避免地会有不同程度的取向作用，当聚合物在受到外力拉伸时，大分子、链段或微晶等这些结构单元沿受力方向拉伸取向。因此在 $T_g \sim T_m$（或 T_f）温度区间，聚合物长链受到外力作用拉伸时，沿力的作用方向伸长或取向。

分子链取向后，聚合物的物理机械性能发生了变化，产生了各向异性现象；拉幅薄膜就是大分子具有取向结构的一种材料。与未拉伸薄膜比较，拉幅薄膜具有以下特点：①强度为未拉伸薄膜的3～5倍，透明度和表面光泽好，对气体和水蒸气的渗透性等降低，制品使用价值提高；②薄膜厚度减小，宽度增加，平均面积增大，成本降低；③耐热、耐寒性改善，使用范围扩大。

拉伸时如只沿一个方向进行拉伸则称为单轴拉伸，此时材料中的分子沿单轴取向；如沿平面的两个不同方向（常相互垂直）进行拉伸则称为双轴拉伸，此时材料中的分子沿双轴取向。单轴取向在合成纤维中得到普遍的应用；但单轴取向的薄膜，因容易按平行于拉伸方向撕裂，故应用面窄。双轴取向中聚合物的分子链平行于薄膜表面，相互之间并不像单轴取向的纤维中那样平行排列，因而可能达到的抗张强度虽然大于未取向的薄膜，但不如单轴取向的纤维那样大。

薄膜的拉伸取向方法主要分为平膜法（拉幅法）和管膜法两种，两种方法又有不同的拉伸技术，可简单分为：

- 薄膜拉伸取向
  - 平膜法
    - 单向拉伸
    - 双向拉伸
      - 逐次拉伸
        - 先纵后横拉伸
        - 先横后纵拉伸
      - 纵横同时拉伸
  - 管膜法—双向同时拉伸
    - 泡管法
    - 平板式拉伸法

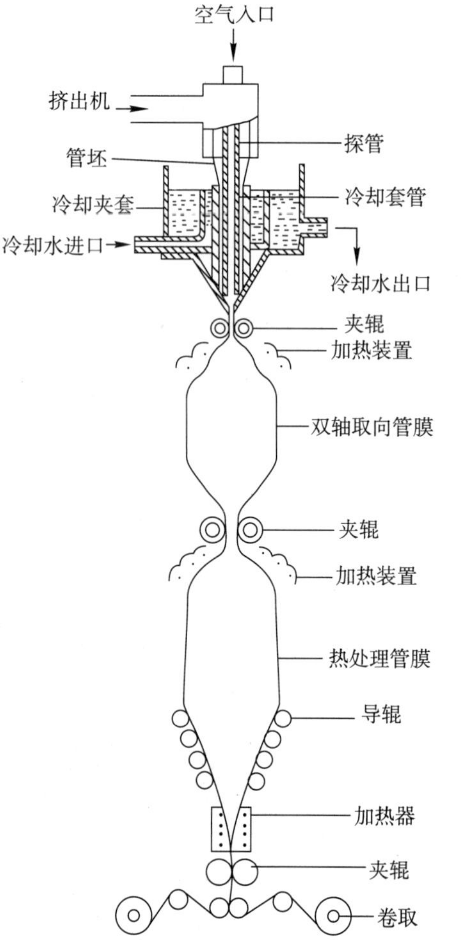

图 2－8　管膜法拉幅薄膜成型工艺过程示意图

从上面可看出，管膜法是以双向拉伸为其特点（图2－8），工艺装置和过程与吹塑薄膜的成型很相似。由于产品质量较差，实际上此法主要用于生产热收缩性薄膜。平膜法（图2－9）虽然生产设备复杂，但薄膜质量较好，故目前工业中采用较多，尤其以逐步拉伸平膜法工艺控制容易，应用最为广泛，主要用于生产高强度薄膜。

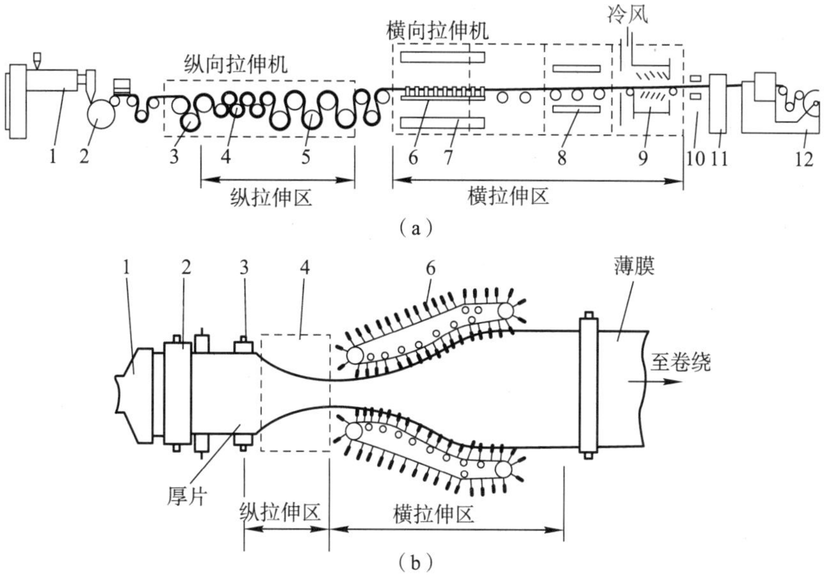

图2－9 逐步拉伸平膜法拉幅薄膜的成型工艺过程示意图

1－挤出机；2－厚片冷却辊；3－预热辊；4－多点拉伸辊；5－冷却辊；6－横向拉伸（拉幅）机夹；7、8－加热装置；9－风冷装置；10－切边装置；11－测厚装置；12－卷绕机

由于生产拉幅薄膜的聚合物种类很多，主要有聚丙烯、聚乙烯、聚苯乙烯、聚氯乙烯、聚对苯二甲酸乙二醇酯（PET）、聚偏氯乙烯、聚酰胺、聚乙烯醇和偏氯乙烯－氯乙烯共聚物等。

第二节 加聚合成树脂类塑料

一、聚乙烯（PE）

聚乙烯（PE）是一种新型的聚合树脂，近年来发展很快，是世界产量最大的合成树脂，也是消耗量最大的塑料包装材料，约占塑料包装材料产量的30%，年消耗量有数百万吨。聚乙烯是由乙烯聚合而成的聚合物产物$\left[CH_2—CH_2 \right]_n$，它主要具有直链形线形结构，也有少数的侧基。由于具有优越的介电性、耐潮性、机械强度，在低温时仍能保持柔软性及化学稳定性等特点，并且易于加工，原料易得，所以大量应用于包装工业。

聚乙烯根据聚合实施方法不同可以合成为低密度、中密度、高密度聚乙烯，线性低密度聚乙烯等。

（一）聚乙烯的分子结构

根据乙烯结构式$CH_2=CH_2$，聚乙烯分子结构是：

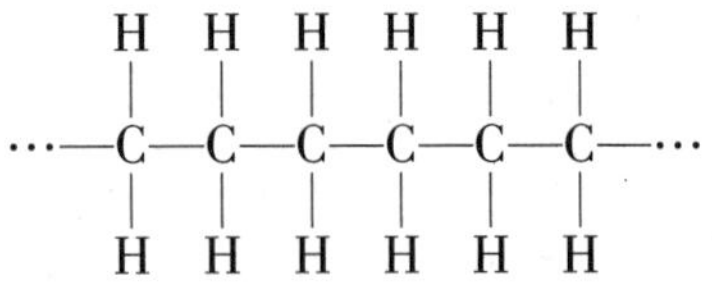

聚乙烯的大分子链的构型是锯齿形构型，重复周期是0.2534nm，锯齿形碳链中C—C间的重复距离是0.154nm，如图2－10所示。

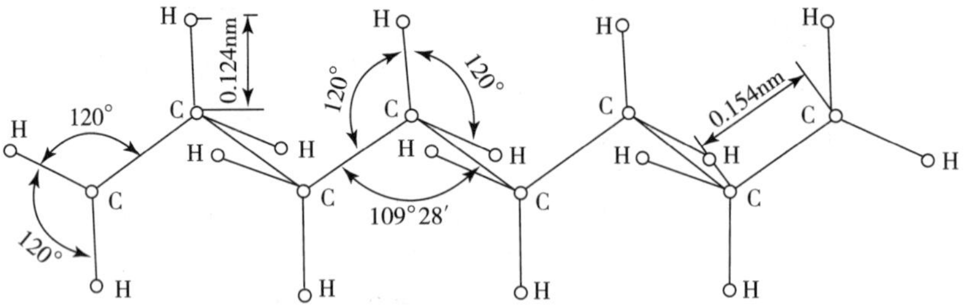

图2－10 聚乙烯分子结构图

聚乙烯分子结构图中的有关系数如下。

原子半径：C＝0.077nm，H＝0.035nm

距离：C—C＝0.154nm，C—H＝0.124nm

键角：H—C—H＝120°，C—C—C ≥109°28′

以任一方法聚合乙烯，均得到晶形聚乙烯，仅熔态的聚乙烯才处于无定形态，聚乙烯分子结构与合成方法有关。

1. 低密度聚乙烯（LDPE）

LDPE通常用高压法生产，故又称为高压聚乙烯。高压聚乙烯是乙烯在微量氮、有机过氧化物的存在下，于温度为180～250℃、反应压力为147～294MPa下进行聚合反应制得的。由于在高温高压的反应条件下，链增长自由基活性大，容易发生大分子间分子内链转移反应，导致LDPE大分子中含有各种形式的长短支链（每1000个碳原子中含有的支链数平均约为20～30个）。这种支链形结构使它不易产生结构致密的晶体，所以结晶度低，约为55%～65%，密度较小（0.910～0.925g/cm^3）。

2. 高密度聚乙烯（HDPE）

HDPE主要是采用低压法生产的，故又称为低压聚乙烯。低压聚乙烯是乙烯以齐格勒－纳塔型催化剂于温度为80～90℃，反应压力为0.49～1.47MPa条件下进行聚合制得的。这样制得的聚乙烯，其分子中支链很少（每10000个碳原子中含有的支链数为4～7个），主要呈线形结构。这种线形结构使它的分子容易堆砌得较紧密，所以它的结晶度高达85%～95%，密度较大（0.941～0.965g/cm^3）。

3. 中密度聚乙烯（MDPE）

MDPE是指密度为0.926～0.940g/cm^3的聚乙烯。其制造方法可采用高、低密度聚乙烯两种材料混合而成；也可采用低压法由乙烯与丙烯、丁烯等第二单体共聚，或采用高压法由乙烯与醋酸乙烯、丙烯酸酯等第二单体共聚。MDPE分子中支链数较LDPE少，结晶度为70%～75%。

4. 线性低密度聚乙烯（LLDPE）

LLDPE 是近年来发展的一种新品种，它是乙烯与 α－烯烃的共聚物。LLDPE 是采用低压法使乙烯与 α－烯烃（如丁烯、己烯或辛烯等）共聚而成的，合成方法与 HDPE 基本相同，其分子结构与 HDPE 一样呈线性直链状。但因单体中加入了 α－烯烃，致使分子链上含有许多短小而规整的支链（一般每 1000 个碳原子中含有 10～35 个支链），支链长度由 α－烯烃的碳原子数来决定。LLDPE 的支链长度一般较 HDPE 的支链长而且支链的数目也多。由于 LLDPE 的分子结构接近于 HDPE 的线形结构，而密度（0.920～0.930g/cm^3）又与 LDPE 相近，故称线性低密度聚乙烯。

（二）聚乙烯的性能

聚乙烯从外表看是一种乳白色的固态物质，薄膜状的聚乙烯几乎透明，用手摸，触感很像石蜡，较柔韧。聚乙烯的性能主要由聚合物的分子结构及其链长来决定。例如低密度聚乙烯分子中支链较多，结晶度低，软化温度为 105～120℃，其机械强度、透光性、透湿性、耐溶剂性能均较差，但它的伸长率、耐冲击性、柔软性、透明度则较高，所以广泛应用于包装袋。高密度聚乙烯中支链少，结晶度高，约为 90%，软化温度在 120℃以上，耐寒性良好，其机械性能较高，常用于制作包装容器。

1. 物理－机械性能

聚乙烯的物理－机械性能往往随着本身结构及环境条件的变化而变化，只有了解其随本身结构及环境条件变化的规律，才能在使用中更好地加以应用。

（1）抗张强度。聚乙烯的密度和平均分子量对抗张强度影响较大，例如高密度聚乙烯或平均分子量高的聚乙烯比低密度聚乙烯或平均分子量低的聚乙烯抗张强度要大。测定聚乙烯抗张强度时的温度和加载负荷的速度也有很大影响。如低密度聚乙烯随着温度的提高而抗张强度下降，－40℃时，低密度聚乙烯的抗张强度为 28.5MPa，20℃时，其抗张强度为 17.5MPa，而 80℃时，其抗张强度为 4.0MPa。

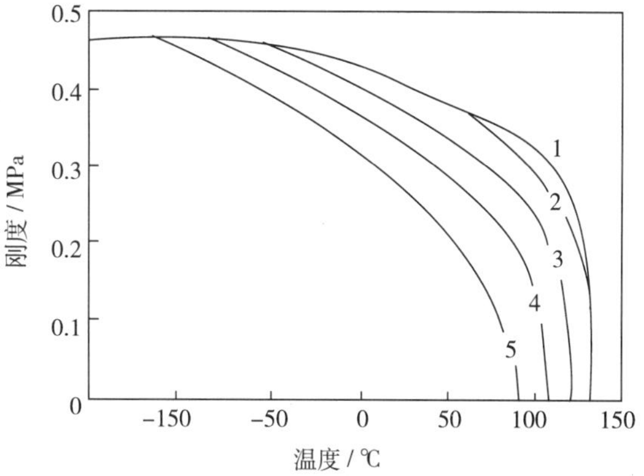

图 2－11　刚度与温度的关系

1－试样 1 的相对密度为 0.968；2－试样 2 的相对密度为 0.950；
3－试样 3 的相对密度为 0.935；4－试样 4 的相对密度为 0.918；
5－试样 5 的相对密度为 0.895

（2）刚性。聚乙烯的刚性随着密度和温度而变化，密度大，温度低时，则刚性大，反之则刚性小。当采用聚乙烯做包装容器时，不可忽略这一特性，其特性曲线如图 2－11 所示。

（3）冲击强度。高密度聚乙烯的冲击强度与它的结晶晶粒大小有关，结晶晶粒大，则冲击强度低，结晶晶粒小，则冲击强度高，如图 2－12 所示。当温度高时，冲击强度低，当温度降低到－100℃时，冲击强度最高，温度进一步降低，则冲击强度下降，如图 2－13 所示。

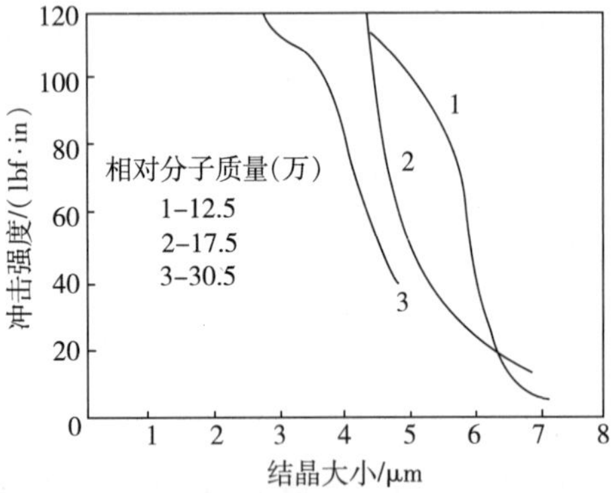

图2－12　结晶与冲击强度的关系

注：1lbf·in＝11.4N·cm

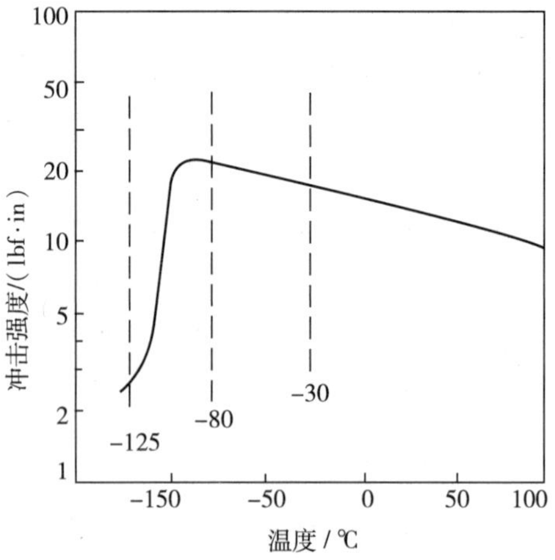

图2－13　冲击强度与温度的关系

注：1lbf·in＝11.4N·cm

（4）相对延伸率。在一定的温度范围内，延伸率随温度升高而增长，但超过某一个温度范围延伸率就开始下降。如表2－4所示。

表2－4　聚乙烯的延伸率及抗张强度与温度的关系

温度/℃	低密度聚乙烯		中密度聚乙烯	
	断裂强度/MPa	相对延伸率/%	断裂强度/MPa	相对延伸率/%
-82	49.0	15	—	—
-61	21.3	90	—	—
-40	28.5	420	—	—
-20	21.5	425	—	—
-3	17.3	515	—	—
20	13.2	500	10.1	175
40	9.0	490	7.5	215
60	6.0	490	5.3	150
80	3.8	307	7.7	160
95	2.2	135	2.4	70

表2－5　不同温度下的抗压强度

温度/℃	低密度聚乙烯的抗压强度/MPa
20	12.6
40	7.7
60	4.6

注：相对压缩率为10%及变形速率为50mm/min。

（5）抗压强度。温度升高时，聚乙烯抗压强度降低。不同温度下的抗压强度如表2－5所示。

（6）热膨胀系数。在不同的温度下，聚乙烯的热膨胀系数不一样，因此，当塑料和金属连接时应加以注意，聚乙烯的热膨胀系数与温度的关系如表2－6所示。

表 2-6　不同温度下聚乙烯的热膨胀系数

温度/℃	线膨胀系数		体膨胀系数	
	低密度聚乙烯	中密度聚乙烯	低密度聚乙烯	中密度聚乙烯
-50~0	0.00015	0.00012	0.00046	0.00036
0~10	0.00014	0.00011	0.00043	0.00033
10~20	0.00013	—	0.00054	—
20~30	0.00013	0.00018	0.00055	0.00054
30~40	0.00029	0.00022	0.00088	0.00066
40~50	0.00030	0.00026	0.00089	0.00077
50~60	0.00033	0.00033	0.00101	0.00100
60~70	0.00034	0.00035	0.00102	0.00103
70~80	0.00046	0.00065	0.00138	0.00195
80~90	0.00051	0.00067	0.00152	0.00200
90~100	0.00088	0.00064	0.00264	0.00192

（7）气体透过性。塑料透过气体和水蒸气是气体在塑料表面的吸附与溶解，并在塑料中进行扩散的这种现象的综合。气体透过性的透过系数是扩散系数和塑料对它的溶解度系数的乘积。它是表示在厘米汞柱压力下，每秒钟透过 1 毫米厚度，1 平方厘米面积的气体体积。扩散是由于聚合物本身的分子链进行热运动而产生空穴的关系，主要是在非结晶区域进行。高密度聚乙烯的结晶度高，所以它的气体透过性比低密度聚乙烯的气体透过性小（表 2-7）。

聚乙烯的密度与气体透过系数的关系如图 2-14 所示，聚乙烯的密度与水蒸气透过系数的关系如图 2-15 所示。

表 2-7　各种气体在聚乙烯中的透过性

气　体	透过度/mL·mm·（d·m^2）$^{-1}$	
	低密度聚乙烯	高密度聚乙烯
CO_2	773	136
H_2	503	126
O_2	175	44
氦气	342	97
乙烷	780	93
天然气	217	44
氟利昂$_{12}$	548	37
N_2	70	21

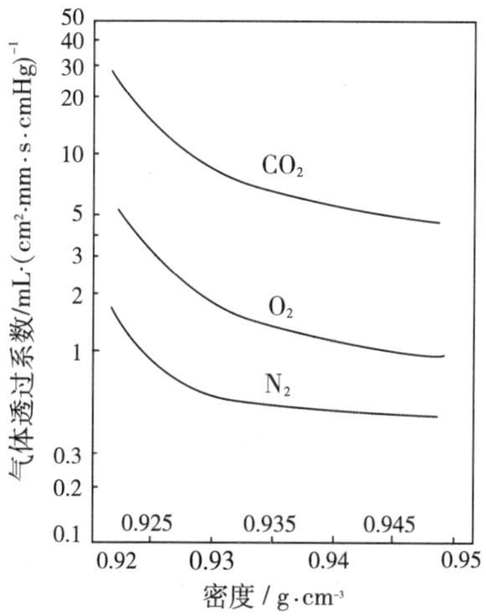

图 2-14　聚乙烯的密度与气体透过系数的关系

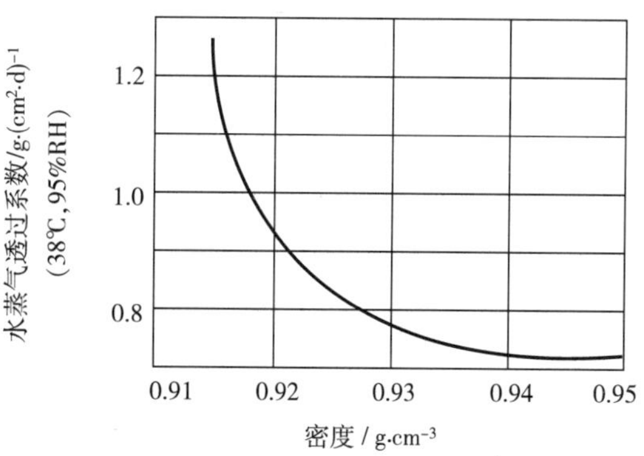

图 2-15　聚乙烯的密度与水蒸气透过系数的关系

各种液体在聚乙烯中的透过性，高密度比低密度聚乙烯透过得少，但非极性液体的透过性大，如用120mL，厚度为1.2mm的圆筒中装入不同液体，在室温26℃下存放4个月，将内容物减少质量百分数换算成一年的数值，如表2－8所示。

表2－8 在温度26℃时，各种液体及其蒸汽对聚乙烯的透过性 %

液 体	低密度聚乙烯筒	高密度聚乙烯筒	液 体	低密度聚乙烯筒	高密度聚乙烯筒
乙二醇	0.075	0.013	硝酸	0.55	0.047
苯	995	142.5	苯乙酮	9.34	1.1
四氯化碳	795	80.9	薄荷油	11.81	1.23
硫酸（98%）	0.17	0.038	乙醇	6.6	0.24
戊烷	1505	299	醋酸乙烯	55.9	8.7
苯甲醛	13.7	1.21	醋酸胺	26.5	4.2
氨水（28%）	4.5	1.57	氟油	0.82	0.28
丙酮	37.7	3.37	水	0.49	0.11
冰醋酸	6.7	0.87			

（8）环境应力开裂性。聚乙烯包装容器及聚乙烯制品在储存和使用过程中，由于应力及环境的影响易产生开裂现象，这是它一个很大的弱点，某种程度上限制了它的应用。

影响聚乙烯应力开裂性能的原因有内因和外因两个方面，内因主要有分子量、分子量分布、链支化、取向、结晶度以及结构状态，外因主要有受热历史、温度、应力状态、环境以及外加压力等。

一般分子量大的不易发生开裂现象。因此，把聚合物中所含低分子量部分除去，可以改善其出现开裂的问题。链支化的极限就是交联，同时分子量也达到极限，不论用高能粒子还是化学方法来完成交联，由于有极高的分子量和丰富的支链所赋予的结晶组织结构，使其耐环境应力破裂性能就会得到改善，所以对聚乙烯进行交联就可以降低它的应力开裂倾向。

聚乙烯在加工塑制过程中，往往会因受外力和加热、冷却作用而产生内应力，当超过某临界应力时，就会产生开裂现象，即使未达到临界应力但受环境中一些介质的影响，也会产生开裂。如有机溶剂、表面活性剂在加热熔融时的氧化等均会导致其易于出现开裂的现象。几种不同聚乙烯的性能如表2－9所示。

表2－9 几种聚乙烯的性能

类型 / 性能	低密度聚乙烯	中密度聚乙烯（包括共聚物）	高密度聚乙烯	
			低压法	中压法
平均相对分子质量	≤3×10^5	≤2×10^5	1.25×10^5	—
相对密度/(g/cm^3)	0.910～0.925	0.926～0.940	0.941～0.950	0.96～0.98
结晶度/%	≤65	≤75	≤85	≤95
折光率/%	1.51	≤1.52	1.54	—
硬度（邵氏H_D）	41～46	50～60	60～70	RC洛氏55
软化温度/℃	105	118	124	127

续表

性能＼类型	低密度聚乙烯	中密度聚乙烯（包括共聚物）	高密度聚乙烯	
			低压法	中压法
脆化温度/℃	-80～-50	—	-140～-100	-120以下
伸长率/%	≤500	≤300	<100	≤25
抗张强度/MPa	14.4	17.5	24.5	33.5
冲击强度（缺口，悬臂梁式）/[（N·cm）/cm^2]	≤420	≤210	≤17	≤30
线形收缩率/%	1.5～5	1.5～5	2～5	—
透气率相对值	1	0.3	0.3	—

2. 化学性质

聚乙烯具有优良的化学稳定性，能够抵抗一定浓度及温度的酸类、碱类、盐类溶液及各种有机溶剂的腐蚀作用。

聚乙烯在室温下耐稀硫酸和稀硝酸，同时任何浓度的下面所列举的化学物质对它都不起作用：盐酸、氢氟酸、磷酸、甲酸、醋酸、胺类、过氧化氢、氢氧化钠、氢氧化钾以及这种盐的溶液；浓硫酸、浓硝酸、硝化混酸、铬酸同硫酸的混合液在室温下缓慢作用于聚乙烯。在60℃下，聚乙烯能耐各种浓度的盐酸和碱溶液及50%的硫酸、40%的硝酸以及浓盐酸。但90～100℃时，硫酸和硝酸能迅速破坏聚乙烯。

在常温下，聚乙烯不溶解于任何已知的溶剂之中，但脂肪烃、芳香烃和卤代烃同聚乙烯长时间接触后能使其溶胀，并引起物理性能的变化，但在去除溶剂以后，聚合物即可恢复其原来的性质。仅矿物油凡士林、某些动物脂肪以及植物油就可使聚乙烯的物理性质发生永久性的局部变化。当温度超过70℃时，聚乙烯能少量溶于甲苯、乙酸戊酯、三氯乙烯、松节油、氯化烃、四氯化萘、石油醚、矿物油和石蜡中。当温度超过100℃时，聚乙烯仍不溶于水、脂肪烃、醇、醋酸、丙酮、乙醚、甘油及其他植物油。当温度在80℃以上时，聚乙烯可以制成苯、甲苯、二甲苯的10%～15%溶液，以及在高温时，制成聚乙烯的十氢化萘、四氢化萘溶液，但当冷却时，聚乙烯即沉淀析出。聚乙烯的溶解性不仅同结晶度极为有关（随聚合物中晶相含量的增大而减小），而且同分子量的大小也有关。

表2-10列举了聚乙烯对各种溶剂物质稳定性的一些数据。由表2-10可知聚乙烯长期受甲酸、盐酸、氢氧化钾等作用时，主要发生相对伸长率的下降，这说明塑料将变硬变脆。

有资料证明，在有机液体作用下，低压聚乙烯的稳定性好，其膨胀现象不显著，且其机械性能不会发生显著的变化。这是由于低压聚乙烯结构上的特点所致。

表2-10 50℃时聚乙烯对各种溶剂的稳定性

作用物质	作用时间	质量变化/%	抗张强度变化/%	伸长率变化/%
90%的硝酸	10昼夜	-0.01	+1.5	-33.8
	60昼夜	+0.04	+6.5	-9.4

续表

作用物质	作用时间	质量变化/%	抗张强度变化/%	伸长率变化/%
90%的硝酸	120昼夜	+0.09	+3.0	-75.2
35%的盐酸	10昼夜	+0.16	-2.5	-12.8
	60昼夜	+0.21	+4.0	-66.4
	90昼夜	+0.19	+7.2	-70.0
59%的磷酸	10昼夜	+0.02	无变化	-33.3
	60昼夜	+0.02	+3.5	-57.5
	90昼夜	+0.03	+8.0	-58.3
79%的甲酸	10昼夜	+0.33	+1.0	-61.4
	120昼夜	+0.24	+2.2	-60.8
40%的氢氧化钾溶液	50昼夜	+0.12	+53.4	-30.8
苯酚	20昼夜	+1.5	-2.3	-84.3
	40昼夜	+1.8	-57.3	-98.9

（三）聚乙烯的用途

聚乙烯由于来源丰富，价格低廉，具有一定的物理－机械性能、良好的化学稳定性、易加工成型性、印刷性能较好等特点，因而在许多工业部门（包装、印刷、电缆、电工、化工、轻工、医疗等）具有广泛的应用。聚乙烯的生产和运用发展非常迅速，特别是用于包装方面的发展尤为突出，例如，美国1975年，共生产385万吨聚乙烯，其中用于各种包装竟达171万吨，占45%以上。

聚乙烯的用途很多，其主要用途是用做电器绝缘材料，随着包装工业的发展，在包装材料方面的应用越来越广泛。下面将主要叙述其在包装工程中的应用。

对于低密度聚乙烯，由于其透明度良好、柔软、伸长率大，抗冲击性、耐低温性能较好，主要用于生产薄膜、合成纸、片材和电线包覆材料。低密度聚乙烯薄膜按制品厚度可分为：

①薄型膜，厚度为0.01～0.013mm。

②软包装膜，厚度为0.02mm。

③普通薄膜，厚度为0.02～0.03mm。

④中包装膜，厚度为0.05～0.08mm。

⑤重包装膜，厚度为0.15～0.20mm。

对于高密度聚乙烯，其分子结构主要为线形，结晶度高，支链很少，因此刚度较好，强度高，所以大量采用吹塑成型法制成瓶子、大罐等中空容器，用于运输包装及日用品包装。由于高密度聚乙烯为乳白色，拟纸性强，手感舒适，坚韧耐撕，耐热、耐寒性好，耐油性优良，开口性好，无毒无味，可用于水产品、农产品、食品、药品、办公用品、体育用品等包装。还可作为蒸煮袋，包装豆制品、生面条、热毛巾等。而挤出聚乙烯薄膜的透明度较好，多用于面包、点心的包装。高密度聚乙烯纸感强，也多制成复合薄膜用于快餐包装。

高密度聚乙烯由于强度高，微薄型薄膜可满足一般要求，如厚度为0.010～0.015mm厚的薄膜可代替牛皮纸使用；价格低，因此有代替纸和低密度聚乙烯的趋势。不过高密度聚乙烯的气密性、保香性较差，用其包装的食品不宜久藏。

中密度聚乙烯外观为乳白色，薄膜有一定透明度，兼有高密度和低密度聚乙烯的性能外，还具有较优良的抗应力开裂性，主要用于吹塑瓶子，注塑、滚塑成型制品，强度较好。由于中密度聚乙烯耐热性、耐寒性较好，也可用做蒸煮袋和食品冷冻包装。不过，薄膜作为食品包装，保存期不宜过长。

聚乙烯还可制成泡沫塑料，作为包装缓冲材料。目前聚乙烯泡沫塑料其产量在世界上仅次于聚苯乙烯。聚氨酯泡沫塑料居第三位。

交联聚乙烯泡沫塑料的制备过程大致如下：

将高密度聚乙烯、偶氮二甲酰胺发泡剂、促进剂（如 ZnO）、过氧化二异丙苯、钛白粉、硬脂酸按一定比例进行混炼，挤出成型，交联，发泡而成。

泡沫聚乙烯是一种半硬质泡沫塑料，其压缩硬度介于聚氨酯泡沫与聚苯乙烯及硬泡沫之间。质轻（30～60kg/m^3），强度较聚苯乙烯泡沫好，透湿率、耐化学药品和耐老化性均较聚氨酯泡沫为优，有优良的绝热、绝缘、减震、缓冲性能和吸声性能。价格便宜，使用时，切割、钻孔、黏合、复合、热成型均较方便，是一种优良的防震缓冲包装材料。

二、聚丙烯（PP）

聚丙烯是一种新型的热塑性聚合物，其原料来源丰富，成本低于聚乙烯。它的性能特点是透明性较好，耐热性高（超过100℃），机械强度高、坚韧而耐震，对化学药品有优良的抵抗能力，但它的耐冲击性能和耐低温性能不如聚乙烯，因此大大限制了它的用途。

目前世界上年产聚丙烯数百万吨，仅次于聚乙烯、聚氯乙烯和聚苯乙烯，用做包装材料约有百万吨。我国聚丙烯年产约20万吨，作为包装容器，薄膜和捆扎绳已获得广泛使用。

（一）聚丙烯的分子结构

聚丙烯也是高结晶聚合物。结晶聚丙烯大分子为线形的，线形聚丙烯大分子链的甲基在空间排列的情况可分为三种：

（1）等规聚丙烯。线形聚丙烯分子链主链上的甲基只伸向一边，大分子主链段呈规则立体螺旋状。等规聚丙烯又称全同立构或等规立构聚丙烯，螺矩为0.68nm，相当于3个单位链节。

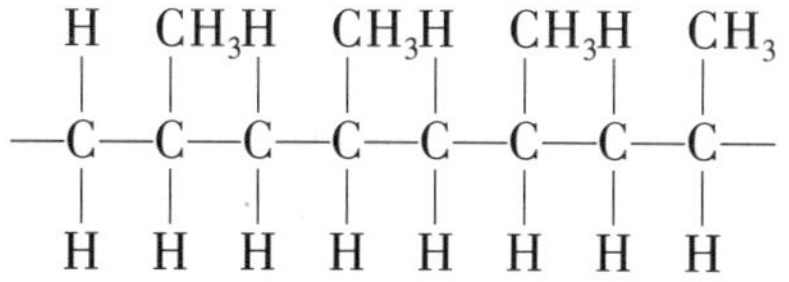

等规聚丙烯性能优良，其产品占聚丙烯的95%。

（2）间规聚丙烯。线形聚丙烯分子链的甲基交替地向主链两侧规则排列。等规和间规聚丙烯都是有规聚丙烯或称定向聚丙烯。

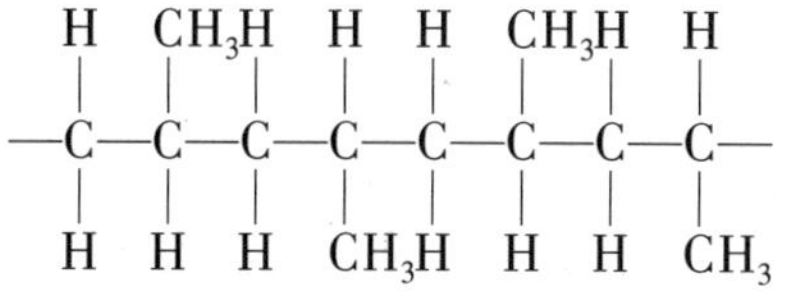

（3）无规聚丙烯。是合成定向聚丙烯的副产物。线形聚丙烯分子主链上的甲基排列次序是无规律的，即任意取向。这种聚丙烯不能结晶，是一种胶状产物。只能作为防水纸涂层，以及黏合剂、石蜡、润滑油、沥青等材料的掺合剂，日本则将其热分解后作为燃料油。

（二）聚丙烯的性质

聚丙烯与聚乙烯相似，是白色蜡状材料，但较聚乙烯轻，其相对密度为0.90，是最轻的塑料品种之一。聚丙烯易燃，其火焰上黄下蓝，有少量黑烟，当熔化滴落时，发出石蜡气味，但气味比聚乙烯弱。

1. 物理－力学性能

聚丙烯由于具有全同构型，其结晶度可达95%，透明性较聚乙烯好，表面光滑，吸水性低（<0.02%）。气密性较聚乙烯好。

聚丙烯耐热性好，其熔点在165～170℃之间，纯等规聚丙烯熔点为176℃，软化点>140℃，可在100～120℃中长期使用，在150℃也不会变形，在135℃蒸汽中消毒100h不被破坏。线膨胀系数较聚乙烯小（$0.9\times10^{-4}\sim1.5\times10^{-4}$/℃）。成型收缩率为1%～2%。在低负荷下亦可在110℃下连续使用。聚丙烯在90℃时，其抗应力松弛性能亦良好。聚丙烯低温使用温度可达－20～－15℃。其脆化温度为－35℃，所以当温度低于－35℃时就会发生脆裂，这是它不及聚乙烯的地方（聚乙烯的脆化温度为－60℃）。脆化温度也与等规结构含量和平均分子量有关。一般来说，具有相同等规结构含量时，分子量越小，其脆化温度越低，分子量相同时，具有较高的等规结构含量，其脆化温度也较高。

聚丙烯比聚乙烯硬而坚韧（洛氏硬度92～105）。抗张强度高于聚乙烯、聚苯乙烯、ABS等塑料，尤其在高温时保持率高，在100℃时，仍可保持50%。其抗冲击强度为2.2（kg·cm）/cm^2，但耐低温冲击性不如聚乙烯。其延伸性、抗应力开裂性能也较聚乙烯好，伸长率>200%，其耐磨性优于聚苯乙烯，而不及聚氯乙烯。聚丙烯有极优的耐弯曲疲劳强度，可耐折数十万次。表2－11列出了聚丙烯的物理－力学性能。

2. 化学稳定性能

在室温下，聚丙烯不溶于有机溶剂，甚至长期浸在有机溶剂中，仍然不溶解。聚丙烯在温度超过80℃时，能溶于苯、甲苯等芳香族溶剂中，也能溶于氯化烃中。随着结晶度的增高，耐溶剂性也相应地提高。在与极性溶剂长期接触后，聚丙烯并不产生脆性，也不发生任何变化。

聚丙烯仅吸收极少量的矿物油与植物油，它们对聚丙烯的物理－力学性能影响很小。

聚丙烯耐化学药品性能优良，耐酸碱性很好，特别是抗环境应力开裂更优。它与无机盐类的水溶液、无机酸类、碱类的稀溶液或浓溶液，盐酸溶液甚至在100℃以上的温度，也不与聚丙烯发生作用。聚丙烯对各种溶剂、酸及碱液的稳定性的数据列于表2－12中。在较高温度下，聚丙烯的化学稳定性优于聚乙烯。

从表2－12中的数据可看出，以80%的硫酸在20℃下作用一昼夜后，聚丙烯的物理－力学性能改变很小。在90℃经98%的硫酸作用一昼夜后，聚丙烯变为暗褐色，发脆并被破坏。20℃时，聚丙烯对50%与94%的硝酸以及浓盐酸呈稳定状态，但在70℃下，50%与94%的硝酸会使聚丙烯受到破坏。聚丙烯在20～110℃的温度内对40%的苛性钠溶液稳定。在室温下，几乎没有可以使它溶解的溶剂。只有芳香族碳氢化合物、氯化的碳氢化合物，可以使它软化、溶胀，当温度升高时，其发生软化、溶胀的效果更加显著。

表 2-11　聚丙烯的物理-力学性能

性　能	聚丙烯（相对分子质量=80000）	聚丙烯（相对分子质量=150000）
密度/$g\cdot cm^{-3}$	0.90～0.91	0.90～0.91
抗张强度/MPa	30.0～35.0	32.0～38.0
抗压强度/MPa	60.0～70.0	60.0～70.0
抗弯强度/MPa	90.0～120.0	80.0～100.0
断裂伸长率/%	500～700	500～700
洛氏硬度	90～95	85～90
软化温度/℃	164～170	164～170
维卡氏耐热性/℃	105～110	100～105
线膨胀系数/$℃^{-1}$	11×10^{-5}	11×10^{-5}
热导率/$kJ\cdot(m\cdot h\cdot ℃)^{-1}$	0.50	0.50
比热容(20～60℃)/$J\cdot(g\cdot ℃)^{-1}$	1.92	1.92

表 2-12　聚丙烯的化学稳定性

试　剂	试验条件		质量增加/%	抗张强度极限/MPa	伸长率/%
	经历昼夜数	温度/℃			
标定试样	—	20	—	30.0	440
车用汽油	30	20	13.2	26.0	700
苯	30	20	12.5	26.5	690
四氯化碳	30	20	41.5	27.0	720
丙酮	30	20	2.0	26.0	600
硫酸（98%）	30	20	—	29.0	230
	7	70	—	33.0	270
	7	90	0.3	33.5	30
硫酸（80%）	30	20	—	29.3	480
	7	90	—	32.9	410
硝酸（94%）	30	20	0.2	28.8	60
	7	70	6.0	10.0	—
硝酸（50%）	30	20	—	28.0	335
	7	70	0.1	36.0	20
	7	90	3.2	12.0	—
盐酸（36%）	30	20	0.2	28.0	350
	7	90	0.5	32.0	280
	7	110	0.8	33.0	270
40%氢氧化钠溶液	30	20	—	33.0	280
	7	70	—	32.9	360
	7	90	—	33.0	350
	7	110	—	33.6	300

3. 聚丙烯的老化性能

聚丙烯含有活泼的叔碳原子，易氧化老化。因此通常需加入抗氧剂、光稳定剂。在300℃以下，含有稳定剂的聚丙烯，对氧化作用与降解作用稳定，甚至在空气介质中也能经历数小时加热而不发生变化。在这方面，聚丙烯与聚乙烯（耐热性较低）有显著差别。在漫射光的作用下（在室内或室外，但不受阳光直接照射），经过两年后，聚丙烯不起变化，但在阳光直接照射下，经过数月后聚丙烯即开始发脆。这是由于紫外线具有特别强烈的氧化作用。

加入抗氧剂可以在有限的时间内引起抑制作用，延缓聚丙烯的老化。同样，在聚丙烯中加1%～2%的胺类抗氧化剂或炭黑，也可延缓聚丙烯的老化。含有炭黑的聚丙烯经过两年的阳光直接照射作用，其物理性能并无变化。

铜对聚丙烯老化有催化作用，会引起“铜害”，所以不宜与铜接触，有时要加入铜抑制剂。

（三）聚丙烯的用途

聚丙烯的性能优异，同时可制成具有不同分子量（其范围相当宽）与不同结晶度的产物，因而聚丙烯适应性广，价格便宜，所以用途极为广泛，约有1/3用于合成纤维，但作为织物，其染色、耐烫性、挺括性不良。大部分聚丙烯用于生产包装箱、容器、捆扎绳带以及医疗器械、机械零件。

印刷包装用聚丙烯薄膜有双向拉伸与未经拉伸两种薄膜。

未拉伸聚丙烯薄膜，虽然光泽、耐寒性和机械强度差一些，但透明度、防潮性、耐划痕性等均良好。常用于点心、面包、水果、纤维制品等的包装。

双向拉伸聚丙烯（BOPP）薄膜，由于进行纵横向拉伸，使分子定向，分子排列整齐，所以薄膜的机械强度、耐寒性和光泽度等方面都有大幅度提高，是透明度较佳的包装材料，可与玻璃纸相媲美，但价格又较之便宜20%以上。双向拉伸聚丙烯薄膜具有一定的防潮保鲜性能，所以常用于脆点心、冰激凌、鲜花、糖果的包装，尤其是香烟的包装。厚度小于0.013mm微薄型薄膜，强度好，成本低，可作大包装袋，也可大量用于捆扎绳带。表2－13列出聚丙烯与其他包装材料性能对比。

双向拉伸聚丙烯薄膜还具有热收缩性，是用于百货、干脆点心等食品的最便宜的收缩包装材料。其收缩程度与拉伸程度有关，在218℃的热烘道中大约收缩60%～80%。由于双向拉伸聚丙烯热收缩薄膜的收缩温度在熔点附近，故应仔细控制，否则会引起强度降低、云斑等缺点。另外在热封时出现的结晶现象会造成封口不牢，一般热封温度可控制在177℃左右。

经热定型处理的双向拉伸聚丙烯薄膜，在140℃以下无收缩性。而且透明度、抗透水性均较好，低温性能也不错，可在－50℃使用。

双向拉伸聚丙烯薄膜的缺点是带有静电、耐寒性差及氧气透过率大等。目前国外已经有将聚丙烯和其他材料制成的复合薄膜或薄膜上涂有其他树脂来弥补其缺点，例如，为解决透氧率可在聚丙烯薄膜上涂聚偏二氯乙烯，为解决其耐寒性可加一些乙烯单体制成丙烯、乙烯的共聚物，如嵌段共聚物。

聚丙烯薄膜的主要用途，如表2－14所示。

聚丙烯可制成泡沫塑料。一般采用挥发性有机液浸渍的方法制成可发性聚丙烯粒，再经加热成型。目前已生产出发泡率为15、30、45倍的三种材料供应。

聚丙烯泡沫塑料的弹性、浮力、抗张强度等方面均较聚乙烯、聚苯乙烯泡沫塑料好。用于包装精密仪器仪表、电器、轻工产品等。

采用共挤压技术可以很方便地制造聚丙烯复合薄膜、中空容器，如化妆品包装的 NY/PP 瓶；与铝箔复合大多采用干法复合工艺，采用黏合剂黏合的方法。表 2－15 列出了几种复合材料的性能。

聚丙烯复合薄膜热封性、气密性和抗紫外线性优良，一般多用于冷冻食品的包装，医用包装袋，机油、润滑油的包装。

表 2－13　聚丙烯与其他包装材料性能比较

性能＼材料		CPP	BOPP	LDPE	PT
厚度/μm		20～100	10～80	80～100	—
密度/(g/cm^3)		0.89	0.90	0.92	—
闪烁光透过率/%		<90	<90	<85	<90
光泽度		<65	<70	<60	<70
抗张强度/MPa	纵向	20.0～50.0	100.0～250.0	10.0～16.0	30.0～80.0
	横向	20.0～50.0	100.0～250.0	10.0～20.0	20.0～60.0
延伸率/%	纵向	200～600	50～150	150～650	10～40
	横向	200～600	50～150	150～650	30～90
透湿度（40℃）/g·$(m^2 \cdot d)^{-1}$		8～11	3～4	16～22	16～35
氧气透过度(0.1MPa)/mL·$(m^2 \cdot d)^{-1}$		5～8	1～3	13～16	0.1
耐油度/h		<50	<50	<15	—
紫外线透过率/%		<80	<80	<80	<80

表 2－14　聚丙烯薄膜的主要用途

品　种	用于包装的物品	包装形式
未拉伸或双向拉伸薄膜（单层）	纤维制品（衬衫、袜子等）	装袋包装
未拉伸薄膜（单层）	面包、香肠、水产冻制品	自动包装，袋装包装
双向拉伸薄膜（单层）	冰激凌类	自动包装（卧式）
双向拉伸薄膜（单层收缩型）	唱片、点心、杂货、罐头食品	收缩包装
部分涂层的双向拉伸薄膜	米面、饼干、海味	袋装或自动包装
涂层薄膜（阻止气体透过型的复合薄膜）	咸菜、咖喱粉、水产品、肉制品、含油食品等	真空包装、自动包装、袋装包装等
与纸复合薄膜	装饰箱	
复合薄膜	水果、饼干、冷餐食品、糖果、咸菜等	袋装及自动包装

表 2 – 15　几种复合材料的性能

性能＼材料	BOPP/PE	BOPP/Al/PE	PT/PE
厚度/μm	22/30	22/9/50	25/80
剥离强度/kPa	3.2	>6.0	0.5
封口强度/kPa	26.08（纵）	60.0	32.0
	32.2（横）		
抗张强度/MPa	36.5（纵）	—	43.65
	66.8（横）	—	

三、聚苯乙烯（PS）

聚苯乙烯是一种重要的热塑性树脂，它是由单体苯乙烯经加聚反应而制得。目前聚苯乙烯是世界上第三大塑料品种，聚苯乙烯薄膜、薄片和泡沫塑料在包装工业中有着广泛的应用。

（一）聚苯乙烯的分子结构

用各种方法对聚苯乙烯的分子结构进行研究，特别是对热解聚苯乙烯的研究，证明聚苯乙烯的分子链呈“头尾”结构，即 1 – 3 结构，如图 2 – 16 所示。

聚苯乙烯由于苯基存在而具有一定的不对称性，使得大分子具有弱极性，其偶极矩仅为 0.37D（德拜）。一般视其为非极性聚合物。

聚苯乙烯的大分子具有支链，支链的数目和大小取决于聚合条件。聚苯乙烯为无定形结构。在拉伸时，大分子被拉长产生定向作用，由于苯环的空间位阻效应而大大防碍了定向排列。虽然在拉伸方向强度也增加，但经 X 射线分析，聚苯乙烯为非晶体结构。

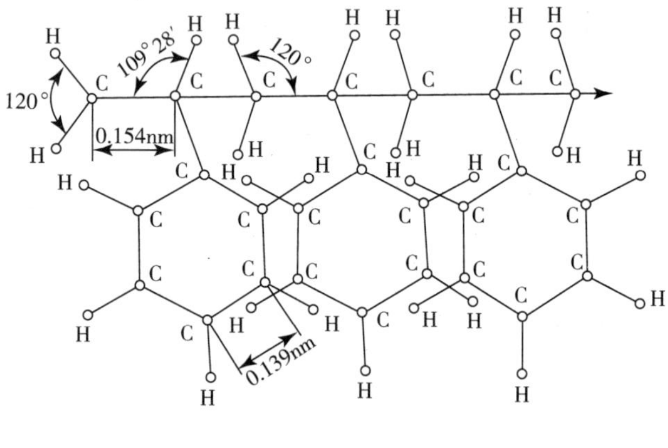

图 2 – 16　聚苯乙烯的分子结构

（二）聚苯乙烯的性能

聚苯乙烯是无色、无味、无臭、表面光滑、透明的无定形热塑性塑料。透明度可高达 92%，仅次于有机玻璃。聚苯乙烯不易燃，燃烧时发出带烟的火焰。以小棒敲打聚苯乙烯或将它掷在桌上，会发出金属声。

1. 物理 – 力学性能

聚苯乙烯是一种含有不同分子量、链长度、链结构的混合物。工业产品的相对分子量为 $5\times10^4\sim2\times10^6$ 之间，随聚合条件而不同。

聚苯乙烯的相对密度为 1.05，折光率为 1.59。

聚苯乙烯的吸水性小，抗水性强。常温下，聚苯乙烯长时间与潮湿空气接触，但它完全不吸水，大小尺寸也不起变化。样品在水中浸300h以上，仅吸水3.05%。但水蒸气可以透过它的薄片。在普通情形下厚5mm的片，每平方厘米每小时约可透过水蒸气0.1mg。

在热性能方面，聚苯乙烯的耐热性不低于80℃，玻璃化温度为80～82℃。在玻璃化转变温度以上转变至高弹性状态。实际资料说明聚苯乙烯的最高工作温度为70～75℃。

聚苯乙烯的导热系数和热容量低，热膨胀系数高（超过金属）。它的导热系数为(7.9～15.8) $\times 10^{-4}$J/(cm·s·℃)，热容量为1.29～1.38J/g。

聚苯乙烯的力学性能在一定范围内取决于分子量。低分子量的聚合物极脆，抗张强度很小。随着分子量的增加，抗张强度增加，脆性减小，软化温度升高。但当聚合度增加到一定值（约相当于重均相对分子质量 1×10^5）以后，力学性能几乎不再有变化。图2-17是聚苯乙烯的抗张强度与相对分子质量的关系。

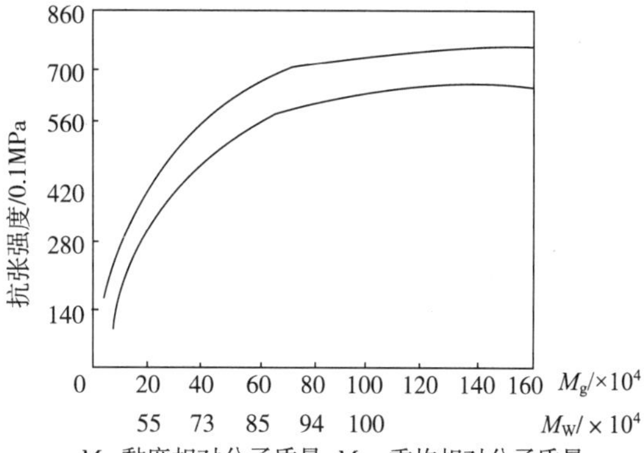

M_g–黏度相对分子质量; M_W– 重均相对分子质量

图2-17 聚苯乙烯抗张强度与相对分子质量的关系

温度对聚苯乙烯的抗张强度和伸长率的影响，如图2-18所示。温度上升使抗张强度下降；伸长率在达到80℃后开始猛烈增加。温度对抗压强度的影响如图2-19所示。

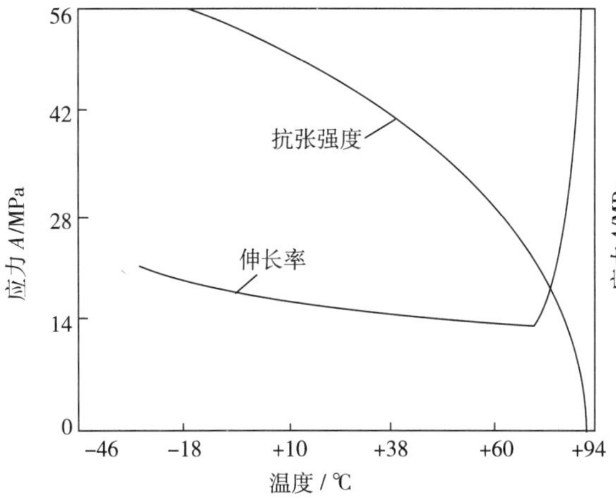

图2-18 聚苯乙烯抗张强度及伸长率与温度的关系

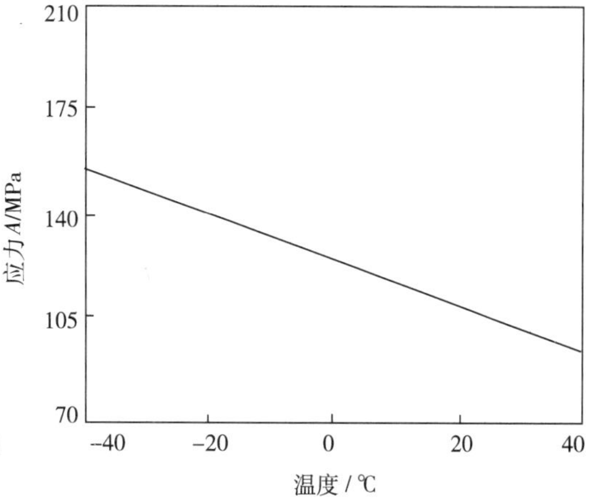

图2-19 聚苯乙烯抗压强度与温度的关系

高分子量聚苯乙烯的抗弯强度达100.0MPa，所以聚苯乙烯是能承受弯曲应力的塑料。聚苯乙烯的冲击强度相当低，表面硬度小，易擦毛，不耐磨，易出现划痕，易产生应力开裂，因此聚苯乙烯很脆，脆化温度为-30℃。

用聚苯乙烯制成的制件，物理-力学性能不高，原因是有内应力存在。因此需将制件在热变形温度5℃以下退火，可减少内应力，改善其机械强度，提高热变形温度。

2. 化学稳定性能

聚苯乙烯由于 C—C 键已饱和，并带有苯基，因此对许多化学腐蚀性物质具有良好的抗耐性。不过苯基能活化非对称的叔碳原子（以 * 号标志），使聚苯乙烯易发生某些化学反应。

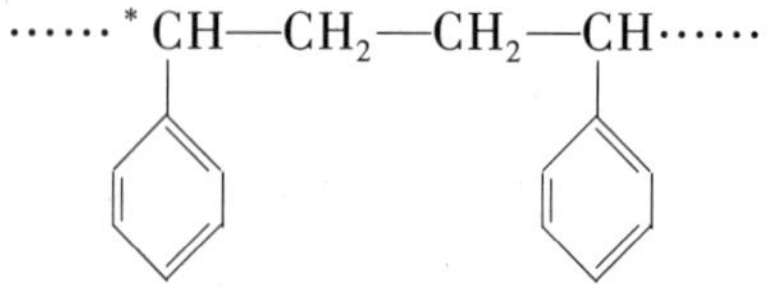

叔碳原子上的氢能参与某些化学反应，如氧化等。苯基可参与氯化、硝化、碘化、氢化等反应。这些反应的条件会使其产生部分裂解和变脆。氧化的同时使得聚苯乙烯变为黄色。

由于聚苯乙烯为非极性聚合物，所以能溶于非极性溶剂中。它能溶于芳香烃类（苯乙烯、苯、甲苯、二甲苯、异丙苯等），酯类（乙酸甲酯等），氯代烃类（二氯甲烷、四氯甲烷等）、酮类（甲乙酮），二硫化碳、硝基丙烷等有机化合物；不溶于脂肪烃类（乙烷等），低级醇类、乙醚、丙酮、硝基甲烷、苯酚、醋酸及水。聚苯乙烯的溶解度随分子量的增大而降低。在与某些醇、酸、油脂、食品接触时，可发生分解及开裂。也可被硝化和磺化。如表 2－16 所示。

表 2－16 聚苯乙烯耐化学浸蚀性能

	溶剂	25℃	50℃	试验时间
酸类	醋酸(5%)	优异	良好	1a
	醋酸(25%)	良好	—	1.5a
	冰醋酸	不良	极坏	1a
	甲酸(90%)	良好	—	0.5a
	硼酸(饱和液)	优异	良好	1a
	盐酸(10%)	优异	合格	1a
	盐酸(36%)	良好	—	30d
	磷酸(10%)	优异	良好	1a
	磷酸(50%)	优异	良好	1a
	硫酸(10%)	良好	—	2a
	硫酸(98%)	合格	—	2a
碱类	氨(98%)	优异	良好	1a
	氢氧化钾(10%)	优异	良好	1a
	氢氧化钾(30%)	优异	良好	1a
	氢氧化钠(10%)	优异	良好	1a
	氢氧化钠(35%)	良好	良好	1a
	氢氧化钠(40%)	良好	—	1a

续表

	溶剂	25℃	50℃	试验时间
醇类	乙醇(95%)	良好	合格	1a
	丁醇	良好	合格	1a
	戊醇	合格	极坏	1a
醛类	甲醛	不良	极坏	7d
多元醇	一缩二乙二醇	优异	优异	1a
	丙三醇	良好	—	56d
	丙二醇	优异	优异	1a
酯类	乙酸乙酯	极坏	溶解	—
	苯甲酸乙酯	极坏	极坏	1d
	磷苯二甲酸二甲酯	极坏	极坏	2d
	磷苯二甲酸正丁酯	极坏	极坏	7d
	磷苯二甲酸正戊酯	极坏	极坏	7d

注：a－表示年；d－表示天。

聚苯乙烯能耐碱，任何浓度的硫酸、磷酸，10%～36%的盐酸，1%～25%的醋酸，1%～90%的甲酸，其他有机酸、水、乙醇、汽油、植物油以及各种盐的溶液；但浓硝酸和其他的氧化剂能破坏聚苯乙烯。

3. 聚苯乙烯的老化性能

聚苯乙烯耐光性差，在日照下易混浊变黄，并产生裂纹，丧失透明性，各种性能也随之恶化。造成的原因是：①成型材料中存在挥发性杂质；②由于残留单体的聚合引起的容积变化；③单体结构单元氧化而生成羰基与羧基；④不同聚合度的各种聚合体的膨胀系数的差异等。

为去除挥发性杂质，对于要求较高的产品应采取在150～200℃下减压加热处理数小时。同时在聚合好后应设法除去残留的单体和单体氧化物（如氧、氯等）。为防止老化，通常加入1%不饱和的脂肪族胺类与环状胺类、胺类的氧化物，氨基醇类，环状醇类等作为稳定剂，以改善其对大气的耐老化性。

（三）聚苯乙烯的用途

聚苯乙烯是聚合树脂中用途最广的一种，它的突出特点是耐水、化学药品性好、透明无色、加工便利、印刷性能好等，因此在包装工业中得到了广泛的应用。

聚苯乙烯应用在包装上，主要加工成薄膜，用于水果、蔬菜的包装；还可以加工成透明的包装容器、容器盖、小盘等；由于聚苯乙烯纯度高，适用于真空镀铝，可再加工为蒸镀容器。

未拉伸的聚苯乙烯薄膜脆性大、延伸性、冲击性和耐撕强度差，气密性不良，一般不作为软包装材料；定向拉伸可显著改善普通聚苯乙烯的机械性能而不影响其光泽和透明度。吹胀、拉幅或径向拉伸均可使用。吹胀法适用于生产厚度小于0.08mm的薄膜；拉幅可使厚度变得很薄；径向拉伸与拉幅相似，只是用几对呈幅状分布在四周的牵引辊进行拉伸。定向拉伸薄膜加热至107℃时，会收缩40%～60%，可作为水果、蔬菜的呼吸型收缩包装，但这时薄膜的柔性变差而且易划破。拉伸聚苯乙烯薄膜性能如表2－17所示。

表2-17 拉伸聚苯乙烯的性能

性能		单位	数值
密度		g/cm^3	1.05
可见光透过率		%	92
抗拉强度		MPa	75
伸长率		%	3~20
热封温度		℃	120~150
使用温度界限（最低）		℃	-62
使用温度界限（长期最高）		℃	85
黏合性		N/20mm	5~12
吸水率		%	0.05
透气率	O_2（23℃、0.1mm）	mL/(m^2·24h·atm)	1000
	N_2	mL/(m^2·24h·atm)	200
	CO_2	mL/(m^2·24h·atm)	4500
透湿率（38℃、95%RH、0.1mm）		g/(m^2·24h)	28

（四）聚苯乙烯的改性

为了改进聚苯乙烯易脆裂、耐热差等缺点，目前已采用共聚、共混等方法生产了一系列改性的聚苯乙烯，在包装工业中应用最多的有抗冲性聚苯乙烯（HIPS）、ABS塑料、泡沫聚苯乙烯等。

（1）抗冲性聚苯乙烯（HIPS）。在苯乙烯单体内加入少量合成橡胶，以自由基引发聚合，采用本体-悬浮法或本体法进行接枝共聚，也可将聚苯乙烯与丁苯橡胶进行混炼等方法制造。

抗冲性聚苯乙烯具有聚苯乙烯均聚物的优点，如刚性、易染色、易加工成型等。而且抗冲击强度可提高2~3倍，伸长率增加，可制成柔韧的薄膜，但抗张强度和透明度有所降低，其变化程度与橡胶含量有关。抗冲性聚苯乙烯产量占聚苯乙烯总产量的1/3，其中部分产品采用共混的方法生产，其品种有中抗冲、主抗冲、超抗冲性聚苯乙烯等。

（2）ABS塑料。ABS树脂是由苯乙烯、丁二烯、丙烯腈三种结构单元所组成，其中，A代表丙烯腈，B代表丁二烯，S代表苯乙烯，由三者共聚合而生成ABS。由于ABS是三元共聚物，具有三种均聚物的共同性能。丙烯腈能使共聚物耐化学腐蚀，且有一定的强度和表面硬度；丁二烯使聚合物呈现橡胶状韧性；苯乙烯使聚合物呈现热塑性塑料的加工特性。所以ABS树脂具有耐热、表面硬度高、尺寸稳定、耐化学腐蚀、耐冲击性、耐寒性以及易于成型和加工等特点。改变ABS树脂中三种组元间的比例，在适当的范围内调节其性能，以适合各种特殊的用途。ABS树脂一般分为通用型、中冲击型、高冲击型、耐低温冲击型、耐热型、透明型等。ABS树脂可制成各种薄膜，也可加工成食品箱及其他各类包装容器。

（3）聚苯乙烯泡沫塑料。在产品包装上，应用得最多的是泡沫聚苯乙烯。聚苯乙烯泡沫塑料系闭孔结构，它分为可发性聚苯乙烯泡沫塑料和聚苯乙烯泡沫塑料两种。

可发性聚苯乙烯泡沫塑料是采用悬浮法聚合珠状聚苯乙烯树脂生产。在聚苯乙烯珠粒中加入低沸点液体发泡剂（如戊烷），在稍加温和加压的条件下，低沸点发泡剂渗透到聚苯乙烯珠粒中，使其溶胀，制成可发性聚苯乙烯珠粒。然后在一定模型内加热到80～110℃时，聚苯乙烯达到软化状态，产生膨胀力，形成微孔泡沫塑料。

聚苯乙烯泡沫塑料是采用乳液聚合的粉状聚苯乙烯树脂为原料，与发泡剂（C_4～C_6烷烃）混合，经加热加压，使混合物熔结成毛坯，然后加热发泡成型，制成泡沫塑料。聚苯乙烯泡沫塑料性能如表2－18所示。

表2－18　聚苯乙烯泡沫塑料性能

性能	可发性聚苯乙烯泡沫				聚苯乙烯泡沫		
	数值				数值		
密度/(g/cm^3)	0.021	0.031	0.04	0.05	0.06	0.10	0.20
抗压强度/MPa	0.144	0.216	0.296	0.358	0.3	1.0	3.0
抗弯强度/MPa	0.302	0.380	0.517	0.527	—	—	—
冲击强度/(kJ/m^2)	0.463	0.490	0.560	0.816	1.6	2.2	3.0
导热系数/[W/(m·K)]	≤0.044	≤0.044	≤0.044	≤0.044	≤0.033	≤0.038	≤0.051
耐热性/℃	75	75	75	75	—	—	—
耐寒性/℃	－40	－40	－40	－40	—	—	—
工作温度/℃	70	70	70	70	60	60	60
吸水性/(g/cm^2)	0.0117	0.0107	—	—	—	—	—
介电常数/10^7Hz	—	0.00105	0.00105	—	—	1.1	1.28
收缩率（60℃、24h）/%	—	—	—	—	—	0.5	0.5

聚苯乙烯泡沫塑料具有防震、隔热、耐压、质轻、不易损坏、可节省运输费用、吸水性小、介电性能优良、易于成型等优点而广泛用于各类精密仪器、仪表、电子管、家用电器、陶瓷、军工产品、工艺品等方面的缓冲防震包装材料。使用过的聚苯乙烯泡沫塑料，可以经过回收处理（如溶于溶剂做涂改涂料等）。

四、聚氯乙烯（PVC）

聚氯乙烯是一种较重要的热塑性树脂，早在第二次世界大战以前，就开始生产聚氯乙烯薄膜，然而直至20世纪50年代，聚氯乙烯薄膜才开始应用于商业包装。目前，世界上聚氯乙烯的产量仅次于聚乙烯。虽然聚氯乙烯包装废弃物不易降解，在焚烧时，易产生HCl气体，对环境有很大的污染。但由于聚氯乙烯的化学性能很好，在常温下对一般酸、碱均能耐腐蚀，有较强的机械强度和介电性能，因而它在化学工业、电子工业、建筑材料、医药及包装工业中应用很广。不过随着其他环保性塑料的应用，应尽量少用或不用聚氯乙烯。

（一）聚氯乙烯的分子结构

聚氯乙烯是分子结构不对称的大分子（无定形结构）的热塑性树脂，其分子的链段的结合次序是按“首尾”相接法。如图2－20所示，氯乙烯的分子结构中氯原子位于1，3位置。

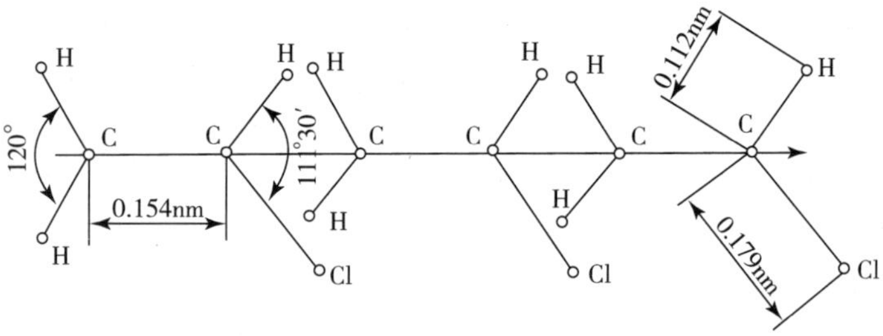

图2－20　聚氯乙烯的分子结构

由于线形大分子链上有氯原子存在，受C—Cl键的偶极影响，聚氯乙烯的极性、硬度和刚性都较大。

由于线形大分子链上氯原子的存在，破坏了结构的对称性，因此聚氯乙烯是一种不含晶相部分的无定形晶体。

（二）聚氯乙烯的性能

纯聚氯乙烯是淡褐色、透明、坚韧的树脂，密度为1.4g/cm^3。有明显的熔点，升温到70～80℃开始软化，约在180℃熔融。由于聚氯乙烯热稳定性差，加热至150℃很快分解出氯化氢，颜色变深，性能变差。由于这些突出的特点，直接用纯粹的聚氯乙烯来制造用品的很少，一般都需加入配料。

所加配料有：①稳定剂。抑制或中和热加工时或使用时由于分解所放出的氯化氢。常用的稳定剂有热稳定剂（如硬脂酸盐等）、光稳定剂（紫外线吸收剂）、抗氧剂等。②增塑剂。降低聚合物的软化温度，使制品可在较低温度下加工。增大增塑剂量，材料的硬度、机械强度降低。用做增塑剂的极性高沸点液体主要有磷酸盐（三苯酚酯，三甲酚酯）、苯二甲酸酯类及氯化石蜡等。③填料。常用的有硅藻土、黏土、氧化硅等。填料对机械性能关系较小，但对电性能往往有害。④着色剂。其对树脂性能无影响，用量为1%～2%。⑤润滑剂。主要是减小熔体摩擦阻力，便于成型加工。常用的润滑剂有硬树脂酸盐及矿物油等。

各种使用用途对聚氯乙烯性能有不同要求，应选择适当配方。增塑剂能使软化点降低。便于在较低温度下加工；但同时却使化学药品的抵抗性能、电气性能、耐热性降低。增塑剂还具有挥发性（其挥发后，会使塑料变硬）。因此工业上，当制造要求优良的耐热性及化学稳定性的制品（例如药品包装膜）时，一般不用增塑剂。

聚氯乙烯塑料，根据增塑剂含量多少有软、硬之分。一般增塑剂含量在10份以下称为硬质聚氯乙烯塑料；增塑剂含量在10～30份左右称为半硬质聚氯乙烯塑料；增塑剂含量在30份以上称为软质聚氯乙烯塑料。它们以不同的性能适用于不同的用途。

1. 物理－力学性能

不加增塑剂的硬聚氯乙烯塑料，又称为“乙烯型可塑材料”，是一种具有较高的机械强度、刚度的热塑性塑料。聚氯乙烯物理机械性能取决于树脂的分子量、增塑剂及填料的含量。树脂分子量愈大，则机械性能、耐寒性、热稳定性愈高，但加工温度也要求高，成型比较困难；分子量低则与上述相反。填料含量增多，抗拉强度降低。硬聚氯乙烯的主要物理－力学性能如表2－19所示。

由表2－19可知，其机械强度较高，可单独用做结构材料。但热稳定性低（应用温度范围不高于70℃）及线膨胀系数大（较钢高6倍），这是最大的缺点。

聚氯乙烯塑料低的热稳定性是由聚氯乙烯树脂的性质所决定的。通过改变树脂组分，应用较高熔点的共聚物等办法可以提高热稳定性。

表 2－19　硬聚氯乙烯的主要物理－力学性能

性　能	单　位	数　值
密度	g/cm^3	1.4～1.6
吸收性（浸 24h）	%	0.1～0.4
抗张强度	MPa	50.0～70.0
断裂伸长率	%	10～25
抗弯强度	MPa	80.0～120.0
抗弯模量	MPa	3×10^3
抗压强度	MPa	80.0×160.0
悬臂梁冲击强度（缺口）（23℃）	$(N\cdot cm)/cm^2$	1000～2500
邵氏硬度		75～85
线膨胀系数	$1/℃\times10^{-5}$	5～7
最高工作温度	℃	70
介电常数	10^6 Hz	3.2～3.6

增塑过的聚氯乙烯塑料，则类似于橡胶的弹性物体，在常温及低温下均具有较高的弹性，密度为 1.2～1.6g/cm^3。随着增塑剂加入量的增多，聚氯乙烯塑料的可塑性、柔软性、伸长率、耐寒性、吸水性增强；而密度、硬度、脆性、耐热性及机械强度降低。当增塑剂少于 20% 时，冲击强度无甚明显改善，主要是加工成型较方便，加工时要注意收缩性。

2. 化学稳定性

聚氯乙烯不为臭氧及氧所作用，又因其分子中含有氯，所以不能助燃。因而其本身的耐老化性能较佳。

硬聚氯乙烯是优良的耐化学药品腐蚀的材料。能耐强酸（如硫酸、硝酸、盐酸），也能耐强碱、耐油类（如汽油、煤油）以及溶剂（如甘油和醇类）的作用。但在氯化溶剂、硝基溶剂、苯类及酮类中不够稳定。硬聚氯乙烯在部分化学药品中的稳定性能如表 2－20 所示。

表 2－20　硬聚氯乙烯的化学稳定性

化学试剂	浓度/%	最高温度/℃	化学试剂	浓度/%	最高温度/℃
硫酸	40 以下	40	苛性碱类	40 以下	40
硫酸	40～80	60	苛性碱类	50～60	60
亚硫酸	50 以下	50	氨水	25	50
硝酸	40 以下	40	硫酸及盐酸盐类溶液	稀	40
盐酸	30 以下	40	硫酸及盐酸盐类溶液	常温下饱和	60
盐酸	37 以下	60	硫化氢溶液	饱和	40
醋酸	60～70	60	二氧化碳	饱和	40
磷酸	30 以下	40	潮湿氯气	50～60g/cm^3	20
磷酸	30～80	60	过氧化氢	20 以下	50
氢氟酸	40 以下	20	乙醇	—	40

续表

化学试剂	浓度/%	最高温度/℃	化学试剂	浓度/%	最高温度/℃
砷酸	80 以下	40	甲醇	100	40
硅氟酸	32 以下	60	润滑油及植物油	—	60
有机脂肪酸	100	60	苯、甲苯、二甲苯等	—	不稳定
氯化烃类	—	不稳定			

有增塑剂的聚氯乙烯塑料的化学稳定性也是很好的。但考虑到溶剂有把所含增塑剂抽出的倾向，应把所有的增塑剂对化学药品的作用考虑在内。因而在使用时，必须适当地选用增塑剂及其他配料。

（三）聚氯乙烯的用途

聚氯乙烯与聚乙烯、聚丙烯相比，机械强度、耐磨耐压性优良；防潮抗水性、气密、热封性好；生产耗能少，价格便宜。加入增塑剂可制出无色透明有光泽的薄膜、片材、板材、管材、棒材等。薄片可制成容器，也可做成包装中的透明窗，增加商品的外观性、清晰感。

聚氯乙烯易热封。可采用丝网、机印等方法印刷出色彩华丽、鲜艳的图案，而且有良好的商品性。

若聚氯乙烯含有不等量的有毒增塑剂、稳定剂及游离单体等有毒物质，则聚氯乙烯薄膜不适于食品包装，但可用做包装化肥等工业用塑料包装袋。

聚氯乙烯薄膜也可不加增塑剂而采用内增塑的方法来生产软质薄膜。拉伸薄膜可用于收缩包装。这些不含增塑剂的薄膜因没有增塑剂的异味，且不易硬化老化，可用于蔬菜、水果、冷冻食品、点心等的包装，半硬薄片可制成杯状容器，用来包装冰激凌、果冻、酱菜、西餐点心等。但由于其含氯乙烯单体，所以相关标准中规定其含量必须低于 1mg/kg，国外一些国家已经禁止将聚氯乙烯用于食品包装。

软质聚氯乙烯可制成薄膜，用于包装容器、设备、化肥等，也可作为防潮、防水的包装材料。还制成人造革广泛用于制作椅子、防雨布和使用在日常生活用品方面，从旅行包到各种箱子、办公用品、家具等。

硬质聚氯乙烯瓶子的机械性能、光洁度、耐油性、气密性都比软质聚氯乙烯好。

聚氯乙烯塑料还可用于制造蓄电池盖及塞头等，耐腐蚀性的各种化工仪器及设备的管道容器，以及防火或阻火的窗架。

五、聚偏二氯乙烯（PVDC）

（一）概述

聚偏二氯乙烯于 1938 年发现于法国，1939 年美国（DOW）化学公司发现聚偏二氯乙烯与氯乙烯共聚物性能较好，并于次年投产，其商品牌号叫赛纶（saran）。在第二次世界大战中用做军需品，战后又制成纤维和涂料。

聚偏二氯乙烯可加工成单层薄膜，也可与其他材料（如纸、铝箔、其他塑料）复合，在大多数情况下，可溶于溶剂后作为涂覆材料。塑料薄膜表面仅涂上薄薄一层聚偏二氯乙烯涂层后，就可大大改善其防潮、隔氧、密封性能。

用密度较大，有特殊气味的低沸点液体——偏二氯乙烯合成的聚偏二氯乙烯均聚物，其熔点范围很窄，质硬，软化点高而且软化点与分解温度接近，不易加工。常用的聚偏二氯乙烯是偏二氯乙烯与氯乙烯（含量约5% ~25%）的共聚物。

（二）聚偏二氯乙烯的制造

聚偏二氯乙烯的生产方法与聚乙烯均聚物生产方法相似。一般以过氧化苯甲酰为引发剂，在温度为40℃左右下进行聚合，在聚合过程中加入偏二氯乙烯进行共聚。若作纤维使用，一般含偏二氯乙烯80% ~95%；若作薄膜使用，一般含偏二氯乙烯75% ~85%，生产方法采用悬浮法和乳液法；若作涂料黏合剂和塑料使用，一般含偏二氯乙烯75%以下，生产方法多采用乳液法聚合。

偏二氯乙烯是无色液体，有轻微氯仿气味。相对密度为1.21，熔点为 -122.5℃，沸点为31.7℃，其性质与氯乙烯接近，所以聚偏二氯乙烯共聚物的性质与聚氯乙烯的性质相似。

（三）聚偏二氯乙烯的性质和用途

聚偏二氯乙烯共聚物的性质与偏二氯乙烯的含量有关。一般来说，共聚物是一种浅棕色透明物质，密度大，机械强度优良、柔韧，但过软，不适用于机械化操作。由于表面有粘连性，进行自动化包装时，要加入滑爽剂。

偏二氯乙烯 - 氯乙烯共聚物的特点：柔软且具有极低的透气、透水性，可防止异味透过；保鲜、保香性能好，适于长期保存食品，如鱼肉香肠；耐强酸、强碱、化学药品，耐油脂性能优良；难燃，有自熄性；具有自黏性，适于制复合薄膜、黏合剂和涂料；收缩性大，是较好的热收缩包装材料。这种薄膜在50℃以上开始收缩，在100℃有20% ~60%的收缩率，只要在热水中浸泡5s即可收紧包好。其收缩张力约为0.35 ~1.05MPa。过高的张力会导致薄膜的破裂或变形，所以要严格控制收缩温度，热封温度一般在120 ~160℃之间。热定型薄膜熔点范围窄，容易粘连，但黏合强度低，所以，热封时要控制好条件，较厚的薄膜可采用脉冲，高频热合或金属结扎等方法封口。其耐热性较好可作蒸煮袋复合层。

偏二氯乙烯 - 氯乙烯共聚物除了柔软易粘连，操作性不良外，其薄膜结晶性强，易开裂、穿孔，耐老化性差，在紫外光下易分解出 HCl，其单体也有毒性。因此用做食品包装时，要进行严格检验。目前主要用做肉食品包装膜、涂料或制造复合材料。

定向拉伸的薄膜，其透明性、光泽、耐撕性、抗张、抗冲击强度都有所改善，对于空气和水蒸气的透过率极小，耐油、耐化学性好，不易燃，密度大，印刷性好。由于它比较柔软且较黏，因此在包装设备上不易拾取，操作性差。但聚偏二氯乙烯热稳定性差，低于熔点时就开始分解，高于60℃就不稳定，因而成型加工较难。其气体、透湿率都比聚氯乙烯、聚乙烯好（图2 -21）。

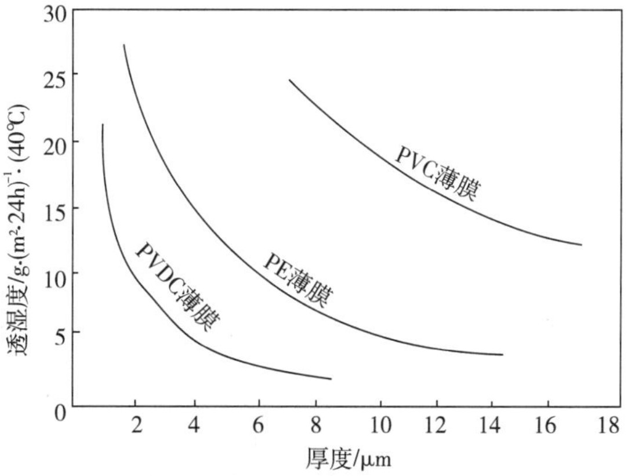

图2 -21　聚偏二氯乙烯薄膜的厚度与透湿度的关系

PVC - 聚氯乙烯；PE - 聚乙烯；PVDC - 聚偏二氯乙烯

聚偏二氯乙烯－氯乙烯薄膜的物理－化学性能如表2－21所示。

表2－21　聚偏二氯乙烯－氯乙烯薄膜的物理－化学性能

项　目		单　位	数　值
厚度		μm	30～70
密度		g/cm^3	1.6～1.7
抗张强度		MPa	80.0～120.0
耐折强度		次	80000
延伸率		%	25～65
耐油性		h	≥50
吸水率（24h后）		%	<0.1
软化温度		℃	60～100
脆化温度		℃	0～－30
透湿度		$g/(m^2 \cdot 24h)$	1～2
气体透过率	CO_2	$mL/(m^2 \cdot 24h \cdot atm)$	0.1
	O_2	$mL/(m^2 \cdot 24h \cdot atm)$	0.03
	H_2	$mL/(m^2 \cdot 24h \cdot atm)$	<0.01

偏二氯乙烯－氯乙烯共聚物常与纸、铝箔及其他塑料薄膜制成复合材料或PVDC涂布材料。采用溶剂黏合法可得到良好的结合。这些复合材料具有优良的防潮、隔氧、密封性，也易于热封，在油腻、含水食品包装中应用较多。如纸/黏合剂/铝箔/黏合剂/PVDC/玻璃纸/PVDC等，PVDC也可与聚烯烃制成共挤出薄膜或半硬质片材。

作为涂布材料，PVDC可用有机溶剂溶解或制成乳液。如由PVDC树脂、增塑剂、蜡、防静电剂和滑爽剂组成的丙酮液。若PVDC含量高于90%，则要用四氢呋喃为溶剂，由于树脂有保留溶剂的倾向，所以干燥较差。如果涂布后，溶剂未彻底挥发，那么强度或密封性则较差。

玻璃纸涂以PVDC后，在日本被称为K型玻璃纸（KT）与PE复合的薄膜，商品牌号为FOP，常用于包装。涂布在尼龙上的PVDC，再与PE复合的薄膜牌号为NSP。涂在聚酯上的PVDC，再与PE复合的薄膜牌号为MSP。

（四）聚偏二氯乙烯薄膜的成型加工

聚偏二氯乙烯包装薄膜是用吹塑成型的方法进行加工的。将共聚聚偏二氯乙烯通过环状形口模挤出，挤出温度为170℃左右。为使薄膜不发生结晶，吹塑之后，薄膜立即送入骤冷水箱（水温为2～7℃）进行冷却。因为聚偏二氯乙烯是结晶型聚合物，要尽可能减少薄膜高温暴露时间，以免结晶度过高。成型之后，聚偏二氯乙烯薄膜必须马上进行定向拉伸处理。若薄膜的骤冷温度不够，或者薄膜吹胀之前停留时间过长，则会增大结晶度。骤冷之后，膜体有点发黏，为了防止膜体粘到一块分不开，成型过程中必须在膜体内面喷上润滑剂，如油脂等。冷却后，膜体被夹辊夹扁，在水箱外部被导辊引出。整个吹塑过程中，前三组夹辊的速度是相等的。薄膜从第三组夹辊出来之后，又被吹胀成管膜，压缩空气是通过夹在第三个夹辊中间的小空心针送入的。薄膜的横向定向程度取决于从机头出来的膜体的直径和最终管膜的直径之比（吹胀比）的大小而定。第四组夹辊的转速比第三组夹辊快。薄膜被吹胀，进行横向拉伸的同时，也被第四组夹辊沿纵向拉伸 3 ~4 倍。从最后一组夹辊出来时，薄膜呈扁平状，径向卷曲成捆或裁切成一定尺寸的薄膜条卷取出来。用这种方法生产出来的薄膜是热收缩聚偏二氯乙烯共聚薄膜。

需要生产热定型聚偏二氯乙烯共聚物薄膜时，经过双向拉伸之后，要对薄膜进行热定型处理。其工艺过程为：经双向拉伸之后用夹辊夹扁膜体，然后重新被低压空气吹胀，使膜体的直径与双向拉伸时的直径相等。把重新吹胀后的膜体送入热烘道中进行热定型处理之后，经夹辊夹扁，卷曲成捆即可。经热定型处理之后，薄膜就不会再收缩，同时产生结晶，完成热定型。

六、聚乙烯醇（PVA）

（一）概述

聚乙烯醇最早在 1924 年由德国发现，1930 年加拿大有少量生产，20 世纪 50 年代实现工业化，并开始用作包装材料。

我们平常说的“维纶”、“维尼纶”就是以聚乙烯醇纺成纤维再用甲醛处理制成聚乙烯醇缩甲醛纤维。聚乙烯醇缩甲醛是一种耐热、高强度、柔韧、耐溶剂、介电性能好的材料，近一半用于合成纤维，也大量用做薄膜、绝缘漆等涂料、黏合剂或成型材料（如泡沫塑料）。

（二）聚乙烯醇的制造

聚乙烯醇并不是由乙烯醇合成的，而是由聚醋酸乙烯酯醇解后制成的。即以偶氮二异丁腈或过氧化物等引发剂在 60 ~90℃采用溶液聚合、乳液聚合、悬浮聚合、本体聚合等方式制得聚醋酸乙烯酯；然后再经醇解，生成聚乙烯醇，因它不溶于甲醇而沉淀出来，再经 80℃真空干燥和热定型后即可制得聚乙烯醇。

合成原理为：

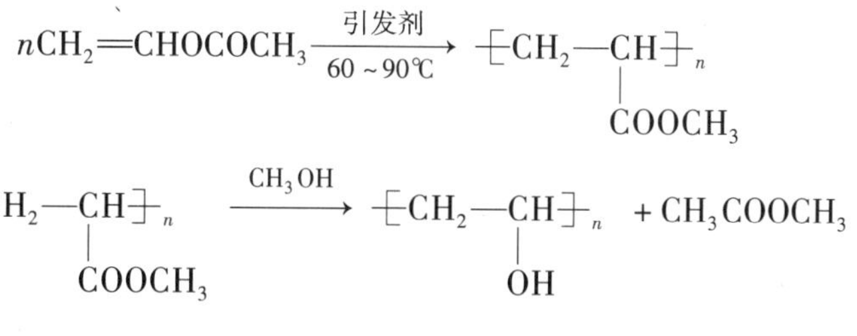

（三）聚乙烯醇的性质

聚乙烯醇产品是白色或微黄色粉状或絮状物，相对密度为 1.27 ~1.34。由于含大量的羟基，所以在水中可溶胀或溶解，也可溶于醇类以及乙酸、苯酚、液氨、二甲亚砜等极性溶剂。

由于聚乙烯醇的熔融温度与分解温度十分接近，很难采用吹塑等方法制膜，而采用流延法和挤出法成型。

聚乙烯醇制成的薄膜透明度高（透光率在90%以上），柔软不带静电，不经任何表面处理就能印刷出牢固而鲜明的图案，黏合强度大，耐磨性、抗拉、抗压、抗冲击强度、耐划伤性能和耐蚀性能比聚丙烯薄膜好。聚乙烯醇薄膜具有优良的抗应力开裂、抗老化性、耐热性，无毒无味。对气体、有机化学试剂蒸汽的透过率极低，具有优良的气密性和保香保鲜性能，在干燥状态下甚至优于聚偏二氯乙烯，是一种高阻隔性塑料材料，适于食品包装。与其他塑料薄膜的氧透过率比较如图 2－22 所示。

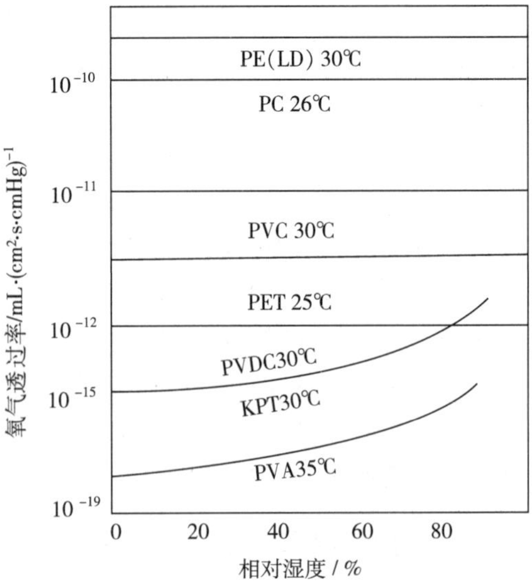

图 2－22　各种薄膜氧气透过率

聚乙烯醇具有较好的机械强度，优良的耐应力开裂性、耐化学药品性和耐油性；不易积累静电，印刷性能好，可以热封合。聚乙烯醇薄膜与其他塑料的性能比较如表 2－22 所示。

表 2－22　聚乙烯醇薄膜与其他塑料薄膜性能比较

性　能	单　位	聚乙烯醇膜	双向拉伸聚乙烯醇膜	涂 PVDC 的 BOPP	拉伸尼龙膜	PET	涂 PVDC 的玻璃纸
厚度	μm	25	14	22	15	12	24
拉伸强度（纵）	MPa	55	180	160	220	170	100
伸长率（纵）	%	330	55	100	70	70	20
冲击强度	kJ/m^2	—	2.56	2.65	3.50	2.0	1.20
透湿率（40℃、90% RH）	$g/(m^2 \cdot 24h)$	700	200	4	140	22	8
透氧量（40℃、90% RH）	$mL/(m^2 \cdot 24h \cdot atm)$	—	5.5	13	120	50	19
透明度	%	90.5	92.0	88.0	88.0	87.0	91.0
熔点	℃	220	227	166	217	249	—
耐热性	℃	206	220	158	200	238	150
耐油性		好	好	一般	一般	较好	较好

聚乙烯醇的主要缺点是吸水性强，吸水率可达 30%～50%，吸水后使气密性和机械强度下降；其透湿率大，为聚乙烯的 5～10 倍；且容易受醇类、酯类等溶剂的侵蚀。

（四）聚乙烯醇的用途

聚乙烯醇薄膜最大的适用范围是纤维制品（如布匹、床上用品以及各类衣着等）的包装，约占总需要量的 80% 以上。但由于聚乙烯醇薄膜具有优良的防透气性和耐油性，在食品包装中以该膜为基材的复合膜被广泛地应用于真空包装、充气包装和脱氧剂的包装等食品包装和芳香剂、防气剂之类的升华性物质的包装。例如，加工肉食品（火腿、红肠、叉烧肉、腊肉等）、即食食品（汤类）、调味品、乳制品（奶油、乳酪）、糕点等的包装。该膜的另一个用途是用于包装洗涤剂、漂白粉、染料、农药等溶于水的商品，可以进行定量包装，取出直接投入水中使用，为使用有毒制品和药品提供了方便。

七、乙烯共聚物

聚乙烯产量大，价格便宜，但具有气密性差，耐环境应力开裂性不好等缺点，生产中一般采用共聚的方法进行改性，这样可以提高产品的某些性能。

以乙烯为主要成分的共聚物很多，在包装工业中常用的有以下几种：乙烯－醋酸乙烯共聚物（EVA）；乙烯－乙烯醇共聚物（EVAL）；乙烯－丙烯酸乙酯共聚物（EEA）；离子键聚合物；乙/丙塑料等。

（一）乙烯－醋酸乙烯共聚物（EVA）

早在1938年，世界上一些国家就开始对乙烯－醋酸乙烯的共聚进行了研究，1960年实现工业化生产，后又发展了溶液共聚、乳液共聚等新技术，并可以合成不同含量的醋酸乙烯的乙烯－醋酸乙烯共聚物。

共聚物中，含醋酸乙烯越多，共聚物的结晶度就越小，产物的弹性就越大，类似于橡胶。作为塑料的共聚物，醋酸乙烯的含量一般为5%～10%。含醋酸乙烯<5%的乙烯－醋酸乙烯共聚物，其性能接近于低密度聚乙烯，随着醋酸乙烯含量的增加，其柔韧性、弹性、透明性、黏合性、溶解性、耐应力开裂性、热封性等均有所提高，而刚性、软化温度、耐磨性、电绝缘性则降低。含15%～20%乙烯－醋酸乙烯共聚物的性能接近于软质聚氯乙烯，塑料用乙烯－醋酸乙烯共聚物的醋酸乙烯含量一般为20%左右。

用乙烯－醋酸乙烯共聚物制成的薄膜，透明、光泽好、弹性突出、柔软、手感舒适、弯曲柔性好、伸长率高、抗水性好、无毒无公害；其耐老化性、黏合性均优于聚乙烯薄膜。乙烯－醋酸乙烯薄膜的性能如表2－23所示。

表2－23 EVA膜的物理性能

性能＼品种		单 位	EVA（5%）	EVA（10%）
厚度		μm	50	50
抗拉强度		MPa	25	23
延伸率		%	650	700
冲击强度		kJ/m^2	2.5	2.6
熔点		℃	98	93
透湿率		$g/(m^2 \cdot 24h)$	15	40
透气率	O_2	$mL/(m^2 \cdot 24h \cdot atm)$	3700	5000
	CO_2	$mL/(m^2 \cdot 24h \cdot atm)$	20000	26400
	N_2	$mL/(m^2 \cdot 24h \cdot atm)$	1100	1500

乙烯－醋酸乙烯共聚物用途很广，既可以吹塑成中空容器作为药品和食品包装，也可以制成缠绕薄膜，作为收缩包装和重包装以及食品包装。醋酸乙烯含量较高的乙烯－醋酸乙烯共聚物也常用做热熔胶。

（二）乙烯－乙烯醇共聚物（EVAL）

将乙烯－醋酸乙烯共聚物进行皂化分解，即可得到乙烯－乙烯醇共聚物。

乙烯－乙烯醇共聚物与乙烯－醋酸乙烯共聚物相比，分子链上带有极性的羟基，因此分子间作用力较大，物品的刚性、强度较好，并有高度的阻隔、保香、耐酸、耐油性能。乙烯－乙烯醇共聚物用做包装薄膜，可包装食品、饮料等。EVAL 薄膜性能与其他塑料薄膜的性能比较如表 2－24 所示。

表 2－24　EVAL 薄膜与其他塑料薄膜的性能比较

性能＼品种	单　位	EVAL	LDPE	HDPE	BOPP	BOPA	PET
厚度	μm	15	30	20	20	15	12
抗拉强度	MPa	50～80	20～30	20～30	180～300	180～220	140～180
伸长率	%	160～200	200～500	40～310	50～110	60	60～100
冲击强度	kJ/m^2	3	27	12	11.2	10.5	5.0
耐油性	h	—	20	40	44	—	—
耐热性（熔点）	℃	180	110	137	—	223	260
透明度	%	1.8	12.0	75.5	88	88	87
透氧率	$mL/(m^2 \cdot 24h \cdot atm)$	7	7500	5600	3900	35	2500
透湿率（38℃）	$g/(m^2 \cdot 24h)$	50	163	79	50	134	221
吸水率	%	65	0.2	0.7	0.3	89	0.2

（三）乙烯－丙烯酸乙酯共聚物（EEA）

乙烯－丙烯酸乙酯共聚物可由乙烯和丙烯酸乙酯单体在氧或过氧化物引发下进行高压自由基聚合反应制取，也可用丙烯酸乙酯对聚乙烯树脂在自由基引发剂作用下进行接枝共聚而制成。乙烯－丙烯酸乙酯结晶度比聚乙烯低，因而弹性大，柔软如橡胶，压缩永久变形小，耐高、低温性能突出，有优良的抗冲击性能，其耐环境应力开裂性、耐老化性均比聚乙烯好。乙烯－丙烯酸乙酯适用于制作中空容器、包装薄膜等，用于药品、食品等包装。

（四）离子键聚合物

离子键聚合物是乙烯－丙烯酸盐共聚物。1964 年美国杜邦公司开发的一种性能介于弹性体和聚烯烃之间的树脂。

离子键聚合物分子链间有离子键而形成交联。由于离子键力引入半结晶聚合物，使结晶度降低而提高了其透明度和机械强度，又由于金属离子的存在而使相对密度增大。以金属离子键做分子间交联的离子键聚合物在受热时，因金属离子交联键断开而呈热塑性，能熔融、流动；一旦冷却，金属离子键又重新形成交联，其过程是可逆的。离子键的羧基与金属离子间键合力大，加热才能断裂、软化以至熔融。因此机械性能优良、柔韧，耐冲击、耐撕裂性好，耐磨、抗环境应力开裂性能、弹性较聚乙烯好。耐油、耐化学药品性能也较好。但烃类溶剂对其有一定的溶胀作用。尤其耐碱、耐矿物油性能突出。耐低温性能好，脆化温度为 -106℃；在高温下稳定，可于 300℃ 加工；难燃，但软化点低（65℃）。由于离子键的存在，耐无机酸性能较差，吸水率低（0.4%），透湿性较聚乙烯大，抗乙醇等溶剂性能也较差。

离子键聚合物可采用注塑或吹塑成型制成各种器具或中空容器，也可采用挤出成型法制成薄膜，其薄膜透明性、光泽度均较聚乙烯好，无毒、气密性好，柔软耐折，耐穿刺，封口性好，用于收缩包装制成复合薄膜及涂布材料。其性能如表 2-25 所示。

表 2-25　离子键聚合物薄膜的性能

性　能	单　位	数　值
密度	g/cm^3	0.94~0.96
抗张强度	MPa	21~36
伸长率（纵）	%	250
伸长率（横）	%	450
软化点	℃	60~80
热封温度	℃	93~260
脆化温度	℃	-107~-50
邵氏硬度		60
透湿率（37℃、90% RH）	$g/(m^2 \cdot 24h)$	15
透氧率	$mL/(m^2 \cdot 24h \cdot atm)$	450~600

（五）乙/丙塑料（E/P）

乙/丙塑料是乙烯-丙烯嵌段共聚物。它是以丙烯和乙烯为单体在阴离子配位催化剂作用下，进行嵌段聚合所获得的晶型相同而化学组分不同的高结晶的特殊共聚物。故称异质同晶聚合物。乙/丙嵌段共聚物分子结构如下：

$$\left[\left(CH_2-CH_2\right)_x\left(CH_2-\underset{\displaystyle CH_3}{\underset{|}{CH}}\right)_y\right]_n$$

异质同晶聚合物通常以丙烯为主体加入少量其他单体，如乙烯、丁烯、异戊二烯、氯乙烯、苯乙烯等。其中以乙烯-丙烯的异质同晶聚合物为最重要。通常由一种单体聚合时才能获得高结晶度聚合物，但采用特殊的聚合方法使含有丙烯、乙烯这两种单体的异质同晶聚合物也成为高结晶聚合物。一般采用氢化铝锂（$LiAlH_4$）、NaF、$TiCl_3$ 为催化剂，在 150℃、0.7MPa 压力下使丙烯与乙烯进行嵌段共聚，可得到相对密度为 $0.90g/cm^3$，结晶度高达 85% 的乙/丙塑料。

乙/丙塑料的性能不同于一般共聚方法共聚所得的共聚物，也不同于两者的掺合物，它兼具结晶聚丙烯和高密度聚乙烯的优良特性。当乙烯含量低时，其透明度明显提高，而随着乙烯含量的增大，共聚物的刚度和冲击强度有所提高。乙/丙塑料在成型加工中具有良好的流动性，而且有快速结晶的特点，即不经过快速冷却可以得到韧性好的制品，所以成型加工较聚乙烯、聚丙烯都容易。乙/丙塑料具有优良的综合物理机械性能。其聚合物薄膜兼有聚丙烯的透明性和光泽，而又具有聚乙烯的韧性。其抗冲击强度为聚丙烯的 3～4 倍；耐弯曲强度以及耐压力开裂性优良；耐低温性能比聚丙烯好，脆化温度为 -40℃；易热封，但其硬度较聚丙烯低。

乙/丙塑料可制成瓶子等包装容器，用于食品、药品包装或消毒容器；其薄膜可制成热收缩薄膜，也可与其他塑料（如 PET、PA 等）制成复合薄膜，用于冷冻食品包装或蒸煮袋，尤其是与铝箔复合的薄膜在食品和药物包装中应用较广。

第三节　缩聚类树脂

一、聚酰胺（PA）

聚酰胺通称为尼龙，它是具有许多重复酰胺基团（ $-\overset{\overset{O}{\|}}{C}-\overset{\overset{H}{|}}{N}-$ ）的线形热塑性树脂的总称。尼龙可由氨基酸（或氨基酸衍生物）脱水制成内酰胺再聚合制得，也可由二元胺与二元酸脱水缩聚而制得，它们的结构式分别为：

$$\left[NH(CH_2)_{n-1}-CO\right]_n \qquad \text{尼龙 n}$$

$$\left[NH(CH_2)_m-NHCO-(CH_2)_{n-2}-CO\right]_x \qquad \text{尼龙 mn}$$

n 为氨基酸中碳原子数，m、n 分别为二元胺与二元酸中的碳原子数。尼龙的命名就是以这些碳原子数为依据的。例如，尼龙 6 是由含有 6 个碳原子的己内酰胺自身聚合而得；由含有 6 个碳原子的己二酸和己二胺自身聚合而成的聚合物。而由含有 6 个碳原子的己二胺与含 10 个碳原子的癸二胺缩合而成的聚合物，则为尼龙 610。

常见的聚酰胺树脂有尼龙 4、5、6、7、8、9、11、12、13、66、610、1010 等。除了这些均聚物外还有二元、三元共聚物，如尼龙 610、1010 与尼龙 6 的共聚物。

聚酰胺塑料大多是坚韧、不太透明的角质材料，燃烧时有羊毛烧焦气味。

聚酰胺链段中，重复出现的酰胺基团中有一个带极性的基团，这个基团上的氢能与另一个酰胺基团链段上的给电子的羰基（C ═ O）结合形成相当能力的氢键，其氢键结构如下：

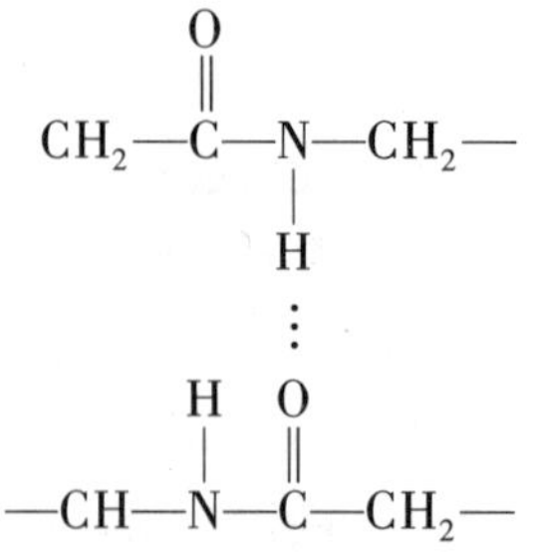

形成氢键的结果使结构结晶化，这样就导致熔点升高，使成型品具有良好的韧性、耐油脂和耐溶剂性，机械性能优异，其抗张强度在 40～120MPa 之间。其耐冲性好，而且随

温度和含水量的增高而上升。还具有一定的吸水性和耐温性。对于链段中的碳原子数目的多少，则起着冲淡这个酰胺基团所带来的特征的作用。尼龙 3、尼龙 4 等材料所含的碳原子数少，链段中出现酰胺基团比较频繁，聚合物的熔点就很高（尼龙 3 为 340℃，尼龙 4 为 260℃，尼龙 6 为 210 ~ 215℃），而吸湿性也非常高（尼龙 3 为 7% ~9%，尼龙 4 为 7%，尼龙 6 为 4.4%），因此尺寸稳定性差，不能满足塑料的要求，只能应用于纤维、人造革、织物等方面。而链段中碳原子数目相当多的尼龙 11、尼龙 12 或尼龙 13，成品的结晶性较低，其性能接近于聚乙烯，柔韧性、耐低温性、机械性能好，吸湿性很低（尼龙 11 为 1.0% ~1.3%，尼龙 12 为 0.4%），熔点低，尺寸稳定性好，加工性能好。因此我们可以根据使用要求选择品种或用缩聚的方法制取各种不同性能的树脂。

尼龙是白色或淡黄色的不透明固体，具有很好的韧性，较高的耐磨性、自润滑性，耐疲劳性极好。电性能、耐火性也优良。尼龙可以燃烧但有自熄性，尼龙的耐低温性能良好，一般可以在 -40 ~100℃范围内使用。

尼龙一般都能耐卤代烷、硫醇、酯类、酮类、烃类等有机溶剂，油脂、燃烧油和醛类（甲醛除外），但不耐水、醇类等极性溶剂。苯酚和甲酸是其特效溶剂。浓碱对其也有破坏作用。

尼龙吸水性强，在温度高的情况下尺寸稳定性差，气密性急剧下降。导电性增加。在热水中还会降解。

尼龙在温度高于 80℃以上的环境中或长期日晒下都易降解老化、变脆。如需在这种条件使用，则必须加入苯酚型防老化剂或配合使用二价铜盐（如 $CuCl_2$）与碘化钾等更有效的稳定剂。炭黑可赋予尼龙优良的耐晒性能。

由于尼龙热变形温度不高，所以常采用玻璃纤维增强，使其耐热温度提高，表面硬度可提高 1 倍、强度提高 3 倍，成型收缩率减少到原来的 1/3，吸湿性也大大减小，可代替轻金属或热固性树脂制造大型构件。

用尼龙制成的薄膜透明、伸长率大、气密性好。定向拉伸薄膜有较好的保香性能；机械性能优良，抗张强度是聚乙烯的 3 倍；耐穿刺强度高，尺寸稳定，耐高温，可直接包装烘烤食品；还耐油、耐化学药品；不易产生静电，操作性、印刷性能好，是一种高级的包装薄膜。

但由于尼龙薄膜吸水性大、透湿率高，虽然适用于蒸汽消毒，但在潮湿条件下，其气密性下降、尺寸不稳定、刚性较差、易起皱、热合性也不好。因此常需涂布聚偏二氯乙烯或与聚乙烯复合以增加其耐水抗湿性能，改善热封性，这种尼龙/聚乙烯复合膜已有广泛应用。

尼龙薄膜大多用于油脂性商品的包装。如腊肠、红肠、肉制品、油炸食品。利用其强度高、伸长率大的特点可用于包装骨头与肉品，也可用于冷冻食品、蒸煮杀菌食品，以及真空包装。尼龙作为包装的主要品种有以下几种。

（一）尼龙 66（聚己二酰己二胺）

尼龙 66 的分子结构为：$\text{+}NH(CH_2)_6NHCO(CH_2)_4CO\text{+}_n$。

它是半透明的乳白色树脂。相对密度为 1.14 ~1.15。尼龙 66 除具有一般聚酰胺的通性外，还具有下列特征：

①为半透明或不透明的乳白色结晶聚合物，受紫外光照射会发出紫白色或蓝白色光。

②机械强度大，耐应力开裂性好，耐磨性为聚酰胺中最佳者，自润滑性仅次于聚四氟

乙烯与聚甲醛。

③化学稳定性好，但溶于甲酚、甲酸等极性溶剂，加炭黑等可提高耐候性。

④吸水性大，因而尺寸稳定性差。

⑤成型加工性好，可挤塑、注塑、吹塑、喷涂、机械加工、焊接、黏接。加工温度比尼龙 6 高一些，特别适合做耐磨及高强度制品，也可做耐化学介质管材、瓶类容器等。

在包装工业上，主要是与其他塑料制成复合薄膜，用于油脂性食品包装上。

（二）尼龙 6

尼龙 6 学名为聚己内酰胺。以己内酰胺（又称环酰胺）为单体，以碱、酸、水引发发生开环聚合反应。

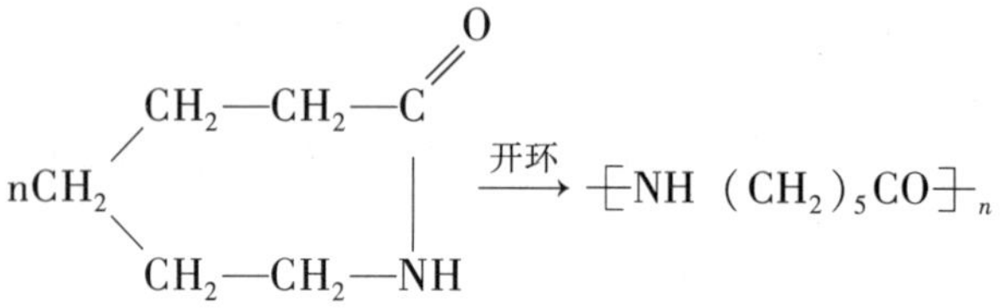

水引发己内酰胺聚合为尼龙 6，是工业上大规模生产的合成纤维，其机理属于逐步聚合。以碱（如 NaOH 等）引发己内酰胺聚合，属阴离子聚合机理，引发后可直接浇入模内聚合，故有铸型尼龙之称。

尼龙 6 是半透明乳白色树脂，其抗张强度和抗弯强度在尼龙中仅次于尼龙 66，熔点较低，热流动性好。易于加工，吸水性较其他尼龙高。

聚己内酰胺具有下列特征：

①树脂为乳白色或微黄色透明到不透明角质状结晶性聚合物，可自由着色。

②柔韧性、耐磨性、自润滑性好，刚度小，耐低温；熔点 215℃，最高使用温度达 180℃，热分解温度大于 300℃，故耐蒸煮、消毒。

③能慢燃，离火慢熄，有滴落、起泡现象。

④化学稳定性好，耐油，防细菌。

⑤成型加工性极好，可注塑、挤出、吹塑、喷涂、分模成型、机加工、焊接、粘接。

在美国、日本等国，尼龙 6 是主要的包装薄膜材料之一。如双向拉伸的尼龙 6 薄膜耐穿孔，耐冲击性能好，可在 -60 ~ 130℃ 使用。气密性好，有良好的粘接性能，易于制造复合薄膜。

（三）尼龙 9

尼龙 9 学名为聚壬酰胺，其结构为：$\left[\!-\text{NH}(\text{CH}_2)_8\text{CO}-\!\right]_n$。

它可由蓖麻油在氢氧化钠存在下裂解成癸二酸，经硝化、氨化、脱碳得到的氨基壬酸，再进行缩聚制得；也可由油酸溴氧化制成壬二酸经氨化、氰化制成氨基壬酸单体，再经缩聚得到。

尼龙 9 相对密度为 1.05，熔点为 209℃，易加工成型，吸水率为 1.2%；成型收缩率 1.5% ~2.5%，尺寸稳定性不及尼龙 11；抗张强度为 58.0 ~65.0MPa，耐冲性优良；热稳定性、耐老化性优良；原料回收利用率高，其他尼龙只能回料 1 ~2 次，而尼龙 9 可回料 10 次。

（四）尼龙 610

尼龙 610 学名为聚癸二酰己二胺，其结构为：$\left[\!-NH(CH_2)_6NHCO(CH_2)_8CO-\!\right]_n$。

它是由蓖麻油裂解制取癸二酸后与己二胺中和成盐，再经加压加热缩聚而成。

尼龙 610 相对密度为 1.09 ~ 1.13。熔点为 210 ~ 220℃，易加工成型，吸水率低（为 0.4% ~0.5%），尺寸稳定性，耐磨性优于尼龙 6；强度与尼龙 6 接近；耐弱酸和强碱性能优于尼龙 6 和尼龙 66，作为薄膜，密封性较尼龙 6 好。

（五）尼龙 11

尼龙 11 学名为聚十一酰胺，其结构为：$\left[\!-NH(CH_2)_{10}CO-\!\right]_n$。

它是由蓖麻油裂解生成十一烯酸加溴化氢与氨反应生成氨基十一烷酸，再经连续缩聚而成。

尼龙 11 熔点较低，加工范围广，吸水性小，尺寸稳定性、耐温性能较好，但耐油性能较差。

欧美多用尼龙 11 作为包装薄膜。如香肠肠衣，法国采用尼龙 6/尼龙 11 复合薄膜包装油脂食品。表 2 –26 列出了几种主要尼龙的性能。

表 2 –26　几种尼龙的性能

性能 \ 品种		尼龙 6	尼龙 12	尼龙 66	尼龙 610	尼龙 1010
密度/$(g\cdot cm^{-3})$		1.3 ~ 1.5	1.02	1.14 ~ 1.15	1.09 ~ 1.13	1.04 ~ 1.09
吸水率/%		1.9	0.4	1.5	0.4 ~ 0.5	0.4
收缩率/%		≤1	≤1	1.5	≤1.2	≤1.2
抗张强度/MPa		74 ~ 78	48	83	60	52 ~ 55
伸长率/%		150	230 ~ 240	60	85	100 ~ 150
抗弯强度/MPa		100	86 ~ 92	100 ~ 110	70 ~ 100	89
缺口冲击强度/$(N\cdot cm\cdot cm^{-2})$		131	100 ~ 115	39	35 ~ 55	40 ~ 50
无缺口冲击强度/$(N\cdot cm\cdot cm^{-2})$		54	1100 ~ 1200	54 ~ 108	65	不断
抗压强度/MPa		90	—	120	70 ~ 90	79
硬度（洛氏 R）		114	106	118	111	—
熔点/℃		215	178	250 ~ 260	210 ~ 220	200 ~ 210
热变形温度（1.82MPa）/℃		55 ~ 58	51 ~ 55	66 ~ 86	51 ~ 56	—
连续耐热性/℃		79 ~ 121	90 ~ 120	82 ~ 149	80 ~ 120	80 ~ 120
脆化温度/℃		–30 ~ –20	–70	–30 ~ –25	–20	–60
线膨胀系数/$(\times 10^{-5}/℃)$		7.9 ~ 8.7	10	9 ~ 10	9 ~ 12	10.5
透气率（1atm，25℃）/$[mL\cdot(m^2\cdot 25.4\mu m\cdot 24h)^{-1}]$	CO_2	155 ~ 186	—	—	—	—
	H_2O	1395 ~ 1550	—	—	—	—
	N_2	13.95	—	—	—	—
	O_2	40.3	—	—	—	—

二、聚酯树脂

多元酸与多元醇的缩聚产物称为聚酯树脂。线形聚酯树脂可以制成纤维状或薄膜材料，特别是其薄膜材料如聚对苯二甲酸乙二酯及聚碳酸酯，由于其具有耐热性、耐湿性好，机械强度大，耐油、耐酸、耐药品性好，气密性及透明度极佳等特点，因此这类薄膜被广泛地用于食品包装上。这里仅讨论目前在包装工业上已得到广泛应用的两种线形聚酯类树脂——聚酯和聚碳酸酯。

（一）聚酯 （PET）

1. 聚酯的结构与性能

聚对苯二甲酸乙二酯，简称聚酯，又称涤纶、的确良、饱和聚酯等。它是乙二醇与对苯二甲酸二甲酯的缩聚物。具有如下结构：

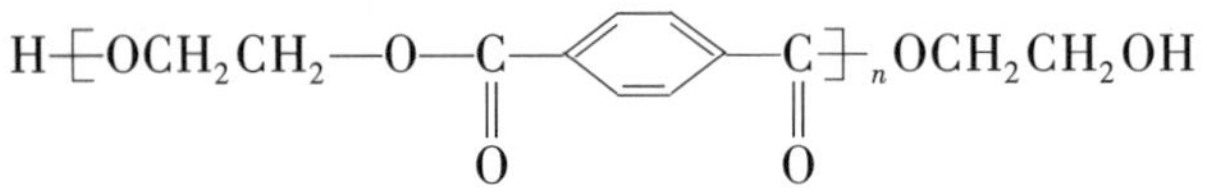

以聚酯为原料，采用挤出工艺或模塑工艺加工制成厚片，在经双轴拉伸后即可制得聚酯薄膜。聚对苯二甲酸乙二酯为白色或淡黄色的透明物质，有玻璃的外观，无臭无味无毒。相对密度为1.34（非晶态）和1.385（结晶态）。平衡吸水率为0.4%。

工业用聚酯的分子量为2万~3万，熔点为225~265℃，软化温度220℃，在高温下（285~320℃）能发生热裂解，在温度高于280℃以上时，即使在氮气中也会发生裂解。可在150℃温度使用一个月以上，长期使用温度可达120℃。聚酯耐低温性能也很好，在-200℃液氮中仍不硬脆。在-40℃仍可保持其冲击强度。

聚酯易燃，燃烧时有蓝色边缘的黄色火焰并会爆裂成碎片。

聚酯的线膨胀系数小，成型收缩率低（仅为0.2%）；气密性良好，当气压为1atm时，25μm薄膜透氧率为2.9$cm^3/(m^2 \cdot 24h \cdot atm)$，二氧化碳透过率为13$cm^3/(m^2 \cdot 24h \cdot atm)$，氮为0.56$cm^3/(m^2 \cdot 24h \cdot atm)$。

聚酯及其制品在使用条件下具有良好的化学稳定性，即使在高温与高浓度条件下，对氢氟酸、磷酸、甲酸、乙酸、乙二酸也很稳定，但盐酸、硫酸及硝酸则能使它遭受不同程度的破坏，抗张强度降低。强碱（特别是在高温下）能引起其表面发生水解，氨水作用更为剧烈，因为这时酯键由于发生酰胺化作用而断裂。也可溶解在邻一氯苯酚、四氯乙烷、甲酚的混合液中。

在热塑性塑料中，聚对苯二甲酸乙二酯的机械性能堪称最佳，其抗张强度为80MPa，与铝相似，薄膜的强度为聚乙烯的9倍，聚碳酸酯和尼龙的3倍。冲击强度是40（N·cm）cm^{-2}，为一般薄膜的3~5倍。其硬度、耐磨性、耐折性、抗蠕变性均属上乘。但随着温度的升高而迅速下降。采用定向拉伸和热定型处理的薄膜，其抗张强度可达180MPa，因此即使厚度为12μm的极薄薄膜仍可使用。线形聚酯塑料性能如表2-27所示。

表 2-27 线形聚酯塑料性能

性能＼品种	树 脂	纤维玻璃	模塑料
密度/(g/cm³)	1.37～1.38	1.63～1.70	1.37～1.33
熔点/℃	255～260	—	270～300
吸水率/%	0.26	0.14	0.6
抗张强度/MPa	80	135～145	73
伸长率/%	200	—	—
抗弯强度/MPa	117	200～220	117
冲击强度/(J/cm²)	4	12.5～13.5	4～5.4
抗压强度/MPa	—	160～170	130
硬度（洛氏 R）	—	95～100	106
线膨胀系数/($\times 10^{-5}$cm·cm^{-1}·℃)	6.0	2.5～3.4	0.7
成型吸收率/%	1.8	0.2～1.0	0.018～0.100
热变形温度（1.86MPa）/℃	85	230～245	70～85

2. 聚酯制品的成型加工

聚酯在包装工业中的应用主要是用来生产薄膜和中空容器——聚酯瓶。

聚酯处于结晶状态时，是脆而不透明的薄膜；处于无定形状态时强度很差。为了提高薄膜性能，必须采用双向拉伸。聚酯先经缝口机头挤出薄片后，要进行拉幅处理，因为聚酯是一种结晶型聚合物，挤出之后应马上进行定向拉伸处理，否则就会在正常的贮存条件下发生结晶现象。与聚丙烯不一样，聚对苯二甲酸乙二酯的玻璃化温度相当高，而结晶温度比较低，为 100℃左右。可采用二步法拉幅工艺或一步法拉幅工艺将挤出的聚酯薄片进行定向拉伸处理。在二步法拉幅工艺中，先将挤出的无定型薄片在 90℃下，沿横向拉伸 30%，然后使片材通过两个夹辊，将温度提高到 150℃，持续几秒钟，并使后端的夹辊速度比前端快，即可将薄膜进行纵向拉伸。定向拉伸之后，聚酯薄膜的大分子的排列还是无定形的，所以加热温度超过拉伸温度时，薄膜还会收缩。这种薄膜叫做热收缩聚酯薄膜。拉伸完成之后，热收缩薄膜马上进行急冷处理，不经过热定型。

3. 聚酯在包装工业中的应用

聚酯吹塑瓶由于具有优良的性能，从最初只作为汽水瓶应用，发展到应用于各种用途的包装，包括矿泉水、食用油、酱油、沙律浆、沙律油、酒类、啤酒、葡萄酒、威士忌、白兰地、其他酒精类、眼药水、各类药类、蜜糖、酸瓜菜、盐、醋、化妆品、农药、洗洁精及一般杂货品等包装。

聚酯薄膜是一种无色透明、具有光泽的薄膜。与其他薄膜相比，具有韧性强和弹性大等特性，但聚酯薄膜价格较贵，热封，黏结困难，易带静电，所以很少使用单膜而采用以聚酯为基材的复合薄膜。这种以聚酯为基材的复合薄膜密封性好、封口强度高，是机械自动包装性能最好的薄膜。以聚酯薄膜为基材的复合膜主要有：聚酯/聚乙烯、聚酯/未拉伸聚丙烯、聚酯/铝箔/聚乙烯、聚酯/铝箔/未拉伸聚丙烯、聚乙烯/聚酯/玻璃纸/聚乙烯等。根据其不同的特性，可分别包装咸菜、年糕、肉食品、肉汤、蒸煮食品及冷冻食品。

（二）聚碳酸酯（PC）

20 世纪 50 年代初，美国和原联邦德国科学家同时发现聚碳酸酯，60 年代初开始工业化生产。聚碳酸酯是一种新型的塑性材料，虽然在包装上的应用只是近年的事，但其应用范围在不断扩大。

1. 聚碳酸酯的性能

聚碳酸酯是由双酚 A 和光气（碳酰氯）反应而生成的聚酯类热塑性树脂，其结构为：

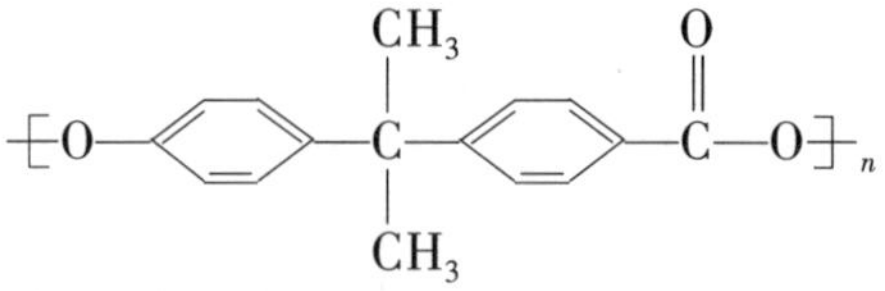

聚碳酸酯是无色透明，光泽美丽的塑料。外观很像有机玻璃，透光率高，比重为 1.2，与有机玻璃相仿。由于聚碳酸酯无毒无异味，抗潮性好，透气率低，耐高、低温范围广，在 -180℃也不易脆裂，120℃下可长期使用。

聚碳酸酯耐冲击性能和延展性突出，在热塑性塑料中是最好的，例如缺口冲击强度可达 80kJ/m^2，较尼龙强 10 倍以上，弹性模量较高，不受温度的影响；抗蠕变性能好，尺寸稳定性高，遇水变形小，吸水率低，常温下浸泡一昼夜仅增重 0.13%；易着色，可染成各种颜色；绝缘性能良好，不带静电。

聚碳酸酯耐有机酸和无机酸、耐油、耐稀酸，但对强碱性材料，例如对氨的侵蚀很敏感；它部分溶于氯化烃类、酮类、酯类等化学品。聚碳酸酯在常温下能耐水，但长期浸在沸水中会发生水解或破裂。聚碳酸酯的阻隔性能不佳，水蒸气和空气的透过率极高。聚碳酸酯由于玻璃化温度高（149℃），冷流作用小，易产生内应力，有应力开裂倾向。耐疲劳抗力较低，但具有极好的电气性能。聚碳酸酯的主要性能如表 2-28 所示。

表 2-28 聚碳酸酯的主要性能

性能		单位	数值
密度		g/cm^3	1.2
抗张强度		MPa	60~70
伸长率		%	80~110
抗压强度		MPa	83~88
缺口冲击强度		kJ/m^2	65~87
最高工作温度	间歇	℃	135~140
	连续	℃	120~130
熔点		℃	220~230
热分解温度		℃	>340
软化点		℃	130~150
低温脆化温度		℃	-135
成型收缩率		%	0.5~0.7
透湿率（25μm）		g·(m^2·24h)$^{-1}$	144
透气率	O_2（25μm）	mL·(m^2·24h·atm)$^{-1}$	4800
	CO_2	mL·(m^2·24h·atm)$^{-1}$	1000~6000
	N_2	mL·(m^2·24h·atm)$^{-1}$	30~500

2. 聚碳酸酯的热成型

聚碳酸酯薄膜和片材的热成型性极好。它可进行深拉成型，也可采用注塑、挤压、模压吹塑和真空成型等方法生产管、薄片或薄膜。其中注塑成型应用较广。由于聚碳酸酯片材是一种吸湿性材料，在热成型之前必须进行预干燥（120℃，2h）。一般来说，聚碳酸酯片材的成型温度为（175～214℃），比大多数热塑性塑料片材成型的温度都高。热成型时，最好使用双面加热器；加工大制件时，为了避免出现冷斑，要用助压气胀快速反吸成型法和模塞助压真空成型法。若用二氯甲烷配成14%～19%的溶液采用流延法成型制造的薄膜透明度高，光泽好，厚度也较均匀，但成本较高。

3. 聚碳酸酯在包装业中的应用

由于聚碳酸酯耐冲击性能突出，适用于制作硬件、有棱角商品的包装薄膜。聚碳酸酯无毒、无异味、抗潮保香性好，耐高、低温范围广，是一种理想的食品包装材料，可做食品蒸煮袋、冷冻食品袋；还可采用真空成型制造小杯、壶、大杯、瓶罐及婴儿用奶瓶等轻量容器，用于食品、医药品包装。最近日本人也用聚碳酸酯代替金属制作巧克力块模具，这种模具清洗容易，而刚性和金属一样。

三、聚氨酯（PU）

聚氨酯是带有基团的聚合物，是聚氨基甲酸酯的简称。工业上生产聚氨酯的主要方法是采用二异氰酸酯和二元醇进行缩聚而成，其结构为：$\left[\overset{\overset{\displaystyle O}{\|}}{C}NHRNH\overset{\overset{\displaystyle O}{\|}}{C}ORO \right]_n$。

线形结构的聚氨酯具有良好的热塑性，强度高，伸长率大，回弹性好，耐磨、耐油、耐老化、耐低温等性能好，制成的薄膜制品耐油、易热封，又无毒、无异味，可用于食品包装。由于强度高、耐油脂，因此仅用0.025mm厚的聚氨酯薄膜即可满足金属防锈包装的要求。与高密度聚乙烯、聚丙烯等薄膜复合可用于蒸煮袋以及油脂类产品的包装。还可制成弹性纤维、合成皮革、黏合剂和涂料。体形结构的聚氨酯是热固性的，强度很高、弹性极佳、化学稳定性好等，多用于生产硬质泡沫塑料、弹性体、黏合剂及涂料等。

表2－29列出了聚氨酯薄膜与其他主要几种软包装材料的性能比较。

表2－29　热塑性聚氨酯薄膜与其他软包装材料的比较

性　能	单　位	PU	PET	PVDC	LDPE
密度	g/cm^3	1.20～1.24	1.38～1.41	1.57～1.70	0.910～0.925
抗张强度	MPa	35～70	141～245	56～140	10.5～20
伸长率	%	465～650	60～166	35～110	100～700
耐油脂性		优	优	优良	不良
耐热性	℃	88～120	149	66～93	82～93
耐寒性	℃	<－73.3	－59	－17.8	－56.7
热封温度	℃	121～177	135～204	116～157	110～177
透湿率（35℃、90%RH）	$g\cdot(m^2\cdot 24h)^{-1}$	30～150	15	0.1～0.3	12～18

续表

性能		单位	PU	PET	PVDC	LDPE
透气率	O_2（25μm）	mL·（m^2·24h·atm）$^{-1}$	1160～4500	100～130	370	7500
	CO_2（25μm）	mL·（m^2·24h·atm）$^{-1}$	465～1650	15～25	12	2700
	N_2（25μm）	mL·（m^2·24h·atm）$^{-1}$	41～119	0.7～1.0	—	180
	H_2（25μm）	mL·（m^2·24h·atm）$^{-1}$	—	100	—	1950

聚氨酯除了上述用途外，其最主要的用途是制造泡沫塑料。聚氨酯泡沫塑料品种很多，性能各异，但都有极优异的触感，极佳的弹性，符合要求的密度、柔软性、伸长率和压缩强度，化学稳定性好；其耐磨性较天然海绵大 20 倍。还具有优异的绝热、隔声、吸声、防震、绝缘以及黏合性能使之得到了广泛的应用。现在主要用于精密仪器仪表、贵重机械、工艺品、酒类包装或作为衬盒、衬里、衬垫、填充材料等。

四、酚醛与氨基树脂

（一）酚醛树脂

酚醛树脂是由酚类化合物与醛类化合物在酸性或碱性催化剂作用下缩聚而制成的树脂。其中以苯酚与甲醛缩聚的酚醛树脂应用得最多，也最重要。酚醛树脂及其塑料是缩聚类树脂中应用最早、生产量最大的一种材料。

根据苯酚与甲醛的用量摩尔比及催化剂不同，酚醛树脂可分为热塑性酚醛树脂和热固性酚醛树脂。在酸性（盐酸 d = 1.19）催化剂作用下，苯酚的摩尔量超过甲醛的摩尔量（苯酚与甲醛的用量摩尔比通常为 6∶5 或 7∶6），经缩聚反应可得热塑性树脂。在碱性［NaOH、Ba（OH）$_2$、NH_4OH］催化剂作用下，苯酚的摩尔量小于甲醛的摩尔用量（苯酚与甲醛用量的摩尔比为 6∶7），经缩聚反应可得热固性树脂。其通式分别为：

$$H\!\left[C_6H_3(OH)CH_2\right]_nC_6H_4OH$$（热塑性酚醛树脂）

$$H\!\left[\underset{\underset{CH_2OH}{|}}{C_6H_2}(OH)CH_2\right]_n\!\left[C_6H_3(OH)CH_2\right]_mOH$$（具有交联和支链结构的热固性酚醛树脂）

酚醛树脂具有较高的机械强度和硬度（表 2－30），耐磨性能好，比重较聚酯小，有很高的热强度、耐油脂、耐酸、耐化学腐蚀性强；吸水性、摩擦系数低；尺寸稳定、电绝缘性能好，容易成型加工，价格便宜。缺点是性脆，不耐碱，冲击强度较低，颜色较深，模制生产率低。所以目前又生产了用环氧、PVC、聚酰胺、聚乙烯醇等改性的酚醛树脂。酚醛树脂在包装工业中多用做瓶盖、箱盒等。

表 2－30　纯酚醛树脂性能

性能	单位	数值
密度	g/cm^3	1.3
抗张强度	MPa	42～52
抗弯强度	MPa	63～77
冲击强度	kJ/m^2	1.6～1.8
洛氏硬度		125
吸水率	%	0.2～0.5

由于酚醛树脂中含有极性羟基，它在熔融或溶解状态时，对纤维材料的胶合能力很强，以纸、棉花、木片、玻璃纤维等为填料可以制成

强度很高的层压塑料，例如，玻璃钢是酚醛树脂夹玻璃布的夹层板。这种玻璃钢的比强度如抗拉、抗弯和抗压强度都达到或超过一般钢材的强度。所以用玻璃钢代替钢铁材料，在包装工业上具有重要意义。表2-31列举了几种不同填充料制成的层压板的主要性能。

表2-31 酚醛层压板的主要物理机械性能

材料名称	密度/(g/cm^3)	抗张强度/MPa	抗冲击强度/(kJ/m^2)	抗弯强度/MPa
酚醛夹纸层压板	1.3~1.45	100~120	20	100~150
酚醛夹布层压板	1.3~1.45	85	35	100~160
酚醛夹木层压板	1.3~1.4	130~260	30~80	150~280
酚醛玻璃钢	1.7~1.9	200	50~80	200
聚酯玻璃钢	1.7~1.9	290	44~156	300
环氧玻璃钢	2.2	320~460	43~81	350~500
钢材	7.8	420	10	420~460

液态碱催化热固性酚醛树脂若加入异丙醚、硫酸铵等发泡剂，以苯磺酸为固化催化剂，在室温下固化而成为酚醛泡沫塑料，可作为包装工业中的缓冲包装材料。

（二）氨基树脂

氨基树脂是热固性塑料中产量较大的品种。是由含氨基官能团的单体（主要是尿素，其次是三聚氰胺）与甲醛缩聚反应而制得。氨基树脂的主要品种有脲醛树脂和三聚氰胺-甲醛树脂。

1. 脲醛树脂（UF）

脲醛树脂是由尿素与过量甲醛水溶液在稳定剂六次甲基四胺作用下，并将pH值调至7~8，然后加入草酸等变定剂（固化剂）反应，可得到脲醛树脂，其分子结构式为：

$$-\!\!\left[CH_2-\overset{\overset{\displaystyle H}{|}}{N}-\overset{\overset{\displaystyle O}{\|}}{C}-NH\right]\!\!-_n$$

若将树脂水溶液与填料（棉粕、漂白纸浆）、色料、润滑剂（硬脂酸锌）、固化剂、稳定剂、增塑剂在捏和机中充分浸渍搅拌，再干燥粉碎，球磨过筛即得压塑粉，经造粒最后得粒料。

脲醛树脂表面硬度高，无臭、无味、无毒，耐油、耐溶剂性能好，可在70℃下长期使用，可制成色彩鲜艳的各种制品，价格也十分便宜，但耐水、耐酸性较差，强度也不太理想，易吸水变形，在包装工业中主要用做箱盒、瓶盖、衬垫以及人造三合板的黏合剂等。

若将空气通入脲醛树脂水溶液中，用机械搅拌发泡后，在模中成型即可形成交联的热固性泡沫塑料。脲醛泡沫塑料虽然有强度低、耐水性差，易收缩等缺点，但耐燃，质轻，价廉，易施工，绝热、隔声效果好。常用于包装中的衬垫及建筑材料等。

2. 三聚氰胺-甲醛树脂（MF）

三聚氰胺-甲醛树脂是由三聚氰胺与甲醛缩聚反应而得。其分子结构式为：

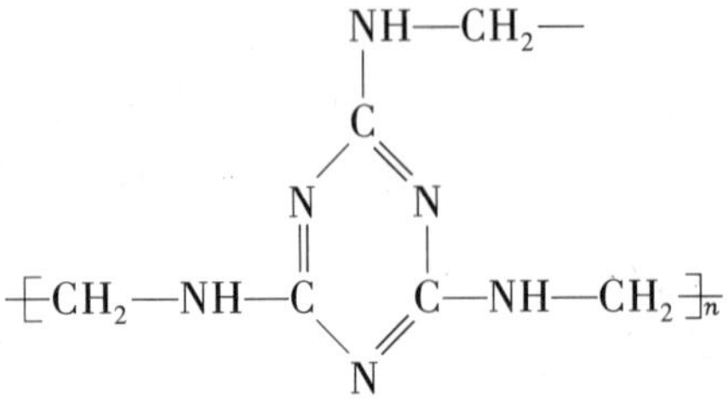

三聚氰胺－甲醛树脂可制成色彩如彩陶的热固性塑料制品。与脲醛树脂相比，它具有优良的耐水性，可长期耐沸水。加入矿物填料，耐温达200℃。无毒、无味、无臭，适于制造日用器皿、食具（如水杯、餐具等）等。其他用途大致与脲醛树脂相仿。

表2－32 脲醛树脂与三聚氰胺－甲醛树脂的主要性能

性能	单位	UF	MF
密度	g/cm^3	1.48～1.52	1.47～1.52
抗张强度	MPa	35～49	49～70
断裂伸长率	%	0.6	0.7
冲击强度	kJ/m^2	1.42	1.63
压缩强度	MPa	175～245	175～280
抗弯强度	MPa	70～112	70～112
热变形温度	℃	128～138	193
介电常数	10^6Hz	6～7	7～8

脲醛树脂与三聚氰胺－甲醛树脂的主要性能如表2－32所示。

第四节 纤维素类塑料

纤维素类塑料是用天然纤维素经过化学改性制成的。因此，与通过单体聚合得到的合成树脂不同，是一种纯天然高分子加工产品。根据改性方法不同有很多品种。在包装工业上常用的有玻璃纸、醋酸纤维素、乙基纤维素等。下面仅对这三种纤维素塑料进行介绍。

一、玻璃纸

玻璃纸是以天然纤维素为原料，用粘胶法制成的透明薄膜。1892年发明于英国，当时的名称为“CelloPhane”。在第二次世界大战前它是唯一的透明包装薄膜，第二次世界大战后，虽然有各种合成塑料薄膜出现，但它仍为透明薄膜的主要角色。

玻璃纸在包装工业中应用历史悠久，范围广泛，它的种类大致分为普通型和防潮型两种。

（一）普通玻璃纸（PT）

普通玻璃纸也称赛璐玢（CelloPhane），是以天然纤维素（精制木浆或浆板）为原料，在22℃、18%～20%碱液（NaOH溶液）中浸60min左右，压出多余碱液，将得到碱纤维素，经疏散、老化调湿后送入转鼓，加入32%～35%（重量比）的二硫化碳搅拌2h左右，即制成纤维素磺原酸钠盐，这一步在工业上常称为磺化。

$$R—OH + NaOH + CS_2 \longrightarrow RO\underset{\underset{S}{\|}}{C}—SNa + H_2O$$

纤维素磺原酸钠盐溶入稀氢氧化钠溶液中制成含碱黏液纤维素，经过滤，通过模具的狭缝（间隙为0.1～0.3mm，宽为1.5～4.0m），压入凝固液中即固化成型。凝固液又称酸溶液，是由硫酸（120～140g/L）、硫酸锌（15～20g/L）和硫酸钠（220～240g/L）组成。纤维素磺原酸钠盐在其中分解出纤维素，形成胶状的透明的玻璃纸。

$$ROCSSNa + H^+ \longrightarrow ROH + CS_2 + Na^+$$

胶状玻璃纸再经水洗、碱洗、脱硫、水洗、固定、塑化（加柔软剂甘油或乙醇）、润滑、加色、干燥等处理好即可卷取。其结构式为：

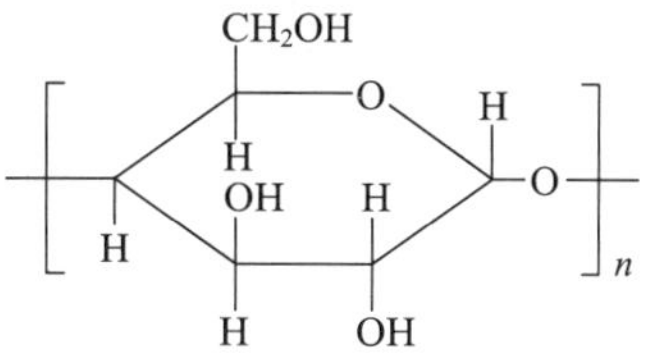

玻璃纸光滑透明，光泽美观，光线透过率达 92% 左右；印刷性能好，特别是对高速度、多色印刷具有良好的适性，可得到美丽的印刷品；抗拉强度较大，拉伸度小，有刚性，机械加工适应性良好，适于高速度的自动制袋、自动包装；为亲水性纤维素薄膜，不带静电，操作性能好，易黏合，不易污染；柔韧、挺括；耐热耐油性优良，无毒，燃烧无异味；气体、香味的透过率小。缺点是：干后易脆裂、吸湿，透湿性强，耐水抗潮性差，尺寸也不稳定，随湿度的变化而变化。表 2－33 为普通玻璃纸的主要性能。

表 2－33 普通玻璃纸的主要性能

性 能	单 位	数 值
密度	g/cm^3	1.4～1.5
抗张强度	MPa	1.2～2.0
延伸率	%	15
冲击强度	kJ/m^2	9
透湿率	$g/(m^2 \cdot 24h)$	>2000
透氧率（20℃、80%RH）	$mL/(m^2 \cdot 24h \cdot atm)$	200

玻璃纸以料卷（或片材）出售，根据重量和厚度定价。由于玻璃纸价格较高，主要用于食品、烟草、糖果、药物和高档商品的包装。

（二）防潮玻璃纸——涂布玻璃纸

在普通玻璃纸（PT）的单面或双面涂以聚合物则可改进其热封、防潮、隔湿性能。目前国际上 90% 以上生产的玻璃纸是热封防潮玻璃纸。常用的涂布材料主要有三种：

①涂布硝酸纤维素——M 型。

②涂布聚偏二氯乙烯或聚偏二氯乙烯共聚物（主要是与氯乙烯或丙烯腈）——K 型。

③涂布氯乙烯共聚物（主要是与醋酸乙烯共聚物）——MST 型。

采用硝酸纤维素涂布玻璃纸常称为 M 型涂布玻璃纸，简称 M 型玻璃纸。这种涂布玻璃纸强度较低，不耐折，阻隔性也不高，为了提高这些性能，往往在玻璃纸的另一面涂布聚偏二氯乙烯或其共聚物，称为 KM 型玻璃纸。对高级保护性包装需要涂布聚偏二氯乙烯，这种产品常被称为 K 型玻璃纸。涂布厚度仅为 1/10000mm，即具有良好的热封、防湿、隔气性能。在美国，这种涂布常以溶剂方式进行，而西欧则倾向于乳液涂布，这种方式不仅安全、污染少、易操作、也较为经济。涂布氯乙烯及其共聚物更经济，这种被称为 MST 型玻璃纸占日本玻璃纸产量的 85%。20 世纪 60 年代美国开发出一种用聚乙烯涂布的玻璃纸，其价格介于硝酸纤维素涂布和聚偏二氯乙烯涂布的产品之间，但这种聚乙烯涂布的玻璃纸不仅防潮性能好，强度高，不带静电，操作性好，易印刷，光泽美观，气密性优良，而且易与聚乙烯薄膜复合，是一种很有发展前途的包装材料。美国、日本常以聚乙烯涂布的玻璃纸包装酱菜、食品，或将其用于蒸煮袋、真空包装袋等。几种主要玻璃纸的透湿率与透氧率如表2－34所示。

表2－34 主要玻璃纸的透湿率与透氧率

玻璃纸品种	厚度/μm	透湿率/[g/(m^2·24h)]	透氧率/[mL/(m^2·24h·atm)]	
			20℃、0%RH	20℃、80%RH
K型玻璃纸	26	10	4	8
KM型玻璃纸	22	15	6	10
普通玻璃纸	20	2000以上	10	200
MST型玻璃纸	22	30	10	70

玻璃纸涂布量一般为2.5～3.5g/m^2，特殊品种可达6g/m^2。其中K型玻璃纸耐油性最好，即使浸于油脂中也不会降低其防潮性、保护性等。

70%的普通玻璃纸、65%的防潮玻璃纸用于食品包装，8%的普通玻璃纸、5%的防潮玻璃纸用于制作服装等纤维制品的包装袋、纸盒开窗或包膜，另外还用于制作扭结包装以及同铝箔、聚乙烯、纸等复合制作的复合薄膜。

二、醋酸纤维素（CA）

纤维素被乙酸酐或乙酸盐类酯化后的纤维素酯，称为醋酸纤维素，又称纤维素醋酸酯或乙酸纤维素。

早在1865年，就制备出了醋酸纤维素，直到1905年，德国Bayer公司才开始进行大规模生产，用做涂料、电影胶片。20世纪60年代以来，包装用醋酸纤维素大幅度增长，大量地用于糖果包装。

（一）醋酸纤维素的制造

采用原棉或纺织工业中的废棉作为纤维素原料，用醋酸事先进行活化处理，再以硫酸或过氧酸、磺酰醋酸等作为催化剂，用醋酸和醋酸酐的混合物进行酯化处理。这时纤维素慢慢溶于酯化剂中。在每个葡萄糖单位上有2.5个醋酸基时，纤维素分子链大约降解成由200～300个葡萄糖单元组成的较短的链，即可加水将产生的醋酸纤维沉淀出来，经用水清洗、干燥，就可得到白色粒状、粉状或絮状产品，其分子结构为：

$$[C_6H_7O_2(OOCCH_3)_x(OH)_{3-x}]_n$$

其中，当$x=1.8$（醋酸含量为46%）时，材料为一醋酸纤维素；当$x=2.4$（醋酸含量为54.8%）时，材料为二醋酸纤维素；当$x=3.0$（醋酸含量为62.5%）时，材料为三醋酸纤维素。

根据在酯化后加水进行水解的程度及酯化度可得到以三醋酸纤维素为主或以二醋酸纤维素为主的产品，将反应产品与增塑剂等配合即可采用压塑、注塑、挤压、流延法或热成型方法成型。三醋酸纤维素多用于包装材料、胶片、磁带等；二醋酸纤维素用于制造容器、薄膜以及板材、管材等。

（二）醋酸纤维素的性能

醋酸纤维素的性质与聚合度、酯化程度有关。一般来说，聚合度、酯化度越高则机械强度、耐热性、尺寸稳定性越好，吸湿性越小。

醋酸纤维素的抗张强度不如聚酯，但机械性能总的来说还比较高（如三醋酸纤维素的抗张强度可达 110 ~ 120MPa），其抗水性、耐折性、耐候性、耐久性优良，并不易带静电，操作性能好，易黏合，印刷性能好。

醋酸纤维素制品透明，光泽好，表面光滑、硬而挺括、手感舒适，其外观在塑料制品中可谓佼佼者。

醋酸纤维素制造的薄膜其透气、透湿性、吸水率较大；不耐有机溶剂；耐热性差，软化温度仅为 52 ~ 90℃，耐寒性也不好；易受强碱、强酸侵蚀，价格也较贵。作为塑料其性能与增塑剂的用量及性质有关。常用的增塑剂有邻苯二甲酸二甲酯、二乙酯、二丁酯、磷酸三苯酯、三乙酸甘油酯等。

三醋酸纤维素薄膜与二醋酸纤维素薄膜相比，其抗张强度、断裂伸长率、耐折度、耐热性、尺寸稳定性以及耐候性均较优，且吸水率、透湿率也较后者小。但二醋酸纤维素较易真空成型，适于生产深形容器，熔点低、热封性能好。三醋酸纤维素多用黏合剂粘接，黏合剂往往是用醋酸纤维素溶于少量二氯乙烷或丙酮、二氧六环等溶剂配成。其性能如表 2 - 35 所示。

表 2 - 35　醋酸纤维素薄膜（厚度为 0.1mm）的性质

性　能	单　位	三醋酸纤维素	二醋酸纤维素
密度	g/cm^3	1.3	1.3
抗张强度	MPa	100 ~ 130	80 ~ 120
伸长率	%	24 ~ 45	20 ~ 40
屈服强度	MPa	70 ~ 75	60 ~ 80
撕裂强度	N/m	25	30
耐折性	次	680	530
吸水率（23℃、24h）	%	3.3 ~ 3.8	4.8
透湿率（30℃、50% RH）	$g/(m^2 \cdot 24h)$	380	550
熔点	℃	290	220
耐热温度	℃	（长时间）150	140 ~ 150
透光率	%	92	92
燃烧性		难	难
耐强酸性		差	差
耐弱酸性		一般	一般

（三）醋酸纤维素的用途

三醋酸纤维素制成的薄膜厚度在0.075mm以下的，一半作为软包装材料、包装外膜或制成复合薄膜用于药品、咖啡、化妆品等的包装。较厚的可作为有窗包装以及泡罩包装及吸塑包装等。

二醋酸纤维素用于真空成型轻量容器，也可作透明窗、贴体包装。利用其透气、透湿性好的特点可做蔬菜、水果等呼吸型包装。利用其阻隔性好，可制成复合薄膜，醋酸纤维素的典型复合膜为醋酸纤维素/铝箔/聚乙烯。醋酸纤维素作为外层不仅平滑、耐磨且可以反向印刷成美观的耐久图案。

三、乙基纤维素（EC）

纤维素大分子中的羟基除了酯化外，也可以通过醚化作用而成为纤维素醚。乙基纤维素是工业上最重要的纤维素醚之一。纤维素醚与纤维素酯的区别是它不能水解。因而，对水以及对各种皂化剂的作用比较稳定。20世纪30年代德国、美国开始生产乙基纤维素，直到60年代工业上才开始大规模生产，成了制造塑料的一种重要材料。

（一）乙基纤维素的制造

乙基纤维素是由碱式纤维素与氯乙烷相互反应而制成的纤维素醚。所用纤维素原料是提纯的短棉或木质素的纸浆。工业上制造乙基纤维素是先用浓度为18%～20%的NaOH溶液将呈棉花状态的纤维素浸泡数小时，使它充分膨胀，以便完成均匀的醚化反应，这样就得到碱纤维素。然后在专用压榨机上把过量的碱液挤出后，将纤维素放入高压釜中，加热至120～140℃，并不断搅拌。这时氯乙烷就与纤维素的羟基作用，生成乙基纤维素。其分子结构为：$[C_6H_7O_2(OH)_2(OC_2H_5)]_n$。

氯乙烷与纤维素的作用不同于乙酸酐的反应。与乙酸酐反应时，很快就取代了纤维素的三个羟基，而这一反应是逐步进行的，并且不能完全取代纤维素的三个羟基。能够达到最大取代程度是取代了葡萄糖基段上2～2.5个羟基。

反应过程中，要控制反应时间、压力、温度和配料比，可制得不同乙基含量和不同黏度的产品。作为塑料的乙基纤维素含乙氧基46%～48%，加入增塑剂（如邻苯二甲酸二甲酯）、稳定剂（如二苯胺）、填料（如二氧化钛）、润滑剂（如硬脂酸钙）、紫外线吸收剂、溶剂、染料等，最后将其辊压成片状或粉状。

（二）乙基纤维素的性质

乙基纤维素是一种白色或浅琥珀色纤维或粉粒状，比重为1.14，是纤维塑料中比重最轻的一种。其制品为透明或乳白色，折射率为1.47，不易燃烧、燃烧时可出现蓝色尖端的黄色火焰，并发出一种特殊气味。

乙基纤维素的溶解性能、熔点、软化点及抗张强度等都与其醚化程度有关。随醚化程度的不同，软化温度为116～130℃，熔点为165～185℃，它柔软而具有弹性，综合机械性能是纤维素类塑料中较好的。

乙基纤维素在许多溶剂中大多能溶解而成为澄清的溶液，如醇类、酯类、醚类、酮类、烃类、氯化烃及许多混合溶剂，最常用的是甲苯-乙醇（4∶1）混合溶剂。

乙基纤维素塑料能耐强碱、弱碱和稀酸，耐热性和耐化学药品性较纤维素酯好。它具有优良的耐寒性，在0℃以下能保持优良的冲击强度与塑性，它的吸水性较低（<0.8%），因此能耐受从-60～80℃及相对湿度100%的条件。

乙基纤维素加热后可塑性好，因此可减少增塑剂的用量。乙基纤维素配料适当，其柔软性及伸长率可大大改善，特别易于加工。

（三）乙基纤维素的用途

由于乙基纤维素吸水性能较小，有优良的耐寒性、耐碱性、耐热性及耐化学药品性，在包装工业上多用于食品包装（如冷冻食品包装）、化学药品、化妆品包装等，也可以用于油墨及涂料的连结料。

第五节　可食用性薄膜和水溶性薄膜

（一）淀粉薄膜

美国的德尔玛（Delmer）化学公司首创将高淀粉含量的玉米淀粉薄膜用于商品包装。用于制作淀粉薄膜的淀粉分子结构为直链式，这种直链淀粉并不是热溶性物质，而需加入水和增塑剂（如甘油）混合后，加温加压才可形成塑性流动，可用挤出成型方法加工成挤出薄膜。

直链淀粉薄膜溶解于热水，在冷水中它的溶解性逐步降低，温度为55℃时，它的溶解性能最好。在湿度高的地方，直链淀粉薄膜会发生溶胀现象。直链淀粉薄膜的柔软性和折叠性都很好，伸长率可达10%。直链淀粉薄膜性能稳定，防油脂性能好，氧气、二氧化碳和氮气的透过率低。

直链淀粉薄膜可进行印刷，也可进行热封合（热封温度为105～122℃），还可以在高速包装机械上包装商品。当与其他材料复合时，特别要注意选用水溶性黏合剂，因为直链淀粉薄膜怕水。为了提高直链淀粉薄膜的水蒸气不透过性，一般采用聚偏二氯乙烯涂布，涂布时采用溶剂型工艺。

直链淀粉薄膜也有用大米淀粉制造的，在大米直链淀粉中加入少量植物胶，稀释后的直链淀粉糊被送到温度为102℃的滚筒内加热干燥。不过这种大米直链淀粉薄膜的性能不如玉米直链淀粉薄膜好。

（二）纤维素薄膜

纤维素薄膜是采用α-纤维素进行化学改性加工，生成羧甲基纤维素，用水基性悬浮物经流延成型而制成的。其溶解温度范围为0～55℃，伸长率很高，为65%，柔软性、折叠性和热封性都好，防油脂性极好。

除了羧甲基纤维素薄膜外，还有羟丙基纤维素薄膜，这种薄膜能溶解于有机酸和水中。低于40℃时，能完全溶于水中。这种羟丙基纤维素可以用挤出成型、注塑成型和吹塑成型等加工方法来加工成型，制成食用型胶囊、中空容器等。

（三）骨胶原类薄膜

骨胶原类薄膜是用新鲜动物皮中的真皮层为原料而制成的。制造过程中，采用解朊酶（如木瓜酶）来处理骨胶原，并且在骨胶原中加入固体物含量为30%的增塑剂（如甘油）；在加工过程中还需加入乳化剂、抗氧剂和调味剂等。为了降低成本，还可以在物料中加入适量淀粉，以提高原材料的固体物含量。骨胶原薄膜可食，但不能溶解于水中，其气密性和不透水性很好，低温柔曲性、热封性都很好。骨胶原类薄膜主要用于制作香肠的肠衣等。

（四）藻朊酸盐和果胶

藻朊酸盐蕴含在一些棕色的海草之中，可用做各种食品的增稠剂。藻朊酸钠和丙二醇藻朊酸盐可溶解于酸溶液之中。可溶性藻朊酸盐薄膜的制造方法是：将可溶性溶液涂布于板上（玻璃板），让其挥发干燥后，将薄膜剥下来即可。可用果胶制成韧性较好、稍带咸味的食用薄膜。

（五）水溶性非食用薄膜

人们往往把水溶性薄膜和可食用薄膜混为一谈。大多数可食用薄膜是水溶性的，然而并非所有的水溶性薄膜都可食用。水溶性薄膜基本上有四类：聚乙烯醇薄膜、聚氧化乙烯、纤维素薄膜和淀粉类薄膜。后两种薄膜既是水溶性的又是可以食用的薄膜。

聚乙烯醇（PVA）薄膜的配方很多，主要分为两类：聚乙烯醇标准流延薄膜和聚乙烯醇水溶性薄膜。聚乙烯醇标准流延薄膜在温度超过71.5℃时，只有部分溶解且还有残渣留下。水溶性聚乙烯醇薄膜即使在低于5℃的温度下也会溶解且不会留下任何残渣。聚乙烯醇标准流延薄膜透明、韧性好，富于弹性，且耐油脂、耐有机酸性能极好。为了适应多种用途的需要，人们生产了各种不同配方的聚乙烯醇标准流延薄膜，用于真空袋成型、离心成型片材、转鼓衬里等。

聚乙烯醇水溶性薄膜透明，可进行热合加工，可在热水和冷水中溶解，因此很适合用做完全溶解于水的商品包装，如肥皂、洗涤剂、漂白粉、染料、杀虫剂、化肥和水处理化学品的包装。这种薄膜非常适用于做可洗织物的包装，因为混于洗衣水中的溶解薄膜是一种非常好的悬浮剂。

聚氧化乙烯薄膜是所有水溶性薄膜溶解性最好的薄膜，它可进行拉伸处理以提高其耐撕裂强度，并且可将其延伸率提高60%，而不回缩。聚氧化乙烯薄膜由于具有很好的溶解性能，所以最适合用做可溶性洗衣袋和各种工业添加剂的包装。

第六节　可降解型塑料

一、光降解型塑料

（一）光降解型塑料的降解原理

高分子光降解是指聚合物吸收紫外光，使聚合物产生水解、胺解、酸解、氧化等化学反应，导致聚合物分子链断裂，分子量变小。光降解的机理主要是通过生成自由基活性中间体的方式，例如羰基受紫外光辐射后可诱发 Narrish Ⅰ型、Ⅱ型键断裂过程。Narrish Ⅰ型反应使羰基发生自由基断裂，并生成两个弱自由基，而不引起聚合物断裂，但 Narrish Ⅱ型反应使分子重排而引起主链断裂，并生成酮和末端双键。如果有氧存在时，氧分子易与光裂解中产生的自由基反应形成过氧自由基，导致自动氧化自由基反应生成。由此光降解材料可分为两类：一是共聚型光降解高分子；二是添加型光降解高分子。

乙烯和一氧化碳（Et/CO）共聚物是典型的合成型光降解高分子，早在 20 世纪 70 年代就已在 Dupont 公司商品化。CO 与 Et 摩尔比可以在 0 ~ 1 之间变化，光降解可以用 CO 含量来控制，其含量越高，降解越容易。共聚物的许多性能与低密度聚乙烯相似，包括力学性能和加工流变性能。随后发展了聚乙烯与一氧化碳或乙烯基酮共聚，使聚乙烯带有羰基等“发色基团”或“弱键”以增强聚乙烯的光降解性。以后又发展了 PP、PS、PVC、PET、PA 等含羰基共聚物。

光降解高分子降解的原因是因为聚合物材料中含有光敏基团，可吸收紫外线发生光化学反应，但普通聚合物一般不含有光敏基团，所以可在普通聚合物中添加少量的光敏剂，用常规方法就可以得到光降解材料。通常用的光降解促进剂有芳基酮类、含二苯甲酮及其衍生物的共聚物、氮的卤化物、有机二硫化物以及过渡金属盐或络合物等。近年来，Scott 等人发明了一种金属络合物作为迟缓型光敏剂，在初始阶段用做稳定剂，而后在后期用做活化剂，使高分子降解。黄根龙等合成了一系列的二茂铁衍生物作为光降解的添加剂，其应用研究已取得较大进展。中科院长春应用化学研究所已研制成功了铁化合物 Fe $(I)_x$ 和 Fe $(F)_x$ 为光敏剂的光降解薄膜。另外华南理工大学、上海石化等对光降解聚合物也有研究。

只有被光照射后才发生降解的塑料称为光降解塑料。如果光降解的塑料制品一旦埋入土中，失去了光照，降解过程则停止。光降解塑料的生产工艺简单、成本低，而缺点是降解过程中受环境条件的影响大，如埋在地下不见光，则难以实现降解。

（二）光降解型塑料的标准

GB/T 16422. 1—1996 降解性材料餐饮具降解性能（表 2 - 36）包括：野外暴晒架暴露试验、氙灯光源暴露试验。

表 2 - 36　光降解型塑料餐具指标（GB/T 16422. 1—1996）

项目名称	累计辐射量	指标要求					
		裂损级	重均分子量下降率	< 10000 低分子百分含量	羰基指数	霉菌侵蚀性	二氧化碳生成
塑料实验室光源暴露试验方法	16800 kJ/m^2	≥Ⅱ级	≥70%	≥15%	≥2	≥Ⅱ级	阳性

（三）常见的光降解型塑料的种类

光降解型塑料有很多品种。常见光降解型塑料如表 2 - 37 所示。

表 2－37　常见的光降解型塑料

名　称	性　能	用　途	产　地
降解聚乙烯包装薄膜	在日光直接照射一段时间后，便可自然分解	日用品、工业品或食品的包装材料，农田地膜	上海塑料制品研究所
环保塑料袋	在 18 个月内分解成 CO_2、H_2O 和其他的矿物质	超市购物袋	英国公司
乙烯和一氧化碳聚合塑料	接触阳光中的紫外线后，O_2 活化，把外部的 O_2 结合进来，CO 就变成 CO_2，然后散发到空气中，从而使聚乙烯的结合受到破坏而分解开来，形成粉末状	适合做生活垃圾袋	日本龙尼卡公司

二、生物降解型塑料

（一）生物降解机理

只能通过微生物作用而降解的塑料是生物降解塑料；而生成降解塑料是靠微生物的作用，如酶、菌之类的微生物，把它“消化”掉。

生物降解高分子材料是指在生态环境中，在微生物的作用下，或在人体及动物体内的组织细胞、酶和体液作用下，其化学结构发生变化，导致分子量下降及性能变化的高分子材料。目前研究和开发生物降解高分子材料，从其来源看主要有三类：化学合成可降解高分子材料；天然高分子材料和微生物合成可降解高分子材料。

在化学合成材料中，脂肪族聚酯、聚乙烯醇和聚乙二醇等容易降解。脂肪族聚酯可通过缩聚来制备，但缩聚很难得到高分子量的产物，一般采用开环聚合来合成。例如现在应用比较广泛的聚己内酯（PCL）就是由 ε－己内酯开环聚合得到的。它是一个半结晶聚合物，热熔点在 60～80℃，玻璃化转变温度约－60℃，分解温度是 250℃，力学性能与聚烯烃相似，与多种聚合物相容性较好，能够进行完全的生物降解。PCL 现在广泛应用在医学领域，比如外科手术缝合线和控制药物释放的载体。聚羟基乙酸（PGA）和聚 L－乳酸（PLA）是最简单的脂肪聚酯。高分子量的 PGA 和 PLA 一般是以辛酸亚锡为催化剂，从其相应的环状二聚体环聚合来制备。PGA 结晶度很高，具有很好的力学性能。PLA 由于乳酸在 α 位上有一个甲基，从而具有光活性，存在左旋（L）、右旋（D）和消旋（DL）三种光学异构体，其性能也存在着许多差异。常见的是 PLLA 和 PDLA，结构和性能如表 2－38 所示。

由于 PLA 和 PGA 在降解速率和力学性能上的差异，通过共聚反应，制备不同活性组分的共聚物 PGLA，可以在很宽的范围内调节共聚酯的性能，减少结晶，加快降解速率。共聚酯被成功用于临床上，可作为手术缝合线、药物控制释放的载体及骨折固定材料等。王雷等研究了 PLA－PCL 共聚酯，并采用甲基丙烯酸单异氰酸酯作为封端剂合成了相应的紫外光固化材料，此材料具有良好的降解性能。

表 2 - 38 PLA 与 PGA 的化学结构及基本性质

品种 性能	PGA	PLA	
		PLLA	PDLA
化学结构	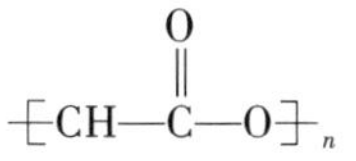	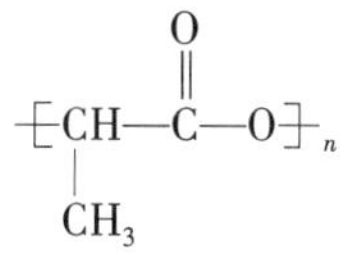	
熔点/℃	225 ~ 230	173 ~ 178	非晶态
玻璃化温度/℃	35 ~ 40	60 ~ 65	55 ~ 60
密度/(g/cm³)	1.5 ~ 1.7	1.2 ~ 1.3	1.2 ~ 1.3
拉伸强度/MPa	140	107	40
拉伸模量/GPa	7.0	2.7	1.9

微生物合成可降解高分子材料是指以碳水化合物为原料，通过生物发酵方法制得的可降解高分子材料，这是一类极具研究和开发价值的材料。典型的代表是聚 - 3 - 羟基烷基酸酯（Polyhydorxyalkanoate，PHA），PHA 是某些微生物处于非平衡生长状态下，细胞内合成的一种贮藏性聚酯，PHA 是一大类物质，现在已有 90 种以上的 PHA 被鉴定。研究与应用最多的是聚 - 3 - 羟基丁酸酯（PHB），最早于 1926 年首次从巨大芽孢杆菌中分离出来，其商品化始于 20 世纪 80 年代由英国帝国化学公司 ICI 开发，并由美国 ICI 公司工业生产。1992 年 Poirer 等人尝试用转基因植物生产 PHB 的可能性，为了获得足够的 PHB 以供分析，他们利用细胞悬浮培养技术培养转基因拟南芥细胞，得到产率为 500μg/g 的 PHB。微生物聚酯的形态特别是结晶度对降解行为有很大的影响，随着结晶度增大，其降解速率急剧下降。

从材料来源和应用看，淀粉和纤维素是地球上绿色植物的碳氢储备中最大的两类生物物质。淀粉在 20 世纪 70 年代作为填料加入到聚合物中，但这样的方式不能使聚合物完全降解，只能形成崩坏性降解，因而被认为不是真正的降解材料，故而人们开始研究纯淀粉聚合物。淀粉材料加工性能有淀粉分子的可塑性程度控制，可塑性是指通过引入小分子物质到聚糖中，破坏淀粉分子链的氢键，使淀粉的结构变成无定形而具有塑性结构。美国 WarnerLAM · bert 公司经过八年的研究，制成了高淀粉含量的生物可降解材料，该项研究解决了淀粉与聚合物共混而只有淀粉降解的问题，被认为是材料科学的重大进展。余龙采用反应挤出的方法接枝共聚改性淀粉，制备了淀粉降解材料。国内的江西科学院、华南理工大学、天津大学、兰州大学物理研究所等也在从事这方面的研究。除了淀粉以外，天然高分子材料还有很多，它们大部分是可生物降解的。人的纤维蛋白分子量在 330000 ~ 340000 之间，可用做止血粉、创伤辅料、骨填充剂等。甲壳素是由 β - （1 - 4） - 2 - 乙酰氨基 - 2 - 脱氧 - D - 葡萄糖（即 N - 乙酰 - D 葡萄糖胺）组成的线性多糖，昆虫皮、虾蟹壳都含有甲壳素，在兔体实验观察，甲壳素手术缝合线 4 个月可以完全吸收，同时也可以促进伤口愈合，用做伤口包扎材料。

生物降解高分子具有良好的生物降解性、易加工性，优异的机械性能等，除了在包装领域得到广泛应用外，还在许多领域得到应用。

（二）生物降解型塑料的标准

目前我国尚未制定类似的方法标准，《可降解塑料包装制品环境标志产品技术要求》（HJB Z012—1996）中采用的测试方法为 ISO 846—1978 标准方法。由于前面所述及的原因，这一方法难以对塑料的降解性能作出合理的评价。因此，建议在制定我国自己的测试方法标准的同时，暂时采用 ASTM D5338—1992 作为环境标志测试方法使用。

由于 ASTM D5338—1992 与 ISO 846—1978 表达方式不同，因此需要对 HJB Z012—1996 作出相应的修改。根据 HJB Z012—1996，可降解塑料中，至少应加入 10% 的可降解塑料母粒，而目前可降解塑料母粒中至少含有 70% 的淀粉等可降解物质，因而可降解塑料中应至少含有 7% 的可降解成分。根据这一推算，以及 HJB Z012—1996 之中的现有指标标准，建议如果采用 ASTM D5338—1992 为标准测试方法，与之相对应的降解率（D）鉴别指标改为：

可生物降解塑料制品：$D \geqslant 7\%$。

降解率 D 可以采用下式计算：

$$D = W_{CO_2} \times \frac{12}{14} \times 100\%$$

$$W_{CO_2} = \frac{G_{CO_2}}{G_{样}}$$

式中　D——降解率，%；

W_{CO_2}——单位重量样品因降解而生成 CO_2 累积量，g/g；

G_{CO_2}——CO_2 累积量，g；

$G_{样}$——样品重量，g。

可生物降解餐具的使用性能要求、生物降解性材料餐饮具的卫生要求、降解标准参考，如表 2－39、表 2－40、表 2－41、表 2－42 所示。

表 2－39　可生物降解的餐具的使用性能要求

序号	项目名称	技术指标
01	容积偏差/%	±5
02	耐温试验（95℃ ±5℃的油、水，60℃环境温度，30min）	无变形、起皮、起皱、无阴渗漏
03	餐具负重试验（室温下负重 3kg）	高度变化≤5%
04	盖体对折试验 15 次	无断裂
05	跌落试验 1 次	无裂损
06	天然材料制品含水量/%	≤7

表 2-40 生物降解型材料餐饮具的卫生要求

序号	项目名称		产品类型及指标要求			
			纸板涂膜	纸浆模塑	植物纤维模型	食用份模型
01	蒸发残渣/(mg/L)	水，60℃，2h	≤30			
		正己烷，20℃，2h	≤30			
		4% 乙酸，60℃，2h	≤30			
		65% 乙醇，20℃，2h	≤30			
02	高锰酸钾消耗量（蒸馏水，60℃，2h）/(mg/L)		≤10	—		
03	重金属（4% 醋酸，60℃，2h）	以 Pb 计/(mg/L)	≤1			
		以 As 计/(mg/L)	≤1			
		以 Cd 计/(mg/L)	≤0.2			
04	荧光性物质（254nm 及 365nm）		任何一份 $100cm^2$ 样品荧光面积不得大于 $5cm^2$			
05	甲苯二胺（4% 乙酸）/(mg/L)		≤0.004	—		
06	氟（蒸馏水，60℃，2h）/(mg/L)		—	0.2	—	
07	有机磷农药残留/mg		—		符合目录 A	—
08	黄曲霉素 B_1/(μg/kg)		—		≤5	—
09	苯并（a）芘/(μg/kg)		—		≤5	—
10	脱色试验	冷餐油或无色油脂	阴性			
		乙醇	阴性			
		浸泡液	阴性			

表 2-41 生物降解型材料餐饮具降解性能要求

序号	试验名称	指标要求		
		纸制品	植物纤维制品	食用粉制品
01	霉菌浸蚀试验，级	≥Ⅲ	≥Ⅳ	≥Ⅳ
02	纤维素酶浸蚀试验（眼观）	黄橙色	—	黄橙色
03	需氧堆肥试验生物降解率/%	>30	≥60	

注：1. 霉菌侵蚀试验适合于常规检验，02 项适合于监督检验中的快速检验。

2. 霉菌侵蚀试验常规检验阳性者不再作 03 项检验，阴性者以 03 项试验作最终判定。

3. 纸板涂 PE 膜样品，可剪碎后直接作 03 项检验。

表 2－42　薄膜降解参数参考

单位名称	检测物品	降解类型	检测项目	指标	检测结果
上海申悦降解塑料有限公司	环境降解聚乙烯包装薄膜	环境降解	需氧生物降解率	≥15%	15.2%
			光降解后断裂伸长保留率	≤30%	未测
青岛崂山沙子口塑料厂	生物降解聚乙烯包装薄膜	生物降解	需氧生物降解率	≥20%	21.7%
宁夏华西降解塑料制品厂	生物降解聚乙烯包装薄膜	生物降解	需氧生物降解率	≥20%	22.1%

常见的生物降解型塑料如表 2－43 所示。

表 2－43　常见的生物降解型塑料

名　称	性　能	用　途	产　地
聚酯酰胺共聚物	大分子主链上同时存在的酯键和酰胺键，使得材料具有两亲性和降解性	生物医学材料和环境友好材料	
β－烃基丁酸乙酯	β－烃基丁酸可以生物降解		
ε－烃基丁酸－戊酸共聚物（P3HB/3HV）商品名 Biopol	生物降解		英国 ICI 公司和美国 Mohnsanto 公司
热塑淀粉	生物降解	塑料杯	美国 BioCorps 公司
多乳酸塑料（PLA）	谷物为原料由发酵的乳酸聚合而成，可以生物降解	包装材料	美国 Cargill 公司和 Dow 公司
PET 合成衍生的聚酯	由合成聚酯制成，可以生物降解	生产各种薄膜和包装用品	美国 DuPont 公司
聚乳酸（PLA）	具有良好的生物相容性和生物降解性，用它制成的各种制品埋在土壤中 6～12 个月即可完成自动降解	购物袋和一次性塑料餐具等制品	浙江海正集团有限公司
新颖共聚聚酯—Eastar－Bio	有已二酸、对苯二甲酸和丁二醇制成的酯族芳族缩聚共聚物；和许多普通 PET 相仿，可经过伽马射线消毒和超声波射频固结	无菌医疗用盖布、外科手术包装料、揩拭布、吸液芯材、适体卫生用品、育种垫等	美国 Eastman 化学品公司
玉米淀粉树脂塑料	玉米中的糖分被提炼出来，经过发酵蒸馏萃取出制造塑料和纤维的基础材料——碳，再被加工成一种名为聚交酯（PLA）的直径只有 4.57mm 的细微颗粒；可以通过燃烧、生化分解和昆虫吃食等方式处理掉	包装袋、包装塑料或餐具	美国内布拉斯加州的嘉吉道氏有限责任公司
草莓食品薄膜	能阻止氧气的渗入，可以自然分解的、符合环保要求的材料	制作保鲜袋，取代传统的聚乙烯材料	美国农业部

三、复合降解型材料

（一）复合降解的机理与标准

1. 复合降解机理

同时能为光和生物降解的塑料称为光－生物双降解塑料，也叫复合降解。光－生物双降解塑料比前两种降解塑料有了很大的改进，通常是在制造过程中加入一定的淀粉、纤维素以及多糖类物质作为填充料。双降解塑料完全分解为二氧化碳和水是需要很长时间的，一般，2～12个月内，制品失去了原形，变成小的碎片，即可认为降解已基本完成。

复合型降解塑料是在现有塑料树脂的基础上，加入一定量的添加剂。其产品特点是：利用添加剂作为微生物的培养剂，以达到可降解的塑料制品。而最大的缺点是：仍然没有彻底解决“白色污染”、“土壤沙化”等致命危害。

光－生物降解高分子是结合光和生物全面的降解作用，以达到高分子材料的完全降解。这将是未来可降解高分子研究的重要方向之一。在生物降解高分子中添加光敏剂可以使高分子同时具有光和生物降解的特性。美国 Ecostar International 公司开发的 Ecostar Plus 现在已形成工业化生产。除此以外，国外开发的主要品种有美国 Ampact 公司的 Polygrade Ⅱ和Ⅲ、美国 ADM 公司的 Polyean 产品、加拿大 St. Lawrance 公司的 Ewster 母料等。国内的中科院长春应用化学研究所、天津大学、四川大学、上海有机所等在此领域均有研究，并取得很好的进展。

2. 复合降解型塑料的降解标准参考

对光－生物降解非发泡塑料类应在野外暴晒实验总辐射量达（310±10）MJ/m^2 时，重均分子量下降率＞80%或氙灯光源暴露试验 16800kJ/m^2 时重均分子量下降＞70%，同时测试低分子量（10000以下）比率及羰基指数。具体要求和标准如表2－44、表2－45、表2－46、表2－47所示。

表2－44　光－生物降解型材料餐饮具降解性能要求

序号	项目名称	累计辐射量	降解指标					
			裂损级	重均分子量下降率,%	<10000低分子百分含量	羰基指数	霉菌侵蚀级	二氧化碳生成
01	野外暴晒架暴露试验	A	≥Ⅱ	≥80	≥20	≥1.5	—	—
		B	碎化、粉化	≥90	≥40	≥4.0	≥1	阳性
02	氙灯光源暴露试验	C	≥Ⅱ	≥70	—	≥0.5	—	—

注：“A”、“B”、“C”为累计辐射量参考值，分别为（310±10）MJ/m^2、（590±10）MJ/m^2 及 16800MJ/m^2。

表2－45　光－生物降解型薄膜的降解性能要求

降解方法	降解性能要求
常温下淀粉酶降解法	酶作用量1.1%，酶作用时间51h
	酶作用温度30℃，酶作用 pH6.3
	降解量为4.76%

续表

降解方法	降解性能要求
常温下酵母酶降解法	含菌量 560×10^{8} 个/毫升，温度30℃，培养51h
	降解量为4.86%
	结论：该膜在常温下可降解

注：对照普通薄膜在上述条件下未降解

表2-46　淀粉双降解塑料膜的力学性能（GB 13753—1992）

项　目	拉伸负荷/N		断裂伸长率/%		直角撕裂负荷/N	
PE农用薄膜	纵	横	纵	横	纵	横
国家标准	≥1.0	≥1.0	≥100	≥100	≥0.5	≥0.5
淀粉双降解膜含量30%	1.6	1.6	115	427	1.1	1.1

表2-47　双降解薄膜的物理性质

项　目		计量单位	聚乙烯薄膜	双降解薄膜
密度		g/cm^2	0.9110	0.8961
透湿系数（25℃）		$g\cdot m/m^2Pa\cdot s$	3.90×10^{-13}	1.03×10^{-12}
透光率		%	88.7	84.2
透空气系数		$m^3m/m^2Pa\cdot s$	1.02×10^{-17}	11.18×10^{17}
透氧气系数		$m^3m/m^2Pa\cdot s$	1.37×10^{-17}	1.86×10^{-17}
吸水率		%	0.40	-3.65
加热收缩率（100℃，10min）	纵向	%	13.2	18.6
	横向	%	-6.3	-5.1

3. 复合降解型塑料的常用种类（表2-48）

表2-48　复合降解型塑料的常用种类

名　称	性　能	用　途	产　地
光-生物降解PP餐饮具	力学性能优良、环境降解作用显著（羰基指数值提高至中国国家标准）、性能低廉和符合食品卫生要求	制作餐饮具	
降解地膜（0.008mm）	拉伸强度（负荷）为11.6N、断裂伸长率为1160%、直角强度（负荷）为0.06N		富伟企业
降解包装膜（0.05mm）	拉伸强度（负荷）为99.8N、断裂伸长率为2250%、直角强度（负荷）为339.2N	可做食品包装，购物袋	富伟企业

续表

名　称	性　能	用　途	产　地
复合降解包装膜（0.025mm）	拉伸强度（负荷）为112N、断裂伸长率为1150%、直角强度（负荷）为330%保留率	适合做印刷产品的包装袋	富伟企业
复合降解树脂塑料	粒度为2～5mm 密度为11g/cm^3 降解诱导期为15天～1年可控，可快速降解 发泡率为25～35倍 无毒性 降解率可控 熔融指数为0.8～6.0g/10min		
PU聚合物材料	物理性能可与石油合成塑料相媲美，它来源于谷物，能完全溶解，其环保性能则是石油合成塑料无法比拟的，降解成水、二氧化碳和有机物	包装杯	美国Biocope公司
绿维复合降解母料制成的塑料	含有淀粉、无机填充物、光敏剂，其中淀粉遭微生物被去除，使聚合物的结构减弱；受光照时光敏剂和空气中的氧气经催发反应放出自由基，使得聚合物的分子量减少；当分子量小到1000左右时，这些剩下的小颗粒逐渐被微生物所吞噬		深圳绿维公司
聚胶酯天然产品	成本低，在湿热的条件下自行分解，不污染环境	可用来制造纸杯、糖果包装纸等	日本卡吉尔道聚合物公司

四、其他新型的塑料

新材料是指那些新出现或已在发展中的、具有传统材料所不具备的优异性能和特殊功能的材料。新材料与传统材料之间并没有截然的分界，新材料在传统材料基础上发展而成，传统材料经过组成、结构、设计和工艺上的改进从而提高材料性能或出现新的性能都可发展成为新材料。下面列举了一些最新的绿色环保型塑料。

（一）纳米塑料

纳米塑料是指金属、非金属和有机填充物以纳米尺寸分散于树脂基体中形成的树脂基纳米复合材料。在树脂基纳米复合材料中，加入的填料分散相为纳米材料，其尺寸至少在一维方向上小于100nm。

分散相的纳米尺寸效应、表面效应和强界面结合，使纳米塑料具有一般工程塑料所不具备的优异性能，例如，高强度、抗静电性、防辐射性等。因此，纳米塑料是一种全新的高技术材料，是纳米技术在高分子材料中应用的一个典型范例。纳米塑料优异的特性使之具有广阔的应用前景和商业开发价值，并已成为纳米技术最早实现产业化的技术之一。

按照塑料加入的纳米材料的不同，可分为无机纳米塑料和有机纳米塑料。

在塑料中加入无机纳米材料形成无机纳米塑料，例如，加入 $CaCO_3$、ZnO、TiO_2、炭粉、SiO_2、硅藻土等。这类纳米粉体本身具有一定的功能，加入到塑料中可以达到以下效果：

①改善塑料性能，例如，提高机械强度、透气透水率、耐高、低温等。

②增加塑料的特殊性能，像防辐射性能、抗静电性能和磁性能等很多以前没有的性能。这类纳米塑料的制备方法采用无机－有机纳米复合材料的加工方法，例如，插层法、原位聚合法、共混法等。

有机纳米塑料的制备是在塑料中添加纳米级有机化合物。有机化合物由于以纳米级存在于塑料大分子中，所以，有机纳米塑料也叫有机纳米聚合物分子复合材料。在塑料中加入刚性分子聚对苯二甲基并噻唑，可以增加塑料的机械强度，加入其他纳米级有机物可提高塑料加工性、光学特性等。这类纳米级塑料的制备方法一般采用熔融共混合溶液共混法。

塑料本身有质量轻、韧性强、耐磨性好、耐酸碱等优良特性，但随着材料科学的发展和应用领域的开拓，塑料固有的性能已不能满足应用的需要。例如，耐高温性能，尽管人们一致通过研究合成新的高分子材料单体和改变高分子结构来提高塑料的耐高温性能，但是纳米粒子的加入对这一性能的提高比前一种方法所呈现的效果要好得多，而且成本低很多。有些塑料没有的性能甚至可以通过加入纳米材料而得到，像一些功能性材料更是如此。

1. 强度和高耐热性

用插层技术制备纳米塑料可将无机物的刚性、尺寸稳定性和热稳定性与聚合物的韧性、可加工性完美地结合起来。含有少量（不超过 10%，通常 5% 左右）黏土的纳米塑料与常规玻璃纤维或矿物（30%）增强复合材料的刚性、强度、耐热性相当。但纳米塑料质量轻，具有高比强度、比模量而又不损失其冲击强度，能够有效降低制品的质量，方便运输。同时，由于纳米粒子小于可见光波长，纳米塑料具有高的光泽和良好的透明度以及耐老化性。这些特点是其他材料无法相比的，所以纳米塑料一出现，立刻受到人们的青睐。

2. 高阻隔性

由于聚合物基体与黏土片层的平面取向作用，纳米塑料表现出良好的尺寸稳定性和良好的气体阻透性。纳米塑料高阻隔性使其广泛用在易抗击的包装材料上，例如，药品、化妆品、生物制品和精密仪器等。

纳米塑料与未填充的聚合物相比，其气体的透过率显著下降，并随着塑料中纳米蒙脱土含量的增加而迅速下降，阻隔性能显著上升。在聚酰亚胺－蒙脱土纳米塑料中，其气体渗透系数（包括水蒸气、氧气和氮气）显著下降，并随着蒙脱土含量的增加而下降。当蒙脱土质量仅为 2% 时，其渗透系数下降近一半；当用不同黏土来制备时，随着黏土片层长度的增加，材料的阻隔性能提高得更显著。这是由于在纳米塑料中的聚合物基体中存在着分散的、大的尺寸比的硅酸盐层，这些层对于水分和单体分子来说是不能透过的，迫使溶质要通过围绕硅酸盐粒子弯曲的路径才能通过薄膜，这样就提高了扩散的有机通道长度，达到阻隔性上升的目的。

3. 高阻燃自熄性

有些纳米塑料还具有很高的自熄性、很低的热释放速率（相对聚合物本体而言）和较高抑烟性，是理想的阻燃材料，例如把聚己内酯－硅酸盐纳米塑料和未填充的聚己内酯放在火中30s，取出后纳米塑料就停止燃烧，并保持它的完整性；与此相反，未填充的聚合物则继续燃烧直到样品被破坏为止。如纳米尼龙6，当黏土含量为5%时，其热释放速率的峰值（评价材料为火灾安全性的关键因素）可以下降到50%以上。因此，国外有文献称这种纳米塑料制造技术是塑料阻燃技术的革命。

4. 良好的热稳定性

硅酸盐的耐高温性用于纳米塑料，可使其耐热性和热稳定性明显提高。例如，聚二甲基硅氧烷（PDMS）-黏土纳米塑料和未填充的聚合物相比，其分解温度大大提高，从400℃提高到500℃。由此可见，由于PDMS分解成易挥发的环状低聚物，但纳米材料的透过率很低，从而使挥发性分解物不易扩散出去，提高了塑料的热稳定性。在聚酰亚胺-蒙脱土体系中，热稳定性也大大提高。随着纳米蒙脱黏土含量的增加，纳米塑料的热膨胀系数显著降低，纳米蒙脱土含量仅占4%时，就下降近一半，热稳定性明显增加。

在纳米黏土尼龙（NCH）中，产物的热变形温度（HDT）提高了近一倍（NCH的HDT为135~160℃，纯尼龙的为65℃）。此时纳米黏土含量仅占5%左右，随着纳米黏土含量的增加，HDT也逐渐增加。用一步法合成NCH，产物的HDT进一步提高到160℃。

5. 良好的导电性

硅酸盐纳米塑料也可用作聚合物电解质。对于聚环氧乙烷（PED）电解质来说，在熔点温度以下，它的电导率下降很多（从$10^{-5}s\cdot cm^{-1}$降到$10^{-8}s\cdot cm^{-1}$）。这种下降是由于PEO形成了晶体，从而阻止了粒子的运动，而插层则可以阻止晶体的生长，因此可以提高电解质的电导率。此外，由于在纳米塑料中硅酸盐片层是不能移动的，因此纳米塑料的导电性表现为单粒子传导。从PEO/锂蒙脱土纳米塑料的平面粒子电导率的Arrhenius曲线（聚合物质量占4%）可以看出，$LiBF_4$/PEO电解质的电导率在熔化温度下，降低了几个数量级。与此相反，在相同的温度范围内，温度对纳米塑料的电导率影响很小。电导率随温度降低只是稍微有所下降。这种薄膜可用来包装电器产品，以防静电产生。

此外，在纳米塑料中的表面活化能（11.7N/m）和熔融聚合物电解质的类似。这表明，在纳米塑料中和在本体熔融的电解质中，Li^+的活动性几乎相同；另外，熔融插层的纳米塑料的电导率比溶液插层的更高，而且各向异性更明显。这可能是由于在熔融插层材料中，存在着过量的聚合物，从而提供了一条更容易的电导途径。

在PEO/Na蒙脱土纳米体系中，随着温度的升高，电导率上升，直至580K时达到最大值随后电导率又下降。这是由于在600K左右，插层的聚合物分解的缘故，这和其热稳定性是一致的。在聚吡咯-荧光石体系中也有类似情况。

6. 纳米塑料的各向异性

纳米塑料还具有各向异性的特点。例如在尼龙-层状硅酸盐纳米塑料中，热胀系数就是各向异性的：在注射成型时其流动方向的热胀系数为垂直方向的一半，而纯尼龙为各向同性。从透射电镜照片可以看出，1nm厚的蒙脱土片层分散在尼龙基体中，蒙脱土片层的方向与流动方向一致，聚合物分子链也和流动方向平行。因此，各向异性可能是蒙脱土向高分子链相向的结果。

在聚苯胺-蒙脱土纳米体系中，经氯化氢蒸气和薄膜粘接后，材料的电导率大大上升，且为各向异性。$\sigma_{平行}=0.05s\cdot cm^{-1}$，$\sigma_{垂直}=10^{-7}s\cdot cm^{-1}$（$\sigma_{平行}/\sigma_{垂直}=10^5$）。其原因是蒙脱土为绝缘体，分散在聚合物基体中并和平行方向一致。在垂直方向上由于蒙脱土的存在加长了导电离子的路径。在聚氯乙烯-蒙脱土纳米体系中，其电导率也为各向异性，

$\sigma_{平行}/\sigma_{垂直}=10^3$。在其他导电体系（如聚吡咯-荧光石纳米体系）中也有类似情况发生。

7. 纳米塑料的加工性能

由于纳米塑料插层复合工艺是在传统工艺基础上的技术革新，不需要新的设备投资，工艺简单、操作方便、环境友好，特别适合聚合物的改性，容易实现工业化生产。纳米塑料可以制得以下各种材料。

（1）纳米薄膜。纳米塑料薄膜主要用做功能性薄膜，如气体分离、信息-光学材料以及传感器等方面。这主要是因为纳米塑料薄膜有致密的微观结构，可抑制分子的溶解扩散而增进薄膜的阻透性。中科院化学所开发的纳米尼龙6膜用切片，适用于吹塑和挤出制备热收缩肠衣、双向拉伸膜、单向拉伸膜及其复合膜。与普通尼龙薄膜相比，纳米尼龙6膜具有更良好的阻隔性、力学性能和透明性，因而是更好的食品包装材料。

（2）注塑制品。纳米塑料所具有的高强度、高模量、高耐热性和低吸水率等特性，使其可用于电子通信、运输、机械以及生活用品等产业，满足这些产业对高功能性工程塑料的需求。例如，尼龙6具有良好的物理、力学性能，拉伸强度高，耐磨性优异，自润滑性良好，抗冲击韧性好，是五大工程塑料中应用最广的品种。但在较强外力和加热条件下使用，其刚性和耐热性不佳，吸水率大，使制品的稳定性和电性能变差，在许多领域的应用受到限制。中科院化学所工程塑料国家重点实验室应用天然的蒙脱土层状硅酸盐作为无机分散相，发明了一步法制备纳米尼龙6的专利。该法制备的纳米尼龙6与纯尼龙6相比具有更高的强度、模量，耐热性、阻透性能更好，并具有良好的加工性能。与普通尼龙6相比，增加玻璃纤维和矿物，具有相对密度高、耐磨性好，相同无机物含量条件下综合性能比前者高等优点。同时，纳米塑料还可进一步用于玻纤增强和普通矿物增强等改性尼龙。纳米尼龙具有优异的力学性能和高强耐热性能，应用领域广泛，可用于汽车的各个部件，如发动机、电器和车体等部位，还可用于办公用品、电子电器等部件、运动休闲用品等。纳米尼龙6是塑料行业理想的高附加值升级换代产品。还可用于重包装产品和军工产品包装。

（3）强力纤维。纳米塑料还可以用做高强度、高韧性、高耐热性材料，例如，纳米尼龙6的纺丝器可取代通用尼龙丝，用做轮胎帘子布、渔网渔绳纤维、汽车用纤维、帆布用纤维及球拍用纤维等，可以极大地提高产品的使用性能。

（4）塑料母粒。将纳米塑料制成浓缩母粒推广使用，不仅能降低聚合物加工的掺配混炼成本，改善工作环境及原料仓储成本，并能带动新型聚合物添加剂浓缩母粒产业的发展。

（5）混炼复配材料。多种纳米塑料混合，例如，纳米尼龙6与其他大品种塑料如PP、PE、PS、PPO、ABS或橡胶等复配混炼改性，可以有效提高复配塑料的强度、模量、热变形温度和重置强度小，可以根据应用要求，通过改变配方和材料配比得到不同的纳米塑料。

（二）细菌生物塑料

我国台湾地区出资近千万元新台币开发出研究用细菌生产薄膜。这项名为“微生物合成高分子聚合物PHAs的开发和应用”计划预定在3~4年内出成果。

细菌生物塑料是世界刚开始研发的生物技术产品，美国的宝侨公司和Metaboix生物技术公司已有原型产品。PHAs多羟基链烷酸酯是生物塑料的一种，加工后具有生物可分解性、生物相容性和热塑性。通过生物技术、生化工程和材料工程，以PHAs聚酯类为基础的产品具有介于高密度聚乙烯和低密度聚乙烯之间的机械特性，用途广，可做包材覆膜、纤维、无纺布、弹性体等。

英国科研人员新近研制并开发出了一种 PHB 细菌塑料。它是先用糖培育出一种细菌，然后通过加工制成与聚丙烯相似的材料。这种材料无毒，而且易于生物分解，是加工制作食品包装袋的理想材料，同时，弃后对环境没有污染。

（三）木粉塑料

近期，日本科技人员从松木中研究开发出一种木粉塑料包装材料，通过从木粉中制取出多元醇，然后与异氰酸酯发生反应，从而生成聚氨酯。这种木粉塑料抗热能力极强，而且可被生物分解，可用于制作耐温新型包装袋等。

（四）杀菌吸水食品袋

俄罗斯实用生物技术研究院最近开发出了可吸水、杀菌并能多次使用的食品包装袋，使奶酪、香肠等容易变质的食品能保存较长时间。俄国专家在食品包装聚合物中添加了脱水的多种矿物盐和酶等物质。富含这些物质的包装袋内表面可吸收多余水分、杀死细菌，从而改善了包装袋的内部环境。添加物中的酶还能调节实物的气味，为食物中的营养成分营造自下而上的空间。为使新型包装袋能反复利用，科研人员还研究使包装袋可以在一个特定的工序中反复使用 9 次，从而减少了包装的耗费，降低了生产成本。

（五）秸秆容器

一次性秸秆餐饮容器是利用废弃农作物秸秆等天然植物纤维，添加符合食品包装材料卫生标准的安全无毒成型剂，经独特工艺和成型方法制造的可完全降解的绿色环保产品。该产品耐油、耐酸碱、耐冷冻，强度优于泡沫塑料和纸制餐具。该项目不仅杜绝了白色污染，还为秸秆的综合利用提供了有效途径。

（六）侦菌薄膜

最新研制的一种可以侦察细菌的特殊薄膜，即在普通食品包装薄膜表面涂覆一层特殊涂层，使其具有能侦察细菌的特殊功能，如用于生熟肉类包装的侦菌薄膜，如果所包装的肉类食品已经不新鲜，有害细菌含量超出食品卫生标准，用这种薄膜包装则会使原来透明无色的包装薄膜变为警告色，使顾客立即知道已不能食用。

（七）玉米塑料

前不久，美国科研人员研制开发出一种易于分解的玉米塑料包装材料。它是用玉米淀粉掺入聚乙烯后制成的，这种塑料适用于制作食品包装一体化的包装袋。该包装能迅速溶解于水，可避免污染源和菌毒的接触侵袭。

（八）油菜塑料

一种油菜塑料包装材料最近由英国研制成功。它是从制作生物聚合物的细菌中提取了三种能产生塑料的基因，再转移到油菜的植株中，经过一段时期便产生一种塑料性聚合物液，经提炼加工便可得到一种油菜塑料。用这种塑料加工制成的包装材料或食品快餐包装材料，弃后能自行分解，没有污染残留物。

（九）小麦塑料

这是利用小麦面粉添加甘油、甘醇、聚硅油等混合干燥，再经每平方米加 150 千克压力热压成为半透明的可塑性塑料薄膜。用小麦塑料包装食品的优势是：可由微生物加以分解。

（十）水溶性塑料包装材料

水溶性塑料包装薄膜作为一种新颖的绿色包装材料，在欧美、日本等国被广泛用于各种产品的包装，例如农药、化肥、颜料、染料、清洁剂、水处理剂、矿物添加剂、洗涤剂、混凝土添加剂、摄影化学试剂及园艺护理的化学试剂等。它的主要特点是：

①降解彻底，降解的最终产物是 CO_2 和 H_2O，可彻底解决包装废弃物的处理问题。

②使用安全方便，避免使用者直接接触被包装物，可用于对人体有害物品的包装。

③力学性能好，且可热封，热封强度较高。

④具有防伪功能，可作为优质产品防伪的最佳武器，延长优质产品的寿命周期。

目前，国外主要有日本、美国、法国等国生产销售此类产品，像美国的 W. T. P. 公司，C. C. I. P 公司，法国的 GREENSOL 公司和日本的合成化学公司等。

国内，广东肇庆方兴包装材料公司在中国包装总公司科技部的支持下，联合研制开发了水溶性薄膜及生产设备已通过省部级鉴定，目前已投入生产，其产品正在走向市场。

1. 水溶性包装薄膜的主要化学成分及其环保特性

（1）化学成分。水溶性包装薄膜的主要原料是低醇解度的聚乙烯醇，利用聚乙烯醇成膜性、水溶性及降解性，添加各种助剂，如表面活性剂、增塑剂、防黏剂等。

（2）环保特性。水溶性薄膜产品属于绿色环保包装材料，在欧美、日本等国均得到国家环保部门的认可。

目前，国内外主要把生物耗氧量（BOD）及化学耗氧量（COD）作为环保的指标。日本有关部门测定聚乙烯醇生物耗氧量（BOD）比淀粉小得多，美国空气产品公司检验 Airvol 公司的 PVA 产品，将该产品生物降解 5 天后，测得 BOD 的量低于最初 BOD 总量的 1%。经过生物实验证明聚乙烯醇既无毒，也不会阻止微生物的生长繁殖，对废水处理和环境卫生没有影响。有关部门对微生物分解实验研究也表明聚乙烯醇几乎可以完全被分解，使 COD 降得很低。

就降解机理而言，聚乙烯醇具有水和生物两种降解特性，首先溶于水形成胶液渗入土壤中，增加土壤的团黏化、透气性和保水性，特别适合于沙土改造。在土壤的 PVA 可被土壤中分离的细菌——甲单细胞（Pseudomonas）的菌株分解。至少两种细菌组成的共生体系可降解聚乙烯醇：一种菌是聚乙烯醇的活性菌，另一种是产生 PVA 活性菌所需物质的菌。该菌的氧化反应酶催化聚乙烯醇，然后水解酶切断被氧化的 PVA 主链，进一步降解，最终可降解为 CO_2 和 H_2O。

2. 水溶性包装薄膜的主要性能

（1）含水量。成卷的水溶性薄膜用 PE 塑料包装以保持其特定的含水量不变。当水溶性薄膜从 PE 包装中取出后，其自身的含水量随环境湿度发生变化，其性能也随之有所变化。

（2）防静电性。水溶性薄膜是一种防静电薄膜，与其他塑料薄膜不同，具有良好的防静电性。在使用水溶性薄膜包装产品过程中，不会因为静电而引起可塑性降低及静电附尘。

（3）水分及气体透过率。水溶性薄膜对水分及氨气具有较强的透过性，但对氧气、氮气、氢气及二氧化碳气体等具有良好的阻隔性。这些特点，使其可以完好保持被包装产品的成分及原有气味。

（4）热封性。水溶性包装薄膜具有良好的热封性，适合于电阻热封及高频热封，热封强度与温湿度、压力、时间等条件有关，一般大于200g/cm。

（5）力学性能。水溶性包装薄膜的力学性能：弹性模量400～2500kg/cm^2，抗拉强度200～400kg/cm^2，撕裂力50～200kg/cm，延伸率150～220%。

（6）印刷性能。水溶性薄膜可以用普通的印刷方式进行清晰的印刷，印刷适性良好。

（7）耐油性及耐化学药品性。水溶性包装薄膜具有良好的耐油性（植物油、动物油、矿物油、脂肪油）、耐有机溶剂和碳水化合物等性能，但强碱、强酸、氯自由基及其他可与PVA发生化学反应，如硼砂、硼酸、某些染料等，这类物质建议不要用水溶性薄膜包装。

（8）水溶性。水溶性薄膜的水溶性与其厚度和温度有关，以25μm厚的薄膜为例，20℃时的溶解时间≤300s，30℃时的溶解时间≤50s，50℃时的溶解时间≤30s。

3. 水溶性包装薄膜的应用前景

水溶性薄膜由于具有环保特性，因此已受到世界发达国家广泛重视。例如日本、美国、法国等已大批量生产销售此类产品，像美国的W. T. P. 公司，C. C. I. P公司，法国的GREENSOL公司和日本的合成化学公司等，其用户也是一些著名的大公司，例如Bayer（拜耳）、Henkel（汉高）、shell（壳牌）、Agr. Eva（艾格福）等大公司都已开始使用水溶性薄膜包装其产品。在国内，水溶性薄膜市场正在兴起。据有关资料统计，我国每年需要包装薄膜占塑料制品的20%，约达30.9万吨，即便按占有市场5%计算，则每年需求量也达1.5万吨。目前市场售价：美国产品为13～17万元/吨，日本产品为20～25万元/吨，国内产品销售价仅为美国的40%，平均售价为6万元/吨，因而在价格上具有很强的竞争力。随着社会的发展和进步，人们越来越注意保护我们赖以生存的环境，尤其是我国加入WTO后与世界发达国家接轨，对包装的环保要求日益提高，因而水溶性包装薄膜在我国的应用前景一定十分广阔。

思考题

1. 解释下列名词：

填料、增塑剂、塑化、一次成型、二次成型、挤出成型、压延成型、注射成型、模压成型、传递模塑、中空吹塑成型。

2. 塑料一般由哪几种成分组成？各组分在塑料中的作用是什么？

3. 试从LDPE、LLDPE、HDPE的分子结构特征分析其性能上的差异。

4. BOPP薄膜与CPP薄膜相比，其性能上有哪些区别？

5. 为什么说PVC塑料是一种典型的多组分塑料？

6. PVC和PVDC都是由相同的元素C、H、Cl构成，而PVC为典型的非晶塑料，PVDC为结晶塑料，为什么？并分析其性能上的差别。

7. 常用乙烯共聚物有哪几种？简述其主要性能、特点及应用。

8. 试从 PA 类塑料的分子结构特征分析其主要性能特点。

9. 什么叫聚酯？为什么说 PET 是一种综合性能优良的塑料包装材料？

10. 简述普通玻璃纸、防潮玻璃纸、醋酸纤维素、乙基纤维素的性能及用途。

11. 排列下列聚合物的性能顺序：PE、增塑 PVC、PA66、PC。

（a）按抗热能力的强弱排序；（b）按强度的大小排序；（c）按韧性的优良排序。

12. 塑料加工的工艺性能有哪些？这些工艺性能对成型加工各有什么影响？

13. 热收缩薄膜受热时为什么会产生很大的收缩？经拉伸后的塑料薄膜是否都可用做热收缩薄膜？为什么？

14. 对下列制品，你将使用哪一种方法进行加工成型？

①赛纶包装薄板；②聚丙烯绳；③聚乙烯塑料挤瓶；④三聚氰胺树脂瓶盖。

15. 根据结构，下述聚合物中哪些具有最大的结晶倾向？

①聚乙烯（PE）；②聚丙烯（PP）；③聚氯乙烯（PVC）；④聚苯乙烯（PS）。

16. 可食性薄膜和水溶性薄膜有哪些品种？各有什么性能特点？

17. 光降解型塑料的降解原理是什么？常见的光降解型塑料的种类有哪些？

18. 生物降解型塑料的降解机理是什么？目前有哪些常用的生物降解型塑料？

19. 复合降解型塑料的降解机理是什么？常用的复合降解型塑料的种类有哪些？

第三章 纸和纸板包装材料

造纸术是我国古代四大发明之一。纸的发明是推动世界文明发展的最伟大的贡献之一。早在公元105年（东汉和帝元兴年）蔡伦（陕西汉中洋县人）总结前人的经验发明了造纸术，他利用破布、麻头、鱼网、树皮等制得了质地良好的纸，称为“蔡侯纸”。这种纸就其生产原理及质地而言，与现代的纸是基本相同的。英国的造纸工业于17世纪才建立起来，美国的第一家造纸厂是于1690年建造的。在英国和美国，早期也是采用碎布作为生产纸的原料。将碎布磨成纸浆并经稀释，将筛网浸入纸浆之中，并加振动，使纸浆吸附在筛网上，然后压去水分，经干燥而制得纸张。随着人类文化和生活水平的提高，纸的需求量越来越大，以致碎布原料供不上生产的需求，不得不开辟纤维素原料的新来源——木浆。

纸和纸板是一种古老的包装材料，即使是在现代的工业产品包装中，纸类包装仍然占有非常重要的地位，特别在商品包装中，其使用量要占所有包装材料的40%以上。日本的纸及纸制品约占所有包装材料的49%，美国约占42%以上，我国的纸包装业发展也很快，用于包装的纸和纸板约占所有纸和纸板总产量的40%。纸和纸制品在包装材料中占有如此大的比重，究其原因有：

①纸和纸板原料广泛，价格低廉，易于实现大批量生产。

②均匀性较好，单位面积强度较大。用纸板做成的包装容器，具有较好的强度、弹性，重量轻。例如，瓦楞纸箱的弹性明显优于塑料制品和其他包装材料制成的容器。

③纸和纸板具有良好的吸墨性能，易黏结，印刷性能良好，字迹、图案清晰、牢固。

④耐高、低温性能较好，尤其与塑料包装材料相比具有突出的优点。

⑤纸制品能根据不同的商品设计出各式各样的箱、盒，便于自动包装，包装形状不易改变，且又卫生；无毒无味、无污染。

⑥纸包装材料可以反复回收利用，是一种典型的绿色包装材料。

正由于具有上述特点，纸、纸板及其制品包装越来越受到人们的重视，在包装材料中占据着重要的地位。

第一节　纸张的制造

一、造纸的基本原料

纸张是由极为纤细的植物纤维相互牢牢交织而形成的纤维薄层。当非常稀的分离纤维的悬浮液流到一个非常细的金属丝网上面时，水分慢慢渗出，只留下相互交错在一起的纤维部分，经过压榨、烘干而制成薄膜物质——纸。大部分纸张还包含有一定量的填料、胶料和色料等。因此用于造纸的基本原料是植物纤维。从广义来讲，一切含有纤维的植物均可以造纸，不过通常使用的纸张只是以为数不多的几种植物纤维做原料。因为适合于造纸的植物纤维必须具有易于离解，符合要求的强度、长度和宽度，足够的弹性与交织能力并适宜于大量生产，制造成本低和来源丰富等条件。我国造纸所采用的植物纤维主要有以下四大类。

①茎秆类纤维：稻草、麦草、芦苇、竹等。

②木材类纤维：松、杉、杨、桦木等。

③韧皮类纤维：亚麻、大麻等。

④种毛类纤维：棉花、破布等。

此外还利用废纸做原料，这是一种重要的、极为经济的原料。因为它不必通过制浆手续，只需拣选分类后即可直接用于造纸。

一般来说，茎秆类和木材类纤维比较细短，而种毛类和韧皮类纤维比较粗长。例如：稻草纤维的长度为 0.5 ~ 2mm，平均宽度为 0.01 ~ 0.02mm；而棉花纤维的长度竟达到 20 ~ 40mm，平均宽度为 0.012 ~ 0.037mm。如果其他条件相同，用细短纤维交织成的纸张强度，显然低于用粗长纤维交织成的纸张强度。所以，普通的或较低级的纸张，大都用茎秆类与木材类纤维做主要原料，而韧皮类与种毛类纤维多作为高级或高强度纸张的主要原料。

二、造纸植物纤维的组成

不管是木材还是非木材造纸植物纤维原材料，其化学组成都是由纤维素、半纤维素、木素及少量树脂、果胶等组成。不同的造纸植物纤维，其纤维素、半纤维素及木素的含量不相同。表 3 - 1 列出几种具有代表性的造纸植物纤维的主要化学成分。

表 3 - 1　几种植物纤维的化学组成

纤维种类	纤维素/%	半纤维素/%	木素/%
白桦	41	40	19
云杉	52.1	10	27
落叶松	54	22	21
稻草	36	47	14
麦草	42	36	22
亚麻	90	3.5 ~ 5.9	2.74
棉花	94	0.5 ~ 0.7	—

（1）纤维素。纤维素是植物和树木细胞壁的主要组成部分。经测定，纤维素是由三种元素化合而成的，其元素比例为：碳（C）44.4%，氢（H）6.2%，氧（O）49.4%。从以上百分比可以推算出纤维素的分子式：$(C_6H_{10}O_5)_n$。

近来，通过 X 射线对纤维素进行研究，证明纤维素分子是由许多葡萄糖基通过氧桥结合而成的链状大分子，也就是说葡萄糖基是组成纤维素分子的基本化学单位。其分子式为：$(C_6H_{10}O_5)_n$，n 为聚合度。纤维素分子量的大小，只要测得纤维素的聚合度 n 就可知了。一般来讲，由纯粹的纤维构成的棉纤维素的聚合度为3500～5000，木材的纤维素聚合度不超过2000。

葡萄糖基是构成纤维素分子的基本单位，纤维素分子之间又连接起来成为链状的巨分子束。进一步结合就形成极细的纤维丝（微纤维束），又由这些无数细小的微纤维束组合得到基本的纤维。纤维素是典型的亲水性胶体物质，这是因为构成纤维素大分子的葡萄糖基上存在三个羟基的缘故，故具有多元醇的性质。又由于纤维素具有这些特性，因而其在造纸工业及印刷工业的实际生产中具有重要意义。

（2）半纤维素。半纤维素是类似纤维素的物质，没有固定的化学组成，它是除纤维素以外的一切碳水化合物的总称。它同纤维素的区别主要在于：可溶于稀碱液，并能溶于沸水中；被稀酸所水解生成简单的五碳或碳糖。纤维中若含有较多的半纤维素，那么它在成纸之前工艺处理时，易于水化膨胀，成纸后彼此交织得紧密，使纸张的机械强度提高。

（3）木素。木素也是植物纤维的组成成分之一，其结构非常复杂，到目前为止尚未确定它的分子结构。

木素能溶于碱液、酸液，在各种氧化剂的作用下能发生分解。因此在造纸过程中，就利用这一特性，通过碱液或酸液的蒸煮处理，先将木素溶解去掉，从而使纤维素分离出来。因为木素存在于纸张中，而其受日光、空气的作用会变成褐色的物质，故使纸张的颜色变黄，发脆而变质。

植物纤维中除了含有纤维素、半纤维素、木素外，还有少量的果胶、树脂和脂肪等，一般来说，果胶、树脂等少量物质对成纸都有影响，必须将它们除去。

三、造纸

造纸，简单地说，就是将植物纤维经过加工处理并添加有关的物质后而制得纸张的整个过程。然而造纸是一个多工艺的过程，一般讲，造纸由制浆、漂白、打浆、加填和施胶、浆料的稀释与精选、抄纸、整理等过程组成。

（一）制浆

从植物体中提取纤维的工作被称为制浆。在制浆中，大体上可分为备料，离解纤维，浆料的筛选、净化、漂白等几个阶段。浆料是造纸的基本原料，浆料的性质如何，对所制造的纸张的品质有决定性的影响。

制浆的方法大体上可分为机械法、化学法及化学与机械法相结合的三种方法。

（1）机械法。机械法制造木浆的原理比较简单。采用机械力或水力将去皮原木压在磨石表面，旋转磨石将木材磨成纤维，再用水将它从磨石表面冲洗下去，即成磨木浆。

若将原木先作蒸汽处理，然后在磨木机上磨浆，则得到褐色磨木浆。磨木浆，顾名思义，它是用机械力来离解纤维的。这样离解的结果，使木材中的非纤维素成分几乎全部留在纸浆中（褐色木浆去除了一部分），虽然有的也进行漂白，但是经过日光和空气的作用，木素等仍然要变色。由于经过强力的磨碎，纤维较短（一般在0.8cm左右），因此制造出纸张强度低，日久易变质、变脆。由于它在制浆过程中不用化学药品，成浆率可达90%～95%；制造的纸张组织均匀、不透明、松软且富有弹性，具有良好的印刷性能，经机械压光后纸面平滑。所以普通磨木浆适用于生产新闻纸、书写纸、印刷纸及一般包装用纸；而褐色磨木浆可用于制造具有一定强度、良好的塑性及弹性的包装纸与纸板，特别是工业用包装纸板。

（2）化学制浆。化学制浆是通过化学的手段从木材中通过溶解与纤维结合在一起的木素来分离纤维。化学制浆法有亚硫酸盐法和硫酸盐法两种。

亚硫酸盐法就是用亚硫酸（H_2SO_3）和亚硫酸氢钙［$Ca(HSO_3)_2$］的水溶液与原木共同蒸煮而去除非纤维素物质（主要是木素）的制浆方法，用这种方法制得的木浆被称为亚硫酸盐木浆。这种木浆纤维素较长，性质柔软而富有较高的强度，有良好的结合力，容易漂白，可用于生产各种包装用纸和纸板。

硫酸盐法是用氢氧化钠（NaOH）和硫化钠（Na_2S）的水溶液与原木共同蒸煮而去除木素等非纤维素物质的制浆方法。用这种方法制得的木浆称为硫酸盐木浆。这种方法因为药液的作用比用亚硫酸缓和，所以纤维损失较少，纸张的纤维强韧而有力，但漂白较困难（纸浆呈明显的黄棕色）。故主要用来制造牛皮纸及强度较高的包装纸袋，也是生产高强度纸板的主要原料。

（3）化学与机械相结合的方法。这种方法是将化学法与机械法结合在一起应用。一般将木片在一定温度下用化学药品进行预处理，然后进行机械磨浆或在常温下用化学药品进行预处理，再在一定温度（100℃）下将木片进行机械磨浆。另外草浆、苇浆也是采用这种方法制取。这种方法制得的木浆，其纤维强度略高于机械磨木浆，除可用来生产新闻纸、印刷纸外，主要用于生产各种箱纸板、瓦楞原纸等。

（二）纸浆漂白

不管是亚硫酸盐浆，还是机械浆、化学机械浆，用于抄造纸时，留在纸浆中的颜色都太深，磨木浆和亚硫酸盐浆虽可直接用于抄造新闻纸，但新闻纸的光泽和白度并不太高，而且，由于木素的存在，新闻纸的白度不稳定且易返黄。所以必须对制成的浆料进行漂白。漂白不仅改变了纸浆的白度和光泽度，也提高了纸张白度的稳定性。

纸浆常用的漂白剂有次氯酸钠和次氯酸钙。在碱性条件下，用次氯酸盐处理纸浆，次氯酸根中的氯对木素起亲电取代作用和氧化作用，使木素分子裂解而溶出，同时也氧化色素，使纸浆显白。常用的漂白剂除次氯酸盐外，还有二氧化氯、氯气和过氧化氢等。

（三）打浆

打浆是决定成纸性能和质量的重要工序。各种植物纤维虽经机械或化学方法处理后，所得的纸浆实质上还不适宜用来造纸，因其中仍含有未解离的纤维束，即使已解离的纤维仍是呈僵硬的、表面光滑的、完整的形态，而且纤维的粗细不匀，长短不一。如果未经打浆就用来造纸，则纸张稀疏松软，没有身骨，而且纸面粗糙不平，机械强度较差，所以必须经过打浆处理，把纤维处理成符合所需抄造纸的质量要求。

打浆是把混合在水中的纤维束疏散成单纤维，使纤维横向切断到适当的长度，纵向摩擦分裂，两端帚化发毛，增加其表面接触面积，提高交织能力。同时通过压溃，使其内部渗水发生膨胀水化，变成柔软而有可塑性的纤维，才能用于造纸。如果用同种原料经过不同方式的打浆处理，可以制造出各种不同性质和用途的纸张。

（四）加填和施胶

打浆结束前，还要在打浆机内进行加填和施胶等工作，也就是根据各种纸张的要求，在浆料内加入填料和胶料来改变纸张的某些性质。

相互交织的纤维之间，不可避免地会形成许多空隙或孔眼，使纸张表面凹凸不平。加填料的作用就是用填料填塞纤维间的缝隙，使表面均匀，并赋予柔韧性，减少纸的透明度和伸缩性，并且还能提高纸的白度，节约纤维原料，降低纸的生产成本及增加它的重量。

纸张中所用的填料种类繁多，一般常用的填料有白土、滑石粉、碳酸钙和硫酸钡等。要求填料颗粒细、均匀、色相纯白、无杂质、覆盖能力强、化学性能稳定不易变质，且不溶解或不易溶解于水。填料的重量一般为纸重的20%左右。

含有纤维素的纤维是亲水物质，而且纤维与纤维之间的毛细孔具有吸水性，为此纸张中必须加入一种胶质物，从而涂塞纤维的表面及纤维间的空隙，减少纤维间的吸湿性，并能改善纸张的强度，防止纸面起毛等，此种胶质物叫胶料。通常所用的胶料有松香、硫酸铝、明矾、水玻璃和干酪素，这些胶料（除硫酸铝外）最初以颗粒形态存在于纤维表面或纤维之间，然后在成纸的过程中，遇热熔化后成一层连续的或不连续的薄膜层。这样当纸面遇到极性的水时，大大减少了它对纸面的润湿程度，保证了纸张具有一定的抗水性能。

（五）浆料的稀释与精选

浆料经过打浆并根据产品需要加入适当的填料和胶料与纤维混合之后，还需送入贮浆池进行搅拌，以保持浆的均匀度，然后送入调节箱，使纸浆稀释到适当的浓度。浆料稀释到何种程度，要根据所制造纸的厚度而定，纸越薄，则稀释的浓度就越低，一般将浓度稀释到0.5%～1.0%。

浆料的精选工作是在沉沙沟、筛浆机等设备中进行。精选主要是为了除尽纸浆中的沙子以及残余的纤维束等杂质，以免影响纸张的质量。精选后的浆料就可以送到造纸机上进行抄纸。这些工作做得好与坏，直接影响到制造纸张的厚薄是否均匀，有无脏点、纤维束、沙子等纸病。

（六）抄纸

抄纸是利用抄纸机将处理好的浆料通过抄纸机相互交织成纸张。抄纸机在结构上可分为湿部和干部，湿部是使稀释的浆料通过铜网，滤去水分，形成湿纸层的部分；干部是将湿纸层通过回转着的压辊榨出水分，再进入干燥部加热以蒸发其水分，一般纸张的含水量为5%～9%。

（七）整理

纸张经抄制并干燥后，尚需经过整理工作才能成为成品。整理工作主要包括压光、复卷、切纸、检查、包装。

四、包装纸的分类

纸张的种类很多，用途很广，各具有不同的性能和特点，纸张一般分为以下几类：

①印刷纸类。例如新闻纸、书籍杂志用纸、地图纸、证券纸、墙壁纸及其他印刷用纸等。

②书写纸类。例如书写纸、有光纸、打字纸、卡片纸、图画纸、制图纸、描图纸等。

③包装纸类。

④其他纸类。例如卷烟纸、吸液纸、电气绝缘纸、感光原纸等。

对于包装纸类一般可分为包装用原纸和包装加工纸两大类；在包装原纸中按定量不同又分为纸张和纸板，凡定量在150~200g/m^{2}以下的纸被称为纸张，定量在150~200g/m^{2}以上的被称为纸板。包装用原纸分为：

①纸张。例如普通包装纸、纸袋纸、中性包装纸、羊皮纸、鸡皮纸、半透明玻璃纸等。

②纸板。例如包装纸板、标准纸板、牛皮箱纸板等。

对于包装加工纸可分为：

①防潮纸。例如石蜡纸、油纸、沥青纸等。

②防锈纸。例如接触防锈纸、气相防锈纸等。

③多层铝塑复合纸。

④瓦楞纸板等。

第二节　包装用纸的结构及其性能

一、纸张的结构

纸料是一种具有触变性结构的可塑体系。这个触变性胶体结构是由距离远的或距离大的（与原子大小相比较）相互作用的微小物体（纤维、填料粒子、胶料等）所组成。纸料在纸机网上脱水时，其浓度增加，在纤维间建立了絮凝的接触，并形成湿纸幅的空间结构，湿纸幅具有由纤维间的内聚力所决定的、而与纤维强度无关的强度。因此纸具有下列结构特点：

①具有多相复杂的结构要素成分。在纸张的成分中既有较长的，也有较短的不同来源的纤维（主要是植物纤维、合成纤维和矿物纤维较少）、填料、胶料和色料。植物纤维是大多数品种纸张结构的基础，由于纤维原料的种类和加工方法不同，它们的构造和性质也不同。

②结构要素在三个相互垂直的方向上分布的各向异性，表现在纤维的排列方向不同，不同尺寸的纤维分布不同，以及胶料、色料、填料和含有的空气的分布也不同。这种结构的各向异性，主要决定于抄纸的方法和使用的设备。它也对纸幅各方面的主要性质有不同的影响。纤维絮凝的倾向对纸各个方向的性质也有影响。

③结构的多毛细孔胶体特征决定了纸张的某些性质，如吸收性、透气性、吸湿性、水分变化时的变形，由于干燥而在性质上产生的不可逆变化等。

④纸张的结构要素之间具有决定纸张的机械强度和其他性质的结合力。

⑤大多数纸张的结构都有两面性，即纸幅的两面性质不同。这不仅决定于上面已经指出的结构要素分布的各向异性，而且也决定于纸张的两面状态不同。纸张的两面状态不同，通常是由于纸张的一面与筛网接触，另一面则和毛毯接触，相应地在纸张表面上留下印痕所造成的。接触筛网的那面一般均不太平滑，而且较为多孔。

纸张的结构要素的成分既复杂而又具有多向性，并且分布是各向异性。因此，即使纸张定量固定（偏差不大于±2%），纸张的性质波动范围也很大：厚度±5%，裂断长±20%，

撕裂度 ±20%，耐破度 ±25%。表示纸幅结构的指标主要有：纸张的孔隙率、纸面比表面积和纸张的匀度等。

（一）纸张的孔隙率

纸张的孔隙率是表示纸张的结构和决定纸张的许多性质的重要指标，这些性质首先是透气性以及对水、其他液体、各种溶液、乳浊液、悬浮液（其中包括墨水和油墨）的过滤和吸收性能。由此可见，纸张的孔隙率对包装纸、防水纸、印刷纸和其他纸的适用性有重大的影响。纸张的孔隙率不仅对上述性能有重大影响，而且还对纸张的裂断长、耐破度和撕裂度等机械性能有重大影响。纸张的孔隙率 W（%）是孔隙体积 V_n 对纸张的总体积 V 之比。即：

$$W = V_n / V \times \%$$

纸张的质量是以定量及令重表示，通常在生产中以定量来表示。定量又称克重，就是纸张每平方米的质量，标准规定用克来表示，一般写作 g/m^2。定量是表示纸张厚薄的标志，定量越大，纸张越厚。

每平方米纸张的质量与其厚度之比，称为纸张的紧度。

纸张的松厚度也称为纸张的比体积，是纸张紧度的倒数，单位为 cm^3/g 或 m^3/kg。纸张的松厚度是纸张中孔隙体积的函数。松厚度与裂断长、耐破度和撕裂度的指标紧密相关。

纸张的孔隙率 W（%）是孔隙体积 V_n 对纸张的总体积 V 之比。计算时要计算出大孔隙体积、纤维间的空隙和微孔隙，即纤维中的孔隙的总体积。

由给出的紧度 D 和植物纤维的密度已知数值（$\rho = 1.5g/cm^3$），可以大概地计算出孔隙率。

例如配比中不含矿物填料的纸张，直接测量这种纸样的紧度为 $0.6g/cm^3$；水分为 8%，定量为 $51g/m^2$，则计算出每平方米纸样的体积为 $51 \div 0.6 = 85$（cm^3）。当纸张所含水分为 8% 时，每平方米纸样中水的体积为 $S_1 \times 0.08 = 4.08$（cm^3）。在每平方米纸样中不含水分的纤维质量为 $51 - 4.08 = 46.92$（g），不含水分的纤维的体积为 $46.92 \div 1.5 = 31.28$（cm^3）。在每平方米纸样中空气的体积，根据差值确定为 $85 - (4.08 + 31.28) = 49.64$（$cm^2$）。这样，这种纸样的孔隙率为（$49.64 \times 100\%$）$\div 85 = 58.4\%$，其中包括了纤维本身孔隙的体积。

在造纸过程中，纸张的干燥温度对主要具有大孔隙的施胶和未施胶的纸张的多孔性结构特性有很大的影响。提高干燥温度使未施胶的和施胶的纸张孔隙总体增加，也即当提高干燥温度时，无论是施胶的纸张，还是未施胶的纸张，都产生较大的孔隙。因此，对生产孔隙率高的纸张，宜用强化的高温干燥规程；生产纸页结构紧密结实的纸，宜用缓和的干燥规程。

（二）纸张的比表面积

纸张的比表面积是指单位重量或是单位体积的表面总面积。因此，这个数值的单位为 m^2/g 或 m^2/cm^3。像纸张的孔隙率一样，比表面积说明纸幅的结构，并对纸张的性能也有较大影响。纸张是一种多孔性物体，而多孔性物体的总表面一般分为外部表面和内表面。纤维、填料粒子、沉淀的胶料粒子和纸张的其他组分的外表面，包括这些组分之间的空隙，应属于纸张的外表面。纸张的内表面包括纤维内部的孔隙（其中有不通气的孔隙），以及纸页所有成分的弯弯曲曲的亚显微孔隙等。纸张的外比表面积对纸张的孔隙率和透气性、抗张强度、耐破度、耐折度、不透明度、反光性、吸墨性等性能都有很大的影响；而内表面则对纤维的柔韧性和可塑性等方面有较大的影响。

（三）纸张的匀度

纸张的匀度表示它的结构的均一性，即纤维在纸张中分布的匀度。在透光处观察以判断纸张的匀度。在透光处作透光检查，能很容易观察纸张在多大程度上是均一透光的。纸张的云彩花，即在纸张中有发亮和发暗的地方，证明纸张中纤维分布不均匀，并且纸张的厚度也不均匀。带有浓云彩花的纸张极不均匀。纸薄的地方强度较小，这些地方对水、墨水、油墨的透过阻力很小，因此在有云彩花的纸上印刷，特别是印刷插图、图像，由于纸张对油墨吸收不均匀，印刷质量很差。纸越厚，越容易制得匀度均匀的纸张。对纸板一般不规定匀度指标，也不作透光检查。匀度不好，纸张的厚度也不均匀，表面容易卷曲。在这种纸张上进行涂布（涂漆、涂石蜡等）很困难，且易出现废品。纸的结构越不均匀，纸张的表面染色也越不均匀，会形成不同色调的云彩花。此时，纸幅较厚的部分染色比较深，而薄的地方染色较浅。

纸张的结构的不均匀性，对纸的透气性、吸收性机械强度都有很大的影响。当纸张的结构不均匀时，纸张的机械强度大大下降，其中裂断长降低40%，耐折度和撕裂度降低50%～70%。

二、纸张的机械强度

纸张的机械强度通常用纸张的整体性遭到破坏和结构发生不可逆改变的那些应力数值来表示。机械强度是大多数纸种的基本的和重要的性质之一。根据作用于纸上力的性质不同，用抗张强度、耐折度、耐破度、撕裂度、抗冲击强度等不同的指标来表达纸的强度。

由几种成分组成的纸的强度，事先难以预测，但大部分纸的抗张强度、耐破度和耐折度指标，数值上均接近于纸浆成分中强度最大的成分的相应指标。对纸的强度有影响的主要因素有：

①成纸中纤维相互间的结合力和这些力作用的表面积。

②纤维本身的强度，它们的柔韧性和大小。

③成纸中纤维的分布，即它们排列的方向、堆积的密度等。

纸中纤维的分布也影响它们相互接触的表面积，因而也影响纤维间的总结合力。此外随着成纸中纤维排列方向的改变，同时也改变了前两种因素对纸张强度的相互影响。但成纸中纤维的分布可以认为是决定纸张强度的独立的重要因素。正是这个因素首先决定了纸的不同方向的强度比例，以及其他的主要性质（润湿和随后干燥时的变形、吸收性能等）。

（一）抗张强度与伸长率

抗张强度是纸和纸板的一项重要的物理量指标，是指纸样单位横截面上所受的抗张力。其表达式为：

$$P = T/F$$

式中　P——单位横截面上的抗张强度，kN/m^2；

T——试样的绝对对抗张力，N 或 kN；

F——试样的横截面积，m^2。

纸的抗张强度通常以裂断长（在一定纸幅的本身所受重力作用下，将纸拉断时的长度）来表示，因为裂断长可以消除定量不同的影响，使抗张强度便于比较。裂断长的表达式为：

$$L = T/(BW) \times 100$$

式中　T——纸幅断裂时的力，N 或 kgf；

B——试样纸幅，cm；

W——试样定量，g/m^2；

L——裂断长，km。

伸长率是纸样受到张力至断裂时所增加的长度对原试样长度的百分比。即：

$$伸长率 = (L - L_0)/L_0 \times 100\%$$

式中　L_0——纸样测试前的长度，mm；

L——纸样在断裂时的长度，mm。

在纸机上抄造的普通纸，一般纵向和横向的强度指标是不一样的，纸张的纵向（在纸机上纸的运行方向）抗张强度高一些。这是因为成纸的纤维主要是朝这个方向排列的缘故，因此纸的纵向裂断长一般比横向裂断长大很多。

（二）耐折度

纸张的耐折度是表示纸的机械强度的重要物理指标之一，它表示纸张受一定外力拉伸之后，将纸张来回折叠使其断裂，以其折叠的次数来表示纸张耐折的性能。耐折度测的也是纸张的抗张强度，之所以要进行耐折度测定，主要在于许多种类的纸张在使用过程中要承受多次加工和折叠，如白板纸、书皮纸、箱板纸等。因为白板纸、箱板纸是用来制作纸盒的，在制作时，纸板要经受折叠而不能断裂。这些都对纸张的耐折度提出了特殊的要求。

耐折度值是往复的次数，即单位是双折次。分纵向耐折度和横向耐折度两种，一般纵向耐折度比横向耐折度高些。是因为纤维的排列使其在纵向的结合力较大所致。当然这也有例外，因为纸张的耐折度受纸张的挠曲性能的影响很大，另外耐折度还与纸张的制造工艺及含水量有关。

（三）耐破度

耐破度是指纸张在单位面积上所能承受的均匀增大的最大压力，单位为 N。耐破度这个机械强度指标仅限于包装用纸和纸板。

耐破度有绝对耐破度和相对耐破度。直接从试样仪器上的测定结果是绝对耐破度，相对耐破度则是把测出的耐破度换算成相当于定量为 $100g/m^2$ 的纸张的耐破度。其表达式为：

$$C = S/W \times 100$$

式中　C——相对耐破度，N；

S——直接测出的耐破度，N；

W——纸张的定量，g/m^2。

纸张的耐破度既决定于纸张的抗张力，也取决于它的伸长率。当所有其他条件相同时，随着纸张的抗张力和伸长率指标绝对值的提高，且在纵、横向伸长率的比值接近于 1 时，纸张的耐破度升高。另外纸张的耐破度的大小还决定于纸张的纤维长度、纤维间的结合力及纸张的含水量的大小及施胶的情况。

（四）撕裂度

在表示纸张的机械强度指标中，撕裂度具有重要的意义。因为在各种纸张的实际应用条件下，纸幅的断头在很大程度上是由于其撕裂度数值不够高所致。撕裂度是以将边缘有切口的纸张继续撕裂到一定长度所需的力来表示。纸张的这个指标的增加与其抗张强度和耐破度的提高不成直线关系。并且质地松软的纸张比质地紧密的纸张的抗张强度高；表面结构致密的纸张具有更高的撕裂度。如滤纸比描图纸具有更高的撕裂度指标。

（1）绝对撕裂度。在爱利门道夫仪器上测定的纸张的绝对撕裂度 R_a，相当于在仪器上同时放 16 张纸的条件下，此仪器的读数，以 R（N）表示。如果采用的试样的张数为 n，那么为了确定纸的绝对撕裂度数值（N），得到的结果需要乘以校正系数 $16/n$。具体表达式为：

$$R_a = R \cdot 16/n$$

（2）相对撕裂度。纸张的相对撕裂度用 R 表示，即被检验的试样定量等于 $100g/m^2$ 的纸所表现的撕裂阻力。因此，撕裂度与纸的定量成正比。用绝对撕裂度的数值乘以系数 100，即可得到相对撕裂度的数值，其中 G 为纸样的定量，单位为 g/m^2，此具体表达式为：

$$R_0 = R_a \cdot 100/G$$

（3）撕裂面积。撕裂面积（m^2）是表示纸张的绝对撕裂度（N）与其定量（g/m^2）之比的术语。

从上面列出的关系可以看出，将表示撕裂度面积的数值乘以 100，即可得到相对撕裂度的数值。

影响纸的撕裂度的因素有干燥条件、紧度、纸浆的类型及周围空气的相对湿度等。

（五）耐磨强度

包装用纸和纸板的表面耐磨强度指标是确定其使用性质的一项主要标准。有各种用于定量测定纸的耐磨强度的仪器。在多数情况下，所有这些仪器都是基于在给定的条件下，用磨料或橡皮摩擦纸样表面，并在摩擦试验前后称量试样，得出磨下的物料量。磨下的物料量越小，则试验的纸或纸板的耐磨强度就越高。纸浆的类型、原始纤维打浆度、周围空气的相对湿度等因素都能影响纸的耐磨强度。

（六）冲击强度

为了评价在装卸工作中抵抗集中冲击载荷的包装强度，需要测定包装用材料的冲击强度。例如，硫酸盐浆水泥袋，在装满水泥时，纸袋不是在静负荷作用下，而是在动负荷纸袋落下时的冲击作用下破裂，或者在转运时，装满的纸袋在长时间的振动负荷作用下破裂。纸袋纸是包装纸中应用最广泛的品种之一。世界上每年用它制造约 150 亿个纸袋，动力负荷的稳定性，是对纸袋所用纸的质量提出的基本要求。因此，冲击强度是包装用纸及纸板的重要性质之一。纸的冲击强度的测定是在专门的冲击试验机上进行。仪器的作用原理是用冲头从高 25.4mm 处冲击试样，在此情况下，将损耗一部分与试样破坏抗力等价的能量。而且伴随着能量损耗，冲击后的摆角较冲击前的摆角幅度相应减小。这样，可以用表明能量损失的摆角减小值来确定试样的冲击强度。其值可按下式计算：

$$A = G \cdot L \cdot \cos a$$

式中　G——附加载荷的摆锤总重量，kg 或 N；

L——从横幅中心到摆锤重心的距离，cm 或 m；

a——冲击后的摆锤幅角，度；

A——冲击强度，kJ/m^2。

影响纸及纸板冲击强度的主要因素有纤维间的结合力、伸长率及纸张含水量。为了达到最高冲击强度，纸张应有最适宜的水分，在这样的水分之下，纤维间具有较高的结合力，同时又有相当高的伸长率。纸张的这个水分含量约等于9%。

（七）纸张的湿强度

湿强度或者纸张处于湿态下的强度，对产品包装有很大的意义。在纸和纸板变湿时，材料的强度和耐破度将急剧降低。因此，要求这些纸及纸板在包装使用或加工时必须经过润湿而不破裂。

纸的湿强度是根据纸在湿态下保留的最初强度（在润湿以前，纸张在风干状态下所具有的强度）来判断。这样，湿强度的量度通常是以湿纸的抗张力对同一纸张在风干状态下的抗张力之比值的百分数表示。有时抗张力的比值用相应的耐破度的比值来代替。

测定湿强度用的方法是把纸完全沉浸在室温的水中，对于未施胶的纸不少于2h，对于施过胶的纸不少于24h，直到完全为水所饱和，然后从槽中取出湿纸，轻轻地用滤纸把表面的水吸去，并测定湿试样的抗张强度和耐破度。用同样的方法检验同一种预先经过一昼夜恒湿处理的纸试样，根据所得数据计算出纸的湿强度。一般品种的纸，湿强度大多数在3%～10%的范围，极少达到14%。在生产特种纸板时，可以用人工的方法使其湿强度达到60%。

增加纸张组分中的化学浆含量，湿强度升高。例如，随着新闻纸组分中化学浆含量从9.1%增加到23.1%，纸在干度为20%时，最初湿强度增长18%；若在磨木浆中添加10%的化学浆，纸张的最初湿强度可提高25%。在纸张组分中若有相当数量的阔叶木纤维，将明显地减少湿强度指标。

（八）纸张的塑化

为了改善使用性能而对某些纸张进行塑化处理。塑化就是使纸张变为塑性的，并失去刚性，翻页时甚至没有声响。这样的纸张在平面上没有卷曲的倾向。同时，塑化使纸张的耐折度和伸长率指标提高，而抗张强度却明显降低。

羊皮纸、仿羊皮纸、防油纸、毛巾纸、手帕纸等都要进行塑化处理。一般用添加增塑剂来相应地润湿而使纸张塑化，以有效提高其伸长能力。纸张的增塑剂通常使用甘油，山梨糖醇、甘露醇或乙二醇的水溶液，有时还添加糖浆，在某些情况下，也可使用增塑剂的混合液。对于羊皮纸增塑常使用食盐水溶液。因为大多数增塑剂加到纸浆中会有流失，所以通常是用增塑剂对纸张进行表面加工增塑处理。

三、纸张的光学性质

纸张的光学性质有白度、透光度及透明度等。它直接关系到包装材料的表面质量、包装箱的外观及纸张的印刷效果。

（一）透光性和透明度

在造纸工业中，当研讨纸张的光学性能时，要有条件地区分透光性和透明度这两个概念。

透光性是指透过投射光线的能力。纸的透光性是以透过光线的多少来确定［图 3－1（a）］。

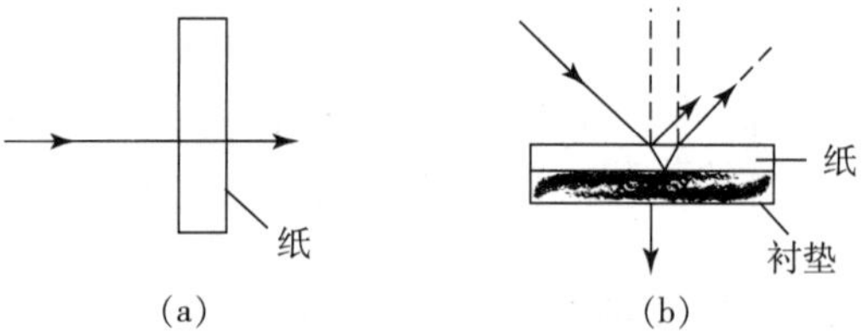

图 3－1 纸的透光性与透明度

纸张在反射光线中，印刷在背衬上的图和字透过纸张的清晰度（可见度），称为透明度［图 3－2（b）］。尽管透光性和透明度的测定方法有原则上的不同，但是，最透光的纸张也就是最透明的纸张。在一定条件下，可以把具有高透光度和高透明度的纸，称为“高透明度纸”。

纸张的透光性决定于所用的纤维种类，打浆度，在纸张的成分中有无填料和染料，还决定于纸张的表面特性。当纸张的表面涂以白垩涂料层时，其不透明度升高。不透明度也随涂料层厚度增加而增加。

（二）白度

对于许多纸种（印刷纸和书写纸、绘图纸、图画纸、照相纸、包装纸），白度是一个重要的质量指标。因为用油墨印刷的图文，都不同程度地要以纸的表面白度大小为反衬，这在许多方面决定着纸张的使用价值。

纸与纸板的白度，是指白色或接近白色的纸或纸板的表面对蓝光的反射率，以相当于蓝光照射氧化镁标准板表面的反射百分率表示。这种纸或纸板受光照射后的反射能力，也是纸或纸板的光亮程度，因此也有以亮度表示纸与纸板的白度。

组成纸张的纤维的白度，以及多种无机填料、施胶剂和染色剂的类型及含量决定纸张的白度。

在大多数情况下，纸张在光或热的作用下返黄而降低白度。这主要与纸张中的木素、纤维素降解产物、松香胶粒子的氧化反应有关，也和胶料及生产用水中含有金属化合物有关，即使由净化得很好的漂白纸浆（棉浆和木浆）所抄造的未施胶的纸，在光的作用下也会返黄，并降低机械强度。为防止纸返黄及迅速老化，要在纸面上涂以防护层。

四、纸张的印刷性能

纸张的印刷性能是一个不够确切的概念，其原因有：第一，各种印刷方法对纸张的要求不同；第二，即使采用完全一致的印刷方法，也不能单纯地用某一项指标来表示纸张的印刷性能。通常认为，采用这种方式或那种方式印刷时，是以保证印刷品质量高的那些指标来总体地表示纸张的印刷性能。无论采用哪种印刷方式，纸张的均一性、油墨接受力、白度、不透明度、平滑度、光泽度、表面微观几何形态、柔软性（可压缩性）、表面拉毛强度和抗掉粉强度以及其他的质量指标，都对纸张的印刷性能有影响。纸张的弹性对其印刷性能也有影响，用轮转印刷机印刷时，纸张的伸长率指标比用单张纸印刷时更为重要。采用某种纸张印刷时，纸张的最小变形或在润湿和继而干燥时的尺寸稳定性，也是重要的要求。

纸张的表面结构和它的微观几何形状，是决定纸张印刷性能的重要因素。纸面出现粗糙、凹凸不平，用这种纸张进行印刷，就会使印刷品出现字迹断笔、网点空虚、层次减少，对油墨的吸收能力较快，造成印迹干瘪无光泽等不良后果。各类印刷纸的微观不平整度（粗糙度）的极限，决定印刷的图像画线的粗细和印版的硬度。对于文学作品以及带有笔画的或粗网目图像的插图，用弹性印版印刷时，微观不平整度也可以较大些，而用硬的印版印刷时，可以稍小些。当用插图版进行快速印刷时，所用的纸应有相当高的平整性和平滑度，同时还应具有微孔的表面结构。从这个观点来看，在纤维结构内部含有大量高分散度的无机填料，或在纸机上将纸面薄薄地涂布一层结实的无机物涂料，有着特别重要的意义。

印版所有各点同纸面完全接触，是取得良好印刷结果的必要条件，纸面越不平，就越难保证达到这个条件。但是，若纸越柔软，在印版压力的作用下越能被压缩，也越能保证纸面与印版接触得完全，即使纸面粗糙一些也是如此。在这种情况下，可稍许放宽些纸面微观不平整性的允许范围。纸的柔软性，在凸版和凹版印刷中特别重要，而在雕刻石版印刷中，其重要性则稍微小些。

在纸料中配入磨木浆，会改善纸的许多印刷性能。因磨木浆纤维有助于降低纸的透明度，增加孔隙率，提高纸张吸收油墨的能力、柔软性和弹性，还有助于得到匀度更好的纸张。但在纸料中配入磨木浆是有限度的，否则会降低纸张的白度、平滑度、光泽度、耐光性和主要的机械强度指标。

无机填料对纸张的印刷性能的良好影响表现在：提高纸张的不透明度和白度，降低纸张润湿后的线性变形。填料中最有前途的是沉淀碳酸钙。碳酸钙能给予纸张较高的白度、不透明度和耐光性，同时能使压光后的纸张得到良好的光泽度和足够的平滑度。添加碳酸钙有助于改善纸张的印刷性能，得到清晰的印刷品，油墨不会渗透到纸张的背面。但碳酸钙在酸性介质中不能用做填料，原因是它会分解出 CO_2，从而生成泡沫，降低纸张的匀度和填料的效能，还会增加对纸料施胶的难度。

在许多情况下，为了得到高质量的印刷品，用不同印刷方法印刷时，要用涂布纸，即用无机物悬浮液或水基膏状物做涂布层的纸张。印刷纸涂布的目的是使纸面更为平整和致密，以保证均匀地吸收印刷油墨，并在印刷时在纸上有可能使用更高网目的网版。

纸张吸墨能力与印刷产品质量关系极大，必须给以足够的重视。纸张的吸墨能力是指纸张对油墨中连结料的吸收程度。纸张的吸墨能力和油墨渗入纸页内的深度，在其他条件相同时，决定于纸张的结构，特别是它的毛细吸附性质和油墨性质等所决定的一系列因素。由于纤维表面不是绝对光滑的，它呈很多孔状，这些微孔能吸附一定量的连结料，微孔越多，则吸收性越大，因此对油墨有着很强的吸收能力。

用同样一种方法印刷时，纸张的孔隙率和油墨的黏度是其中最重要的因素。孔隙率很高的纸张，空气含量在75%范围内，而最紧密的纸张，空气含量约13%。在紧密的、孔隙少的纸张上，用黏性油墨印刷，就可能出现油墨粘脏，即把印在纸上的湿油墨转印到放于其上的那页纸的背面。

油墨向纸内过量的渗透（例如用孔隙率大的纸和低黏度油墨时），可能引起印刷的缺陷。其表现为：印刷油墨穿透纸页而透印到纸页的反面，或者由于大部分油墨的颜料不是留在纸的表面，而是渗入纸的内部，则会得到模糊不清的灰白的印刷品。

为了提高印刷产品的质量，要根据纸张的吸墨能力来调整油墨的性质及燥油的加放量。

第三节 主要包装用纸

一般纸张均可用于包装，但为了使包装制品达到所要求的强度指标，保证被包装的货物或产品完好无损，包装所用纸张应具有强度大，含水率低，透气性小，不含对包装产品有腐蚀性的物质，有良好的印刷性能，具有这些性能的纸张才能用于各类产品的包装。为了满足不同包装产品的需要，往往需要对原纸进行加工，制成各种特殊性能的包装纸。目前生产的包装用纸品种很多，下面将介绍主要的包装用纸。

一、白卡纸

白卡纸是一种较厚实坚挺的白色卡纸，采用100%漂白硫酸盐木浆为原料，经过游离状打浆，较高程度地施胶（施胶度为1.0～1.5mm），加入滑石粉、硫酸钡等白色填料，在长网造纸机上抄造，并经压光或压纹处理而制成。主要用于印制名片、请柬、证书、商标及包装装潢用的印刷品。

白卡纸分优等品、一等品和合格品三个等级，其定量为160～500g/m^2，白卡纸为平板纸，规格为787mm×1092mm和880mm×1230mm。白卡纸的白度要求：优等品不低于75%，一等品不低于70%，合格品不低于65%。平滑度根据定量及等级各有不同的要求，一般不小于20～40s（压印花纹的白卡纸无平滑度要求）。白卡纸还要求有较高的挺度和耐破度，纸面应平整，不允许有斑点和条痕等纸病，不允许发生翘曲变形。白卡纸的技术标准如表3－2所示。

表3－2 白卡纸的技术标准（GB/T 22806—2008）

指标名称		单位	规定值		
			优等品	一等品	合格品
定量		g/m^2	160 180 200 230 250 300 350 400 450 500		
定量偏差（不大于）		%	±3.0	±4.0	±5.0
横幅定量差（不大于）		%	3.0	4.0	5.0
紧度（不小于）		g/cm^3	0.85	0.85	0.80
耐破指数（不小于）		kPa·m^2/g	2.00	1.60	1.20
泰伯挺度（纵向/横向）（不小于）	160g/m^2	mN·m	2.20/1.20	1.90/1.00	1.70/0.80
	180g/m^2		2.90/1.40	2.50/1.20	2.15/1.00
	200g/m^2		4.10/2.10	3.60/1.85	3.10/1.60
	230g/m^2		5.50/3.10	4.95/2.80	4.40/2.50
	250g/m^2		7.30/3.45	6.50/3.15	5.70/2.85
	300g/m^2		9.40/5.20	8.55/4.85	7.60/4.40
	350g/m^2		12.0/7.40	10.8/6.85	9.70/6.30
	400g/m^2		14.6/9.70	13.2/8.90	11.9/8.10
	450g/m^2		17.5/11.9	15.9/11.0	14.2/10.0
	500g/m^2		20.6/16.0	18.6/14.6	16.4/13.5

续表

指标名称		单 位	规定值		
			优等品	一等品	合格品
横向耐折度（不小于）		次	80	60	40
亮度（白度）（不小于）		%	75.0	70.0	65.0
平滑度（不小于）	$<200g/m^2$	s	50	45	40
	$200\sim300g/m^2$		40	35	30
	$>300g/m^2$		35	25	20
吸水性（60s）（正反面平均）（不大于）		g/m^2	30±5		
尘埃度（不大于）	$0.2\sim1.5mm^2$	个/米^2	28	36	48
	$>1.5mm^2$		不许有		
交货水分		%	7.0±2.0		

二、胶版印刷纸

胶版印刷纸，旧称道林纸，主要供胶印机上进行多色印刷，一般用来印刷封面、画报、商标等。

胶印机是靠水墨平衡原理印刷的。印刷时印版上非图文部分的润湿液会把纸张润湿，纸张每印一个颜色都要吸水和干燥，这种吸湿和干燥的过程会使纸张伸缩变形，再套印其他颜色时，就会产生套印不准，从而使图文出现不清晰等现象，为了增强纸张的抗水性能，增加纸张的尺寸稳定性，在造纸时，打浆度不宜过高。这是因为：打浆度高的纸张纤维帚化比较充分；短纤维、细纤维和微细纤维过多会增加纤维的外表面积，当纸张受水润湿后极易产生变形。而胶版印刷纸采用长纤维游离状打浆，并投放适量的填料和胶料，这样纸张具有较高的施胶度，以减少纸张从橡皮布上吸收水分的数量，从而减少纸张伸缩的幅度。为了减少纸张伸缩性给印刷带来的影响，印刷时还须注意纸张含水量的大小，以及做好印刷前的晾纸工作，保证印刷过程中，纸张接近于不变形。

短小纤维含量少的纸张还有另一个优点，就是纸张拉毛现象可以减少。由于彩色印刷中实地图案的比例比较大，在印刷时容易在油墨的黏力作用下，产生拉毛、脱粉现象，这些纸毛和纸粉掺入油墨，会使印版糊版上脏，影响印版寿命。为消除橡皮布和印版上的纸毛和纸粉，必须停机擦拭橡皮布及印版。因此，纸张表面强度也是胶版印刷纸的质量指标之一，造纸时，要求造纸原材料选择纤维长的纸浆，尽可能不掺苇浆；还要对压光工艺加以注意，填料与胶料的用量也应合适，如填料过多，易降低与纤维的结合强度而产生脱粉现象。

胶版印刷所用的油墨是采用氧化结膜干燥方式为主的胶印油墨，这种油墨印到胶版印刷纸上需有一定厚度的墨膜才能使印刷品具有光泽。因此要求纸张吸墨性不宜过低。

胶版印刷纸的 pH 值应趋于中性或微碱性，若 pH 值过小（小于 4.5），则使油墨的干燥结膜速度过慢，甚至不能结膜，会给套印带来许多的问题，油墨的色泽也起变化，使画面的色相发生改变。

胶印采用橡皮布传递油墨，橡皮布的弹性可以弥补纸张表面的不平度，因此胶版印刷纸对平滑度的要求并不高，但要求均匀一致，因为胶版印刷的图像都是细小的网点，用有弹性的橡皮布印刷可以得到清晰的图像。

一般彩色印刷品的大部分面积均印有油墨，纸面如有凹凸不平的现象，则印迹就不结实，出现白点；若纸面有砂子、疙瘩等，就会损害橡皮布及印版，因此，胶版印刷纸要求表面没有缺陷。胶版印刷纸印的大多是彩色图片，为使油墨能复原出原稿的色调，要求纸张具有一定的白度，使印刷出的颜色鲜艳，色泽分明。

超压胶版纸也用于凹版印刷，这样，纸张的某些性质与胶印的要求不同，一般要求有高平滑度以及较好的压缩性，白度高些，纸张均匀度要好，但表面强度可适当降低。胶版印刷纸的性能指标如表 3－3 所示。

表 3－3　胶版印刷纸的性能指标（QB/T 1012—2010）

指标名称			单位	规定		
				优等品	一等品	合格品
定量			g/m^2	60.0　70.0　80.0　90.0　100.0　110.0　120.0　150.0　200.0		
定量偏差			g/m^2	±3.0　±3.0　±3.0　±3.5　±4.0　±4.0　±4.5　±6.0　±6.0		
厚度			mm	0.075　0.088　0.100　0.113　0.125　0.135　0.150　0.188　0.240		
厚度允许偏差（不大于）			%	±10.0　±10.0　±10.0　±10.0　±8.0　±8.0　±8.0　±8.0　±8.0		
厚度横幅差（不大于）			%	6		
亮度（不小于）			%	80.0		
不透明度（不小于）			%	82.0　84.0　86.0　88.0　92.0　94.0　96.0 78.0　82.0　84.0　86.0　90.0　92.0　94.0　96.0 76.0　80.0　82.0　84.0　88.0　90.0　92.0　96.0		
吸水性（正反面均）			g/m^2	30.0±10.0		
抗张指数	平纹纸（纵横平均值）（不小于）	≤100g/m^2 >100g/m^2	N·m/g	35.0 30.0	25.0 25.0	20.0 20.0
	卷筒纸（纵横平均值）（不小于）	≤100g/m^2 >100g/m^2	N·m/g	45.0 35.0	35.0 30.0	30.0 25.5
横向耐折度（不小于）	<100g/m^2 ≥100g/m^2		次	15 20	10 15	5 8
平滑度	正反面均（不小于）		S	35	30	30
	正反面差（不大于）		%	20	25	30
横向伸缩率（不大于）			%	+3.5		
印刷表面强度（正反面均）	卷筒（不小于）		mm/s	1.5	1.0	0.8
	平板（不小于）		mm/s	1.0	0.8	0.6
pH 值（不低于）			—	7.0		
尘埃度	0.2～0.5mm^2（不多于）		个/米^2	40	60	100
	0.5～1.5 mm^2（不多于）		个/米^2	4	6	8
	大于 1.5 mm^2		个/米^2	0	0	0
交货水分			%	4.0～9.0		

三、胶版印刷涂料纸

胶版印刷涂料纸是在原纸上涂布一层白色浆料再经压光而成的纸张，又称铜版纸。用于彩色凸印、胶印和凹印中的细网线图文的印刷，一般为高级印刷品，如插图、画报、样本、年历及高档商标。其质量比胶版印刷纸要高。铜版纸是随着网线版印刷发展起来的，由于未经涂布的纸张纤维组成的表面凹凸不平的程度比网点的直径要大得多，某些网点恰好在纤维的间隙而无法把油墨转移到纸张上，使图像像素在这个部位无法再现。纸张经涂布再经压光后，纸张表面的颜料颗粒小于网点的直径，颜料重复性也就优于纤维素纤维，因此网点能够正确地复制出来。这种经涂布的纸张一开始用于对平滑度要求较低的照相凸版印刷品之上，因此人们又称其为铜版纸，现今铜版纸不仅用于彩色凸版印刷，也用于平版和凹版印刷，因此，铜版纸这个称呼就不再那么名副其实了。铜版纸原纸采用优质卷筒新闻纸或胶版印刷纸，高档的铜版纸采用特造的原纸。原纸上涂布的白色浆料由颜料、黏合剂及助剂组成。颜料有高岭土、碳酸钙、硫酸钡、钛白粉等。黏合剂有动物胶、淀粉、干酪素、大豆蛋白、水溶性纤维衍生物、聚乙烯醇、水溶性树脂，以及合成树脂丙烯酸乳胶等。辅助剂有分散剂、增塑剂、防水剂及其他一些助剂。表面涂层必须坚固地黏着在纸面上，不能有脱落现象，否则造成糊版，印刷品上有时产生小白斑点，就是涂料粘不牢的现象所造成的。

涂层表面还必须避免有过多的气泡孔，否则轻者影响印刷性能，重者印出的成品为废品。纸面经压光后，光泽要一致，不能有条痕、纹道，否则影响印刷品色调。

铜版纸因涂有大量的浆料，其弹性较差，要使铜版纸能清晰地印出网点来，就要求纸张具有很高的平滑度，使纸张与印版紧密地接触，铜版纸的平滑度一般均在 250s 以上。比胶版纸高 10 倍以上。这就要求浆料充分分散，调和均匀，涂布时也要均匀。

铜版纸的 pH 值要求在 7 左右（中性）。pH 值 8 以上可加快油墨干燥，pH 值小的，油墨干燥较慢。铜版纸还要求印刷过程中油墨附着快，干燥快，干后要显示出光泽来，网点再现性好，这就要求铜版纸的渗透性、吸墨性都要适当，转印上的油墨要薄而印件的图像要清晰。

由于铜版纸印刷的是彩色图像，对白度要求高，纸张要洁白，光泽度好，不透印。

印刷高级印刷品为主的铜版纸要求套印精确，这就对铜版纸的尺寸稳定性提出要求，由于印刷时纸张的纵向是以与滚筒轴线平行的方式输进滚筒的，印刷中套印不准发生的误差多半是与纵向的尺寸稳定性有关。有人曾提出衡量纸张适于套印精确要求的指标，可以用纵向伸缩性与横向伸缩性之比来表示，此值越小，则套印精度越高。

铜版纸在压印中受到的压力很大，因此需具有一定的强度，还要具备能抵抗所有的较黏油墨膜产生的较大拉力的足够的表面强度。

铜版纸用于胶印时，会吸收橡皮布滚筒上的水分，这些水分会使涂料胶化、扩散。松散的涂料混入油墨中，将提高油墨的黏度；松散的涂料还可被橡皮布滚筒带到印版滚筒上，又会加速印版的磨损，并带来上脏或是空白部位接受油墨等弊病。

铜版纸的主要指标如表 3－4 所示。

表3－4 铜版纸的主要指标（GB/T 10335—1995）

技术指标		单位	规格							
			A等		B－Ⅰ等		B－Ⅱ等		C等	
			单面	双面	单面	双面	单面	双面	单面	双面
定量		g/m^2	70.0	80.0	90.0	100	120	130	150	±5%
定量横幅差（不大于）		%	5.0		6.0		7.0		7.0	
白度		%	85.0		85.0		85.0		80.0	
不透明度（不小于）	70～990g/m^2	%	85.0							
	90～130g/m^2		90.0							
	＞130g/m^2		95.0							
光泽度（不小于）		%	60		50		40		—	
印刷光泽度（不小于）	≤120g/m^2	%	88		80		70		60	
	＞120g/m^2		85		75		70		60	
印刷表面粗糙度（不大于）		μm	1.80		2.20		2.40		2.70	
平滑度（不小于）	≤120g/m^2	s	700		600		500		400	
	＞120g/m^2		600		500		400		300	
油墨吸收性		%	15～28							
印刷表面强度（不小于）	中性油	m/s	1.20		0.90		—		—	
	低黏油		4.00		3.00		1.60		1.30	
尘埃度（不多于）	0.2～1.0mm^2	个/米^2	16	24	32	48	32	48	40	60
	1.0～1.5mm^2		不许有						2	4
	＞1.5mm^2		不许有							
交货水分		%	5.0～7.0							

四、铸涂纸

铸涂纸又称高光泽铜版纸，俗称玻璃卡纸，是一种单面高光泽度的涂料纸。其主要用途是印刷高档商品及精致工艺品的商标、包装、明信片、贺卡、请柬等。

铸涂纸的特点是：具有极高的光泽度和平滑度，可印刷很细的网线，网点、阶调、色彩、光泽的再现性强，图像清晰、立体感强。它不经过超级压光，就具有比一般由超级压光处理的铜版纸还要高的光泽度，而且，它比普通铜版纸的紧度低、松厚度高，还具有弹性好、着墨性佳，不掉粉掉毛等优点。

铸涂纸的原料与铜版纸基本相同，其生产方法是：原纸经过涂布之后，在涂料层还处于半湿状态并有可塑性的情况下，使之紧贴于经高精度研磨过的、非黏着性的镀铬铸涂缸缸面上，随着缸面转动，涂料层即被加热干燥成膜，涂膜的可塑性消失，并自动地从缸面上剥落下来，即得到铸涂纸。铸涂纸的纸面平滑如镜的原因是：涂料层在高压力作用下紧贴于铸涂缸缸面时，颜料粒子在被抑制的状态下，受热收缩、干燥，结果使沿缸面的表面形状取向，得到与缸面相符的映照。尽管纸面光泽度高，却富有孔隙，具有较大的油墨吸收性，这是铸涂纸明显的特征。铸涂纸要求纸面平整，无影响使用的卷曲，每批纸的色调不许有明显差别，纸面切边应整齐洁净，不许有褶子、破损、斑痕和明显条痕及影响使用的涂层麻坑。

铸涂纸的定量为 100 ~ 300g/m^2，为平板纸，规格为 787mm × 1092mm、850mm × 1168mm、880mm × 1230mm。铸涂纸技术标准如表 3 – 5 所示。

表 3 – 5　铸涂纸技术标准（QB/T 3518—1999）

指标名称		单位	规定值		
			A 等	B 等	C 等
定量		g/m^2	80 ± 4.0	80 ± 5.0	80 ± 5.0
			100 ± 5.0	100 ± 6.0	100 ± 6.0
			120 ± 6.0	120 ± 7.0	120 ± 7.0
			150 ± 7.5	150 ± 9.0	150 ± 9.0
			180 ± 9.0	180 ± 11.0	180 ± 11.0
			220 ± 11.0	220 ± 13.0	220 ± 13.0
			250 ± 12.5	250 ± 15.0	250 ± 15.0
			280 ± 14.0	280 ± 17.0	280 ± 17.0
白度		%	83.0 ~ 95.0	80.0 ~ 90.0	78.0 ~ 90.0
光泽度（20°角）（不低于）		%	50	38	28
油墨吸收性		%	18.0 ~ 30.0	18.0 ~ 30.0	18.0 ~ 30.0
印刷表面强度（不低于）		m/s	1.5	0.8	0.45
横向挺度（不低于）	180g/m^2	mN · m	1.0	0.80	0.60
	220g/m^2		2.20	1.80	1.60
	250g/m^2		3.10	2.60	2.30
	280g/m^2		4.10	3.40	3.00
横向耐折度（不低于）（180 ~ 280g/m^2）		次	15	10	10
涂层耐折性 180°			不破裂	不破裂	不破裂
尘埃度（不多于）	0.1 ~ 0.7mm^2	个/米^2	30	30	30
	0.7mm^2		不许有	不许有	不许有
	0.7 ~ 2.0mm^2		—	—	—
	大于 2.0mm^2		—	—	—
交货水分		%	7.0 ± 2.0	7.0 ± 2.0	7.0 ± 2.0

五、羊皮纸

羊皮纸有两种，一种是动物羊皮纸，另一种是植物羊皮纸。动物羊皮纸是用羊皮、驴皮等经洗皮、加灰、磨皮、干燥等加工工序制成的纸张，古时作为书写材料，精装书籍封面及制作鼓皮。因为动物皮供应有限，而且成本较高，所以近代已用植物羊皮纸来代替它。

植物羊皮纸又叫硫酸纸，是用破布浆或化学木浆抄造出的原纸，再经过浓硫酸（72%）处理几秒钟后，用清水洗净、甘油润湿而成。由于硫酸的水解作用，原纸表面纤维素胶化，使纸变得坚韧、紧密又具有弹性、抗水、不透气、不透水、不透油等特性。植物羊皮纸按用途一般可分为工业羊皮纸和食品羊皮纸。

工业羊皮纸按定量分为75g/m²、60g/m²、45g/m² 三种。具有防油、防水、湿强度大的特性，适于化工药品、仪器、机器零件等工业包装用。当作为工业产品的内包装材料时，与金属制品接触容易引起黑色金属腐蚀，或引起黄铜制品变色，而对于紫铜、电镀锌、镀镉、镀铬等镀层则影响不大。

食品用羊皮纸按定量分为60g/m²、45g/m² 两种，适合做食品、药品、消毒材料的内包装用纸，也适合做其他需要不透油和耐水性的包装用纸。

对于羊皮纸要求纸张的纤维组织均匀，不允许有云彩花，纸面应平整，不应有褶子、砂子、硬质块和严重的皱纹、条痕、脏污点和用肉眼可见的针孔，工业羊皮纸的技术指标如表3－6所示。

表3－6　工业羊皮纸技术指标（QB/T 1709—2006）

指标名称		单　位	规　定		
			优等品	一等品	合格品
定量		g/m²	45.0±2.5 60.0±3.0 75.0±4.0		
紧度（不小于）		g/m³	0.7		
抗张强度（纵横平均）（不小于）	45g/m² 60g/m² 75g/m²	kN/m	2.4 3.1 3.9	2.1 2.8 3.5	1.8 2.5 3.1
耐破度（不小于）	干 湿	kPa	270 130	250 120	230 110
耐折度（纵横平均）（不小于）	45g/m² 60g/m² 75g/m²	次	160 200 250	140 180 220	120 160 200
透油度（不大于）	≤0.25mm >0.25mm	个/100厘米²	2 不应有		
水抽提液pH			7.0±1.0		
交货水分		%	6.0±1.0		

工业羊皮纸与食品羊皮纸均可分为卷筒纸和平板纸。纸张尺寸没有统一规定，按用户要求生产，但要求纸卷内不许有夹杂、窝边、卷取褶子等缺陷。食品羊皮纸技术指标如表3－7所示。

表 3-7 食品羊皮纸技术指标（QB/T 1710—2010）

指标名称		单位	规定		
			优等品	一等品	合格品
定量		g/m^2	45.0±2.5　60.0±3.0		
抗张指数（不小于）		N·m/g	52.0	50.0	47.0
耐破指数（不小于）	（干）	$kPa \cdot m^2/g$	4.5	4.0	3.5
	（湿）		3.0	2.5	2.0
耐折度（不小于）		次	250	220	200
透油度（不大于）	≤0.25mm	个/100厘米²	2		
	>0.25mm		不许有		
水抽出物 pH		—	7.0±1.0		
尘埃度（不大于）	$0.2mm^2$ ~ $1.5mm^2$	个/米²	60	80	100
	$>1.5mm^2$		不许有		
交货水分		%	7.0±1.0		

六、普通食品包装纸

普通食品包装纸主要用于不经涂蜡加工就可以直接包装入口的食品用纸，这是一种用100%的化学浆抄造而成的纸。

由于食品包装纸是直接包装入口的食品，因此在整个生产过程中绝对禁止采用社会上回收的废纸作为原料，并且纸内也不允许添加荧光增白剂等有害助剂。

为了保证食品包装纸具有一定的强度和耐破度，必须使得纸张的纤维组织均匀，不许有严重的云彩花，纸面应平整，不许有褶子、皱纹、破损、裂口、残缺、洞眼等纸病，更不许可纸面有严重突起的砂粒、硬质块、浆疙瘩及其他各种杂质。

普通食品包装纸分为一等品和合格品两种，一等品食品包装纸为双面光纸，必须两面平滑，合格品为单面光纸，光面也应有较好的光泽。

普通食品包装纸为平板纸，也可以根据合同规定生产卷筒纸。其技术指标如表 3-8 所示。

表 3-8 普通食品包装纸技术指标（QB/T 1014—2010）

Ⅰ型（糖果包装原纸）技术指标

指标名称		单位	规定	
			一等品	合格品
定量		g/m^2	24.0±1.0 28.0±1.2	24.0±1.2 28.0±1.5
抗张指数（纵横平均）（不小于）		N·m/g	40.4	23.2
撕裂指数（纵向）（不小于）		$mN \cdot m^2/g$	6.96	4.00
尘埃度	$0.3mm^2$ ~ $2.0mm^2$（不大于）	个/米²	100	160
	$1.0mm^2$ ~ $1.5mm^2$ 黑色尘埃（不大于）		8	12
	$>1.5mm^2$ 黑色尘埃		不应有	
	$>2.0mm^2$ 尘埃		不应有	
交货水分		%	6.0~8.0	

续表　　　　　　　　　Ⅱ型（普通食品包装纸）技术指标

指标名称		单位	规定	
			一等品	合格品
定量		g/m^2	40.0±2.0　50.0±2.5　60.0±3.0	
耐破指数（不小于）		$kPa \cdot m^2/g$	2.00	1.25
抗张指数（纵横平均）（不小于）		N·m/g	31.4	26.5
吸水性（60s）（不大于）		g/m^2	30.0	
尘埃度	$0.3mm^2$～$2.0mm^2$（不大于）	个/$米^2$	160	
	$2.0mm^2$～$3.0mm^2$的黑色尘埃（不大于）		10	
	>$3.0mm^2$		不应有	
交货水分		%	5.0～9.0	

七、中性包装纸

中性包装纸是一种用100%硫酸盐木浆抄造而成的纸。这种纸比较粗糙，它们的克重范围很广，且生产成本都比其他许多纸高。在整个生产过程中，严格控制纸浆的酸碱度和氯化物量，纸张不腐蚀金属。

中性包装纸的突出特点是强度高，在工业上用途非常广泛，在我国主要用于包装军用品或其他专用产品，也可用于包装食品、肥料等多种产品。中性包装纸分为包装纸和纸板两种。包装纸和纸板的表面上，不应有褶纹、粗糙凸起、硬质块、气泡和斑点、残缺破损，也不得有云彩花、透明点、穿孔等外观纸病。中性包装纸技术标准如表3-9所示。

表3-9　中性包装纸技术标准（QB/T 1313—2010）

指标名称	单位	规定	
		优等品	合格品
厚度	μm	80±8.0　100±10.0　110±11.0	
耐破指数（不小于）	$kPa \cdot m^2/g$	1.92	1.62
撕裂指数（纵向）（不小于）	$mN \cdot m^2/g$	6.90	6.00
抗张指数（横向）（不小于）	$N \cdot m^2/g$	22.0	20.0
吸水性（60s）（不大于）	g/m^2	30.0	30.0
水抽提液pH	—	7.0±0.7	
水溶性氯化物（不大于）	mg/kg	30	
交货水分	%	8.0±2.0	

八、鸡皮纸

鸡皮纸一般是用于工业产品和食品包装的常用包装纸，目前定量仅有1种：$40g/m^2$。

鸡皮纸为平板纸，纸张尺寸为：700mm × 1000mm、889mm × 1194mm、787mm × 1092mm，也可按用户要求生产其他尺寸的纸张。鸡皮纸要求纤维组织均匀，同批纸张色调不许有显著差别；纸面应平整，正面应有良好的光泽，不许有严重的麻坑、明显条纹及对使用有影响的尘埃，也不许有褶子、皱纹、裂口、硬质块以及近光可见的孔眼等影响使用的外观纸病。鸡皮纸的技术指标如表 3 – 10 所示。

表 3 – 10　鸡皮纸的技术指标（QB 1016—2006）

指标名称	单　位	规　定
定量	g/m^2	40.0 ± 2.0（或根据用户的要求）
湿抗张强度（纵横向平均）（不小于）	kN/m	0.157
吸水性（60s）（不大于）	g/m^2	24.0
耐破度（不小于）	kPa	118
耐折度（纵向）（不小于）	次	80
交货水分	%	5.0 ~ 8.0
光泽度（75°）（不小于）	%	22

九、玻璃纸和防油纸

玻璃纸是由高度打浆的亚硫酸盐木浆制成，可经漂白或未漂白处理，是一种透明或半透明的防油纸。而防油纸通常由亚硫酸盐木浆，经由高度打浆及细磨后制成，表面涂布多在磨光阶段完成。

玻璃纸的特点是玻璃状平滑表面、高密度和透明度。与玻璃纸相类似的防油纸；属于不压光的玻璃纸。玻璃纸和防油纸特别适用于食品包装；其用量约占总产量的 85%。这类纸在自动包装机上具有良好的高速工艺性，而且便于印刷。它们的保香、保味性能很好，湿强度也较高。主要作为食品包装包括脱水汤料包装袋、糕点和冷冻混合物的原包装；面包和冰糕的单层纸袋以及包装咖啡、糖和饼干的双层或多层包装袋等。

许多蜡纸是在玻璃纸基材上涂蜡生产出来的。湿法涂蜡只能使蜡层附着在基材的表面上，而干法涂蜡，则使蜡吸入基材内部，制成的蜡纸表面并没有蜡状的感觉。玻璃纸涂蜡只能采取湿法涂蜡工艺，而亚硫酸盐纸和硫酸盐纸则可采用两种涂蜡工艺。涂蜡纸裹包食品具有许多优点：它既无异味、不变质，又无毒性，可与食物直接接触。它可制成半透明的或者制成完全透明的。它们具有良好的防护性能和热封性能。当取出一部分内装物后，还可以很好地封合。蜡纸也和其他很多包装材料一样，近年来已有了改进。原来采用 100% 石蜡涂布的蜡纸，现已采用聚乙烯塑料改性，其中聚乙烯塑料的添加量达到总涂料重量的 10%。除用聚乙烯改性外，还有其他类型的树脂可用来改性石蜡，其中最有效的是乙烯 – 醋酸乙烯共聚物（EVA）。经聚乙烯改性的石蜡涂料，可提高纸的热封强度和使用寿命。玻璃纸的技术标准如表 3 – 11 所示。

表 3－11　玻璃纸的技术标准（QB 1013—2005）

<table>
<tr><th colspan="3" rowspan="2">指标名称</th><th rowspan="2">单　位</th><th colspan="2">规　定</th></tr>
<tr><th>优等品</th><th>合格品</th></tr>
<tr><td colspan="3">定量</td><td>g/m²</td><td colspan="2">30 ± 2.0　35 ± 2.0　40 ± 2.0　45 ± 2.5
50 ± 2.5　55 ± 3.0　60 ± 3.5</td></tr>
<tr><td rowspan="2">厚度幅间差
（不大于）</td><td>≤40g/m²</td><td>卷筒纸
平板纸</td><td rowspan="2">μm</td><td>2
3</td><td>2
4</td></tr>
<tr><td>≥45g/m²</td><td>卷筒纸
平板纸</td><td colspan="2">3
4</td></tr>
<tr><td>抗张指数
（不小于）</td><td colspan="2">≤40g/m²
≥45g/m²</td><td>N · m/g</td><td>45.0
40.0</td><td>40.0
35.0</td></tr>
<tr><td colspan="3">撕裂指数（纵向）（不小于）</td><td>mN · m²/g</td><td>1.40</td><td>1.00</td></tr>
<tr><td colspan="3">含硫量（不大于）</td><td>%</td><td colspan="2">0.03</td></tr>
<tr><td>伸长率
（不小于）</td><td colspan="2">纵向
横向</td><td>%</td><td colspan="2">10
20</td></tr>
<tr><td colspan="3">抗黏性（不大于）</td><td>%
（相对湿度）</td><td>75</td><td>70</td></tr>
<tr><td colspan="3">pH</td><td></td><td colspan="2">6.0 ~ 8.0</td></tr>
<tr><td colspan="3">交货水分</td><td>%</td><td colspan="2">8.0 ± 2.0</td></tr>
<tr><td>气泡</td><td colspan="2">< 0.5mm
≥0.5mm</td><td>个/米²</td><td>不应有
不应有</td><td>≤5
不应有</td></tr>
</table>

十、牛皮纸

牛皮纸是高级包装用纸，因其质量坚韧结实类似牛皮而得其名。牛皮纸用途十分广泛，大多用来包装工业品，如用于五金交电及仪器、棉毛丝绸织品、绒线等包装。也可加工制作成档案袋、卷宗、纸袋、信封及砂纸的基材等。牛皮纸从外观上分有单面光、双面光、有条纹和无条纹等品种。

牛皮纸一般为黄褐色（纤维本色），也有彩色牛皮纸。牛皮纸有高的耐破度和良好的耐水性。牛皮纸有优等品、一等品、合格品 3 种。优等品牛皮纸原料采用 100% 硫酸盐针叶木浆；一等品、合格品牛皮纸原料以硫酸盐针叶木浆为主，还掺入一定比例的其他纸浆，近年有采用以竹浆、红麻全秆浆、棉秆浆为主，掺入少量硫酸盐针叶木浆生产合格品牛皮纸的。

纸浆经长纤维游离状打浆，打浆后进行施胶、染色，一般不加填料，有时也可加一些填料（如单面光牛皮纸）。抄纸可在长网造纸机或圆网造纸机上进行，根据需要可以进行压光或不压光。牛皮纸产品既有卷筒纸，也有平板纸。其主要技术指标如表 3－12 所示。

表 3－12　牛皮纸主要技术指标（GB/T 22865—2008）

指标名称		单　位	规　定		
			优等品	一等品	合格品
定量[a]		g/m²	40.0 ± 2.0　50.0 ± 2.5　60.0 ± 3.0　70.0 ± 3.5 80.0 ± 4.0　90.0 ± 4.5　100.0 ± 5.0　120.0 ± 5.0		
耐破度（不小于）	40.0g/m²	kPa	135	120	80
	50.0g/m²		175	155	110
	60.0g/m²		215	190	145
	70.0g/m²		255	225	185
	80.0g/m²		305	265	225
	90.0g/m²		345	305	260
	100g/m²		390	345	295
	120g/m²		470	420	360
纵向撕裂度（不小于）	40.0g/m²	mN	290	245	135
	50.0g/m²		435	380	225
	60.0g/m²		580	495	335
	70.0g/m²		725	610	450
	80.0g/m²		900	705	545
	90.0g/m²		1080	815	650
	100g/m²		1220	910	740
	120g/m²		1480	1130	950
吸水性（60s）（不大于）		g/m²	30		
交货水分（不大于）		%	8.0 ± 2.0		

注：本表规定外的定量，其指标可就近按插入法考核。

十一、纸袋纸

纸袋纸通常用未漂白、半漂白或漂白硫酸盐化学纸浆，加再生纤维素或亚硫酸纤维素制成，可用来生产多层纸袋。纸袋纸是最普遍、最经济的包装材料之一。纸袋纸必须满足制造与使用的各种要求。目前约有 20 多种纸袋纸。成卷的纸袋纸幅宽为 960～1300mm。

纸卷的宽度取决于纸袋所要求的尺寸及造纸机的宽度。纸卷的直径可达 1200mm，重量 400～800kg。

对纸袋纸的基本要求是：要有较高的抗拉强度、耐破抗力及撕裂抗力。纸袋的坚固性取决于纸袋的强度。但直到目前为止，尚未测出纸袋强度与纸的物理机械性能之间比较明确的依赖关系。纸袋强度首先表现在纸袋本身的结构特点，被包装物品的性质，装卸运输的特点上。按照规定，可用单项指标反映纸袋的坚固性。例如质量在 60～100g 范围内的 1m² 纸袋，若其他条件相同，当纸的质量增大时，可使断裂抗力、挤压抗力及撕裂抗力增大，但另一方面也会导致纸的刚性增大，弹性降低，使纸袋的强度亦相应降低。下面着重介绍几种主要的纸袋用纸。

（一）普通纸袋纸

普通纸袋纸是制作纸袋的主要纸种。纸袋纸一般采用100%的未漂白硫酸盐化学纸浆或硫酸盐化学纸浆加废纤维素制造。

纸袋用纸一般分为3种型号。这种纸袋纸主要用于制造水泥纸袋，所以有时也称为水泥纸袋纸。另外还可用做制造杂货用纸袋或大纸袋、运输包装纸袋、裹包用纸以及涂胶和涂沥青用纸。这种纸具有中等光泽和平滑度，多孔性，抗拉强度和撕裂强度高等特点。纸袋纸的主要技术指标如表3－13所示。

表3－13 纸袋纸的主要技术指标（GB/T 7968—1996）

指标名称			单位	规定		
				优等品	一等品	二等品
定量			g/m^2	80.0±3.0		
撕裂度（纵向）（不小于）			mN	1040 （1160）	840 （930）	800 （800）
透气度（不小于）			μm/Pa·s	3.50		
吸水性（不小于）			g/m^2	35.0（30.0）		
抗张强度（横向）（不小于）			kN/m	3.20 （2.95）	2.20 （2.15）	2.00 （1.95）
伸长率（纵向）（不小于）			%	2.3 （2.5）	1.8 （2.0）	1.7 （1.9）
抗张能量吸收（T. E. A）	纵向	（不小于）	$1/m^2$	86.0 （90.0）	62.0 （65.0）	52.0 （54.0）
	横向			100.0 （105.0）	67.0 （70.0）	55.0 （57.0）
交货水分			%	9.0±2.0		

注：（ ）内数字为在温度（20±1）℃、相对湿度（65±2）%条件下测试的要求。

（二）微皱纹纸袋用纸

用微皱纹纸袋纸可显著增大纸袋的强度。其纵向延伸率可提高15%～35%，这种纸不仅适用于制成防水纸，且可具有各种覆盖层，例如，聚乙烯涂层、硅树脂涂层等。用微皱纹纸袋用纸制成的纸袋，具有伸长性、劲度大，耐撕裂，特别适用于混合型运输、出口运输及远距离运输。

（三）微细皱纹纸袋用纸

微细皱纹纸与普通皱纹纸的区别就在于它有非常细微的皱纹，几乎是不易觉察到，具有较高的拉伸率（8%～12%）。这种纸很容易进行各种加工，涂覆聚乙烯涂层等。微细皱纹纸在纵向横向都具有较高的拉伸率、破裂指标，这均有利于提高纸袋的坚固性。微细皱纹纸袋用纸是采用未漂白的硫酸盐化学纸浆制造的，但也可用较差的化学纸浆制造，这决定于所要求的纸的动力学强度。

（四）防潮纸袋纸

各种包装原纸都具有很大的吸湿性和透潮性，当环境温度低时，纸的亲水基与水进行单分子吸附；在高湿度环境时，则引起毛细管凝结。当被包装的金属产品或其他产品与纸接触时就产生腐蚀和潮解，并随纸的吸湿量增加而增大。采用防潮纸袋用纸，就可以保证在潮湿情况下纸的强度不受影响，这时提高纸袋质量及使用性能具有非常重要的意义。

防潮纸袋纸用未漂白的硫酸盐化学纸浆制造，为了保证袋纸的必要性能，还需掺入少量其他附加物料，如碳酰胺（也称聚脲）树脂、乳胶、聚酰胺树脂及沥青等。抗潮性用潮湿纸的破断力与气流干燥纸的破断力比值的百分数来表示。含碳酰胺树脂的防潮纸袋纸具有较高的刚度，但双向弯折性能不好，长期在潮湿环境中，由于树脂会分解，其抗潮性也明显降低。加橡胶乳浆的防潮纸具有良好的弹性，潮湿状态下较稳定。应着重指出，防潮纸受周围介质及温度的影响，会失去防潮性能，防潮纸袋纸用于制造包装散粒产品、无机肥料、日常排出的废料以及在高湿度运输条件下的其他货物的纸袋。

（五）复制纸与增强纸袋用纸

复制纸是以两层重量为 $65g/m^2$ 纸为纸基，其间用沥青黏合而成的。这种纸具有较高的防水性及较高的破断强度，可用于包装易湿性物品，做纸袋的内表层。与沥青涂布纸相似，复制纸不宜用于 -40℃的低温。

增强纸袋用纸是两层纸间套上合成纤维、玻璃纤维交织的增强网层制成的，纤维和纸相比有很好的延伸性，制造这种纸时一般采用皱纹纸或微细皱纹纸。在大多数情况下，这种纸单面或双面都涂以聚乙烯涂层。

为了黏合纸与增强网层，采用较高黏结性的耐火沥青。沥青的用量一般为纸基重量的40%～50%。加纤维的纸用于制造包装块状或颗粒状产品的纸袋的外表层，可经受多次装运、较大的动载荷，并有较高耐湿性。复制纸与纤维增强纸袋纸性能对比如表 3-14 所示。

聚乙烯涂层袋纸。在纸面上涂以聚乙烯薄膜，可以提高纸的化学稳定性及强度，提高破断力、延伸性及撕裂抗力。聚乙烯涂层纸的抗潮性可提高到 10%～15%，纸的涂层表面是不透水的。聚乙烯涂层透过水蒸气的性能较低（$3 \sim 5s/m^2$），与复制纸或沥青涂布纸相比，具有较好的防寒性，如表 3-15 所示。聚乙烯涂层纸具有较好的热熔接性，但热熔接速度不高，故制作纸袋时不能用热熔法熔接，涂层纸的缺点是印刷性能很差，黏合性能很弱。为了提高黏合力及印刷性能，对这种纸常进行电晕处理。聚乙烯涂层纸袋用纸适用于制作包装无机肥料、化学药品及各种易吸水的物品（其中包括食品）的纸袋。

表 3－14　复制纸与纤维增强纸袋纸的性能指标

<table>
<tr><th colspan="2">指标名称</th><th>单　位</th><th>复制纸</th><th>光滑增强纸</th><th>皱纹增强纸</th></tr>
<tr><td colspan="2">定量</td><td>g/m^2</td><td>155～190</td><td>175</td><td>199</td></tr>
<tr><td rowspan="2">破断力</td><td>纵向</td><td rowspan="2">N</td><td>102～130</td><td>106</td><td>59</td></tr>
<tr><td>横向</td><td>44～90</td><td>75</td><td>53</td></tr>
<tr><td rowspan="2">延伸性</td><td>纵向</td><td rowspan="2">%</td><td>2.5～3.4</td><td>2.1</td><td>9.2</td></tr>
<tr><td>横向</td><td>2.8～6.3</td><td>2.6</td><td>3.5</td></tr>
<tr><td rowspan="2">撕裂强度</td><td>纵向</td><td rowspan="2">N</td><td>1.66～2.28</td><td>1.22</td><td>5.32</td></tr>
<tr><td>横向</td><td>2.26～2.68</td><td>4.62</td><td>10.54</td></tr>
<tr><td colspan="2">挤压强度</td><td>MPa</td><td>0.52～0.66</td><td>0.36</td><td>0.28</td></tr>
<tr><td colspan="2">渗水性</td><td>h</td><td>6</td><td>6</td><td>6</td></tr>
</table>

表 3－15　聚乙烯涂层纸袋纸主要性能指标

<table>
<tr><th colspan="2" rowspan="2">指标名称</th><th rowspan="2">单　位</th><th rowspan="2">纸袋用纸</th><th colspan="3">纸的聚乙烯涂层厚度/μm</th></tr>
<tr><th>20</th><th>40</th><th>60</th></tr>
<tr><td colspan="2">定量</td><td>g/m^2</td><td>80</td><td>104</td><td>120</td><td>136</td></tr>
<tr><td colspan="2">厚度</td><td>μm</td><td>170</td><td>185</td><td>196</td><td>217</td></tr>
<tr><td rowspan="2">破断力</td><td>纵向</td><td rowspan="2">N</td><td>90</td><td>95</td><td>99</td><td>107</td></tr>
<tr><td>横向</td><td>40</td><td>41</td><td>45</td><td>46</td></tr>
<tr><td rowspan="2">延伸性</td><td>纵向</td><td rowspan="2">%</td><td>2.2</td><td>2.3</td><td>2.3</td><td>2.5</td></tr>
<tr><td>横向</td><td>3.5</td><td>4.0</td><td>5.7</td><td>6.8</td></tr>
<tr><td rowspan="2">撕裂强度</td><td>纵向</td><td rowspan="2">N</td><td>1.10</td><td>1.58</td><td>1.96</td><td>2.18</td></tr>
<tr><td>横向</td><td>1.20</td><td>1.85</td><td>2.05</td><td>2.35</td></tr>
<tr><td colspan="2">挤压强度</td><td>MPa</td><td>0.33</td><td>0.34</td><td>0.34</td><td>0.34</td></tr>
<tr><td colspan="2">24h 渗透性</td><td>g/m^2</td><td>300</td><td>7.1</td><td>3.8</td><td>3.0</td></tr>
<tr><td colspan="2">渗水性</td><td>h</td><td>6</td><td>6</td><td>—</td><td>17.5</td></tr>
</table>

硅胶涂层纸具有防黏性能。涂层是在纸的单面进行涂布。防黏纸的强度与纸基的强度相应，一般用重量为 70～80g/m^2 普通袋纸为纸基。防黏纸用于包装黏附性物品，如合成橡胶、熔化了的沥青、松香及其他材料。由于涂层是在纸袋的内表面上，就克服了普通纸袋黏附包装物的现象，保证包装物与纸袋很容易分离。

蜂蜡涂层纸有较高的强度指标，具有好的防护性能。与聚乙烯涂布纸相比，以蜂蜡熔合物涂布的纸，即使采用同一种纸基，也能很好地进行印刷。光照下老化较慢，具有比较高的强度指标。蜂蜡涂层纸用于制造包装吸水性物品的纸袋。经蜂蜡熔合物处理过的纸，主要性能指标如表 3－16 所示。橡胶沥青涂层纸袋纸是由重量为 80g/m^2 纸基单面或双面涂布橡胶沥青构成的。橡胶沥青涂层可保护纸的纤维免受潮湿，免受包装与保存化工产品时形成的酸类和气体腐蚀作用。橡胶沥青涂层纸与其他类型的纸袋纸相比，其优点在于用它包装化工产品，纸袋强度几乎不降低。

表 3-16 蜂蜡涂层袋纸主要强度指标

指标名称		单位	纸基	涂层纸	浸渍纸
破断力	纵向	N	110	114	113
	横向		40	46	45
延伸性	纵向	%	2.06	2.46	1.91
	横向		2.94	3.85	2.72
撕裂强度	纵向	N	0.96	0.99	0.97
	横向		1.23	1.29	1.20
挤压强度		MPa	0.314	0.343	0.341

橡胶沥青涂层纸袋纸用于制作包装有侵蚀性及吸水性的化学药品纸袋，如氯铵、漂白粉、胶态硫磺、硫酸铜、过磷酸钙等。

（六）铝-塑复合加工防潮纸

利用铝箔的防潮、不透气性，使其与纸基黏合成为铝箔防潮纸，或用热塑性塑料薄膜将铝箔与纸基复合在一起成为多层复合防潮纸。这类加工纸的品种很多，可以根据不同的需要，选择不同的纸张。当然在工业产品包装中一般采用牛皮纸的较多，而塑料可以采用聚乙烯、聚丙烯、聚酯薄膜等，特别是采用聚酯薄膜制成铝-塑复合纸。这种复合纸在折叠时，铝箔不易折断，形成针孔，可以保持其优异的防潮性能。

为了提高复合加工防潮纸的强度，还可以在其中夹入增强网，以满足对重型产品包装的需要，由于铝-塑复合加工纸可以根据包装产品的要求来调整纸的结构，以满足对其不同性能的需要。所以现在无论是工业产品包装，还是商品包装、食品包装都广泛采用铝-塑复合包装纸。

十二、防锈纸

为了使纸包装的金属制品不生锈，利用各种防锈剂对包装纸进行处理，一般是将防锈剂溶解于蒸馏水或有机溶剂中成为溶液，然后将它浸涂、刷涂或滚涂在包装纸上，干燥后即成为防锈纸。防锈剂一般具有挥发性，为了延长其防锈时间，将涂有防锈剂的一面，直接包装工件，而在反面涂以石蜡、硬脂酸或再用石蜡纸、塑料袋、铝箔等包装。

由于各种防锈剂的蒸汽压和扩散性能不同，防锈纸分为接触型防锈纸和气相型防锈纸。

（1）接触型防锈纸。此类纸是一种使用苯甲酸钠和亚硝酸钠的混合物进行处理的防锈纸，一般在纸上含有防锈剂 5~30g/m^2，它的特点是对黑色金属有较好的防锈能力，只要和金属表面接触良好，对包装金属产品在 3~5 年之内能有效地起到防锈作用，即使在恶劣的贮存条件下，也能保证在一年内不生锈，同时苯甲酸钠防锈纸对铝、钢的法兰层以及镀锌钝化、镀镉钝化、镀铬、镀锡等电镀层均无腐蚀现象，而对铜及铜合金则易引起变色。但由于这类防锈纸原料易得，生产工艺简单，成本低廉，使用广泛。我国各防锈纸厂均在生产，用来包装形状简单、产品表面易于和防锈纸接触的物件，如刀片、工具、量具等。

（2）气相防锈纸。这类防锈纸是利用对金属有防锈效果并具有挥发性的有机化合物或者无机化合物，制成的水溶液或有机溶液处理包装原纸。它在常温时能慢慢地挥发出气体，对所包装金属起防锈作用，因此使用时不必直接接触产品表面，对形状复杂的产品均能很好地防止生锈。

气相防锈剂的品种和配方很多，根据不同的金属材料和防锈的要求，可以采用不同成分的防锈剂所处理过的气相防锈纸来进行包装。例如，采用苯并三氮唑2份、亚硝酸钠5份、铬酸钠10份及蒸馏水混合后涂于中性包装纸上，干后可用于钢、黄铜、铝青铜、紫铜、镀镉金属的防锈包装用纸，是制作包装容器和衬垫的材料。

第四节　主要包装用纸板

凡定量在150~200g/m^{2}以上的纸张，一般称为纸板，它的主要用途是制作包装容器和衬垫材料。因此，在工业上、生活上、文化上广为采用，特别是商品包装使用纸板的数量越来越大。

纸板可分为单层纸板和多层纸板，其原料采用稻草、麦草、芦苇、甘蔗渣、破布、废纸、木材和工业无机纤维，如玻璃纤维、矿棉纤维等。纸板的生产工艺比较简单，用本色纸浆，不施胶、不加填料即可进行制造。对于包装用各类纸板的基本要求是：

①表面应具有良好的印刷性能。

②应具有良好的折叠性，折叠后不致破裂，且应具有均匀的基重及均匀厚度。

③经过裁切后，纸板应完全平整，不得有任何翘曲，且纸板层与层之间不能有脱层现象。

④应具有足够的劲度，使制成包装容器后，产品包装及堆高仍能保持其外形。

⑤应具有良好的抗水性、抗油性及尺寸稳定性，能耐各种气候变化而不致使纸箱尺码发生变化。

⑥应具有一定的耐磨性，涂层应不易擦除或刮除。

下面对几种主要包装用纸板及其性能进行介绍。

一、标准纸板

标准纸板是用于制作精确的特殊模压制品以及重要制品的包装纸板。标准纸板表面应经压光、平整、光滑、不翘曲，颜色为纤维原色，每批颜色应基本一致，纸板表面没有鼓泡、起泡、褶子、皱纹、不平、严重黑斑浆疙瘩，不得有缺角、缺边、洞眼等纸病；纸板在切裁与压模时，不得有分层现象。其技术指标如表3－17所示。

表3－17　标准纸板质量标准（QB/T 1314—1991）

指标名称	单　位	规　定		实验方法
		A等	B等	
厚度	mm	1.0 ±0.10		QB/T 451.3
		1.5 ±0.15		
		2.0 ±0.15		
		2.5 ±0.20		
		3.0 ±0.20		
		4.0 ±0.25		
		5.0 ±0.25		

续表

指标名称	单 位	规 定		实验方法
		A 等	B 等	
紧度（不小于）	g/m^2	0.75	0.75	QB/T 451.2
横向抗张强度（不小于）	kN/m	15.0	12.0	QB/T 453
		22.0	18.0	
		29.0	24.0	
		37.0	29.0	
		44.0	35.0	
		59.0	47.0	
		78.0	59.0	
横向伸长率（不小于）	%	5.5	5.0	QB/T 453
灰度	%	2.0	2.0	QB/T 463
水抽提液酸度（不小于）	%	0.05		QB/T 1545.1
交货水分	%	10.0 ±2.0		QB/T 462

二、厚纸板

厚纸板是用于制作特种纸盒及纸箱内隔层用的厚纸板。

厚纸板为100%硫酸盐纤维制造，纸板的颜色为纤维本色，具有最高的强度，且价格低廉。纸板应经压光，表面平整，厚度应一致，纸板切边应整齐洁净，表面不许有压痕、皱纹、破洞、擦伤、鼓包、翘曲及未解离的纤维束。其技术指标如表3－18所示。

表3－18 厚纸板的技术指标（QB/T 1315—1991）

指标名称		单 位	（B 等）规定	实验方法
厚度		mm	0.50 ±0.05	QB/T 451.3
			0.80 ±0.08	
			1.00 ±0.10	
			1.50 ±0.15	
			2.00 ±0.20	
			2.50 ±0.20	
			3.00 ±0.25	
抗张强度（横向平均值不小于）	0.50mm	kN/m	8.0	QB/T 451.2
	0.80mm		13.0	
	1.00mm		16.0	
	1.50mm		24.0	
	2.00mm		31.0	
	2.50mm		39.0	
	3.00mm		47.0	
耐折度（不小于）厚度小于1.0mm的纸板		次	200	QB/T 453

续表

指标名称		单　位	（B 等）规定	实验方法
横向挺度（不小于） 厚度小于 1.0mm 的纸板	0.50mm	mN · m	5.00	QB/T 1538
	0.80mm		13.0	
	1.00mm		25.0	
水抽提 pH 值			6.0 ~ 7.5	QB/T 2679.3
交货水分		%	10.0 ± 2.0	QB/T 1545

三、白纸板

白纸板是销售包装的重要包装材料。其主要用途是经彩色套印后制成纸盒，供商品包装用，起着保护商品、装潢商品、美化商品和宣传商品的作用。例如：儿童玩具、药品、食品、牙膏等商品销售包装。

白板纸是由里浆和面浆组成。面浆是白色的，一般采用漂白或半漂白的化学木浆、苇浆或破布浆；里浆一般都是纤维原料的本色，一般采用未漂白的硫酸盐纸浆或亚硫酸盐木浆，也可用较差的木节浆、低级苇浆、稻草浆和废纸浆等。白板纸的面浆中需要加入适量的填料和胶料，以适应印刷的需要。

白板纸纸面应洁白平滑、厚薄一致，质地紧密、不脱粉掉色，并有均匀的吸墨性能，伸缩性小，要求纸板具有较高的强度、韧性，折叠时不易断裂才能符合印刷和包装商品的要求。

白板纸为平板纸板，尺寸为 787mm × 1092mm、880mm × 1230mm 或按照订货合同要求规定。按质量水平分为 A、B、C 三等，且有单面、双面之分。单面涂布的白板纸的技术指标如表 3 - 19 所示。

表 3 - 19　单面白板纸的技术指标（QB/T 1011—1991）

<table>
<tr><th rowspan="2">指标名称</th><th rowspan="2">单　位</th><th colspan="3">规　定</th><th rowspan="2">实验方法</th></tr>
<tr><th>A</th><th>B</th><th>C</th></tr>
<tr><td rowspan="2">定量</td><td rowspan="2">g/m²</td><td colspan="2">200
220
250
270
300</td><td>+5%
−4%</td><td rowspan="2">GB/T 451.2</td></tr>
<tr><td colspan="2">350
400
450</td><td>+5%
−3%</td></tr>
<tr><td>横向定量差（不大于）</td><td>%</td><td>6.0</td><td>10.0</td><td>12.0</td><td>GB/T 451.2</td></tr>
<tr><td>紧度（不大于）</td><td>g/cm³</td><td>0.82</td><td>0.85</td><td>—</td><td>GB/T 451.3</td></tr>
<tr><td>平滑度（涂布面）</td><td>s</td><td>50</td><td>28</td><td>18</td><td>GB/T 456</td></tr>
</table>

续表

指标名称		单 位	规 定			实验方法
			A	B	C	
白度（涂布面）		%	78.0	78.0	75.0	GB 7974 或 GB 8940.1
横向耐折度		次	10	5	4	GB 2679.5
表面吸水性		g/m^2	55.0	55.0	55.0	GB 1540
横向挺度	200 g/m^2	mN·m	2.00	1.70	1.50	GB 2679.3
	220 g/m^2		2.40	1.90	1.70	
	250g/m^2		3.00	2.30	2.00	
	300g/m^2		4.50	3.80	3.00	
	350g/m^2		7.00	4.50	3.60	
	400g/m^2		9.50	6.30	5.00	
	450g/m^2		13.00	8.00	6.00	
油墨吸收性（涂布面）		%	15.0～30.0	15.0～30.0	15.0～35.0	GB 12911
尘埃度	0.3～1.5mm^2	个/$米^2$	20	60	80	GB 1541
	＞1.5mm^2		不许有	不许有	不许有	
水分		%	8.0±2.0	8.0±2.0	8.0±2.0	GB 462

四、瓦楞原纸

瓦楞原纸又名瓦楞芯纸、瓦楞纸等。它是一种低定量的薄轻纸板，其定量一般在80～200g/m^2之间。瓦楞原纸主要用做瓦楞纸板的瓦楞芯纸，用量非常大。

瓦楞原纸一般用磨木浆、半化学浆、草浆、废纸浆等抄造，也有用混合浆料抄造的。例如，日本产的127g/m^2高强度瓦楞原纸中就掺了30%的废纸浆，借以加强原纸的韧性。在这些浆料中，以磨木浆和半化学浆生产的原纸为最好，其纤维素含量高、物理强度大。在美国和欧洲最常用磨木浆和半化学浆来抄造瓦楞原纸。

国产的瓦楞原纸，大多以草浆为主，配用部分化学浆或废纸浆，有些则全用草浆或废纸浆。在定量相同时，半化学浆制成的原纸，抗压性能高一倍。内销的瓦楞纸箱，其芯纸多以草浆为原料，故各项性能指标较低。

国产瓦楞原纸定量有160g/m^2、180g/m^2和200g/m^2等不同定量品种。

瓦楞原纸应保证纤维组织均匀，全幅宽度一致，纸面齐整，不许有褶子、裂口、孔洞和较大的浆块等，并且要求质量紧密、坚韧，有一定的抗张强度和耐破度，水分为10%±2%。水分的大小是个重要的标准，水分过大时会出现纸身绵软，挺度差，压不成瓦楞，不吃胶和不易黏合等毛病；反之，当水分过小时，纸质会脆硬，压瓦楞时容易破裂。瓦楞原纸的标准如表3－20所示。

表 3-20 瓦楞原纸的标准（GB/T 13023—2008）

指标名称		单位	规定			
			等级	优等品	一等品	合格品
定量		g/m²	AAA	（80、90、100、110、120、140、160、180、200）±4%	（80、90、100、110、120、140、160、180、200）±5%	
			AA			
			A			
紧度（不小于）		g/cm³	AAA	0.55	0.50	0.45
			AA	0.53		
			A	0.50		
横向环压指数（不小于）	≤90g/m² 90g/m²~140g/m² 140g/m²~180g/m² ≥180g/m²	N·m/g	AAA	7.5 8.5 10.0 11.5	5.0 5.3 6.3 7.7	3.0 3.5 4.4 5.5
			AA	7.0 7.5 9.0 10.5		
			A	6.5 6.8 7.7 9.2		
平压指数[a]（不小于）		N·m²/g	AAA	1.40	1.00	0.80
			AA	1.30		
			A	1.20		
纵向裂断长（不小于）		km	AAA	5.00	3.75	2.50
			AA	4.50		
			A	4.30		
吸水性（不超过）		g/m²	—	100	—	—
交货水分		%	AAA	8.0±2.0	8.0±2.0	8.0±3.0
			AA			
			A			

注：a 不作交收试验依据。

五、牛皮箱纸板

牛皮箱纸板又称为挂面纸板，是运输包装用高级纸板。它具有物理强度高、防潮性好、外观质量好等特点。它主要用于制造外贸包装纸箱及国内高级商品的包装纸箱的面纸，作为电视、电冰箱、大型收录机、自行车、摩托车、五金工具、小型电机等商品的运输包装。

牛皮箱纸板的原料配比，国外一般采用100%未漂硫酸盐木浆，少数采用硫酸盐木浆挂面、废纸浆做芯层及底层。我国由于木材资源紧张，一般采用50%以上的硫酸盐木浆、竹浆挂面，50%以内的废纸浆、废麻化学纸浆、褐色磨木浆、化学草浆、甘蔗渣浆等挂底制成纸板。

牛皮箱纸板目前有特号、一号两种规格，特号牛皮箱纸板主要用于外贸出口包装，除要求具有高的物理强度外，还要求具有高的防潮性能，并能经受住 -15 ~30℃低温冷藏而不能变形。一号牛皮箱纸板主要供制作用于包装高档轻纺产品、日用百货、家用电器等的包装。除此之外，牛皮箱纸板还要求表面平整，不许有翘曲、皱纹、裂口、湿斑、浆块、黑点杂质、草节等现象。牛皮箱纸板技术指标如表 3 -21 所示。

表 3 -21 牛皮箱纸板技术指标

指标名称		单 位	规 定 牛皮箱纸板 优等品	 一等品
定量		g/m²	125 ± 6、160 ± 7、180 ± 9、200 ± 10、220 ± 10、250 ± 11、280 ± 11、300 ± 12、320 ± 12、340 ± 13、360 ± 14	
横幅定量差（不大于）	幅宽≤1600mm	%	6.0	7.0
	幅宽 > 1600mm		7.0	8.0
紧度（不小于）	≤200g/m²	g/cm³	0.70	0.68
	> 220g/m²		0.72	0.70
耐破指数（不小于）	< 160g/m² （160 ~ < 200）g/m² （200 ~ < 250）g/m² （250 ~ < 300）g/m² ≥300g/m²	kPa · m²/g	3.40 3.30 3.20 3.10 3.00	3.20 3.10 3.00 2.90 2.80
横向环压指数（不小于）	< 160g/m² （160 ~ < 200）g/m² （200 ~ < 250）g/m² （250 ~ < 300）g/m² ≥300g/m²	N · m/g	9.00 9.50 10.0 11.0 11.5	8.0 9.0 9.2 10.0 10.5
横向短距压缩指数（不小于）	< 250g/m² ≥250g/m²	N · m/g	21.4 17.4	19.6 16.4
横向耐折度（不小于）		次	100	60
吸水性（正/反）（不小于）		g/m²	35.0/40.0	40.0/50.0
交货水分		%	8.0 ± 2.0	

六、箱纸板

箱纸板与牛皮箱纸板一样，都是用来制作运输包装纸箱的主要材料，但箱纸板质量低于牛皮箱纸板，以其为材料制作的是中、低档包装纸箱，用于一般百货包装。

国产箱纸板按质量分为 A、B、C 3 个等级。

①A 等：适宜制作精细、贵重和冷藏物品包装用的出口瓦楞纸板。

②B 等：适宜制作较大型物品包装用的瓦楞纸板。

③C 等：适宜制作一般物品包装用的瓦楞纸板。

箱纸板分平板纸和卷筒纸两种。平板纸为 787mm × 1092mm、960mm × 1060mm、960mm ×880mm。

箱纸板颜色为纤维原料本色，表面应平整，不应有翘曲、褶子、皱纹、裂口、窟窿、沙子、湿斑、浆块、杂质、谷壳、草节等缺陷存在。

表 3－22　普通箱纸板和牛皮挂面箱纸板主要技术指标（GB 13024—2003）

指标名称		单位	规定		
			普通箱纸板和牛皮挂面箱纸板		
			优等品	一等品	合格品
定量		g/m²	125 ± 7、160 ± 8、180 ± 9、200 ± 10、220 ±10、250 ± 11、280 ± 11、300 ± 12、320 ±12、340 ±13、360 ±14		
横幅定量差（不大于）	幅宽≤1600mm	%	6.0	7.5	9.0
	幅宽＞1600mm		7.0	8.5	10.0
紧度（不小于）	≤200g/m²	g/cm³	0.70	0.68	0.65
	＞220g/m²		0.72	0.70	0.65
耐破指数（不小于）	＜160 g/m²	kPa · m²/g	3.30	3.00	2.20
	（160 ~ ＜200） g/m²		3.10	2.85	2.10
	（200 ~ ＜250） g/m²		3.00	2.75	2.00
	（250 ~ ＜300） g/m²		2.90	2.65	1.95
	≥300g/m²		2.80	2.55	1.90
横向环压指数（不小于）	＜160g/m²	N · m/g	8.60	7.00	5.50
	（160 ~ ＜200） g/m²		9.00	7.50	5.70
	（200 ~ ＜250） g/m²		9.20	8.00	6.00
	（250 ~ ＜300） g/m²		10.6	8.50	6.50
	≥300g/m²		11.2	9.00	7.00
横向短距压缩指数（不小于）	＜250g/m²	N · m/g	20.2	19.2	18.2
	≥250g/m²		16.4	15.4	14.2
横向耐折度（不小于）		次	60	35	12
吸水性（正/反）（不小于）		g/m²	35.0/70.0	40.0/100.0	60.0/200.0
交货水分		%	8.0 ±2.0	9.0 ±2.0	

七、瓦楞纸板

瓦楞纸板是由瓦楞原纸加工而成。首先把原纸加工成瓦楞状，然后用黏合剂从两面将表层黏合起来，使纸板中层呈空心结构，这样使瓦楞纸板具有较高的强度。它的挺度、硬度、耐压、耐破、延伸性等性能均比一般纸板要高；由它制成的纸箱也比较坚挺，更有利于保护所包装的产品。

瓦楞纸板之所以应用非常广泛，主要是与传统的包装材料相比较，具有下列优点：

①用瓦楞纸板制成的空瓦楞纸箱，通常是以折叠起来的形式或铺开来的形式运送的，这样就使得运输工具和库房的使用有较高的效率。

②瓦楞纸板包装箱的质量与同体积的木箱相比，其原材料的质量为木箱的1/5～1/4；与内部尺寸相同的普通木箱和胶合板箱相比，其外形尺寸要小得多；且其成本仅为同体积木箱的2/5～2/3。

③瓦楞纸板包装箱具有减振性能，避免被包装商品受碰撞和冲击，因此，适合我国国情，做到贯彻以草代木的方针。

④瓦楞纸板包装箱在制造过程中所用的金属，与木箱制造中要用大量的铁钉、金属丝、金属捆扎带相比，仅需它的5%。

⑤瓦楞纸板箱的生产，可在高度机械化与自动化、高效率的设备上进行，这样可大大提高生产效率。

⑥瓦楞纸板箱的使用，可实现产品的自动化包装，从而减轻了包装工作量，降低了产品包装过程的成本，大幅度减少了车间所需要的生产面积。

⑦瓦楞纸板箱可以有良好的外观造型，质量非常好的彩色印刷，并可宣传商品。

⑧纸板箱还可以由瓦楞纸板与各种覆盖物或防潮材料结合起来制造，这样可以大大扩展纸板箱的使用范围。例如，防潮瓦楞纸板箱，可用来装运蔬菜、水果。有聚乙烯覆盖层的瓦楞纸板箱可用于易吸潮的产品包装或要求表面非常清洁的制品包装。有薄蜂蜡覆盖层的瓦楞纸板箱，可用于内河和海上运输，避免直接吸潮。使用聚乙烯衬套或复合材料衬套，在纸板箱中可形成产品的密封包装，并且可以在纸板箱中包装液体或半流体产品及容易受潮的物品。

（一）瓦楞纸板的形状

瓦楞纸是由瓦楞原纸轧成屋顶瓦片状波纹，然后将瓦楞纸与两面箱板纸黏合制成瓦楞纸板。

瓦楞纸板按其瓦楞的形状分为U形、V形两类。V形瓦楞平面压缩强度大，缓冲性能较差，使用胶黏剂较少，用芯纸少，不易贴合。U形瓦楞富有弹性，瓦楞形状缓冲性能好，耐压力强，粘胶时施胶较多，用芯纸多，容易贴合，但若施加过重的压力后则不能恢复原状。图3－2是U形瓦楞纸板与V形瓦楞纸板平面压缩试验的负荷－变形曲线。从试验结果来看，压缩V形瓦楞初期变形强，但当加压超过峰值的时候，V形瓦楞的纸板则迅速被压坏，而U形瓦楞纸板的被压坏速度则缓慢，因此总的来说，在受到外界冲击时，U形瓦楞纸板缓冲性能比V形瓦楞的瓦楞纸板好。根据图3－2，两种类型各有其优缺点，所以现在多使用UV形结合的UV形瓦楞纸板。

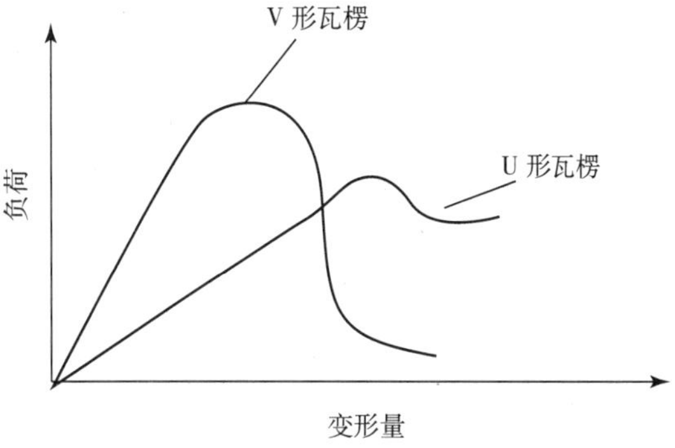

图3－2 平面压缩试验负荷－变形曲线

（二）瓦楞纸板的类型

瓦楞纸板按其材料的层数，分为以下几种类型，如图3－3所示。

瓦楞纸板属于各向异性材料，不同方向具有不同的性质。瓦楞纸板具有平面的和端面的刚度以及减振的性质。当垂直于瓦楞层方向作用力时，瓦楞层就像减振材料一样工作，而当沿着瓦楞方向作用力时，就是“刚性”材料。在压缩、拉伸、冲击下工作时，瓦楞纸板的平贴层，起着固定瓦楞位置的作用。

三层的瓦楞纸板使用最为广泛，按不同的包装要求，可采用不同类型的瓦楞形式。

瓦楞纸板可以有不同的瓦楞层截形，主要有5种；大瓦楞A型、小瓦楞B型、中瓦楞C型、微瓦楞E型、超微小瓦楞K型。国内一般采用前4种。各截面形式的瓦楞规格及性能如表3－23所示。

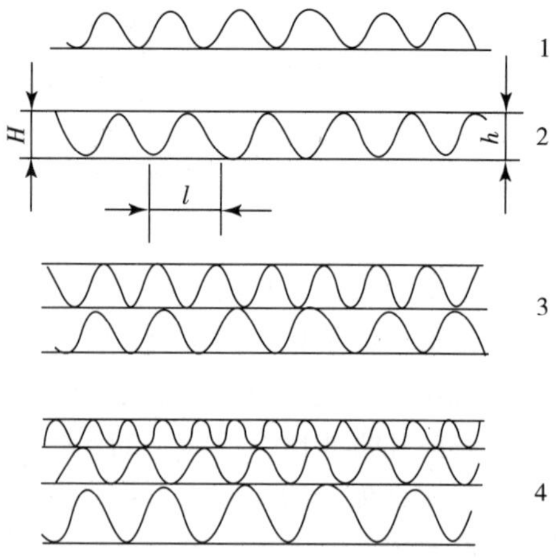

图3－3　瓦楞纸板类型

H－纸板厚度；h－瓦楞高度；l－瓦楞间距；
1－由一层平的和一层瓦楞形组成的双层瓦楞纸板；
2－由二层平的和一层瓦楞形组成的三层瓦楞纸板；
3－由三层平的和二层瓦楞形组成的五层瓦楞纸板；
4－由四层平的和三层瓦楞形组成的七层瓦楞纸板

（1）A型瓦楞纸板。这种纸板具有很好的弹性，高度和瓦楞间距较大，使它有减振性能。这种楞型的纸板用来制造包装易碎物品以及对冲击、碰撞和各种动载荷要求很高的产品的包装箱；还可用来制作各种衬套、衬垫和减振元件等。

（2）B型瓦楞纸板。属于小瓦楞纸板，这种纸板用来制作具有足够的刚性并不要求有减振防护性能的产品包装。这类产品用于各类罐头、日用化学产品、各类小包装的食品及其他产品（小五金、木器家具等）。B型瓦楞纸板较A型纸板具有较高的刚性，在这种纸板上可以得到较好的印刷质量。

表3－23　各截面形式的瓦楞规格及性能

楞　型	楞高/mm	楞个数（300mm）	平面抗压强度/MPa
A	4.5～5	34±2	0.227～0.248
B	2.5～3	50±2	0.352～0.374
C	3.5～4	38±2	0.284～0.320
E	1.1～2	96±4	0.61

二层的B型瓦楞纸板，可用来包装要求表面防护的产品。例如：贵重家具、图画美术品、灯具等。

（3）C型瓦楞纸板。三层C型瓦楞纸板是最常用的一种瓦楞纸板。这种纸板综合了A型和B型瓦楞的特性，同样具有足够的刚度和良好的减振性能；它可以有效地用来包装各类易碎物品、软的产品及其要求防护其表面的硬的产品。

（4）E型瓦楞纸板。目前这种瓦楞纸板的使用越来越广泛。纸板面上每米长度内瓦楞数较多，可以得到平坦的表面和高的平面刚度。这就使获得高质量的装潢印刷成为可能。这一点对于日用品的包装尤为重要。这种纸板在运输及存放时，所占空间很小，可以更经济地使用运输工具和库房。

E型瓦楞纸板最适宜用来包装各类日用商品、家用电器、瓷器以及各种成套商品的包装。例如，E型瓦楞纸板可用来制造托盘、集装箱等。

E型瓦楞还可与其他各种形式的瓦楞进行组合，以满足各类包装的要求。例如：A—E、B—E、C—E、E—A—B，可以得到高强度的瓦楞纸板。各型瓦楞纸板相互配合具有以下性能特点：

①外层为 E 型的瓦楞纸板，具有良好的双向刚度，减少外力的冲击，减少表面翘曲，在周围介质相对湿度提高时，纸板强度损失很小。

②内层为 B 型的瓦楞纸板，具有足够的刚性和足够的抵抗平衡压力的能力，以承受包装商品由内部施加给箱壁的压力。

③中间层为 A 型的瓦楞纸板，具有良好的弹性，受冲击载荷时，有缓冲减振作用。正因为有上述优点，这种组合形式的瓦楞纸板越来越广泛地应用于产品包装。

瓦楞纸板技术要求如表 3－24 所示。

湿度对瓦楞纸板强度的影响，瓦楞纸板的强度受环境相对湿度的影响，其变化很大。当相对湿度增大，纸板的含水量增加，强度就下降，当相对湿度为 50% 时，纸板强度为 100%，若相对湿度继续增大，则压缩强度就急剧下降，其强度变化如表 3－25 所示。当相对湿度达到 90% 时，瓦楞纸板的压缩强度只有原来的 60%。

表 3－24　瓦楞纸板技术要求（GB/T 6544—2008）

代号	瓦楞纸板最小综合定量/(g/m²)	优等品			合格品		
		类级代号	耐破强度（不低于）/kPa	边压强度（不低于）/(kN/m)	类级代号	耐破强度（不低于）/kPa	边压强度（不低于）/(kN/m)
S	250	S－1.1	650	3.00	S－2.1	450	2.00
	320	S－1.2	800	3.50	S－2.2	600	2.50
	360	S－1.3	1000	4.50	S－2.3	750	3.00
	420	S－1.4	1150	5.50	S－2.4	850	3.50
	500	S－1.5	1500	6.50	S－2.5	1000	4.50
D	375	D－1.1	800	4.50	D－2.1	600	2.80
	450	D－1.2	1100	5.00	D－2.2	800	3.20
	560	D－1.3	1380	7.00	D－2.3	1100	4.50
	640	D－1.4	1700	8.00	D－2.4	1200	6.00
	700	D－1.5	1900	9.00	D－2.5	1300	6.50
T	640	T－1.1	1800	8.00	T－2.1	1300	5.00
	720	T－1.2	2000	10.0	T－2.2	1500	6.00
	820	T－1.3	2200	13.0	T－2.3	1600	8.00
	1000	T－1.4	2500	15.5	T－2.4	1900	10.0

注：各类级的耐破强度和边压强度可根据流通环境或客户的要求任选一项。

为了防潮，目前生产出一种抗潮瓦楞纸板，抗潮瓦楞纸板是在温度 130～180℃下，将石蜡液进行雾化，雾化工作是在 2MPa 的压力下进行的。在抗潮纸板中，石蜡成分的重量为 30%～45%，这种瓦楞纸板具有很高的抗潮性能，其强度比未浸渍的纸板大大提高。例如，浸渍过的质量为 750g/m² 的瓦楞纸板，其承受压力能力和端面刚度比未浸渍的纸板提高了 65%，同时，采用这种纸板制造的包装箱也提高了强度。特别当堆垛时，承受压缩载荷的抵抗力也大大提高（根据包装箱尺寸不同，提高 30%～60%）。

近年来，由于合成树脂工业的发展，我国生产出一种新型的采用钙塑瓦楞纸制成的瓦楞纸板，它可以克服原有瓦楞纸板怕潮的一些缺点。所谓钙塑瓦楞纸，就是加有钙化物填料的塑料纸，制造钙塑瓦楞纸的配方大致如下：

表 3-25 湿度对瓦楞纸板压缩强度的影响

相对湿度/%	吸湿量（水分）/%	压缩强度/%
50	8	100
65	12	90
80	14	80
90	17	60
95	23	40

表面纸所含组分：低密度聚乙烯15%，高密度聚乙烯45%，轻质碳酸钙40%，硬酯酸锌0.5%，硬脂酸钡0.5%，抗氧剂［1，1，3－三（2－甲基－4－羟基－5－叔丁基苯基丁烷）］0.05%，抗氧剂（硫代二丙酸二月桂酯）0.05%，紫外线吸收剂0.1%。

用钙塑瓦楞纸制成的包装箱与用牛皮箱纸板制成的包装箱其性能比较如表 3-26 所示。钙塑瓦楞纸具有防潮、防雨、强度高等优点，且材料来源丰富，随着合成树脂工业的迅速发展，必将得到更多的应用。

表 3-26 钙塑瓦楞纸箱与牛皮瓦楞纸箱性能比较

比较项目／结果	空箱抗压		瓦楞纸板平面抗压强度/N	瓦楞纸板剥离强度/N	跌落试验		撞击试验/次	空箱重量/kg
	干时/N	水淋 5min/N			底着地	横头着地		
钙塑瓦楞纸箱	5100	5100	20	50	250	10	25	1.1
牛皮纸瓦楞纸箱	2500	700	7	9	250	10	25	0.8

思考题

1. 解释下列名词：

打浆、裂断长、抗张强度、耐折度、耐破度、撕裂度、白度。

2. 纸包装材料有哪些特点？我国所采用造纸的植物纤维主要有哪几类？

3. 造纸植物纤维的主要化学成分有哪些？写出纤维素的分子式和结构式，并举例说明纤维素的化学性质。

4. 半纤维素在组成与结构上与纤维素有什么不同？并举例说明半纤维素的化学性质。

5. 什么叫制浆？制浆的方法有几种？举例说明机械法制浆与化学法制浆在原理上有什么区别？

6. 什么是纸？简述纸的制造过程。抄纸前为什么要打浆？

7. 印刷包装用纸具有什么结构特点？结构对性能有哪些影响？

8. 印刷包装用纸的机械强度包括哪些？影响各种强度的主要因素有哪些？

9. 决定纸张印刷性能的主要因素是什么？
10. 对胶版印刷纸和胶版印刷涂料纸有哪些性能要求？
11. 对纸袋纸的基本要求有哪些？请指出几种主要的纸袋用纸。
12. 瓦楞纸板有哪些类型？各类瓦楞纸板在结构与性能上有什么特点？
13. 瓦楞纸板瓦楞的类型有几种？各有什么特点？
14. 为什么各种组合型的瓦楞纸板越来越广泛地应用于产品包装？
15. 环境湿度对瓦楞纸板的强度有什么影响？并举例说明。
16. 钙塑瓦楞纸板与牛皮纸制成的包装箱，其性能各有什么特点？
17. 影响纸板和纸箱的抗压强度的因素有哪些？
18. 平黏合纸板主要性能指标的高低取决于哪些因素？

第四章 黏合剂及复合包装材料

黏合剂又称胶黏剂、胶，是一种生产生活中不可缺少的材料。黏合剂很早就应用到人们的生活中，例如，黏土，动物的血液用来盖房子等。目前黏合剂已应用到各个领域中。例如，交通工具、建筑、家具、医疗器械等都有广泛的应用。在包装工业和印刷工业中也更是如此，例如，在制作纸盒、纸箱、纸袋、复合塑料袋等包装容器中，黏合剂是一种绝对离不开的材料。

第一节 黏合剂的组成及分类

一、黏合剂的组成

黏合剂一般由几种成分组成。它通常是以具有黏性或弹性体的天然产物或合成高分子化合物（无机黏合剂除外）为基料，并加入固化剂、填料、增韧剂、稀释剂、防老剂等添加剂组成的一种混合物。对于一种具体的黏合剂来说，并不都需要上述列举的所有组分，这主要决定于黏合剂的性质和使用要求。

1. 基料

基料是黏合剂的主要而必须的成分。它又称为基体，也称黏合剂的骨架，它具有赋予黏合剂黏附的特性。基料通常是由一种或几种高分子化合物混合而成。例如，淀粉、天然橡胶、合成橡胶、合成树脂等。

对基料的主要要求有：

①对被黏结制品材料应有良好的黏附性和润湿性。

②应具有一定的基料强度和韧性。

③对被黏结制品材料不产生化学反应及腐蚀，而具有耐使用的介质作用。

④应具有一定的耐热性能，能经受得住使用温度的变化。

⑤基料本身应具有一定的耐老化性能，并能溶入一定的有机溶剂中。

有时，单独使用一种热固性树脂做基料，常不能满足黏合剂多种性能的要求。因而常在基料中加入橡胶或热塑性树脂或其他热固性树脂，来改善黏合剂的性能。例如，在热固性树脂中加入橡胶，可增加黏结层的柔韧性，从而使冲击、弯曲、剥离强度得到提高。

2. 固化剂

又称硬化剂或熟化剂。它能使线形分子形成网形或体形结构，从而使黏合剂固化。一般按基料固化反应的特点和需要形成黏结层膜的要求（如硬度、韧性等）以及使用时的情况等来选择固化剂，也可以根据使用要求与具体条件来进行选择。

3. 填料

填料的加入可以增加黏合剂的弹性模量，降低线膨胀系数，减少固化剂收缩率，增加黏度、抗冲击韧性，提高使用温度、耐磨性能、粘接强度。改善黏合剂耐水、耐介质性能、耐热老化性能等。此外，由于填料的加入也相应降低了黏合剂的生产成本。当然，填料的加入也有不利的一面，即增加了黏合剂的重量，增加了黏度而不利于涂布，丧失了透明性，容易造成气孔等。

填料的种类、颗粒度、形态及加入量，对黏合剂的性能的影响很大，应根据不同的使用要求而进行选择。通常对填料有如下几点要求：

①应符合黏合剂的某些性能要求，如耐热性、耐老化性等。

②易于分散，且与基料具有良好的润湿性。

③无活性，与黏合剂中其他组分不起反应。

④不含水分、不易吸湿变质且无毒。

⑤具有一定的物理状态，如粉状填料应有一定的粒度大小，而且颗粒度大小应当均匀。

⑥来源广泛，加工方便，成本低廉。

4. 增韧剂

增韧剂能改善黏合剂的性能，增加韧性，降低脆性，提高黏结层的抗剥离、抗冲击性能，而且可以改善黏合剂的流动性、耐寒性与耐震性等。但同时会使黏合剂的抗剪强度、弹性模量、耐热性能等有所降低。

增韧剂按是否参与固化反应情况，可分为惰性增韧剂与活性增韧剂。惰性增韧剂是高沸点液体或低熔点固体有机物，与基料具有良好的相溶性，它不参与黏合剂的固化反应，仅为机械混合。常用的增韧剂有：邻苯二甲酸二丁酯、邻苯二甲酸二辛酯、磷酸三苯酯等。活性增韧剂起增韧作用，它参与黏合剂的固化反应，并进入到固化产物最终形成的一个大分子链结构中。常用的活性增韧剂有：低分子聚酰胺树脂、低分子聚硫橡胶等。

5. 稀释剂

稀释剂的主要作用是降低黏度，以便于涂布施工。同时也延长黏合剂的使用时间。稀释剂分为两大类：一类为非活性稀释剂又称为溶剂，例如，丙酮、甲乙酮、乙酸乙酯、苯、甲苯等，它不参与黏合剂的固化反应；另一类是活性稀释剂，它既可以降低黏合剂的黏度，又参与黏合剂固化反应，例如，环氧丙烷丙基醚、甘油环氧树脂等。因此，能克服因溶剂挥发不彻底而使黏合剂的性能下降的缺点。但活性稀释剂一般都有毒性，易使皮肤过敏，使用时应慎重。

6. 促进剂及着色剂

在热固性黏合剂中，凡能加速固化反应或降低固化反应温度一类的物质叫固化促进剂，如环氧树脂黏合剂中常用的叔胺、酚类、硫脲等。

使黏合剂赋予所要求的颜色，称为着色剂。它可使黏合剂黏结或黏补好的制品外表美观。

在黏合剂的组成中，除了上述的几个组成外，还可以加入其他的特殊的组分，如抗紫外老化剂、抗蚀剂等。

二、黏合剂的分类

黏合剂的品种繁多，用途各异，一般按照黏合剂的基料性质来进行分类，有有机黏合剂和无机黏合剂两大类。

1. 有机黏合剂

有机黏合剂包含天然黏合剂和合成黏合剂。天然黏合剂有：骨胶、虫胶、淀粉、糊精、松香等。合成黏合剂品种很多，主要有树脂型黏合剂、橡胶型黏合剂和混合型黏合剂。

天然黏合剂常用于黏结纸张、木材和皮革等，天然黏合剂的来源少，性能不够完善，逐渐有淘汰的趋势。

合成黏合剂发展很快，品种很多，性能也很优良。树脂型黏合剂的黏结强度高、硬度、耐热、耐介质的性能都很好，但性较脆，韧性和起黏性较差。橡胶型黏合剂有很好的起黏性和柔韧性、抗振、抗弯曲性能比较好，但是强度和耐热性比较低。混合型黏合剂是将树脂与橡胶，或与多种树脂、橡胶混合使用，相互掺混，取长补短，既提高了强度，又增加了柔韧性。

合成树脂型黏合剂又可以分为热固性树脂黏合剂和热塑性树脂黏合剂两大类。热固性树脂黏合剂可以通过加热固化成为坚硬的不溶不熔的物质，且再加热也不会变软。如环氧树脂、脲醛树脂、不饱和聚酯树脂、聚氨酯等。热塑性树脂黏合剂是加热会软化，冷却后变硬，有一定的强度，再受热又会软化的一种黏合剂。如聚醋酸乙烯酯、聚氯乙烯、聚酰胺、聚乙烯醇等。

2. 无机黏合剂

无机黏合剂有磷酸盐类黏合剂、硼酸盐类黏合剂、硅酸盐类黏合剂。在包装工业上用得最多的是硅酸盐类黏合剂。如硅酸钠黏合剂（也称水玻璃）。

第二节　黏结机理

一、黏结的产生

对于两个同类或不同类的固体，由于介于两者表面的另一种物质的作用而牢固地结合起来，这种现象称为黏结。介于两固体表面间的物质称为黏合剂，这两边的固体则称为被黏物。

黏合剂所以能牢固地黏结两个相同或不同的材料，主要是黏合力的作用。其黏合力是由两个必要条件组成的，即黏合剂与被黏物之间的黏附力（图4－1）和黏合剂层（胶层）的内聚力（图4－1）。黏合力的大小由内聚力和黏附力所决定。内聚力是黏合剂的本身分子之间的作用力，也就是黏合剂黏附在物体表面上的力。黏合力的大小，不是内聚力和黏附力之和，而是取决于这两个力中的最小的一个，其中任何一种力的丧失，都会导致胶层的破坏，如图4－2所示。

胶层破坏有如下情况：

①破坏发生在胶层内部，称为内聚破坏。两端黏合剂面上都粘有黏合剂，破坏面凹凸不平，所以内聚力小于黏附力。

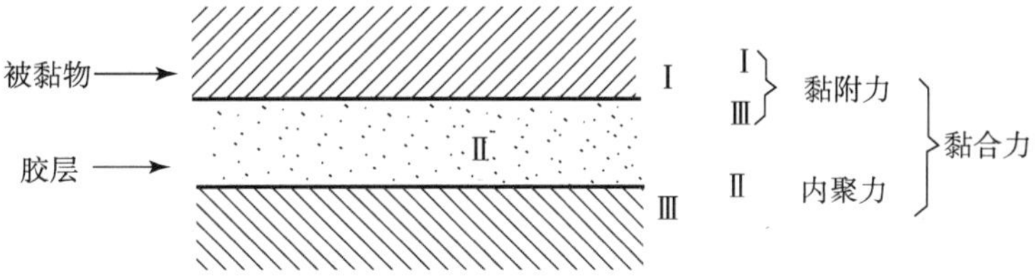

图4－1　黏合力示意图

②破坏发生在胶层与被黏物表面之间的界面上，称为黏附破坏。只有一胶合面上粘有胶，破坏面光滑平整，通常叫脱胶，所以内聚力大于黏附力。

③既在胶层内部破坏，也在胶黏的界面上破坏，称为混合破坏。破坏面一部分光滑，一部分毛糙，所以内聚力近似于黏附力。

由此可见第三种情况最为理想。当内聚力与黏附力大小相当时，两种力都发挥了充分的作用，表现出最高的黏合力，是最理想的黏接强度。但实际是不可能的，一般黏附力比内聚力大得多。

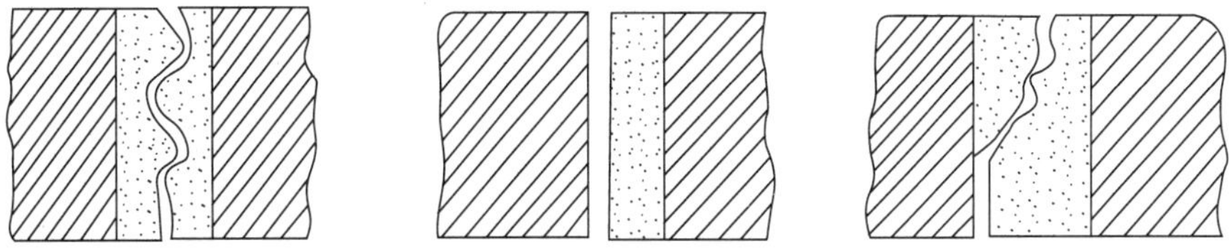

（a）内聚破坏　（b）黏附破坏　（c）混合破坏

图4－2　胶层破坏形式

内聚力取决于黏合剂的性质、组成、配比和固化工艺等。胶层内聚力的理论值比实际测定值高得多，这是由在胶层中不可避免地存在缺陷，产生应力集中，出现微小裂纹所造成的。胶层越厚，缺陷越多。胶层薄，缺陷少，利于黏合剂分子的定向作用，也能充分发挥黏附力的作用，节约用胶量。

二、黏结机理

黏合剂的使用已相当广泛，如何获得最佳黏合力和黏合状态及从理论上进一步指导黏结实践，自然引起了各国研究者的关心，因而也提出了各种黏结理论。主要有以下几种：

（一）吸附理论

吸附理论是现在较为普遍的理论。这种理论认为：黏结作用是黏合剂与被黏物分子在界面层上相互吸附而产生的。这种吸附力是分子之间的相互作用力——次价力引起的，这种作用叫物理吸附。物理吸附是在黏合剂和被黏物之间牢固结合的普遍原因，这就是吸附理论。

吸附理论认为：任何物质分子相互接近到距离小于0.5nm时，就会产生分子间的相互作用力（次价力），这种力尽管很小，但因分子数目很多，其所产生的吸附力是相当大的。一般认为，吸附作用是产生黏附力的主要因素。黏合剂与被黏物紧密地黏附在一起而具有足够的强度，所以提出粘接界面黏附的物理化学条件——表面润湿现象。

1. 表面润湿现象

要获得最大的粘接强度，首先要求黏合剂与被黏物之间达到最大的接触。在一定的接触表面情况下，黏合剂对被黏表面应有良好的亲和性。也就是有良好的润湿性。这是必要条件之一。

什么是润湿现象呢？如果在洁净的玻璃板表面上，分别滴上一滴水和一滴水银，会发现水滴将沿着玻璃表面扩散，而水银却在玻璃表面形成圆球状的水银球。水能润湿（扩散）洁净的玻璃表面，表明两者间有良好的亲和性，而水银则不润湿玻璃表面。从润湿现象可以看到，在液体和固体相接触的地方，液面会发生如图 4－3 所示的弯曲，液面的切线和固体表面之间所成的角度称为“接触角”，以 θ 表示。

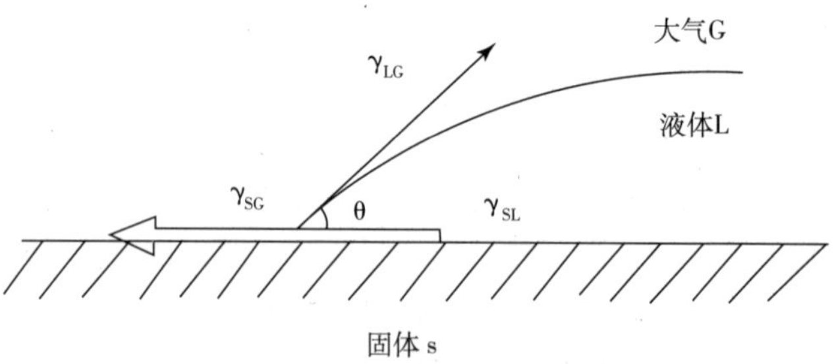

图 4－3　液体与平的固体表面间的接触角

在图 4－3 中，γ_{SL}为固体-液体的界面张力，γ_{LG}为液体-大气的界面张力，γ_{SG}为固体-大气的界面张力。在处于平衡状态时则可以得出在液固界面上平衡状态的接触角 θ 与界面张力的关系式为：

$$\gamma_{SG}=\gamma_{SL}+\gamma_{LG}\cdot\cos\theta$$

①若 $\theta=0$ 时，即 $\gamma_{SG}=\gamma_{SL}+\gamma_{LG}$则液体能在固体表面自动展开，表示完全润湿。

②若 $\theta<90°$时，表示可以润湿，且 θ 越小，润湿性越好。

③若 $\theta>90°$时，表示不易润湿，且 θ 越大，润湿性越差。

④若 $\theta>180°$时，表示完全不润湿。

故在多数情况下黏合剂对被黏物的接触角小于 90°时，均能完全润湿被黏结物体表面，使得黏接强度高。

2. 黏附的结合力

黏合剂对被黏物体的润湿能力是衡量黏附性的先决条件，润湿只是一个宏观现象，其实质是由于界面发生了黏附的结合力即黏附力。它是黏合剂与被黏接物两种分子之间的相互作用力，而且还有化学键力。这种黏附结合力在多数情况下主要是极性键力在起作用。黏合剂分子的极性弱，它与固体接触时，界面间的极性键力也小，即黏附力小。若黏合剂分子的极性强，能形成较多和较强的极性键，这样黏附力也必然很大，黏结性能好，强度也高。因此黏附力是与黏合剂分子的极性强弱有关。

吸附理论能够解释某些黏结现象。但对高聚物自黏或互黏，对黏结强度的影响等现象不能给予很好的解释；剥离黏合剂薄膜所做的功要超过分子间的作用力好几十倍以及黏附力决定于剥离时的速度等现象还不能得到圆满的解释。

（二）扩散理论

扩散理论认为：在高聚物之间，特别是热塑性高聚物之间自黏或互黏是由于长链分子或它们的个别链段扩散所致，由于这种扩散的结果，使得在黏合剂和被黏物之间形成牢固的结合。

如果被黏的高聚物能被黏合剂的溶剂所溶胀，甚至溶解时，不仅黏合剂的分子能扩散渗入到被黏物内部，而且被黏的高聚物分子也能扩散到胶层内。此时，黏结界面层将消失，黏结作用不仅是表面现象，而且成为一种体内现象。

扩散理论的解释范围，主要用在高聚物之间，特别是热塑性高聚物之间的黏结现象。

（三）静电理论

静电理论认为：黏合力是由于界面上双电层之间静电引力的作用。

当一个黏合缝进行剥离时，在剥离面形成了“双电层”，要分开此双电层的两个极板，就必须克服它们的静电引力，如图 4 -4 所示。

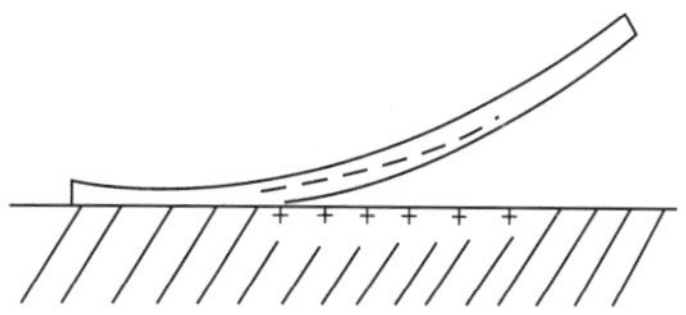

图 4 -4　胶膜从固体表面剥离时产生的双电层示意图

当胶接缝进行剥离时，所做的剥离功与剥离速度的快慢有依赖关系，这是由静电作用力造成的。快速剥离（剥离速度 $v = 10^{-2} \sim 10^{-1}$cm/s）时，得到的剥离功值比慢速（$v = 10^{-7} \sim 10^{-5}$cm/s）得到的值大许多倍。这是因为当剥离以极慢的速度进行时，由于表面电导的存在，使电荷有来得及逸去的可能，因而消除了异性电荷间的吸引力，使得剥离功与平衡黏附功值接近。快速剥离时，电荷未能及时逸去，因而剥离功内包括了静电引力的作用，使剥离功值大大偏高。这样，静电理论就解释了吸附理论所不能解释的两种剥离功大小悬殊的现象。但许多高聚物之间进行剥离时，未观察到静电现象，这一点静电理论无法解释。

（四）化学键理论

化学键理论认为：化学键的强度比范德华力高得多，某些黏合剂与被黏物之间能形成化学键，则结合很牢固。现代实验技术也已经证明，在异氰酸酯黏合剂与橡胶轮胎之间，在酚醛、环氧、聚氨酯等树脂与金属铝表面之间，形成了化学键。

诚然，通过黏合剂与被黏物分子之间可能形成的化学键（发生化学反应），而得到牢固的化学结合力，这个理论是有效的，但它只限于解释反应性的特定的黏合剂品种，不能解释所有黏合剂的黏合机理，例如很多没有化学反应的黏合剂品种。

（五）机械结合理论

任何物体的表面看来十分光滑，但放大起来看是十分粗糙的，有些表面还是多孔性的。黏合剂渗透到这些凹凸或孔隙中去，固化后就像许多小钩子似地把黏合剂和被黏物连接在一起。把黏合剂与被黏物之间的黏附力归于机械作用，称为机械结合理论。

这样的微观机械连接对于多孔性材料的黏结强度的确有显著的贡献，但对于非多孔性的表面，这种作用就不大。

上述各种理论对阐述黏结机理，都有其正确的一面，但都解释得不是十分完善。尤其是实际使用的黏合剂，其组成都比较复杂，更难以用某一理论进行圆满的解释。因此黏结机理还有待于进一步发展。

第三节　天然黏合剂及无机黏合剂

天然黏合剂是人类最早应用的黏合剂。按来源可分为动物胶、植物胶和矿物胶等；而按化学结构可分为葡萄糖衍生物、氨基酸衍生物及其他天然树脂等。无机黏合剂也称为无机胶，如水泥、石膏、水玻璃及其他无机黏合剂等。这些黏合剂基本上都对环境无大影响。尤其是葡萄糖衍生物，氨基酸衍生物等黏合剂都是对环境、人体没有影响，而在包装、印刷工业中得到了广泛的应用。

一、葡萄糖衍生物黏合剂

从植物中提出的胶质多数是葡萄糖衍生物，它们的基本结构如下：

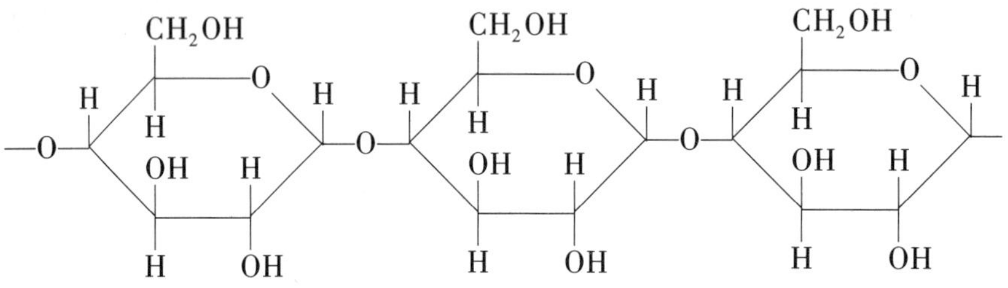

它包括淀粉、糊精、阿拉伯树脂及海藻酸钠等。

1. 淀粉

淀粉的分子式为（$C_6H_{10}O_5$）$_n$，淀粉是无味无臭的白色粉末，有吸湿性。按淀粉来源的植物品种，可分为玉米淀粉、土豆淀粉、小麦淀粉、红薯淀粉、高粱淀粉、木薯淀粉、大米淀粉等，其相应的形态颗粒大小组成聚合度和糊化温度都有所不同。按化学结构，可分为直链淀粉和支链淀粉，直链淀粉和支链淀粉性质上有较大的差别：直链淀粉相对分子质量较小，约 $1.0\times10^4\sim2.0\times10^5$，易溶于热水，溶解后黏度较低，支链淀粉相对分子质量较大，约 $4.0\times10^8\sim5.0\times10^4$，只有在加热、加压的条件下才溶于水，形成的溶液黏性大。直链淀粉是线形结构，在淀粉中含量为10%～30%。能溶于热水而不成糊状，遇碘成蓝色。支链淀粉因其高度支化，在冷水中不溶，与热水作用则膨胀而成糊状。遇碘呈紫红色。在黏合剂中最常用的是玉米淀粉，其中直链淀粉占25%～27%，支链淀粉占68%，中间部分占5%～7%。

淀粉不溶于冷水、乙醇和乙醚。在水中，加热初期仅产生浑浊，随温度升高而膨胀，大多数淀粉约在60～70℃开始溶胀，比较好的分散温度为95℃，然后即破裂而糊化，糊化温度一般在65～78℃。糊化后会变成非常黏稠的半透明液体，冷却时会凝胶化。

淀粉糊在加热时，黏度较低，冷却时硬度和凝胶强度都增大。以尿素做糊化促进剂时黏度较低，而以硼砂与氧结合，则具有交联效果，使糊液黏度升高，在一定浓度时，流动性消失。

淀粉黏合剂广泛用于包装工业中，特别是纸制品加工。如纸袋、纸盒、瓦楞纸板箱等的黏结。

下面是一种典型瓦楞纸板黏合剂配方：玉米淀粉，12.82kg；30%双氧水，0.128kg；30% NaOH 水溶液，2.8835kg；10%硼砂，0.2083kg；水，83.96kg。

这种黏合剂具有黏附力强，干燥快，碱性小等特点。

2. 糊精

糊精是将淀粉加热（如180℃时）使其分子分解而得到的。它的分子式也是（$C_6H_{10}O_5$）$_n$，只不过 n 的数字没有那么大而已。糊精不仅可溶于热水，而且还可溶于冷水配成各种浓度的黏合剂。一般用45%～50%浓度的糊精水溶液，作为纸张黏合剂。糊精黏合剂干燥后很脆，附着力并不强，如漆布和纸板使用糊精黏合剂黏结，则干燥后很容易从糊精胶层揭开。

糊精配制时可加入1%～2%的甘油，以提高胶膜的弹性，加入0.65%～1%的硼砂，可提高糊精的黏结牢度。

糊精黏合剂比淀粉黏合剂黏结力强，适合于自动包装瓦楞纸箱、纸盒、纸袋等的黏结。瓦楞纸箱糊精黏合剂配方举例如下：糊精100kg；硼砂2.5kg；轻质碳酸钙1.5kg；NaOH溶液（27℃）20kg；硼砂液（3kg硼砂+30kg水）33kg；水45kg。

这种黏合剂具有初黏性好、黏合牢固、不凝胶、不发霉、含碱量低、防潮性能好等特点。

3. 阿拉伯树脂

阿拉伯树脂系由阿拉伯、非洲及澳大利亚等地生长的胶树所得树胶的总称。呈白色至深红色硬脆固体，相对密度在1.3～1.4之间，溶解于甘油及水，不溶于有机溶剂。它是阿拉伯胶素酸（分子式为 $C_6H_{18}O_9$）的钾、钙、镁盐等转变成半乳糖和葡萄糖醛酸而形成的长链状聚合物，其分子结构式为：

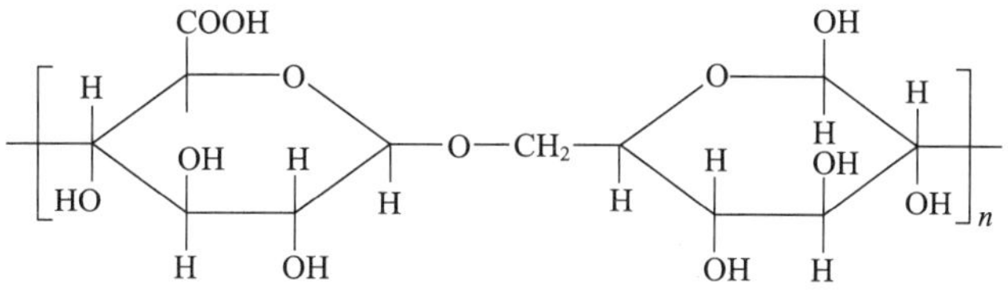

这种聚合物加水分解为乙醛糖酸。

这种有机酸盐能够用酸直接中和，与石灰反应会产生不溶性的沉淀，添加硫酸铵、硫酸钠等会降低黏度。

阿拉伯树脂黏合剂可用于商标标签的粘贴，食品包装的黏结、邮票上胶等。

4. 海藻酸钠

海藻酸钠系β-无水右旋甘露密醛酸钠的聚合物，具有下列结构：

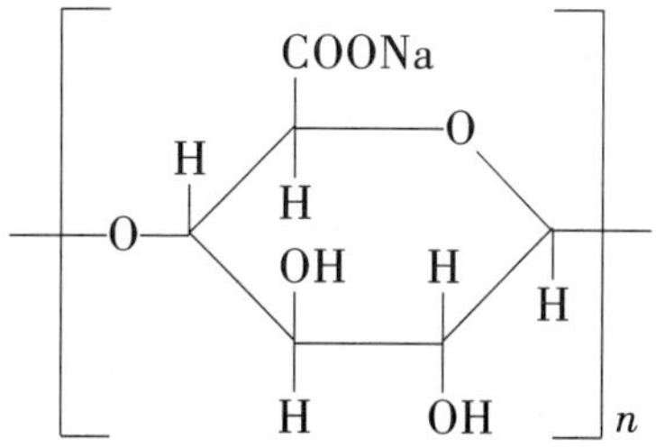

海藻酸钠为白色至暗棕色固体，溶于水，不溶于有机溶剂，有亲水悬浮胶体的性质。

这种海藻酸盐系由昆布属海藻，如黑海带、裙带菜等用碱萃取的水溶液中，添加乙醇所得的糊状沉淀物。亦可由海藻制碘过程的副产品中所得。

单独用海藻酸钠配制的黏合剂，适合做食用黏合剂。如在冰激凌、巧克力、奶酪中做增黏剂，也可用于其他工业中。

二、氨基酸衍生物黏合剂

人类最早的生产活动是狩猎，从动物的血液凝结作用中得到启发，开始了血液黏合剂的利用。血液的黏结是由蛋白质的凝固作用而引起的，而蛋白质的基本组成单位是氨基酸，化学式为：

$$\begin{array}{l} NH_2\text{—}\underset{\displaystyle R}{\underset{|}{C}}HCO(NH\underset{\displaystyle R}{\underset{|}{C}}HCO)_nNH\underset{\displaystyle R}{\underset{|}{C}}HCOOH \end{array}$$

由于蛋白质是生命的来源，所以在一切生物体内大量存在。可以作为黏合剂的除植物蛋白外，基本上由动物体制取。

这类黏合剂的制取虽然比葡萄糖衍生物稍复杂些，但耐水性要好得多。

1. 植物蛋白

在植物的种子如小麦、大豆中都含有一定比例的蛋白质，小麦约为14%~15%，大豆脱脂后约占45%~55%，而其中苛性钠可溶的蛋白质约为82%~90%。所以，一般都以大豆作为原料。

一般情况下将大豆蛋白与水一起配制成一定浓度的溶液即可应用。但为了调节黏度或延长胶液的使用时间，还可加入适量的盐类如氯化钠、氯化铜、藻酸钠和果胶等，或者加入一定量的碱类等。

大豆蛋白曾经是胶合板工业的主要黏合剂，并大量应用于包装纸板箱的黏结。但由于它耐水性较差，近年来将其作为脲醛树脂、苯酚-甲醛树脂及间苯二酚-甲醛树脂的添加剂使用。广泛用于胶合板的黏结。

2. 酪朊

酪朊又称为酪素或干酪素，是动物乳汁中的含磷蛋白。在牛乳中约占3%，以胶性悬浮的酪朊钙形式存在，是干酪的主要成分。它是无臭无味、白色至黄色的透明固体或粉末，相对密度1.25~1.31，溶于稀碱液、碱性碳酸盐溶液和浓酸，在弱酸中沉淀，不溶于水、醇及醚；有吸湿性，干燥时稳定，潮湿时易于变质。与蛋类蛋白质不同的是，加热不易凝固。异种动物的酪朊虽然有同样的生理作用，但溶解度等物理性质有一定的差异。牛酪朊元素分析的结果是：C为53%、O为23.14%、H为6.81%、S为0.83%、N为15.7%、P为0.88%。

酪朊使用时，应先加水使其膨胀，再加入一些碱性添加剂使其易于溶解，然后加热、搅拌，使其配成25%的溶液。所加的碱性添加剂可选用硼砂、氨水、氢氧化物、磷酸钠、碳酸钠、硅酸钠等。

酪朊黏合剂在常态下有很好的黏合力，以桦木为例，其强度可达13.0~15.0MPa，但在浸水后强度下降，在50℃水中浸渍4h，其强度为3.0~4.0MPa。然而它的耐老化性却十分优越，当在温度为70℃、相对湿度为60%的条件下暴露两年以上时还能保持70%的强度，而在同样的条件下以酚醛树脂做黏合剂（冷压黏合）时，强度已接近于零。

正由于具有上述特点，因此酪朊黏合剂特别适用于木材及木材制品（包括软木、纸张、胶合板、纤维板等）的黏合加工，以及木材与金属、陶瓷、塑料、玻璃等异种材料的黏结。如果在酪朊黏合剂中加入橡胶乳液等柔软的黏合剂，将会产生更好的作用。

3. 骨胶及明胶

骨胶是骨胶朊衍生的蛋白质的总称，属于硬蛋白，加水分解便转变为明胶：

$$C_{102}H_{149}O_{38}N_{31} + H_2O \longrightarrow C_{102}H_{151}O_{39}N_{31}$$

明胶除纯度高，品质好以外，与骨胶没有明显的区别。

干燥的骨胶平均含水 11% ~18%，相对密度约 1.27。颜色、外形和性能随原料和制造方法的不同而略有不同。明胶是透明的浅黄色小颗粒，无臭无味，在冷水中吸水膨胀，溶于热水，冷却后形成凝胶。溶于甘油和醋酸，不溶于乙醇和乙醚。

骨胶胶液是典型的不均匀分散的胶体，也即溶胶。在 40℃以上时比较稳定，呈黏性流动态，黏度随温度、盐的含量和体系的 pH 值而变化。变成冻胶或所谓的凝胶。形成凝胶后，在 30s 内就有一定的刚性，但胶液加热时冻胶的强度（刚性）下降。这种溶胶 - 凝胶的变化与低分子晶体的溶解 - 结晶是不一样的。溶胶凝固成为凝胶的温度称为凝固点，凝胶溶解成为溶胶的温度称为融点，两者常常是不一致的，通常融点比凝固点高。

骨胶可用牲畜的骨、皮或腱等为原料，先在石灰浆中浸渍，然后水洗，中和，再用温水浸泡（或在水中加热）变成胶。浸出物可以直接脱水干燥，制成粒状胶，也可通过凝胶化制成块状胶，按适当大小切断，在铁丝网上干燥，使用前再粉碎成小块。

骨胶对皮革、纸张、金属、木材等都有很强的黏合力，被广泛用于包装工业中，如胶合板、木材的黏合剂，可涂在纸的背面制成胶黏带，用以密封硬纸板及波纹纸的包装箱，也用于纸袋、纸盒等的黏合剂，是典型的绿色包装材料。

三、其他天然树脂黏合剂

在天然黏合剂中，除葡萄糖衍生物、氨基酸衍生物外，还有一些其他的动植物树脂和矿物树脂。如木素、单宁、生漆、松香、虫胶、沥青等。生漆、松香、虫胶和沥青在包装工业中应用较多。如松香树脂黏合剂可直接用做金属材料，尤其是金属包装材料的黏结。虫胶黏合剂特别适用于金属的黏结以及塑料等的黏结。

四、无机黏合剂

无机黏合剂是一类范围相当广泛的黏结材料。系水泥、石膏、硅酸盐等。这里仅介绍包装工业中使用较多的硅酸钠（水玻璃）黏合剂。

1. 性质

硅酸钠系由硅石与苛性钠（或苏打）加热熔融制得的无色、无臭、呈碱性的黏稠溶液，它可以任何比例与水溶解，其性能如表 4 -1 所示。

硅酸钠的黏结强度比淀粉高，但比骨胶、酪朊等稍差。干燥后的胶膜是脆性的，而且不溶于水、耐热、耐火性都很好。硅酸钠胶液是碱性的，易污染被黏物，这是一个很大的缺点。目前，已经被淀粉黏合剂所代替。

2. 黏合剂的配置及用途

对于不同的应用，应用不同的硅石与苏打的配比，具体如表 4 -2 所示。

表 4－1 硅酸钠的性质

SiO_2/Na_2O 质量分数/%	Na_2O/%	浓度/°Be	相对密度 D_4^{20}/（g/cm³）	黏度/Pa·s	pH 值
3.40	8.30	39.7	1.377	0.33	11.2
3.22	9.16	42.2	1.410	0.40	11.3
3.22	8.90	41.0	1.394	0.18	11.3
2.90	11.00	47.0	1.480	0.76	11.5
2.40	13.80	52.0	1.559	1.70	11.9
2.00	14.50	50.0	1.526	0.28	12.2
2.00	18.00	59.2	1.692	70.00	12.2
1.60	19.50	58.5	1.676	7.00	12.8

表 4－2 不同用途的硅酸钠黏合剂的特性

Na_2O/%	SiO_2/%	SiO_2/Na_2O 质量分数/%	浓度（20℃）/°Be	黏度（20℃）/Pa·s	用 途
11.1	31.9	2.9	47	0.96	金属箔、包装黏结
8.9	28.7	3.2	41	0.18	纸盒、纸管
9.2	29.5	3.2	42	0.40	纸盒、胶合板
8.3	28.2	3.4	39.7	0.33	纸盒
6.7	25.3	3.7	35.0	0.22	特殊黏合剂

还可根据使用要求，加入配合剂。如，耐水胶的配方为：石棉水泥 2.268kg；氧化亚铅 0.226kg；硅酸钠 3.785L；甘油 0.113kg；松香 0.113kg。

新的配方是：以硅酸钠做黏合剂，以金属氧化物或氢氧化物做固化剂，并以氧化硅或氧化铝做骨材，既可低温固化又可加热（110～130℃）固化。它的低温固化物有很强的耐水性。

硅酸钠黏合剂是失去水分而发挥黏结效力，对易于吸收水分的多孔物质如纸－纸、纸－纤维、纸－金属、纸－玻璃等都有很好的黏合效果。应用较多的场合是纸品、硬纸板盒的加工等。

第四节 合成树脂黏合剂

合成树脂黏合剂是当今产量最大、品种最多、应用最广，也是对国民经济和科学技术发展影响最大的黏合剂。

合成树脂黏合剂可分为热塑性、热固性以及复合型树脂三类。

一、热塑性树脂黏合剂

热塑性树脂黏合剂分为乳液型黏合剂、溶剂型黏合剂和热熔型黏合剂。

（一）乳液型黏合剂

乳液型黏合剂一般以水为分散介质，成本较低、无毒、色浅，有良好的稳定性和作业适应性。而且聚合物乳液的树脂相对分子量可以很高，因此黏合剂膜的强度较好。乳液型黏合剂不用加热或加固化剂就能较快地固化。乳液型黏合剂的最大缺点是耐水性不佳、蠕变性较大，当然这两个缺点可通过提高树脂的相对分子量得到一定的改善。乳液型黏合剂最具代表性的是聚醋酸乙烯及其共聚物。

醋酸乙烯为无色液体，有醋酸气味，不溶于水，能溶于醇、酯、酮及甲苯。在常温下能缓慢聚合，在光、热或过氧化物的作用下，聚合急剧加速。醋酸乙烯有挥发性和可燃性，它的蒸汽有微毒，使用和保存时要注意安全。

聚醋酸乙烯乳液黏合剂在黏合剂市场上占很大位置。由于它的稳定性好，能和填料、增塑剂等很好地混合，黏度可以自由调节，有良好的早期黏结强度等而得到广泛应用。聚醋酸乙烯乳液可单独使用，也可与脲醛树脂掺混，主要用于木材的黏结，例如，胶合板、塑料层合板、木材与木材、木材与塑料薄膜的黏结加工。与脲醛树脂并用不仅可降低成本，还可提高黏结层的抗水性和耐热性。聚醋酸乙烯乳液还可作为纸张的黏结，用于自动包装、硬纸板加工，铝箔与玻璃纸的层压等。

醋酸乙烯与其他单体共聚可以制得多种乳液型黏合剂。将醋酸乙烯与乙烯共聚，可以制得 VAE 乳液黏合剂。由于在醋酸乙烯中引入了乙烯，使醋酸乙烯基间的距离拉大，因而空间位阻减少，使聚合物主链变得柔软，起到内增塑的作用。VAE 乳液胶膜能耐寒、耐酸、耐碱，对氧、臭氧和紫外线较稳定，与其他树脂相容性好，无毒，储存期较长，低温成膜性较好，可用于黏合纸板和加工纸、纸箱的封合、缠管、贴标签、贴包装盒开窗薄膜以及塑料薄膜、无纺布、铝箔等的黏结。

醋酸乙烯还可与丙烯酸酯、甲基丙烯酸酯、N－羟基丙烯酰胺、α 或 β 乙烯系不饱和羧酸的一元或二元酯、α 或 β 乙烯系不饱和羧酸、氯乙烯、偏二氯乙烯等单体共聚。另外还可以用两种或者两种以上的单体与醋酸乙烯共聚。例如，丙烯酸酯与醋酸乙烯共聚乳液黏合剂，可用于金属与塑料等材料的黏结，聚氯乙烯薄膜与胶合板的黏结，铝箔与纸（或玻璃纸）的层压黏结等。为了提高其操作性能和耐热性能，还可在其中添加酪朊溶液，即使通常较难黏结的聚酯或聚酰胺薄膜经表面处理后也可用这种乳液黏合剂黏结。

（二）溶剂型黏合剂

溶剂型黏合剂是包装中比较常用的一大类黏合剂。将热塑性聚合物、天然橡胶或合成橡胶等物质用适当的溶剂溶解，即可制成溶剂型黏合剂。

大部分溶剂型黏合剂是以有机溶剂为溶剂，也有部分是以水为溶剂的。溶剂型黏合剂主要有：

1. 聚乙烯醇溶剂型黏合剂

聚乙烯醇的单体是不稳定的，因此它不能由单体直接聚合而制得，而是由聚醋酸乙烯在甲醇中的聚合物，经水解而制得：

$$\begin{array}{c}CH_2-CH\\ \quad\;|\\ \quad OCOCH_3\end{array} \xrightarrow{CH_3OH} \begin{array}{c}\left[CH_2-CH\right]_n\\ \quad\;|\\ \quad OCOCH_3\end{array} \xrightarrow{OH^-} \begin{array}{c}\left[CH_2-CH\right]_n\\ \quad\;|\\ \quad OH\end{array}$$

将聚乙烯醇溶解在适当的溶剂中，主要是水中，可制成聚乙烯醇溶剂型黏合剂。聚乙烯醇溶液中还可加入增塑剂（如甘油、聚乙二醇、尿素衍生物等）、填料、防腐剂等添加剂以满足不同黏结物体的性能要求。

聚乙烯醇溶剂型黏合剂主要用来代替淀粉、糊精、动植物蛋白等用做纸张加工黏结，如制袋、封箱等。还可制备再湿性黏合剂、纤维上浆剂等。

2. 纤维素衍生物溶剂型黏合剂

纤维素衍生物树脂及混合纤维素树脂都可以制成溶液型黏合剂。包装工业中常用的纤维素衍生物黏合剂主要有下面几种：

（1）硝酸纤维素黏合剂。硝酸纤维素黏合剂是由低硝化度的纤维素、增塑剂、增黏剂、溶剂及其他助剂配制而成。溶剂主要有丙酮、醋酸乙酯、甲乙酮、乳酸乙酯等。硝酸纤维素黏合剂主要用于纸加工，织物、陶瓷、玻璃的黏结。

（2）醋酸纤维素黏合剂。这种黏合剂是由醋酸纤维素溶解于丙酮、醋酸乙酯等溶剂中而成。醋酸纤维素由于其黏度较高，使用时必须加稀释剂才能使用。

（3）乙基纤维素黏合剂。这种黏合剂是纤维素醚类黏合剂的代表，具有很好的挠曲性和耐化学介质性，适用于纸加工、织物类及金属箔的黏结。

（4）甲基纤维素黏合剂。甲基纤维素的水溶液加热后黏度下降，然后突然凝胶化，冷却后又分解恢复成黏液状。甲基纤维素黏合剂可用于纸张的耐油黏合剂，也可用做淀粉、糊精、骨胶树脂乳液及橡胶树脂乳液的增稠剂及保护胶体。

溶剂型黏合剂除上面介绍的几类外，还有聚醋酸乙烯、聚丙烯酸酯、聚酰胺等。聚醋酸乙烯黏合剂用来黏合玻璃纸、纸、织物及某些塑料。聚丙烯酸酯主要用来黏结塑料、有机玻璃、纸、玻璃纸等。

（三）热熔性黏合剂

热熔性黏合剂是一种不含溶剂或水的热塑性树脂为基体的固体黏合剂。其受热时熔融，与被黏物黏结，黏结界面在冷却后固化，而具有一定的黏结强度。这类黏合剂又称为热熔胶。

热熔性黏合剂是多组分黏合剂。它以热塑性树脂为黏结料，加入增黏剂和石蜡等配制而成。按不同性能要求，可适量加入增塑剂、抗氧剂和填料等。

由于热熔性黏合剂具有固化速度快、多功能、黏结范围广、无溶剂、不污染环境，应用范围很广，在包装加工、纸制品加工、木工、纤维加工等部门已有悠久的应用历史。目前又在某些领域中开拓了新的用途，例如，罐头的封合，过去全都采用机械方法，现已采用热熔性黏合剂黏结。

常用热熔性黏合剂的性能和用途如表 4－3 所示。

表 4-3　常用热熔性黏合剂的性能和用途

材料牌号	主要成分	性　能	用　途
HM-1	乙烯-醋酸乙烯共聚物	使用方便、柔软无毒、耐水、耐蚀、利于快速流水工程操作，软化点为75℃	可黏结铝、钢、聚乙烯、聚丙烯塑料等
聚酰胺	低分子聚酰胺、磷酸三丁酯、环氧树脂	耐热性及黏结强度好、塑性好，熔点为110~180℃	金属材料及皮革材料的黏结
乙烯-丙烯酸酯共聚物热熔胶	乙烯-丙烯酸异丁酯共聚物、石蜡、松香	黏结强度较高	用于塑料与金属、金属与金属的黏结

二、热固性树脂黏合剂

（一）氨基树脂黏合剂

氨基树脂是含氨基的富氮聚合物的总称。通常由含氨基的尿素、三聚氰胺等与甲醛反应，生成活性低聚物，然后经过几个阶段的反应，缩聚成热固性树脂。

氨基树脂主要有脲醛树脂和三聚氰胺甲醛树脂。三聚氰胺甲醛树脂的耐水性、耐热性和耐老化性都比脲醛树脂好，黏合力也大。

用氨基树脂进行黏结时，一般分为冷压法和热压法两类。冷压法在室温进行，必须加酸催化剂，仅限于脲醛树脂黏合剂使用，一般用在胶合板、装饰板及硬纸板等方面。热压法对各类氨基树脂都适用，在胶合板工业上也广泛采用。

（二）酚醛树脂黏合剂

酚醛树脂是由苯酚与甲醛反应生成。催化剂的类型不同，其反应速度与反应形式也不一样。在酸催化剂作用下，苯酚和甲醛反复产生加成和缩合，生成线形酚醛树脂，而在碱催化剂作用下，仅以加成反应作为主反应，生成可溶性酚醛树脂。

可溶性酚醛树脂主要用于耐水胶合板、硬质纤维板等的黏合；线形酚醛树脂可用于木材及硬质纤维板等的黏合。氨基树脂和酚醛树脂黏合剂中均含有少量甲醇，甲醇对人体危害很大，应控制在允许的范围内。

（三）环氧树脂黏合剂

环氧树脂是含有两个以上环氧基的多分子性化合物的总称。典型的环氧树脂是二羟基二苯基丙烷，是由双酚 A 和环氧氯丙烷在浓碱催化剂作用下反应而得：

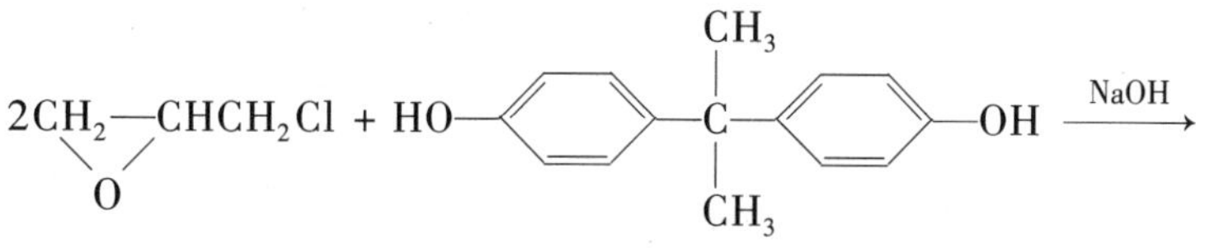

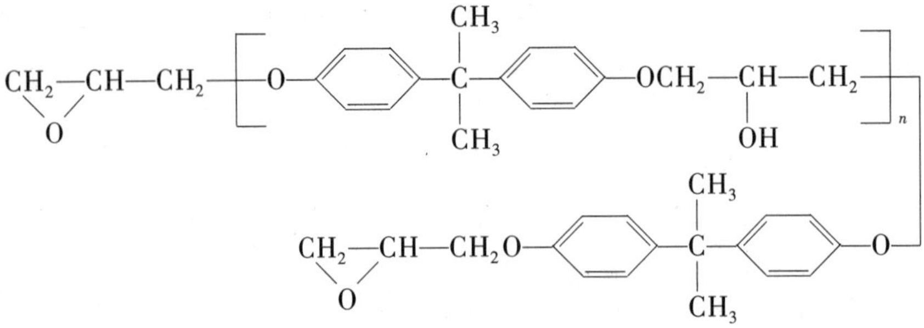

根据环氧氯丙烷和双酚 A 的摩尔比不同，生成树脂的相对分子质量自 350～700 不等。1mol 双酚 A 和大于 2mol 的环氧氯丙烷反应所得的是小分子量的液状树脂。随着聚合物链节数的增加，树脂由液态转变为高熔点的固态。

环氧树脂黏合剂具有黏附力和内聚力大、低收缩率、低蠕变性，耐潮湿和溶剂，且 100% 的固体，可在室温固化，耐温性能好等特点，故对金属、玻璃、塑料、陶瓷等都有较强的黏附力。

（四）聚氨酯树脂黏合剂

聚氨酯作为黏合剂是 20 世纪 60 年代后开始的。聚氨酯是由多异氰酸酯和具有两个以上活性氢原子的化合物（如聚酯、聚乙二醇醚等）反应生成的聚合物。在作为黏合剂时，按照其组成的不同又可分为多异氰酸酯、氨基甲酸酯预聚物、异氰酸酯改性聚合物 3 类。

聚氨酯黏合剂有高度的弹性，然而与其他柔性黏合剂相比，具有更好的耐热水、耐溶剂、耐热、耐寒、耐油、耐氧化及耐臭氧等性能（表 4－4）。

表 4－4　聚氨酯与其他柔性黏合剂的性能比较

黏合剂	抗拉强度 /lb	延伸率 /%	耐磨耗性/$g \cdot r^{-1}$（损失克数/转）	脆化温度 /℃	水蒸气透过率 /($24h \cdot 0.1in^3$)	氧气透过率 /%
聚氨酯	3800	4.75	1.8×10^{-5}	-70	13.5	5.05
氯丁橡胶	2000	625	14.2×10^{-5}	-40	0.9	15.4
聚氯乙烯	—	—	12.5×10^{-5}	-55	0.1	1.5

聚氨酯黏合剂对金属、木材、橡胶、大部分塑料（尤其是含有大量增塑剂的聚氯乙烯）都有很好的亲和性。它广泛地应用于软包装材料的黏合、复合材料及密封剂的制造等方面。它能黏合的代表性的物体如表 4－5 所示。

表 4－5　聚氨酯黏合剂黏结的代表性物体

钢－钢	聚氯乙烯－聚氯乙烯
钢－醋酸纤维素	聚氯乙烯－橡胶
钢－丙烯酸树脂	木材－木材
铝－醋酸纤维素	软木－软木
铝－铝	皮革－橡胶
尼龙－铝	纤维素海绵－纤维素海绵
玻璃－玻璃	聚氨酯泡沫－聚氨酯泡沫
玻璃－钢	

三、复合型树脂黏合剂

热塑性树脂黏合剂和热固性树脂黏合剂各有其特点，为了在某些特定的场合以及在结构件上应用，往往需要具有综合性能的黏合剂——复合型树脂黏合剂。复合型树脂黏合剂品种很多。在包装工业中使用最多的是乙烯-醋酸乙烯共聚物，丁腈-酚醛树脂。乙烯-醋酸乙烯共聚物在前面已经介绍过，在此仅介绍丁腈-酚醛树脂。

丁腈橡胶因含有腈基，而对金属有很好的黏合强度。如果再加上羟基，则对金属的黏合性有进一步的提高。用这样的活性剂化合物与酚醛树脂复合，在加热时，一方面酚醛和丁腈橡胶中的双键结合而固化，另一方面丁腈橡胶中的腈基和酚醛树脂的羟甲基反应，具有和硫化同样的交联作用。

酚醛树脂和丁腈橡胶的配比对黏合剂的性能影响很大，树脂过多，必然使黏合剂缺乏塑性，不耐冲击；橡胶过多，必然影响黏结强度和耐热性能。当酚醛树脂和丁腈橡胶之比为1∶1左右时可得到机械性能及耐热性能都比较好的黏合剂。如果黏结件要求在较高的温度使用，橡胶用量可低于树脂用量。

酚醛-丁腈橡胶黏合剂耐冲击性良好，耐化学介质、耐油脂、耐燃料、耐溶剂性能都很强。在$-55\sim120$℃的范围内有很高的黏合强度，即使在-70℃仍能使用。有的品种还可以在177℃下长时间使用。

酚醛-丁腈橡胶黏合剂在包装工业中主要用于铝及氟塑料等方面的黏结。

第五节 橡胶黏合剂

橡胶是一类对各种物质都有良好黏结性能，而且初期黏附力大的黏合剂。同时橡胶所具有的弹性，对不同膨胀系数的材料的体积收缩，对承受冲击与振动的部件，都有出色的缓冲作用。但天然的橡胶的耐油和耐溶剂性能很差，与之接触会出现明显的膨胀或溶解。因此在实际应用中都采用改性橡胶黏合剂或合成橡胶黏合剂。在包装工业中使用较多的是丁腈橡胶和丁苯橡胶。

在以橡胶作为黏合剂时，根据用途可采用溶液型、乳胶型和低聚合度液态三种类型黏合剂。

一、丁腈橡胶黏合剂

1. 结构及组成

丁腈橡胶是丁二烯和丙烯腈乳液聚合的共聚物，其结构为：

$$\left[CH_2-\underset{\displaystyle CN}{\underset{|}{CH}}\right]_m\left[CH_2-CH=CH-CH_2\right]_n$$

作为黏合剂使用的，一般都是丙烯腈含量在30%～40%之间的共聚物，因为这种含量的丁腈橡胶的黏合膜强度最高、耐油性最好、黏合性最大。

丁腈橡胶黏合剂以丁腈橡胶为主体，为了提高黏结强度，可加入改性树脂和改性酚醛树脂、醇酸树脂、聚氯乙烯树脂等。为了提高与金属的黏合性，可加入氯化橡胶。为了改进黏附性，还可使用双脂类、松脂胶或香豆酮树脂等。为了增加柔软性和耐寒性，可使用邻苯二甲酸二丁酯、邻苯二甲酸二辛酯、磷酸三甲苯酯等。此外，三甲基二氢喹啉等防老剂可保证溶液的稳定性，同时还可提高黏附性和耐热性。若提高聚合物的稳定性，则可用苯基-β-萘胺和甲基对苯二胺的混合物。作为填料的炭黑，可增加强度与黏合力，但外观是黑的。而采用铁丹、氧化锌、胶态硅、钛白、高岭土等虽然价格较低，但会降低黏合力。可采用橡胶最易溶解的丙酮、甲乙酮、二氯乙烷等做溶剂，亦可与醋酸乙酯、醋酸甲酯、二甲苯、甲苯等混合使用。在实际使用时，要根据溶解性、挥发速度、成本等因素进行通盘考虑。

2. 性能和特点

丁腈橡胶黏合剂的外观是从淡棕色到深棕色的黏稠液体，含固量为25% ~30%，喷涂用的黏度为150 ~500MPa · s，刷涂用的黏度为1500 ~4000MPa · s。贮存稳定性能差，贮存期一般不宜超过6个月。

丁腈橡胶的耐水性很出色，可以在高湿度的场合长期使用，但是在40℃以上的水中或在较高温度的水蒸气中，其强度就会下降。它还有良好的耐化学介质性，耐油性也比其他黏合剂好。

丁腈橡胶黏合剂不论对塑料、橡胶及金属等同种或异种材料的黏合都有良好的黏合强度（表4 -6）。

表4 -6 丁腈橡胶黏合剂的黏合剥离强度/(10N/25mm)

被黏物	黏合后放置时间/d				
	1	3	7	14	30
聚氯乙烯板（同种）	3.3	5.6	7.2	8.3	8.8
聚氯乙烯板与钢板	4.2	6.9	8.9	7.4	12.6
聚氯乙烯板与胶合板	5.6	9.7	11.2	9.9	13.4
聚氯乙烯板与三聚氰胺装饰板	3.6	6.6	7.8	12.0	11.5
聚氯乙烯织物（同种）	4.0	8.0	8.7	11.0	10.8
聚氯乙烯织物与钢板	2.8	7.0	5.4	4.2	4.5
聚氯乙烯织物与胶合板	7.1	10.7	9.8	8.9	10.6
丁腈橡胶（同种）	6.7	8.0	10.4	10.2	10.7
丁腈橡胶与钢板	7.6	6.3	5.9	5.5	5.3

根据以上性能，可以看出丁腈橡胶黏合剂有以下特点：①由于具有出色的耐油性，可用于通常难以黏合的有大量增塑剂迁移的软聚氯乙烯等塑料材料的黏合。②经过适当的改性，能广泛地黏合各种被黏物，而且有较高的黏合强度。③有一定程度的耐热性。但它有以下弱点：①对热和光容易变色。②价格比其他溶剂型的橡胶黏合剂高。

丁腈橡胶黏合剂适用于金属、塑料、合成橡胶、木材、织物等多种材料的黏合，尤其适用于黏合聚氯乙烯板材、聚氯乙烯泡沫塑料、聚氯乙烯织物等软质聚氯乙烯材料。例如，聚氯乙烯与金属、木材、硬质纤维板等制造复合材料。

二、丁苯橡胶黏合剂

丁苯橡胶由丁二烯与苯乙烯在25 ~50℃以上（高温丁苯橡胶）或在10℃以下（低温丁苯橡胶）乳液聚合制得的无规共聚物，其结构为：

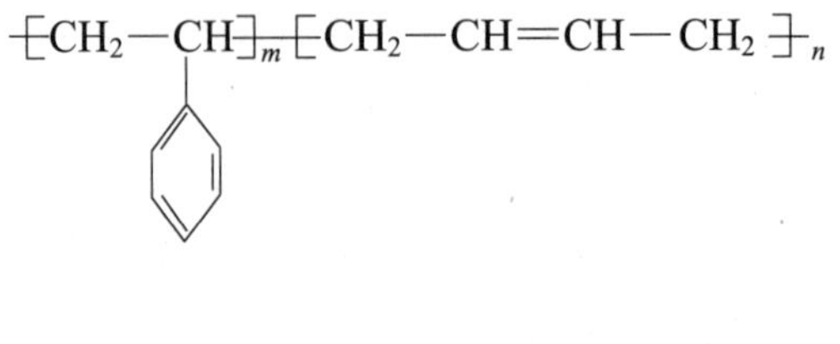

丁苯橡胶的固有黏性较差，所以很少单独作黏合剂用，大多采用其他树脂来改进如黏性、内聚强度和耐热性等这样一些性质。提高丁苯橡胶黏合剂性能的树脂有松香、松香酯和一些热塑性酚醛等。

丁苯橡胶可溶解于烃类溶剂中，并很易分散而得到低黏度的胶液。丁苯橡胶可以通过下列方式制成黏合剂：①直接辊压在黏附体上。②与增黏树脂一起分散和溶解于溶剂中，形成黏合剂溶液。③与乳化剂一起分散在水中，制成乳胶。

丁苯橡胶耐热黏合剂的配方如下：含 15% 苯乙烯的丁苯橡胶 30 份；含 50% 苯乙烯的丁苯橡胶 70 份；氧化镁 4 份；N－苯基－Ⅰ－萘胺 2 份；烷基酚醛聚合物 50 份；乙烷 200 份；甲苯 200 份。

改性的丁苯橡胶黏合剂可用于金属、聚苯乙烯、玻璃纸、木材、玻璃等的黏合。

第六节　包装复合材料

包装工业中，被黏结材料的种类很多，不同类型的材料，如金属、木材、塑料、纸、复合薄膜等，其物理、化学性质各不相同，对黏结强度有很大影响。因此，要根据不同的材料，选用不同的黏合剂及黏结工艺。下面对包装复合薄膜的黏结进行介绍。

一、纸材与纸材的复合黏结

黏结纸材料时，不需要预处理，可以直接黏结。因为纸材为纤维结构，有利于水分的渗透，所以纸材与纸材的黏结常采用水分散型的黏合剂。黏结纸基标签常采用压敏型黏合剂。黏结涂层纸材可用压敏胶或热熔性黏合剂等。表 4－7 是纸材用黏合剂的应用与分类。

表 4－7　纸用黏合剂的应用与分类

<table>
<tr><th colspan="2">应　用</th><th>黏 合 剂</th><th>注意事项</th></tr>
<tr><td rowspan="6">纸器、纸袋</td><td rowspan="3">普通纸</td><td>聚醋酸乙烯溶液</td><td rowspan="3">淀粉亦可与聚醋酸乙烯乳液并用</td></tr>
<tr><td>骨胶</td></tr>
<tr><td>淀粉</td></tr>
<tr><td>封皮纸</td><td>聚醋酸乙烯溶液</td><td rowspan="3">醋酸乙烯、合成橡胶可根据用途以各种共聚物改性</td></tr>
<tr><td>厚纸</td><td>合成橡胶溶液</td></tr>
<tr><td>耐水加工纸</td><td>热熔胶、压敏胶</td></tr>
<tr><td rowspan="5">纸袋装填后外部包装用</td><td>冷封</td><td>橡胶乳液改性物</td><td>预先涂布干燥，再涂布面可快速冷压黏结</td></tr>
<tr><td rowspan="4">热封</td><td>溶剂型乙烯树脂</td><td rowspan="4">预先涂布干燥，涂膜具有装饰、保护表面、防水等功效</td></tr>
<tr><td>乳液型乙烯树脂</td></tr>
<tr><td>甲基丙烯酸树脂</td></tr>
<tr><td>聚酰胺</td></tr>
<tr><td>纸板箱</td><td>胶合、封顶、封底</td><td>聚醋酸乙烯乳液</td><td>胶合用低黏度乳液，封顶、封底用高黏度乳液</td></tr>
<tr><td rowspan="3">纸管</td><td rowspan="3">—</td><td>聚醋酸乙烯乳液</td><td rowspan="3">铝箔衬里纸管，用热熔黏合剂</td></tr>
<tr><td>骨胶</td></tr>
<tr><td>淀粉</td></tr>
</table>

续表

应用		黏合剂	注意事项
纸盒	—	聚醋酸乙烯乳液	—
		淀粉	
标签、邮票黏结	印刷纸	淀粉	—
		聚醋酸乙烯共聚乳液	
		再湿型黏合剂	
	树脂涂覆纸	黏附型黏合剂	使用黏附型黏合剂，一般要用隔离纸
		热熔胶	
纸杯类牛奶容器	被石蜡浸渍	聚醋酸乙烯溶液	亦可用热封胶
硬纸板	一般硬纸板	淀粉	醋酸乙烯黏合速度快
		聚乙烯醇	
		聚醋酸乙烯乳液	
	耐水硬纸板	聚醋酸乙烯乳液	黏合后可以浸石蜡
层合板	纸/铝箔	聚醋酸乙烯乳液	可以与酪朊并用
	玻璃纸/铝箔	聚醋酸乙烯乳液	涂布量为 $1\sim3g/m^2$
		醋酸乙烯共聚乳液	
		聚丙烯酸酯	
黏合胶带	热封胶带	醋酸乙烯共聚物	选用在常态是无黏合性的物质
		乙烯-醋酸乙烯共聚物	
		聚氯乙烯共聚物	
		醋酸乙烯共聚物	
	再湿型胶带	聚丙烯酰胺	作为防水加工纸用。可选用水溶性合成树脂
		水溶性丙烯酸树脂	
		骨胶	
		糊精	
		阿拉伯树胶	
	压敏胶带	天然橡胶	应在背面进行剥离处理或使用隔离处理
		聚乙烯醚等混合物	

二、包装用复合薄膜

包装用复合薄膜具有良好的防潮、防油、耐热及气密性好等综合性能（表4-8）。可用做速溶茶、速溶咖啡、奶酪、药品、干燥食品、农产品、冷冻食品、糕点、糖果、肉食品、奶粉等的包装材料，具有保护、保存等多种功能。

（一）复合薄膜的组成

复合薄膜的组成是多种多样的。作为外层材料，主要是使用纸、玻璃纸、铝箔等具有较好的耐热性、尺寸稳定性和印刷性能的物质。作为内层的，主要是聚乙烯、聚丙烯、软聚氯乙烯等具有出色的热封性和卫生性的材料。此外各种拉伸薄膜（聚酯、聚丙烯、尼龙等）、聚碳酸酯、醋酸纤维素、硬聚氯乙烯等也可作外层材料用。

表4－8　复合薄膜的种类、性质和用途

组　成	特　性	主 要 用 途
玻璃纸/PE	气密、防潮、热黏合	一般包装
PET/PE	防潮、热黏合、可加热、无菌	真空包装、无菌包装
PC/PE	防潮、热黏合、可加热、无菌	真空包装、无菌包装
PA/PE	防水、防潮、热黏合	真空包装
BOPP/PE	防水、防潮、热黏合	一般轻包装
玻璃纸/PE/玻璃纸	高防潮、高刚性	冻豆腐包装
玻璃纸/石蜡/玻璃纸	高防潮、机械适应性	吸潮食品包装
玻璃纸/黏合剂/铝箔/PE	气密、高防潮、热黏合	加工干酪包装
玻璃纸/黏合剂/纸/PE	气密、高防潮、热黏合	粉状食品包装
纸/黏合剂/铝箔/PE	气密、高防潮、热黏合	粉状食品包装
玻璃纸/PE/黏合剂/铝箔/PE	气密、高防潮、热黏合	粉状咖啡、粉状食品包装
铝箔/PE/黏合剂/纸/PE	气密、高防潮、热黏合	粉状香波包装
PVDC/PET/PE	耐油、高防潮、热黏合	粉状食品包装
PET/黏合剂/铝箔/PE	耐水、耐油、高防潮	食油包装
PET/黏合剂/PVDC/PE	气密、耐油、高防潮	番茄酱包装
PET/黏合剂/MDPE	耐热、耐水、高防潮	咖啡包装
PA/CPP	高防潮、耐油、可热成型	蒸煮食品包装
BOPP/黏合剂/PVA/黏合剂/PE	高防潮、耐油、可热成型	加工肉包装、特殊食品包装、可蒸煮
BOPP/黏合剂/PA/PE	高防潮、耐油、可热成型	可蒸煮
氟塑料/PE	高防潮、气密、耐热	药品包装

现在一般使用的包装复合薄膜，大致有以下几种类型。

（1）玻璃纸外层类。主要包括：①玻璃纸/聚乙烯或聚丙烯；②玻璃纸/铝箔/聚乙烯；③玻璃纸/聚乙烯/纸/聚乙烯。

（2）铝箔外层类。主要包括：①铝箔/聚乙烯；②铝箔/纸/聚乙烯。

（3）纸张外层类。主要包括：①纸/聚乙烯；②纸/铝箔/聚乙烯。

（4）塑料外层类。主要包括：①聚酯/聚乙烯；②聚酯/铝箔/聚乙烯；③聚丙烯/聚乙烯；④聚丙烯/玻璃纸/聚乙烯；⑤尼龙/聚乙烯；⑥聚氯乙烯/聚乙烯；⑦聚丙烯/聚乙烯醇/聚乙烯。

（二）食品包装复合薄膜用黏合剂的条件

①完全无臭、无味。

②在食品卫生方面没有有害的萃取物。

③耐温性能好（层压时能耐100℃，热封时能耐200℃，保存时能耐0℃以下温度）。

④受日光照射，不会发黄、发生分解。

⑤有良好的柔软性，层压品的剖面不会发生泄漏。

⑥耐油、耐碱和耐化学药品性好。

⑦适宜于凹版印刷，干燥快，易于取下。

⑧表面对油墨的黏合性好，不会引起油墨的发黄、变质。

（三）包装复合薄膜的复合法

包装复合薄膜的复合方法大致有湿法层压、干法层压、热熔层压、共挤层压、挤复层压五种。

1. 湿法层压

将水基黏合剂涂敷在第一种材料需要黏合的表面上，当表面被浸润后将另一种材料面对合上，通过压紧滚筒压紧，再经过加热干燥而成。

作为湿法层压用黏合剂，主要有淀粉、酪朊、聚乙烯醇、硅酸钠等水分散液或水溶液，以及聚醋酸乙烯、乙烯-醋酸乙烯共聚物、聚丙烯酸酯、天然橡胶、丁基橡胶、聚异丁烯等橡胶乳液。

湿法层压由于黏合剂都是含水的，黏合膜要经过干燥，因此被黏物至少要有一层是像纸张、织物或玻璃纸等透水的物质，例如用于纸/玻璃纸、纸/铝箔、纸/塑料、布/铝箔等复合膜的制造。

黏合剂的涂敷通常采用接触滚筒、挤压滚筒等，车速一般为150～200m/min，也有用300m/min的高速进行层压的。

湿法层压使用的黏合剂成本较低，技术问题少。但黏合的材料受到一定限制，尤其是不能用于塑料薄膜间的黏结，因此有很大的局限性。

2. 干法层压

干法层压是纸张、铝箔、塑料薄膜等组合层压的重要方法，尤其适用于同种或异种塑料薄膜的层压，如聚酯/聚乙烯、尼龙/聚乙烯、聚丙烯/聚乙烯、聚酯/铝箔/聚乙烯、玻璃纸/铝箔/聚乙烯的复合薄膜等。

干法层压的方法是：先在第一种薄膜表面涂上黏合剂溶液，通过烘道敞开干燥，再合上第二种薄膜，在加热下加压制得成品。

黏合剂的涂敷可采用挤压滚筒、反向滚筒、空气括刀等形式。敞开干燥时为了防止卷曲，采用水平型的拱式隧道干燥剂。可以用热风做热源，也可用远红外加热器相配合。层压时则以蒸汽加热滚筒与橡胶滚筒配合进行均匀加压，一般运转速度为30～80m/min。

干法层压用黏合剂，常用橡胶类（压敏型）、热塑性树酯（醋酸乙烯树脂、聚乙烯-醋酸乙烯共聚树脂）等。由于软化点低，薄膜收缩时产生沟状剥离以及高温（150～200℃）热封时会产生局部剥离等缺点。所以后来多采用双组分的热固性树酯如丙烯酸树脂、环氧树脂、聚氨酯等。但丙烯酸酯黏合剂耐热性不够理想，环氧树脂太脆，用得不多。而聚氨酯黏合的复合薄膜弹性好，耐老化性出色，在较宽的温度和湿度范围内长期应用而不产生剥离，有良好的耐热性和耐化学介质性，对蒸煮、加热杀菌、热成型和热封均有出色的耐受性。用这种黏合剂黏结的聚酯/铝箔/聚丙烯复合膜，作为代罐包装，可在食用前直接投入沸水中加热。

3. 热熔层压

这一方法是随着热熔黏合剂的出现而发展起来的，主要适用于纸板/纸板、铝箔/纸、玻璃纸/玻璃纸、铝箔/玻璃纸的层压。

最早，而且至今仍在应用的热熔黏合剂是蜡，此外像乙烯-醋酸乙烯共聚物、乙烯-丙烯酸酯共聚物、聚异丁烯、聚丁二烯、石油树脂等改性蜡类热熔黏合剂也被大量应用。

热熔层压是将熔融态的黏合剂涂敷在第一个面上，直接与第二个面对合，通过冷却滚筒便实现了黏合。黏合剂一般采用照相凹版辊筒或浸渍的方法进行涂敷。由于不需要加热干燥，所以具有设备简单、操作简便等有利条件。

4. 共挤层压

共挤层压仅适用于塑料薄膜之间的层压。主要是利用塑料挤出机（薄膜吹塑机）的多孔机头，通过共同挤出，将尚处于熔融态的不同基料层压为一体，因而不需要黏合剂。

共挤层压是按照分子相容性原理实现的，只有分子结构相同（或至少相似）的塑料之间才能实现溶合，如高密度聚乙烯/低密度聚乙烯，高密度聚乙烯/中密度聚乙烯间的复合或乙烯丙烯共聚物/聚乙烯的复合等。至于分子结构完全不同的塑料，就需要加入第三种能与两者亲和的物质作为媒介才能实现融合。如尼龙/聚乙烯复合时，可以在树脂中混入离子型树脂。还可在之间加入乙烯－乙烯醇共聚物，丙烯酸树脂、马来酸酐接枝共聚物，也可以取得较好的效果。

5. 挤复层压

挤复层压也称为挤出涂布法，通过挤出机将加热熔融的树脂涂敷在另一个已经定形的薄膜状物体上，使之层压成一体。因此也是一种不用黏合剂的层压方法。采用这种方法对多孔体材料来说，这种结合是比较容易的，因为熔融的树脂挤入材料孔隙，产生了牢固的机械结合。因而采用这一方法的基本条件是，在两个黏结面中必须有一个是塑料薄膜，如铝箔/塑料、织物/塑料、纸张/塑料、塑料/塑料等。

为了提高黏结性能，已经定形的薄膜表面必须进行打底处理，处理的方法分为化学法和物理法两大类。化学法主要是钛盐法、亚胺盐法、聚氨酯法。钛盐法即将烷基钛酸酯的溶液涂敷在表面，使之形成很薄的氧化钛膜，从而增加黏合力。溶液的浓度因材料而异，对纸和铝来说，为2%；对玻璃纸、烯烃类薄膜、醋酸纤维素等含增塑剂较多的材料来说，则以5%～10%为适宜。亚胺盐法主要是聚乙烯亚胺的2%甲乙酮溶液，由于价格昂贵，应用不多。对于需要耐水、耐热，尤其是作为蒸煮用的薄膜类，就需要用双组分的聚氨酯，但它要在较高的温度下通过加热反应才能干燥。物理法主要有电晕放电处理法和空气氧化法，前者适用于聚酯、尼龙、聚丙烯等薄膜的处理，与聚氨酯、聚乙烯亚胺、环氧树脂溶液相配合进行挤复层压；后者可以单独使用，但由于存在着分子量的降解、封口性差以及臭味等缺点，而使该法应用范围不广。

三、包装用多层复合塑料容器

（一）包装用多层复合塑料瓶

为了降低成本和节省能源、资源，价格较低廉的，且自重较轻的塑料容器与玻璃和金属容器展开了竞争。在许多应用场合中，单层的塑料瓶很显然是不太适用的，必须提高塑料容器的阻隔性能，进而开发了多层复合塑料瓶。在多层复合塑料瓶中，选用强度好而且成本较低的塑料以满足机械强度方面的要求，选用阻隔性能好价格较贵的树脂做复合阻隔层，通常复合阻隔层很薄，因而可降低成本。

（1）复合阻隔层树脂。为使多层塑料瓶对氧气、二氧化碳、水蒸气有极好的阻隔性，需要根据产品对阻隔性要求来选择阻隔层树脂。例如，含水的产品要求瓶内层有良好的水蒸气阻隔性，而聚乙烯、聚丙烯、聚偏二氯乙烯都具有良好的阻湿性能；如果是需要阻氧的干燥产品，则可用尼龙、聚酯或聚偏二氯乙烯做复合阻隔层树脂。如前所述，在层合结构中使用最多的阻隔型树脂是乙烯－乙烯醇、聚偏二氯乙烯等聚合物。由于乙烯－乙烯醇（EVOH）具有优异的阻隔性能，在干燥的情况下，它是获得阻隔氧气性能最经济的树脂。在其他情况下，乙烯－乙烯醇必须与阻湿性树脂复合使用。

（2）复合结构层树脂。广泛应用的复合结构层树脂是低密度或高密度聚乙烯、聚丙烯、聚对苯二甲酸乙二酯、聚酰胺或聚碳酸酯。复合结构层树脂主要用来制造容器的主体。低密度聚乙烯常用来改进柔软性；聚丙烯比高密度聚乙烯有更好的耐热性与接触透明度。聚对苯二甲酸乙二酯和聚酰胺对氧的阻隔性好，对化学药品具有较好的抗侵蚀性；聚碳酸酯的价格较贵，对氧与水蒸气的阻隔性也不如其他的结构材料好，但它与聚对苯二甲酸乙二酯和聚酰胺一样能承受高温，在多层容器中可作为热充填、高温灭菌、蒸煮包装中那些不耐热塑料的支撑材料。

（3）复合黏合剂和黏合材料。用于复合的大多数树脂层在没有黏合剂时是不能黏合到一起的。在用共挤塑技术制造多层容器时，黏合剂的热性能与加工参数有密切关系，所以要谨慎选择黏合剂的种类和规格型号，如尼龙/聚丙烯复合时，可以在树脂中混入离子型树脂；也可在材料之间加入丙烯酸或乙烯－乙烯醇共聚物与丙烯酸树脂、马来酸酐接枝共聚物，也能取得较好的效果。

例如，以 EVOH（乙烯－乙烯醇）为复合阻隔层的多层瓶广泛地用来包装农药和药品。另外 EVOH 对饮料中的香精油等物质吸附极少，所以被广泛地用做橘汁等饮料的包装。一个典型的多层结构为 HDPE/改性 PE/EVOH/改性 PE/HDPE 复合的小型橘汁瓶。为了增强气密性，现在已改为七层结构：HDPE/改性 PE/EVOH/改性 PE/HDPE/改性 PE/EVOH。

虽然 PET 单层瓶已广泛用做汽水、矿泉水、茶等饮料的包装，但对于易氧化的葡萄酒、啤酒等对气密性要求高的产品，可采用 PET/PP/PET 三层复合材料瓶。

近几年由 PET/EVOH/PET/EVOH/PET 五层复合的多层瓶已用来灌装番茄酱。这种瓶子在制作中不使用黏合剂，所以回收可如单层 PET 瓶一样，经粉碎后将 PET 与 EVOH 分离，可再次循环使用。

除了 PET 可用做多层复合瓶的基材外，最近开发的另一种制瓶材料聚萘二甲酸乙二酯（PEN）越来越受人们的关注。与 PET 相比，PEN 的气密性及耐热性均优，如 PEN 的透氧率为 PET 的 1/4；而二氧化碳透过率为 PET 的 1/5；水蒸气的透过率为 PET 的 1/4；玻璃化温度比 PET 高 43℃。虽然 PEN 树脂的价格偏高，但随着加工技术的改进和使用量的增加，一旦价格有所下降，PEN 有望成为今后气密性耐热瓶的主要原料。除了作为复合材料外，PEN 还能与 PET 共混，经过二次成型制作双向拉伸吹塑瓶，而且瓶的氧气和二氧化碳透过率随着 PEN 量的增加而下降，耐热性提高。

（二）复合软管

复合软管是多层复合包装材料的一个新的应用领域。材料层数高达 10 层的软管材已经由挤出加工生产出来（图 4－5）。这种层合材料先制成大卷片材，以利于制管时分切成适当宽度。分切的卷筒被送到制管厂制成管筒和装填。由于复合材料中采用不渗透的铝箔做阻隔层，因此可能发生渗透的部位是搭接缝（采用高频焊接）。

（三）塑料－金属箔复合容器

由于金属压延技术的进步，最近，利用钢箔和塑料复合的容器应运而生。由于钢箔比铝箔刚性好、不易变形，消除了铝箔作为容器时常发生的褶皱现象，外形美观。一个典型的钢箔塑料复合材料为 PP（40μm）/钢箔（75μm）/HDPE（50μm）。外层聚丙烯使用了填料钛白粉的 CPP，以改善外观。这种金属箔－塑料复合材料的气密性完全可靠，这种方法可用于甜冻食品、烧鸡、田螺、咸鳕鱼、婴儿食品包装，橘子、菠萝、桃子等水果类，蘑菇、藕、土豆等蔬菜。实验证明，这种包装能确保内装产品于常温条件下在一年内完好无损，并保持食品的色、味及内在质量。

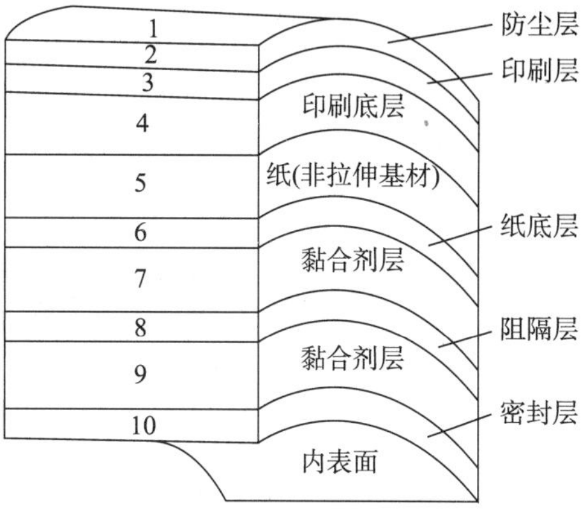

图 4－5 层合复合软管的典型结构

1－外表面；2－LDPE 和抗静电剂；3－印刷油墨；4－白色 LDPE；5－纸基材；6－LDPE；7－乙烯－丙烯酸共聚物；8－铝箔；9－乙烯－丙烯酸共聚物；10－LDPE

思考题

1. 什么叫黏合剂？黏合剂由哪几种成分组成？黏结胶层的破坏形式有哪几种？黏结胶层厚薄对胶层黏结性能有何影响？

2. 简述几种黏合理论的特点，在吸附理论中接触角与表面润湿的关系怎样？并根据黏合理论分析纸材的黏合。

3. 简述天然黏合剂及无机黏合剂的种类及用途。

4. 合成树脂黏合剂有哪几类？并举例说明其用途。

5. 如何选择纸张用黏合剂？

6. 如何选择食品包装复合膜用黏合剂？

7. 复合薄膜的层压方法有哪几种？各用于什么类型的材料复合？

8. 是否所用的材料都可采用共挤层压复合？为什么？

9. 为下列被包装产品设计一个复合包装结构的最佳方案并说明理由：

①干燥脱水食品；

②肉类食品；

③烟草；

④蒸煮食品。

10. 为了提高黏结性能，已完成的薄膜上为什么要进行打底处理？

第五章 印刷油墨

印刷在包装中占有重要的地位。纸袋、纸箱、纸盒、塑料袋、复合材料袋、金属罐、集装箱、木箱等作为商品的外包装，几乎都要进行印刷。为了获得满意的印刷效果，要求印刷油墨应具有鲜艳的颜色、良好的印刷适性、满意的干燥速度，此外还应具有一定的耐溶剂、耐酸、耐碱、耐光、耐热、耐水等性能。所以印刷油墨的功能是在纸张或其他印刷材料上形成耐久的有色图像。印刷油墨主要由有色物质（颜料或染料）和连结料组成，其中有色物质起显色的作用，靠与承印物的颜色不同形成对比，这样就在承印物上显出图像来，连结料在油墨中起分散有色物质的作用，负责把颜料转移到纸张上，使颜料与纸张表面黏着，并在印刷品的使用期间内起保护图像的作用。

油墨中除有色物质和连结料之外，还有一些辅助剂，用以改善印刷适性，促进油墨干燥以及改善印刷效果之用。

在几种主要的印刷过程中，印刷油墨都是以液体形式使用的，在转印到印刷品表面之后，就须尽快地转变成固体。这种颜料传递过程已经被公认为是产生一个耐久的墨层以供长期使用的好方法，但我们总认为传递油墨的最好方法应该是以粉末的形式来进行的，近代发展起来的静电印刷工艺就是采用了这样的油墨传递方法。采用粉状油墨印刷，再经快速加热和冷却，油墨就以干燥的坚硬膜层的形式融合在纸张的表面之上。

无论印刷油墨是以液体还是以粉末状的形式出现，它最终的干燥墨层必须具有一定的硬度、黏附性和柔韧性，这样印品在使用期间可以经受各种各样的触摸和摩擦。油墨的这些特性是依靠油墨中颜料颗粒周围的树脂聚合材料所起的作用来保证的。由此可以推断所有油墨的连结料中都含有高分子树脂或是压印之后能生成类似于这些树脂的特性的物质。但也有例外，例如，新闻印刷品并不要求油墨有很好的耐久性，因此印报用的油墨中的连结料就往往只含有很少量的树脂，因此报纸上的油墨就不那么耐摩擦，用手揭翻报纸，手上有时会蹭上一些油墨，就是这个原因。

第一节 颜料和染料

在印刷油墨中使用的有色物质通常都是颜料，也有些是染料。颜料和染料都是颗粒极细的有色物质，颜料一般不溶于连结料，在溶剂中大部分呈悬浮状态，而染料在连结料中是可溶的，颜料仅能使物体表面染色，染料却能使物体全部染色，因此颜料和染料是有区别的，其应用范围也不同，染料只应用于一些特殊的场合，如用于柔性版油墨或用于校正印版用黑墨的色相。

颜料有数千种，但具有印刷油墨所需的特性的颜料却相对较少。用于印刷油墨的颜料中，必须具有较高的着色力、耐光力和化学稳定性，有较细的颗粒，在一般的油墨连结料中有较好的分散能力，加入墨中能保持油墨具有很好的流动性，在一些特殊的油墨中，有色物质还需要具备一些特殊的性质，以满足印刷过程、后续过程和最终印品在使用期限内的特殊要求。

要选择合适的油墨用颜料，就必须对这些颜料的特性有比较详细的了解。颜料的各种特性都能在有关的手册中查出，但我们应该知道颜料的一些指标，以及这些指标对印刷油墨的影响。颜料的有关指标主要有：

①颜料的化学结构，颜色指标（包括色标等级）。

②颜料按最大饱和度（最纯）印刷的色样，以及用氧化铝和二氧化钛降低饱和度后印刷的色样。

③颜料的色彩测量数据。按国际照明委员会（CIE）规定进行测试的分光曲线。

④颜料的物理性质。视比重（kg/dm^3），视比容（dm^3/kg），吸油量（每100g颜料吸油量克数），2%水溶液的pH值，耐溶剂、耐增塑剂和耐油的能力。

⑤颜料的应用特性，标准流动性所具有的浓度、着色力、色散力、遮盖力。

⑥印刷品的牢度。耐各种各样的加热或消毒，即耐热性，耐光性，耐试剂（如水、酸、碱、洗涤剂、肥皂、各种调墨油、石蜡、油脂、奶酪等）性。

颜料的这些性质对印刷油墨的色调有直接影响。而且由颜料产生的色调还取决于墨层的厚度，使用的填充料的种类和特性，使用的连结料的种类，以及纸张、塑料等承印材料的特性等许多因素，采用任何精确的量度来定义色调都是很困难的。印刷时，一般采用最大的色饱和度来印刷，当然也有降低色强来印刷的，这就是颜料中掺入部分白色颜料或填充料，如6份氧化铝与1份颜料混合。颜料色彩的饱和度可以按国际照明委员会（CIE）的数据分析方法进行，也可采用色彩测量仪获得分光曲线。

颜料轻重的变化范围很大，这在物理学中是以比重来计量的。但在油墨制造业中，是以视比容来表示的，视比容指每千克重的颜料占有多少立方分米的体积。颜料比重越小，单位重量所占有的体积就越大，在连结料中调和就不易沉淀。一般说来，有机颜料的视比容较无机颜料的视比容大。另外，也有用视比重来计算的，视比重指每立方分米体积的颜料的重量。视比重是视比容的倒数。视比容小的颜料，视比重就大。

吸油量是指一定量的某种颜料所能吸收的油量，以使100g颜料紧密地黏在一起所需的亚麻仁油的克数来计算，能够分散到连结料以产生一种浆状体的最大颜料数值都认为是可变的，与一定的标准流动性的油墨的百分比浓度进行比较，这是比较颜料的吸油量的方法，对于一些有高吸油量的颜料则这个百分比浓度较低。吸油量的高低也与颜料的分散度有关（颜料的分散度指颜料的颗粒大小），颗粒细就势必增加了油要润湿的颗粒表面面积，颜料对油的吸附能就增强，这会使颜料的吸油量有所提高。但颜料的分散度增高，颗粒之间的自由空间减小，因此有些颜料由于分散度的提高（颗粒变小）而使吸油量降低，颜料的吸油量还与颜料的含水量有关，含水量高的，吸油量便减少。吸油量还随酸度提高而提高。

印刷油墨的性质与吸油量有关，吸油量小的颜料制成的油墨所含的颜料就多，这种油墨的遮盖力就大，但油墨的稳定性较差，在印刷时容易堆版，也容易被乳化。吸油量大的颜料制成的油墨的性能较稳定，但吸油量过大也有缺点，例如印刷后干燥太慢、透印等。

颜料的遮盖力指颜料能遮盖承受颜料的底层，而底层的本色又不透过颜料的能力。当颜料的折光率与连结料的折光率相近时，则颜料膜层就显得透明；颜料折光率大的，其膜层就显得不透明，这样的颜料就有遮盖力。也就是说，遮盖力取决于颜料折光率与连结料折光率之差。颜料的遮盖力也随着连结料干燥结膜的折光率改变而改变。油墨在印刷时吸收了水分，干燥时油墨表面结膜，油墨中的水分蒸发就在膜层内产生许多充满空气的气泡，空气的折射率比连结料的折光率要小得多，这样使颜料和连结料的折光率之差增大，所以固结了的油墨膜层的遮盖力要增大一些。

遮盖力还与颜料吸收入射光的数量有关。黑颜料的吸收光量很高，因此黑墨的遮盖能力很高。遮盖力还取决于颜料的分散度，颜料颗粒越小，遮盖力越高，但当颜料颗粒等于光波波长的一半时，光线将穿透颜料颗粒而不产生折射，此时颜料颗粒反倒是透明的了。

遮盖力以（用连结料调成色浆的）颜料涂布于 $1m^2$ 的面积上达到某一密度所消耗的克数表示。

颜料的分散度指颜料颗粒的大小，颗粒越小或越细的，分散度越高。颜料颗粒的大小不应超过油墨层的厚度，否则会影响印刷品的光泽。颜料分散度的提高在其他条件相同时往往会使颜色变得鲜艳，并提高颜色的明度。颜料分散度的提高，也会提高颜料的遮盖力和着色力。

颜料着色力指一种颜料与其他颜料混合后对混合颜料的颜色所起的影响能力。颜料与白色物质调合后易变淡的，着色力就弱。颜料着色力与颜料的制造方法有关，颜料分散度越大，着色力也就越强，颜料着色力随分散度增加而增加，且不会像遮盖力那样有个限度，但着色力上升的速率会减慢。采用着色力高的颜料配制相同的油墨所需颜料的数量较少，但着色力高的颜料往往较贵。有机颜料的着色力比无机颜料要高。

颜料的耐光性是指颜料在光的照射下保持原来颜色的能力。有些颜料在光的照射下颜色会发生变化，大多数无机颜料在日光的长期照射下会变得暗黑，而大多数有机颜料和色淀颜料则相反，随着日照时间增加，颜色的饱和度下降，长时间的日晒会使颜料最后变成灰色或近似白色，称为退色。这种过程主要是紫光或紫外线照射的缘故。

油墨生产者对颜料的这些特性特别关心，这些特性在选择特殊印刷工艺所用颜料时有特殊的价值，有些与胶印故障有关，如耐水、耐热性；有些与后续工艺有关，如耐热、耐石蜡和光泽度，以及与印刷品功能有关的特性。当然，颜料的价格也是一个非常重要的因素。

印刷用颜料可分为三大类：炭黑、无机颜料和有机颜料。

一、炭黑

炭黑颜料的成分主要是元素碳，炭黑的碳晶格中还含有少量的氢、氧等元素，这些元素的含量虽少，但对炭黑颜料的性质影响很大。元素碳是动植物的主要成分，含碳的物质在空气中燃烧就可获得黑色的烟灰。炭黑就是碳氢化合物不完全燃烧或裂化分解而得的碳素微粒。制作时，如果精确地控制参加燃烧时的空气量，就可以获得非常细的炭黑沉积物，这种炭黑就是用于印刷油墨、橡胶工业以及其他行业的重要炭黑颜料。

改变反应条件，可以获得许多不同种类的炭黑，炭黑的等级是由它们的化学纯度（氧含量）、表面特性、颗粒度，pH 值及挥发性物质的含量等因素决定的。炭黑含氧量高会加大炭黑的吸水性，易于吸潮，但制成的油墨流动性高。炭黑的 pH 值的变动范围很大，在 2.5～11 之间，一般来说，用槽法制得的炭黑具有酸性，用炉法或热解法制取的炭黑为碱性。含挥发性物质高的炭黑制出的油墨流动性好。

在印刷油墨中，几乎所有的黑墨都采用炭黑作有色物质。炭黑的价格低廉，并具有一系列显而易见的特性，其中包括很高的着色力和遮盖力，在 3～6g/m^2，很高的耐光、耐热、耐潮湿性和化学稳定性等。炭黑的颗粒比其他颜料的颗粒都要小得多，有些炭黑的颗粒的尺寸可小到 10nm，而一些炉黑和灯黑的颗粒的尺寸大小则达到 200nm。

炭黑的颗粒越小，它的总表面积越大，则需要更多的连结料去润湿它。炭黑的吸油量有的高达 180%，这么大的吸油量说明炭黑吸附能力强，因此炭黑与亚麻仁油制成的油墨干燥十分缓慢，一般要在油墨中加入干燥剂，以促使油墨加速干燥。这里要注意的是，炭黑颜料会从凸印和平印黑墨中吸收金属脂肪酸盐干燥剂，由于这一原因，在炭黑油墨中干燥剂的浓度必须高于一般的油墨。

炭黑的色相并不像人们所期望的那么黑，而总是有些色偏，如槽法制得的炭黑的颜色略带棕色，因此，制作油墨时应相应加入一定量的蓝色染料或颜料，以使黑色纯正，而灯黑的颜色略带点蓝色，因此，制作时也应作相应的处理。

二、无机颜料

无机颜料指有色的无机物质组成的一大类颜料。有色无机物在自然界中成千上万，却只有很少的几种适用于做颜料。在印刷油墨中使用的无机颜料，包括所有的白色颜料和含量很少却是很重要的作为补充剂的染色物质。这些无机物质现在只用于人造有机颜料或染料不适应的地方，而且所占比重很大。无机颜料大多是地球表面天然产生的一些染色物质，如高岭土、白垩、浓黄土、赭石和棕土等。然而，在印刷油墨中，人们在允许的情况下宁愿选择人工合成颜料而不会去选择粗糙的沙砾般的天然颜料，因为人工合成的颜料可以有效地对颗粒的尺寸和表面特性进行控制。

（一）白色颜料

在油墨中采用的白色无机颜料有锌钡白、钛白（二氧化钛）和氧化锌，白色颜料作为油墨冲淡剂的有氢氧化铝、碳酸钙等。白色颜料与冲淡剂的基本区别是，颜料有较高的不透光性并有遮盖墨层的能力，而冲淡剂则分散于油墨的连结料中，相对比较透明。透明与否是由颜料或冲淡剂的相对折光率决定的。

光线经颜料颗粒会发生折射，颜料的折射率与分散这些颜料的墨层的折射率不同。这两个折射率间的差别越大，光散射得越厉害，不透光性和遮蔽墨层的能力也就越大。印刷油墨中，连结料的折射率大部分都在 1.4～1.6 之间，而钛白的折射率很高，可达 2.72，所以钛白是一种非常不透明的白颜料。与此相反，氢氧化铝的折射系数为 1.54，和油墨连结料的折射率相同，因此是透明的。其他各种白色颜料和冲淡剂的折射率都介于两者之间，其中氧化锌的不透明性中等，其白色带有光泽，碳酸钙是一种用得较多的透明的冲淡剂。

颜料的结晶形式对它的性质也有很大的影响，其中包括对颜色色相的影响。例如，二氧化钛有 3 种结晶形式，印刷油墨中用的是金红石型和锐钛型两种，而金红石型就比锐钛型更不透明，颜色也稍微黄一些。

冲淡剂相对来说价格比较低廉，但油墨中加入冲淡剂的目的不仅是为了降低油墨的成本，而且因为许多颜料的着色力太高，以至于必须降低它的饱和度之后才能使用。添加冲淡剂为油墨生产以及印刷操作提供了一个不把白色颜料或别的不透明颜料加入油墨中，又能降低着色力的方法。加入冲淡剂还可用来改变油墨的稠度和其他性能。

白色颜料用得最多的是锌钡白、钛白和氧化锌，现分别加以简要介绍。

1. 锌钡白

锌钡白也称立德粉，分子式为 $ZnS \cdot BaSO_4$，是硫酸锌及硫化钡溶液相互作用而生成的等分子化合物。颗粒的大小为2～3μm。折射率视硫化锌与硫酸钡的比例而定，硫化锌折射率为2.37，硫酸锌为1.64，锌钡白的折射率介于其间。标准锌钡白的折射率为2.0，吸油量为15%～20%，视比重为4.136～4.34。耐碱，但遇酸分解。

锌钡白耐光性很差，见光后析出金属锌而变暗，因此一般不在印刷油墨中使用。

2. 钛白

钛白学名为二氧化钛，分子式为 TiO_2，是白色颜料中最好的一种，价格也最贵。颗粒大小为0.1～0.7μm；折射率为2.72；吸油量为45%～48%；遮盖力极强，为45～75g/m²。钛白粉的分散度大，着色力也大。耐光性很好，耐热、耐碱性也佳，不溶于稀酸。pH值为6.5～7.5，为中性物质，对油墨的干燥情况没有太大的影响。钛白粉质地优良，在造纸工业中也有广泛用途。

在制造油墨时，常加入硫酸钡以降低成本，并使钛白的极强的遮盖力降低一些。由于钛白与铁蓝或其他有机颜料混合使用时，会使混合的油墨在光的作用下退色或变色，因此在胶版油墨中一般不采用钛白颜料。

3. 氧化锌

氧化锌又称锌氧粉、锌白，分子式 ZnO。颗粒大小为0.15～0.70μm，其中以尺寸为0.4μm的氧化锌遮盖力最好。比重为5.6，吸油量为18%，折射率在空气中为1.90～2.01，在亚麻仁油中为0.40～0.50。遮盖力为100～110g/m²。着色力差，不溶于水及醇类，溶于碱，不耐酸。高温时呈黄色，冷却后恢复白色。锌白略带碱性，制成的油墨可防止膜层变黄，防止变黏。但用酸价较高的桐油调制油墨，易皂化和胶化。

锌白较便宜，因此国内生产的胶版油墨多以锌白为主要颜料。但应注意，锌白与铬黄或有机颜料混合使用所得混合油墨不耐光。

（二）有色无机颜料

大量的简单无机氧化物和无机盐类都是有颜色的，但绝大部分的着色力都很差，稳定性也很不好，不能作为印刷油墨的颜料。在这一类无机盐中只有很少的几种可用于印刷油墨。这就是铬黄类颜料、铁蓝等颜料。

1. 铅铬黄颜料

铅铬黄颜料族里颜色从略带绿色的黄色到深橘黄色都有，其化学成分主要是铬酸铅（$PbCrO_4$），它是铬酸钠溶液和硝酸铅及醋酸纤维素相混合所产生的沉淀物。这一类颜料的色相靠铬酸铅与不同比例的其他铅盐（如硫酸铅）混合并调整反应条件来获得，混合晶体中铬酸铅的含量越高，颜色越深。氢氧化铅的量多则深，少则浅，而含钼酸铅的颜料的颜色主要取决于晶体的组成。

铅铬黄颜料不透明度极高，当需要油墨具有较大的遮盖力时，常采用铅铬黄颜料。这种颜料便宜，而且很容易分散到油墨的连结料中去，化学稳定性也很好，对大多数化学药品都有较好的惰性。虽然铅铬黄颜料在空气中受硫化氢气体的影响容易变暗，但其光照不退色性能还是比较好的，铅铬黄的含铅量很高，其化学组成是由铅的几种化合物组成，因此铅铬黄颜料不能用于制作食物包装袋和儿童玩具上印刷的油墨。和其他无机颜料一样，铅铬黄颜料的比重相对较高，用其制成的油墨常有沉淀现象。

钼铬黄是由铬酸铅、钼酸铅和硫酸铅按比例混合而成的，是不透明度非常高的颜料，这种颜料在多种油墨中都有应用，但由于含铅量高，对人体和环境都有很大影响，因此要限制其使用。

2. 铁蓝

在蓝色无机颜料中，铁蓝（又称普鲁士蓝）是最重要的一类。从化学成分说，铁蓝是由亚铁氰化铁（$Fe_4[Fe(CN)_6]_3$）组成的。铁蓝颜料有许多品种，其名称、成分、颜色都有所不同，颜色主要有中蓝、铜光蓝、深蓝。若改变制造的条件，颜色还有带绿光的蓝，稍微发红的浅蓝等。铁蓝颜料主要由亚铁氰酸盐来制造，也有其他一些制造方法。铁蓝颜料有很好的耐光性能，在阳光照射下几乎不发生变色，但与锌白类油墨混合后易产生明显的退色现象，铁蓝颜料耐热、耐油、耐溶剂，不溶于弱酸，但能被碱液分解，即使是1%～2%的稀碱液也能使铁蓝分解。铁蓝颜料容易轧制，颗粒大小一般为0.2～0.3μm。与油配制不会胶化，吸油量为25%～35%，遮盖力为10～12g/m^2。

铁蓝分散在连结料中后对连结料具有催干的性能，因此用铁蓝颜料制出的油墨有干燥较快的特点。

3. 赭石类颜料

天然的赭石和赭土是一类化学成分复杂的颜料，含有大量的氧化铁。颜色从黄色到偏红的棕色均有。和其他天然颜色一样，赭石颜料比较暗淡，因此，印刷油墨用的赭石颜料多为与这些氧化铁相似的人造化合物。天然赭石颜料颗粒粗糙，不容易轧制，但价格比较低廉，耐光性能也能维持一个时期，因此，这种颜料也有一定的应用。

总的说来，无机颜料大多是坚硬而致密的晶体组织，这些晶体不经特殊处理很难研磨成细微的颗粒，以助于颜料更好地分散到媒介物中去，这样，天然颜料制成的油墨印刷适性就较差。无机颜料耐光性大都比较好，在大多数场合下，耐化学药品腐蚀的性能也还可以，其最大优点看来还是价格低廉。随着近年来在晶体结构方面的研究和轧制工艺的不断改进，颜料的分散度不断提高，无机颜料在印刷油墨中仍占有一定的位置。

三、有机颜料和染料

有机颜料最早是从一些动物和植物中获得的有机染色物质，如靛青、茜素色、胭脂红。这些有机颜料大都有数百年历史了，而人工合成的有机染色物质却是从1856年才开始出现的，至今已有数千种人工合成的染料和颜料。这些人工合成的有机染料和颜料在印染、塑料和表面涂布等许多领域中已得到了广泛的应用。

如上所述，无机颜料在一般情况下都是结构简单的小分子化学物质，如铬黄（$PbCrO_4$），钛白（TiO_2）等。相比之下，有机颜料的分子结构相对来说就要复杂得多，庞大得多。这么庞大的分子一般都是由苯、甲苯、萘、并三苯等一类芳香烃通过改变键连接的方式连接在一起而形成的，以化学结构来划分这些有机染料的类别已经超出了本书要叙述的内容，但为了对如何进行分类有所了解，这里仅举一些例子进行说明。有机颜料可以分成色源性与色淀性两大类，色源性颜料有偶氮颜料、酞菁颜料、硝基颜料、亚硝基颜料、还原颜料等几小类，色淀性颜料有普通色淀、耐晒色淀和茜素色淀等几类。

有机颜料与有机染料主要区别也是溶不溶于溶剂，以及在连结料中是否呈悬浮状态。但有机染料中也有一部分可以经过一定的处理而制成难溶或不溶的状态，作为颜料使用。目前实际应用的有机染料有不溶性的单偶氮染料，酞菁染料，以及一些还原染料，硝基染料和亚硝基染料，可溶性的经色淀处理的单偶氮和双偶氮酸性染料，盐基染料及蒽醌酸性染料等。

有机颜料的成色是由化学结构决定的，只有具备一定的原子团才可能有颜色，这些发色的原子团有：$-\mathrm{CH}=\mathrm{CH}-$，$-\mathrm{C}=\mathrm{O}$，$-\mathrm{N}=\mathrm{O}$，$-\mathrm{N}(=\mathrm{O})\mathrm{O}$，$-\mathrm{N}=\mathrm{N}-$，$-\mathrm{C}=\mathrm{N}-$，$-\mathrm{C}=\mathrm{S}$ 等。含有发色团的化合物（又称色原体）还需有助色基团才能提高颜色的饱和度，助色基团指能帮含发色团的色原体呈现颜色的原子团，如$-\mathrm{OH}$，$-\mathrm{NH_2}$，$-\mathrm{NHR}$，$-\mathrm{NR_2}$，$-\mathrm{SH}$，$-\mathrm{OR}$ 等。

有机颜料的品种有上千种，能够在印刷油墨中应用的只有几十种。这里牵涉到的因素还有成本过高的问题。使用的有机颜料中，偶氮颜料占多数，其他还有酞菁与色淀性耐晒颜料等。

1. 偶氮颜料

偶氮颜料的分子结构都有偶氮基团（$-\mathrm{N}=\mathrm{N}-$），偶氮基团是颜料的发色团。偶氮颜料的生产过程有其共性。偶氮染料是属于有机染色物质中最庞大的一类，其结构比较简单，它们都含有偶氮基团（$-\mathrm{N}=\mathrm{N}-$），偶氮色淀红的生产过程是由芳烃胺与另一个芳烃化合物连接成重氮化合物的过程。改变胺和双苯成分可以生产出数千种不同的偶氮染料。在印刷油墨中采用的偶氮染料有耐晒黄 G（汉沙黄），联苯胺黄，金光红，立索尔红等。

大部分偶氮染料的颜色是黄色、橘黄和红色，而蓝色、绿色的颜料却少。

2. 色淀性颜料

色淀性颜料指可溶性的染料用沉淀剂沉淀并染色于氢氧化铝［$\mathrm{Al(OH)_3}$］，硫酸钡（$\mathrm{BaSO_4}$），铝钡白等载体上面的有色物质。如果为了提高着色力而不使用载体的颜料称色源性染料。

用于生产色淀的染料必须在液体中完全溶解，与沉淀剂作用后必须全部沉淀；用于色淀生产的载体要求分散度高。色淀性颜料根据耐晒度可分为普通色淀和耐晒色淀，耐晒度不好的普通色淀正逐渐被淘汰，用得多的还是耐晒色淀。

根据制造色淀的染料类别，色淀性染料还可进行分类，用酸性染料制成的色淀是酸性色淀，用盐基染料制成的色淀是盐基色淀。

酸性色淀不耐晒，在阳光下晒一天就几乎完全变色或退色，其耐碱性也很差，因此印刷油墨中采用的品种只有几种，如孔雀蓝色淀、射光蓝等。

盐基色淀是盐基染料与磷钨、磷钼、磷钨钼多元酸组成的化合物。盐基色淀保持了盐基染料原先的鲜艳饱和的颜色，耐晒度也大为提高，抗弱碱，耐 180 ~ 200℃的高温，但在醇类、强碱中不稳定。印刷油墨中采用的有耐晒盐基桃红色淀。

3. 酞菁颜料

酞菁颜料系统是20世纪30年代发展起来的，只有蓝与绿两色。其优点是色泽鲜艳，着色力高（高于铁蓝2~8倍）、化学稳定性高，不溶于一般的溶剂，耐光、耐热，是蓝色颜料中品质最优的颜料。酞菁颜料有酞菁铜蓝（$C_{32}H_{16}N_8Cu$）；酞菁绿（$C_{32}HCl_{15}N_8Cu$）等。

与无机颜料相比，有机颜料有比较明亮的颜色，着色力也较强，比重要轻得多，制成的油墨很少发生沉淀现象。无机颜料大多具有坚硬的晶体结构，轧制很不容易，在油墨中的颜料小颗粒会使版材和凹版刮墨刀磨损。有机颜料质地就不那么坚硬，这就避免了磨损的问题。无机颜料大多是不透明的，而有机颜料多是透明的。有机颜料的耐晒、耐热和化学稳定性都比较差，有些甚至在耐油脂的方面都很差，在溶剂中容易串色。

综上所述，十全十美的颜料是不存在的，不管是有机颜料还是无机颜料，都具有一定的缺陷。由于这个原因，油墨配方的选择，特别是用于特殊用途的油墨，更需对所用的颜料加以仔细地选择。而对于印刷工业，我们要了解的主要是所采用的油墨的综合性状，以及印刷工艺、机器种类、印刷材料（这里指承印材料）、后续工艺和最终印刷品对油墨的各项要求。

第二节 连结料与助剂

前面已讲到印刷油墨是由染色物质分散到液状连结料中而制成，印刷的过程是将油墨转移到承印物上，然后采用各种干燥方法使承印物上的液状油墨转变成固态的薄膜。因此对油墨中的连结料的性质就提出了一定的要求，要求连结料首先必须是液体，并能将颜料分散于其中；要求连结料必须具备适当的流变性，以保证油墨在印刷过程中能够均匀地转移；连结料必须是成膜物质，即油墨转移到承印物表面之后应固着于印刷表面，并形成一层薄膜。

印刷的工艺不同，对油墨的要求也不同，油墨中的连结料也应不同，油墨中连结料的种类决定了油墨的性能。按干燥形式分，油墨可分为渗透干燥、氧化结膜干燥、挥发干燥等几类，则连结料也有相应的几类。

油墨连结料的种类很多，而且就一种油墨而言，其连结料也往往不只一种，其作用也各不相同。现分门别类地对连结料加以介绍。

一、油脂

油脂可分成动物油、植物油和矿物油三大类。动物油指动物身上的油（脂肪），如猪油等。植物油指从植物的种子或秆皮榨取出的油脂，如亚麻仁油、桐油等。植物油一般可分为干性植物油、半干性植物油和不干性植物油。矿物油是从石油中获得的。

当油以薄层的形式暴露在空气中时，很快就干燥的是干性油，不容易干燥的是半干性油和不干性油。

（一）干性植物油

大多数干性油是从植物的种子中获得的，用得最多的是亚麻仁油、桐油、梓油和苏籽油（又称荏油）等几种，分别是从亚麻、桐树、乌桕树和荏胡麻的果实中获取的。和其他天然物质一样，干性植物油也是由多种化合物混合而成的，但它们的主要成分是甘油三酸酯。不同的油类，脂肪烃链的长短不同，烃链上有无双键结构、双键的数目及所处的位置不同，脂肪酸的活性也不同，由此影响到油脂的干燥速度。各种植物油的干性主要取决于油脂分子中所含的饱和脂肪酸和不饱和脂肪酸的比值，含不饱和脂肪酸多的油脂为干性油脂，含不饱和脂肪酸少的油脂为不干性油，介于两者之间的是半干性油。具体的界限是由“碘值”的高低来划定的。碘值指1g油吸收碘的厘克数。一般说来，碘值在150以上的为干性油，碘值在100以下的为不干性油，介于两者之间的是半干性油。

亚麻仁油中占主要地位的脂肪酸是亚麻油酸、亚油酸和油酸，分子式如下：

油酸　$CH_3(CH_2)_7CH=CH(CH_2)_7COOH$

亚油酸　$CH_3(CH_2)_4CH=CHCH_2CH=CH(CH_2)_7COOH$

亚麻油酸　$CH_3CH_2CH=CHCH_2CH=CHCH_2CH=CH(CH_2)_7COOH$

在这些脂肪酸中，每种都是由18个碳原子组成的线状链，都有不饱和的双键。

而在甘油三酸酯通式中的R_1、R_2、R_3就是这类脂肪酸的长链，如亚麻仁油的R_1可能是亚麻油酸的长链：$CH_3CH_2CH=CHCH_2CH=CHCH_2CH=CH(CH_2)_7$，而三酸甘油酯的真正结构是三维的构造。

干性植物油的干燥特性取决于脂肪酸链的不饱和部分，如$—CH=CH—$中的双键部分，这个不饱和的双键为空气中的氧气的侵袭提供了一个薄弱环节，也是甘油三酸酯聚合时在分子间架起连接桥梁的地点。

把亚麻仁油薄薄地铺在一块玻璃之上，使其暴露于空气之中，那么亚麻仁油的重量会增加，最终也会干燥成膜。这是因为亚麻仁油中的双键打开，结合了空气中的氧的缘故。假如把涂上亚麻仁油的玻璃板放入一个充满氮气的密闭容器中，那么亚麻仁油层的重量就不会增加。

天然的亚麻仁油在室温下暴露于空气之中，那它需要四天才能完全干燥成坚硬的固体膜层。如果涂敷的油层较厚，又要求在较短的时间内干燥，那只有借助于加热处理的方法才能加快天然亚麻仁油的干燥。早期使用的凸印和平印油墨中，主要是采用经过预先处理的亚麻仁油，而调墨油是在270~290℃的温度下处理一定时间的精炼亚麻仁油。亚麻仁油经过这种处理后，脂肪酸链上的双键打开，与邻近的甘油三酸酯分子连接起来，随着反应的进行，聚合程度提高，油的黏度也增加。当油的黏度增加到一定时，人为停止反应的进行。根据不同的用途，热处理的方式也不同，加热的温度、添加干燥剂的种类，通入空气等都决定着亚麻仁油的性质。亚麻仁油的成分如表5-1所示。

表5-1　亚麻仁油的成分

成　分	棕榈酸	硬脂酸	油酸	亚油酸	亚麻酸
分子式	$C_{16}H_{32}O_2$	$C_{18}H_{36}O_2$	$C_{18}H_{34}O_2$	$C_{18}H_{32}O_2$	$C_{18}H_{30}O_2$
数值/%	6	4	22	16	52

桐油是我国的特产。桐油酸含有三个不饱和的双键而且是共轭双键（双键当中无次甲基$—CH_2—$隔开），而共轭双键极易聚合成二聚体或三聚体。在聚合成膜后，性质稳定，组织严密，很少生成羟基和羧基，因此由桐油制成的油墨耐碱性、耐光性及抗水性都比较好。桐油的干燥比亚麻仁油快。桐油与某些树脂的混溶性好，可用于制作树脂型油墨。但

桐油有膜层无光泽，易老化而失去弹性，干后还略有黏性等缺点，与别的干性油混炼可抵消一部分缺点。桐油的成分如表 5－2 所示。

表 5－2 桐油的成分

成 分	棕榈酸	硬脂酸	油 酸	亚油酸	亚麻酸	桐 酸
分子式	$C_{16}H_{32}O_2$	$C_{18}H_{36}O_2$	$C_{18}H_{34}O_3$	$C_{18}H_{32}O_2$	$C_{18}H_{30}O_2$	$C_{18}H_{30}O_2$
数值/%	4	1	8	4	3	80

梓油是含有少量有共轭双键的十碳二烯酸，其碘值较高，干燥也较亚麻仁油快，聚合较快，膜层较硬，但弹性及光泽不如亚麻仁油，一般是与其他油料混炼制为连结料的。

随着印刷机转速的提高，对油墨的干燥性的要求也相应提高，为了相应地制出快干的高质量油墨，连结料也逐渐采用了人造的连结料，而传统采用的亚麻仁油已逐渐被取代。人造的连结料与干性植物油的化学成分相差很大，但其干燥作用却是一样的。

（二）不干性油

不干性油主要是矿物油。矿物油是石油中的高沸点成分，其化学成分是碳氢化合物的混合物，这些成分多是不活泼的介质，化学稳定性都很好。从黏度上来分类，矿物油可分为轻油、中油、重油，或分得更细一些，有绝缘油（动力黏度为 9.5/50℃），锭子油 2（动力黏度为 12/50℃），锭子油 3（动力黏度为 20/50℃），30 号机油（动力黏度为 30/50℃），45 号机油（动力黏度为 45/50℃），还有煤油等。这些油类从化学成分上讲是相似的，而且沸点都比较高。这些油料可以溶解多种树脂形成黏稠的液体，也可以与其他油料混合，因此在印刷油墨中用得较多，主要是在渗透干燥型油墨中做连结料，也常用做稀释剂。

油墨工业采用的煤油是高沸点油，是石油在 250～300℃分馏的那一部分。这种煤油是低挥发性的溶剂，黏性极低，对油墨起减黏作用，并使油墨在纸张表面快速固着，主要用于胶印或凸印的亮光快固着油墨。

不干性油中有一类是不干性植物油。不干性植物油很多，在油墨中采用的是蓖麻油。蓖麻油是从蓖麻子中榨出来的。黏度也比较大。可溶于酒精及醋酸，不溶于石油醚。蓖麻油虽是不干性油，但在催化剂的作用下脱水成为具有不饱和脂肪酸酯的干性油，干性比亚麻仁油还好。它还可代替桐油与半干性油配合使用，用于印铁白墨时可使油墨不易泛黄。蓖麻油很少直接用于油墨制造，但常用做油墨的助剂，如蓖麻油磺化后可做颜料的表面活性剂。

二、树脂

“树脂”一词不是几句话就能定义得了的，它的含义与其说与物质本身有关，还不如说与物质存在的物理状态有关，它的状态也不与一定的化学结构有关。就目前而言，树脂包括取自植物的或动物的天然树脂（如松香、虫胶等，是几种物质的混合物）和大量的用人工合成的具有各种不同化学结构的合成树脂（如聚酰胺、酚醛树脂、聚氯乙烯树脂等）。树脂的形态也各不相同，既有坚硬的发脆的固体，也有黏稠的液体。

如前面章节所讲，树脂都是有机化合物，具有复杂的结构，高分子量和能溶解于一些有机溶剂的性质，当溶剂从树脂溶液蒸发时，树脂的浓度会逐渐增大。树脂不像无机盐类那样结晶出来，而是其溶液随溶剂除去而变得黏稠，最终树脂分子相互间紧密地连接在一起，形成凝胶体，表面形成薄而透明的膜层。这个性质在表面涂布所使用的许多树脂中是很重要的。

树脂代替植物油进入油墨业，在我国也只有几十年的历史。在植物油型油墨不能满足印刷方法，并不断提出改变的要求的时候，引入树脂作为油墨的连结料，使得油墨质量有了很大提高，这就促使树脂在油墨业得到了更广泛的应用。

油墨对树脂的要求是从印刷品表面性质，印刷物使用的场合，印刷工艺的限制以及环境污染等几方面综合考虑的，即要求树脂能使印刷品的墨膜具有良好的光泽、附着牢度和硬度；要求树脂赋予油墨有适当的流变性、抗水性和印刷适性；要求树脂与植物油、油墨用溶剂或其他树脂有良好的互溶性。由于油墨印刷后，要将颜料附着在印刷物表面并受到树脂薄膜的保护，因此树脂的性能尤为重要。

用植物油制成的胶印油墨，由于要求油墨墨膜很薄，因此在印刷时油墨易发生乳化，不下墨，糊版等现象，而树脂型油墨中由于树脂的稠度、黏度、黏弹性都比植物油好，油墨的转移性能也得到改善，固着速度也不受影响，树脂与色料的亲和力比植物油好，使油墨的墨性得到很大改善，尤其是溶剂性凹版油墨，可避免颜料漂浮或沉淀。树脂成膜性也比较好，使印件具有很高的光泽。某些树脂与承印材料表面之间有强大的吸附力，可提高油墨对印件表面的附着牢度。如聚乙烯塑料的分子没有极性，一般油墨对它的附着牢度都很差，而聚酰胺树脂却能在聚乙烯薄膜上很好地附着。又如环氧树脂对玻璃和金属的附着牢度也很好。另外，树脂成膜后硬度较高，其形成墨膜后摩擦牢度也比植物油型油墨强。树脂的干燥或是通过溶剂挥发，或是热固，或紫外线干燥，其干燥速度都比植物油连结料氧化结膜的干燥速度快。

树脂的物理和化学性能很多，对于油墨用树脂我们需掌握的是下面几点。

（1）树脂的溶解性。树脂具有一定黏度才可用于油墨，这就需要加入一定量的溶剂去调节，因此，树脂能否在低毒或无毒的溶剂或脂肪族矿物油中溶解，直接关系到油墨性能好坏。

（2）树脂的黏度。这实际上是指树脂在特定情况下的黏度。

（3）软化点。在树脂软化过程中，规定其变成黏稠液体时的温度为软化点。软化点随树脂分子量增大而升高。

（4）树脂的色泽。为避免树脂的颜色影响油墨的色相，树脂要求为无色或颜色很浅的液体。

（5）树脂的透明度。树脂的透明度与溶解性好坏有关，也是树脂好坏和有无杂质的衡量指标。

（6）释放性。指溶剂从树脂中释放出来的速率。当然，这与溶剂挥发性能好坏及挥发速度有关。

（7）酸值。许多种类的树脂是由树脂酸、脂肪酸、芳香酸类经缩合而成的，因此，树脂中多少还有部分羧基（—COOH）没有参与缩合反应，这部分羧基的数量通常以酸值来表示，指中和每克树脂所消耗的氢氧化钾毫克数。油性油墨要求较低的酸值，约为20，水性油墨要求酸值高于100。

（8）抗水性。树脂的抗水性影响到油墨的抗水性，抗水性差的油墨在胶印时会发生乳化，糊版，不下墨的现象。水性油墨在使用时要求水稀释性能要好，但成膜后就不能再溶于水。树脂抗水性与树脂的亲水基团（如羟基—OH、羧基—COOH、胺基—NH_2、磺酸基—SO_3H、甲氧基—OCH_3 等）的数量和分子量的大小有关。水性树脂是这些亲水基团生成盐后的树脂。

用于凹版印刷油墨，柔性版印刷油墨的树脂是溶解在挥发性溶剂（如甲苯、醇类或改性酒精）中的。而用于平版印刷油墨或凸版印刷油墨的树脂是将固体树脂通过加热溶解于植物油或矿物油中的。加热的温度高低和保温时间的长短不同，树脂溶解在油脂中的情况也不同：升温较高并保持较长时间的，树脂溶解得较完全，质量较稳定，但固着比较慢，适宜做一般油墨的连结料；而升温较低的，树脂溶解得较不完全，适宜作快固着亮光油墨，或做多色印刷用油墨的连结料。

（一）天然树脂

直到上世纪初，表面涂布业中所使用的树脂还都是天然有机物，这些有机物在用做调墨油或油墨连结料之前还须进行一定的化学处理，而且质量也不够稳定，现在除在低档油墨中偶有直接使用天然树脂的，多数须经过加工和改性，但其在油墨业中仍占有重要地位。

天然树脂一般是透明的发脆的固体，颜色黄里透棕，化学结构非常复杂，至今尚不能完全掌握它的结构。它在成膜前后一般没有很明显的化学变化，其成膜速度主要取决于溶剂挥发和渗透的速度及树脂对溶剂的释放性。

天然树脂中所含的杂质给油墨的质量稳定带来一定的影响。

1. 松香

松香为透明玻璃状，色由黄到棕黑色。组成一般约含 90% 以上的松香酸和松香酸异构体，其余为松香酸的复杂酯及烃类。松香不溶于水，能溶于乙醇、乙醚、丙酮、苯、植物油、碱溶液中。在油墨加工时，松香并不直接用来生产油墨，而是经过聚合、氢化、歧化、胺化、加成、改性后再用于生产油墨。如聚合松香，具有共轭双键的松香酸在适当的条件下，两个分子互相聚合而生成二聚体，也称为二聚松香。其性能比松香优越，软化点较高，不结晶，因聚合而减少了共轭双键，抗氧化性提高了。其溶解性能仍然很好。用其作改性树脂可提高软化点和黏度。例如，在胶印油墨中就使用了聚合松香改性的酚醛树脂。

2. 石灰松香

石灰松香也叫松香酸钙、松香钙皂。它是以两个分子的松香酸与一个分子的氢氧化钙反应而成的。松香酸钙只有与松香共存时，才能溶于矿物油，而纯松香酸钙是不溶于溶剂的，因此实际生产中并不完全将松香做成钙皂。石灰松香的软化点比松香高，酸值有所降低但仍然很高，成膜后的硬度、光泽都比松香好。但脆性大，耐气候性能差，一般多用于印刷报纸油墨中。

3. 松香酸酯

松香用氢氧化钙改性效果并不好，一般是用多元醇来改性，称松香酸酯。用甘油改性的松香叫松香酸甘油酯，又叫甘油松香。一个甘油分子能与三个松香酸分子起酯化反应。甘油松香软化点为 (99 ± 5)℃（环球法），比松香高，酸值（小于 18）比石灰质松香低，抗水性也有所提高，但不太理想，光泽、硬度也还不够。

用季戊四醇与松香酸起酯化反应而制得的是季戊四醇松香。季戊四醇的一个分子能与四个松香酸分子起反应。季戊四醇松香软化点比甘油松香高，抗水性、硬度较好，墨膜干燥速度也快一些。

4. 沥青

沥青是棕黑色固体或黏稠状物，油墨生产中使用的沥青主要是天然沥青和石油沥青。油墨生产中使用沥青时，关心的是沥青的软化点、溶解性，沥青溶液贮藏时的稳定性。沥青来源丰富，价格低廉，现在还部分用于新闻黑墨中，但用沥青配制的连结料，存放时容易出现变稠的现象，这是因为沥青有氧化聚合成高分子化合物的趋势，其聚合程度越高，溶解度就越小，因此，配制时应注意溶剂的种类及配比，溶解的温度及溶剂中的杂质对溶解过程的影响。凹印油墨的连结料采用溶于芳香烃溶剂的沥青效果较好。

（二）合成树脂

合成树脂与天然树脂不同之处在于我们能完全准确地掌握它们的化学结构，可以按严格的规范进行生产，还能通过选择不同的化学原材料以及改变原材料间的配比来生产各种不同用途的树脂。

合成树脂的种类繁多，其中有一部分已在前面章节中讲过，如聚酯、聚酰胺（尼龙）一类缩聚物，以及像聚苯乙烯、聚乙烯树脂一类加聚物。印刷油墨中也使用多种合成树脂，如醇酸树脂、酚醛树脂、顺丁烯二酸树脂、聚酰胺树脂等。

1. 聚酯树脂

聚酯树脂是二元或多元醇与二元或多元酸产生酯化反应生成的高分子化合物的总称。

$$n\mathrm{HO{-}R{-}OH} + n\mathrm{HOOC{-}R'{-}COOH} \longrightarrow \mathrm{HO}\!\left[\mathrm{R{-}OOC{-}R'{-}COO}\right]_n\mathrm{H} + (2n-1)\ \mathrm{H_2O}$$

油墨生产中常采用的是多元醇和多元酸。纯的聚酯在油墨制造时应用很少，一般多加以改性，即通过松香、聚合松香、植物油或脂肪酸等加以改性，以改善聚酯树脂的溶解性和印刷适性。

其中，在油墨生产中用得最多的是用脂肪酸（或植物油）改性的树脂，这一类用脂肪酸改性的聚酯树脂称为醇酸树脂。

具有热塑性的长链聚酯通过有两个羟基（—OH）的二元醇和具有两个活泼的氢离子（H^+）的酸之间的缩聚反应生成。如果醇类有三个羟基（—OH），如甘油，通过缩聚反应就生成具有热固性的网状聚合物。这种醇酸树脂用于油墨生产中的价值不大，因为它不溶于普通的有机溶剂，但其经过改性，即在分子中植入长链脂肪酸就可以获得必要的溶解性。

醇酸树脂可分为干性醇酸树脂和不干性醇酸树脂两大类。这是以树脂在空气中能否干燥来区分的。干性醇酸树脂采用的脂肪酸的不饱和程度高，或采用干性油进行改性，制成的醇酸树脂与空气中的氧接触，在室温下也能成膜固化。而不干性醇酸树脂采用的脂肪酸或植物油的不饱和程度较低，甚至是饱和的脂肪酸或不干性油，这类树脂在空气中不能聚合干燥。

用于改性的植物油有亚麻油、梓油、桐油、豆油、蓖麻油、椰子油、棉子油、脱水蓖麻油、月桂酸等。根据醇酸树脂中含植物油（或脂肪酸）的多少，又可分为短油醇酸树脂，中油醇酸树脂和长油醇酸树脂。

油度的长短影响着醇酸树脂的性能。短油醇酸树脂很黏稠，酸值高，只溶于醇和煤焦油溶剂，不溶于石油溶剂，干燥慢而性脆。长油醇酸树脂则为易流动的液体，其酸值低，不溶于醇而溶于石油溶剂，在脂肪烃内的溶解度随油度增大而增大，附着力强、干燥性好、结膜光亮，印刷适性较好。油度长的，不饱和脂肪酸多，以氧化结膜为主；油度短的醇酸树脂含羟基较多，需用加热烘干，以缩聚反应为主进行干燥。就印刷适性说，长油的要比短油的好。中油醇酸树脂介于两者之间。

干性油醇酸树脂比起直接采用亚麻油做连结料来说，干燥速度快，这是因为树脂对稀释剂有一定的释放性，使稀释溶剂能很快地渗入到纸张纤维中去，留下颜料与树脂在纸张表面很快固着。醇酸树脂所用的原料及生产工艺都比较简单，而且用醇酸树脂制成的油墨在光泽、附着力、硬度、柔韧性、干性、转印性等方面都很好，而且也是很好的润湿剂，能改善颜料的润湿性能，油墨中能加入更多的颜料，黏度变化不大，流动性也好，适用于较稀的印刷油墨及印铁油墨。但其表面干得快、黏手时间长，抗水性较差，一般都与其他树脂混用，相互补偿各自性能上的缺陷。用长油度的醇酸树脂调节硬而脆的松香改性酚醛树脂，使油墨在常温下就能干燥结膜，墨层富有弹性且有较好的光泽。在印铁油墨中短油度的醇酸树脂和氨基树脂并用，靠加热干燥，使油墨具有一定的光泽、附着力和耐冲击性。

醇酸树脂的性能还可通过其他物质改性来改善。改性的物质是能与羟基、羧基和脂肪酸中的双键起反应的物质，如松香、用碱做催化剂制得的酚醛树脂、异氰酸酯、苯乙烯、失水苹果酸酐等。用松香改性的醇酸树脂黏性较低，在烃类溶剂中的溶解性得到提高，抗水性、墨膜附着力，光泽都得到改善，但松香分子中的共轭双键则使墨膜易老化，易变色。用碱做催化剂制成的酚醛树脂（如烷基酚甲醛树脂），改性的醇酸树脂可明显提高树脂的抗水性和黏度。用苯乙烯改性的醇酸树脂也能提高抗水性，由于其分子量增大，干燥性提高，硬度和脆性也增大。用异氰酸酯改性的醇酸树脂其抗水性、黏弹性、墨膜的摩擦牢度，光泽及附着牢度都得到改善，但用量过大会使树脂黏度过大，并降低对颜料的润湿性能。

2. 聚合松香季戊四醇树脂

聚合松香季戊四醇树脂是以二聚松香与季戊四醇或甘油经酯化反应得到的树脂。其配方如下：

140 号聚合松香	90.3%
季戊四醇	9.7%

产品是浅黄棕色透明的类似松香的固体，软化点 180℃左右，酸值小于 20。这类树脂的抗水性较差，不宜用于胶印油墨，过去常用于铅印油墨。

3. 松香失水苹果酸酐甘油树脂

松香失水苹果酸酐甘油树脂是由失水苹果酸酐与松香起加成反应生成的三元酸再与甘油经酯化反应生成的树脂。其配方如下：

松香	76.9%
失水苹果酸酐	8.2%
氧化锌	0.1%
96% 甘油	14.8%

产品软化点 138～142℃，酸值小于 20。这种树脂的光亮度较好，主要用于较高档的凹版印刷油墨。其采用的溶剂为甲苯，对环境有污染，故不多用。

4. 酚醛树脂

酚醛树脂具有耐气候性好、抗水性强、附着牢度好、光泽高等优点，它最早应用于油墨生产中，现在也占有十分重要的地位。

酚醛树脂是酚类和醛类在催化剂的作用下加成缩聚形成的。催化剂不同，其产物也不同。在酸性催化剂的作用下，生成的树脂是线形的热塑性树脂，不存在游离的羟甲基，加热也不会再缩合，比较稳定。在碱性催化剂的作用下，生成的树脂是体形缩聚物，分子链上仍有羟甲基，遇热仍会缩聚，贮藏时不稳定。但它与松香或桐油在高温下能反应，油墨生产中大都用碱性催化剂制作酚醛树脂。

酚醛树脂的溶解性随酚的结构不同而不同。例如苯酚、邻甲酚、间甲酚所生成的树脂均不溶于植物油，而对位被烷基或苯基取代的树脂溶解性能特别好，这类树脂经改性后在油墨生产中应用很广。

酚醛树脂可制成醇溶液而用做凹版印刷油墨的连结料，但绝大部分是改性制成能溶于植物油的酚醛树脂，用于胶印油墨。改性方法有两个：一是用烃基取代酚做树脂，一是用其他化合物改性。

烃基取代酚类树脂能直接溶于植物油中，所以称为纯酚醛树脂或100%酚醛树脂。凡邻位和对位烃基取代酚都能产生油溶性树脂，多采用对位取代酚，如对叔丁酚、对辛基酚，对癸基酚等。

改性酚醛树脂是用干性植物油或油溶性物质（如松香、不饱和脂肪酸等）改性，或将酚醛树脂上的羟基（—OH）和羟甲基（—CH_2—OH）醚化，降低分子极性，使之溶于油。前者以松香或植物油（桐油）改性最为理想，后者可以使醇类醚化羟甲基，或使酚醛树脂生成钠盐，再与脂肪族氯化烃醚化。

松香及植物油改性酚醛树脂在植物油中的溶解性提高了，矿物油稀释也容易了，树脂的软化点、黏度都相应提高，成本也低，在油墨中应用很广。

在油墨生产中用得较多的酚醛树脂有酚甲醛树脂、甲酚甲醛树脂及二酚基丙烷甲醛树脂，经甘油松香改性后，前两者较难溶于矿物油，与干性植物油配制的连结料干后易泛黄，只用于制造普通树脂油墨。二酚基丙烷甲醛树脂改性后，油溶性大，色泽、光泽都较好，结膜后不易泛黄，软化点也很高，是性能较好的树脂，用于制造较高级的快固着亮光油墨。

5. 顺丁烯二酸树脂

顺丁烯二酸树脂是由顺丁烯二酸酐与甘油在低温下反应生成的缩合型树脂。油墨生产采用的是经过松香改性的顺丁烯二酸树脂，改性后色泽比松香改性酚醛树脂浅，耐光性大大优于酚醛树脂，因此用于制造浅色或白色油墨，以及其他要求连结料无色的油墨。油墨墨膜不易泛黄，光泽好，释放溶剂能力强。一般用于制作照相凹版印刷用油墨及印铁油墨。

6. 氨基树脂

油墨生产中所使用的氨基树脂指含有氨基官能团的化合物与醛类（如甲醛）反应生成的树脂，如三聚氰胺甲醛树脂、脲醛树脂、烃基三聚氰胺甲醛树脂、苯胺甲醛树脂、对甲苯磺酰胺甲醛树脂等。

氨基树脂主要用做金属表面印刷油墨的连结料。由于其印刷适性较差，固化温度高，固化后的墨膜硬而脆，附着力差，所以一般都与其他树脂连结料并用，如醇酸树脂，热固性丙烯酸树脂等，以改善油墨的光泽、硬度、干性、抗水性等。氨基树脂与醇酸树脂的配比视对油墨的要求而定，一般占10%~50%。氨基树脂含量增大，墨膜会变硬而脆，而光泽、保色性有所改善。对干性醇酸树脂一般就不加氨基树脂了，而不干性醇酸树脂就应多加氨基树脂。

7. 环氧树脂

环氧树脂对许多物质表面有很强的附着力，油墨生产制造时利用这一特性，将环氧树脂作为金属表面印刷油墨或玻璃印刷油墨的连结料，油墨附着能力很好。

环氧树脂的环氧基和羟基较活泼，能与胺类、醇类、酚类、羧酸类反应，或交联固化或加以改性，因此常与酚醛树脂、醇酸树脂、氨基树脂并用。

环氧树脂可用多种物质加以改性，以改善树脂的溶解性、印刷适性、干燥性与混溶性等。例如用脂肪酸（多为植物油的脂肪酸）酯化改性的环氧树脂，又称环氧酯，其在烃类溶剂、植物油中的溶解性以及印刷适性、干燥性都有所改善。其脂肪酸量越多，则黏度下降、硬度降低、对溶剂的溶解性增加、印刷适性提高，但附着牢度下降，耐化学药品性也降低。考虑到与金属表面的结合强度，因此脂肪酸量不宜过多。另外，如果用失水苹果酸酐对环氧树脂改性，可制得水溶性树脂。而用丙烯酸对环氧树脂改性，可制得紫外线干燥油墨。

8. 聚酰胺树脂

聚酰胺树脂指分子主链中有—HN—CO—结构的聚合物，常用的是由氨基酸、二元酸、二元胺单体缩聚而成。如日常生活中的尼龙一类化学纤维就是这类物质。这类树脂用于塑料薄膜印刷油墨中，用来印刷聚乙烯、聚丙烯薄膜。将树脂溶解于有机溶剂中可制成凹版或柔性版油墨。

油墨生产所用的聚酰胺树脂与化学纤维工业所用的聚酰胺树脂在性能上要求完全不同，即要求树脂的溶解性好，吸水性低，否则会影响墨膜的抗水牢度。油墨生产所用的聚酰胺树脂用二聚脂肪酸作为单体，因具有较长的支链可提高醇溶度。目前所用的聚酰胺树脂的醇溶性尚不好，需加入少量的芳香族溶剂以提高醇溶性，但芳香溶剂会使橡皮膨胀，限制了使用范围。用聚酰胺树脂制成的油墨其附着牢度好，光泽高。一般用于非吸收性承印材料的印刷。

聚酰胺树脂对醇酸树脂改性可得触变性大而流动性极小的胶状树脂，用做高速印刷油墨的连结料。聚酰胺树脂还可与亚麻仁油混合制成胶质油用于胶印油墨。

9. 水溶性树脂

水溶性树脂是指能溶于水的树脂，其分子结构中有相当数量的强亲水性基团或分子中的羧基、氨基已形成水溶性盐。水溶性树脂可用水做溶剂，主要用于凹版印刷油墨，这样可以使原先用芳香族溶剂带来的环境污染问题得到解决，但其印刷的质量较差，墨膜易粉化且光泽不高，不适宜印刷较高级的印刷品。水溶性树脂也用做印铁白墨的连结料。

水溶性树脂分几类：一是具有羰基的饱和或不饱和化合物，经聚合或不完全酯化而得到高酸值树脂，如丙烯酸类的共聚物，不完全酯化的酸性树脂（醇酸树脂、聚酯树脂等）。二是树脂本身的双键与不饱和酸加成后的树脂，如聚丁二烯与失水苹果酸酐加成聚合而得的树脂。三是通过不饱和化合物引进不饱和酸而具有羰基的树脂，如环氧树脂和酚醛树脂就是通过不饱和脂肪酸或不饱和植物油与失水苹果酸酐反应生成的水溶性树脂。

10. 光敏树脂

光敏树脂是指在光（特别是紫外线）的照射下能从液态转变成固态的一类树脂。这类树脂多属于不饱和的缩聚型树脂，树脂中的不饱和双键在光引发剂的引发下产生游离基并完成聚合。利用这个原理制成的油墨可在发射一定波长光的光源照射下固化干燥，如紫外线干燥油墨。

光敏树脂有两类。一是不饱和的聚酯，如以不饱和的二元酸（顺丁烯二酸、反丁烯二酸、依康酸等）与多元醇酯化而得，二是将不饱和化合物引入到缩聚型树脂中去而制得。

目前使用的光敏树脂常见的有：马来酸酐与多元醇制成的不饱和聚酯，低分子量的环氧树脂末端的环氧基与丙烯酸酯化而得的树脂，含羟基的不饱和化合物（如多元醇的丙烯酸不完全酯，内烯酸－β－羟丙酯、丙烯醇等）与低分子量的聚酯树脂（以及醇酸树脂）酯化，或通过异氰酸酯连接到树脂分子上而得的树脂。

三、溶剂

溶剂是指能够溶解其他物质的液体。在油墨中，溶剂就是溶解树脂或油脂的液体。一般来说，溶剂都是有机化合物，但分子结构要比树脂简单得多且小得多。表5－3中是一些比较常用的溶剂。

表5－3　油墨常用溶剂

分　类	溶剂名称	相对密度（20℃）	沸点/℃	蒸发热（cal[1]/g）	相对蒸发速度
芳香族类	苯	0.88	80.1	94	630B[2]
	甲苯	0.87	110.8	87	240B
	二甲苯	0.87	144.0	95	63B
	乙苯	0.87	136.2	80	91B
酯类	乙酸戊酯	0.88	146.0	69	42B
	乙酸乙酯	0.90	76.7	88	615B
	乙酸丁酯	0.88	126.0	74	100B
	乙酸甲酯	0.90	57.1	105	1180B
酮醚类	丙酮	0.79	56.1	124	1160B
	环己酮	0.95	156.7	109	23B
	甲乙酮	0.81	79.6	116	527B
	二乙醚	0.71	34.5	86	3300B
醇类	甲醇	0.79	64.5	262	610B
	乙醇	0.79	78.1	200	340B
	异丙醇	0.79	82.3	159	230B
	正丁醇	0.81	117.1	141	45B

注：1. 1cal＝4.1868J。
2. 630B是指以乙酸正丁酯为100时，溶剂的相对蒸发速度，数字愈高，蒸发速度愈快。

用途不同的油墨在选用溶剂时需考虑溶剂的许多性质。首先应该考虑的是溶剂的溶解能力，即溶剂溶解油脂、树脂或石蜡的能力。从溶剂的化学结构能知道它大概能溶解哪些物质，但对某一种溶剂是否能溶解某一种物质，还需进行试验，并在实际应用中检验。

我们知道，原子间由共价键连接的有机化合物有的是极性化合物，这是由分子中电子的不平均分配而造成的，这种极性增加了相邻分子间的吸引力，分子中带正电荷的一端将吸引邻近分子带负电荷的另一端。只有当溶剂的分子都散布在被溶解的物质的分子周围，才能形成溶液，假如被溶解的物质有极性，那么，显然具有相同极性的溶剂最容易被溶解分开。

溶剂和溶质如果具有相似的极性，溶解的效果往往较好，如水（极性物质）与乙醇（极性物质）或丙酮（极性物质）的混合就属这类情况。而水却不能与碳氢化合物相溶，如白醇－石油溶剂（极性物质）或苯（非极性物质）等。聚乙烯醇具有极性，是少数几种能溶于水的合成树脂。而极性的碳氢化合物溶剂，如白醇－石油溶剂，可溶解像聚苯乙烯一类的非极性物质，并能与像亚麻仁油那样的弱极性的干性油相混合，但不能溶解像醋酸纤维或硝酸纤维一类的极性树脂。要溶解这一类极性树脂，最好采用极性溶剂，如酯类或酮类。当然，“用极性溶剂去溶解极性溶质，用非极性溶剂去溶解非极性溶质”这一规律也是有例外的，但了解这一规律无疑对研究溶解某一材料所使用的溶剂具有一定指导作用。

溶解力是选择油墨所用溶剂的许多指标之一。由于溶剂在印刷之后的瞬间往往要求能迅速挥发，而在承印物表面留下干燥的墨层，因此，溶剂的挥发速度也是溶剂选择时的一个重要的因素。为了获得预期的蒸发速度，常常需要采用混合溶剂。选择溶剂时应考虑的其他指标有溶剂的闪点、毒性、气味等，以及在干燥的墨层里是否会留下溶剂的痕迹。

树脂溶液除了包含溶剂之外，常常还用另一种液体稀释，这一类液体对树脂虽然没有溶解能力，但能与溶剂相溶，这样的液体称为稀释剂。在油墨中添加稀释剂的作用是为了调整油墨的黏度、挥发速度，降低成本和改善其他一些性能。例如在硝酸纤维清漆中，甲苯就是一种稀释剂，虽然甲苯对树脂没有溶解能力，但常用于稀释硝酸纤维素清漆。稀释剂的用量应有所限制，它与溶剂应有一定的比例，如果稀释剂过量，溶液中的树脂就会沉淀出来。不过，有时还可以利用这种沉淀现象。例如，在潮致凝固类油墨中含有可溶解在水溶性溶剂中的树脂（如聚乙二醇），树脂本身并不溶于水，从纸中或大气中来的水作为稀释剂进入油墨层，由于稀释剂过量，树脂开始沉淀，树脂沉淀结束时，油墨也就干燥了。

四、增塑剂

增塑剂可以看成一类高沸点即低挥发性的溶剂。在油墨中添加增塑剂能使原先发脆的墨层具有比较好的韧性，并使油墨墨层对印刷材料之间有比较好的黏合力。为了使增塑剂能更好地发挥这些功能，增塑剂的分子必须渗入到树脂连结料的长链分子之间，起到一种类似润滑的作用，使聚合物的长链有了运动的自由。增塑剂分子转移到墨膜的表面可能造成表面发黏。如果印刷材料中有增塑剂，增塑剂从印刷材料向油墨层迁移，可能使油墨墨层软化，甚至改变墨层的轮廓。

大多数增塑剂是黏稠的高沸点的液体。如邻苯二甲酸二丁酯（沸点 340℃），磷酸三甲苯酯（沸点 420℃）。也有些增塑剂是固态的。增塑剂多用于依靠溶剂挥发而干燥的油墨和表面涂布剂，如凹版印刷油墨、柔性版油墨。

五、干燥剂

干性油的氧化反应如有少量金属盐类存在可大大加速，常用的金属盐类有钴、锰和铅的盐类，这就是干燥剂，也称为催干剂。顾名思义，干燥剂起的作用就是加速干燥过程。凸版印刷油墨和平版印刷油墨如使用了干燥剂，可使干燥时间大为减少。

干燥剂有两种不同的形式，即液体干燥剂和糊状干燥剂。比较常用的是液体干燥剂，含有一定量的有机酸金属盐类，如红燥油（亚麻仁油酸钴干燥剂），环烷酸铅干燥剂等。这些液体干燥剂是油溶性的，可与油墨相容。糊状干燥剂的制备是把研磨好的无机盐类（如铅和锰）混入亚麻仁油连结料中而成，如白燥油（硼酸铅、硼酸锰、油脂酸锰与调墨油、桐油混合调制而成）。糊状干燥剂常用于需要缓慢干燥或可控制干燥的场合，或是在多色印刷时要求表面油墨尽快干燥以便于套印等场合。液体干燥剂和糊状干燥剂可以在同一种油墨中结合使用。

干性油干燥时，经过氧化和聚合的过程，分子之间互相连接，使原先的链状结构变成网状结构，从而形成固体而完成干燥过程。由于干性油含有一些不易被氧化的物质，必须等这些物质氧化之后，油分子才开始氧化、聚合。如果在干性油中加入金属盐类，金属离子被还原成低价，这些不易被氧化的物质被氧化，或是金属离子与这些物质结合而沉淀，从而缩短油墨开始氧化之前因等待这些抗氧化物质氧化所需的诱导期。另外，干燥剂能破坏油膜氧化后生成的氢过氧化物，形成较稳定的氧键，减少了油墨膜氧化所需要的氧量。干燥油能直接吸收空气中的氧，形成新的氧化物，再与油分子的双键结合，释放出氧，从而加速油墨氧化的速度。干燥油多为极性很强的化合物，能使油分子定向排列，从而在干燥的早期就具有黏附和固化的趋势。

在油墨中干燥剂的含量一般为0.5% ~4%，而干燥剂中真正起作用的是金属物质，在大部分钴干燥剂中金属含量在4% ~9%范围内，在铅干燥剂中金属含量可达24% ~32%。由于干燥剂中金属含量多少对油墨影响很小，所以油墨中金属含量过高是一种浪费。

在这些金属中，钴的干燥效果是表面干燥，在极短的时间内能在墨层的表面形成一层膜，一般认为钴的干燥效果最好。锰的干燥时间也比较短，主要是油墨氧化前的诱导期很短，但其形成墨膜却需要很长的时间。铅也是比较好的干燥剂，但它使油墨干燥所需的时间比钴和锰长，主要是因为氧化作用差。

六、其他辅助剂

为了改善油墨的印刷适性和其他一些指标，印刷油墨中除颜料、连结料、溶剂、稀释剂等成分之外，还有一定量的其他辅助剂。例如，有时要在印刷油墨中加一些石蜡，以提高印刷品的耐摩擦性能，改进承印物表面的光泽度和防水特性。在凸版印刷油墨和平版印刷油墨中加入一些石蜡的化合物，可以在不明显影响油墨流动性的前提之下减小油墨的黏性。

抗氧化剂是一种有机物添加剂，用来改善印刷油墨的耐印力。抗氧化剂可抑制油墨氧化结膜，或是推迟氧化干燥开始的诱导期，从而降低了干燥速度。这些抗氧化剂可以是凡士林、石蜡类的具有抑制氧化作用或降低干燥性的物质，也可以是对苯二酚、邻苯二酚、α - 萘酚、β - 萘酚等一些较强的还原剂，在油墨中与干燥剂或连结料争夺氧，从而降低干燥剂或连结料周围的氧浓度，起到抑制油墨氧化的作用。这些还原剂并不影响油墨分子的聚合干燥。这些抗氧化剂还必须不与油墨分子结合，而逐渐析出油墨的表面。加入抗氧化剂的油墨可以使油墨在容器中或印刷机上不发生结皮干燥的现象，而又可在印在纸上之后因部分抗氧化剂渗透到纸中而降低纸张表面油墨墨膜中抗氧化剂的浓度，却不影响油墨墨膜在纸张表面迅速干燥。抗氧化剂的添加量以0.1% ~0.5%为宜，添加过多会给印刷带来不好的效果。而事先添加抗氧化剂的油墨会因存放时间过长而降低阻干作用。另外，抗氧化剂一般是几种不同的抗氧化剂混合使用，因为混合使用的效果比单独使用的效果要好。

第三节　油墨的性能

包装印刷油墨的性能首先是要满足某种形式的印刷机印刷时的需要，其次，油墨转印到纸张或其他材料上的膜层在印刷品所使用的期间，要能够经受得起后续工序和使用的各种条件的作用，如耐摩擦、耐折叠、耐日照等性能。

包装印刷油墨的性能因油墨种类不同而不同，不过有许多是各种油墨都需具备的。油墨的主要性能是流动性能（包括黏度、黏性、黏弹性、屈服值、触变性等），光学性能（颜色、光泽度等）以及转印到各种包装印刷材料上的耐抗性能（如耐晒、耐酸碱溶剂、耐化学药品、耐摩擦、耐搓揉等）。现分述如下。

一、油墨的流动性能

流动性是印刷油墨的一个重要的特性。流动性研究的迅速发展，使其成为物理学的一个分支，称为“流变学”，这是一门专门研究有关物质的变形与流动的科学。这里我们并不对其作详细的说明，而主要讲油墨的流动性。

（一）黏度

黏度是流体的重要特性之一。当一种牛顿流体被搅动时，在一定温度下，其流动的速度与使用的力成正比。即使用的力（剪切应力）= 常数 × 速度梯度（剪切速率）。或剪切应力/剪切所引起运动的速度梯度 = 常数。这个常数就是流体的黏度，单位是 $N \cdot s/m^2$。一般常用泊“P”来表示液体的黏度，其换算关系为 $1N \cdot s/m^2 = 10P$，此值越大，则黏度就越大。如在室温下，水的黏度是 $0.001N \cdot s/m^2$（0.01P），高速凹印油墨的黏度是 $0.01 \sim 0.03N \cdot s/m^2$（$0.1 \sim 0.3P$），甘油的黏度为 $1.5N \cdot s/m^2$（15P）。

牛顿流体剪切应力 τ、剪切速度 D（D 又称速度梯度 $D = dv/dt$）的关系可用图 5－1 表示。图中所代表的液体是牛顿流体，牛顿流体是指流动的剪切速率和所加的剪切应力成正比的液体。水、甘油及一些低黏度的油墨就属于这类流体。因为，牛顿流体在各种剪切速率的情况下的流体黏度都相同，则剪切应力与剪切速度间的关系为一条直线。因其在很小力的作用下就能使液体流动，所以其直线通过原点。

印刷工业上所使用的大多数油墨中的连结料、溶剂的黏度差别很大，除了凹版印刷油墨和柔性版印刷的油墨可在任意小的力作用下流动外，其他油墨却都不能在任意小的力的作用下就能流动。这可以解释为将颜料加入油墨中时，随着固体的颗粒数量的增加，阻碍液体流动的力和黏度也会增加。大多数凸印和平印油墨中都含有大量颜料，其所受的力必须大于一定的值才能流动，这个值就称为屈服值。我们将这一类流体的切应力和剪切速率的关系描绘如图 5－2 所示，图上画的仍是一条直线，但它与横轴（切应力）交于 A 点，所以 OA 就代表了屈服值。图 5－2 中流变曲线的斜率（切应力）/剪切速率常被称为塑性黏度。

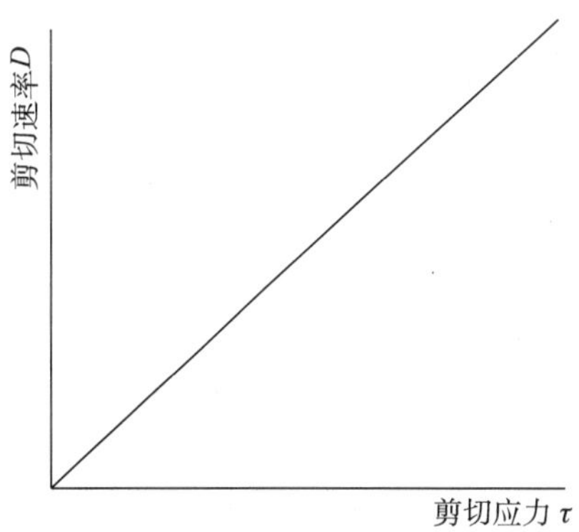

图 5－1　牛顿流体的流变曲线

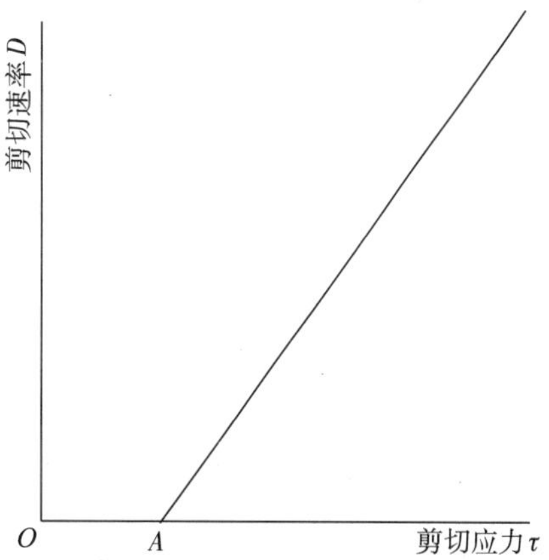

图 5－2　塑性流体的流变曲线

第三种流动是随着剪切速率的增加，其黏度减少的流动，凸版印刷油墨和平版印刷油墨中常看见到这样的流动，其剪切应力和剪切速率的关系如图 5－3 所示。图中的直线有一部分是曲线，与横轴相交，其斜率称为塑性黏度。这类流体称塑性流体，在切应力大于屈服值时，流体才流动。切应力略大于屈服值时，流体以固体或接近固体运动方式运动，而并未形成层流，这一段曲线称为塞流区，指流体的运动是塞流。当切应力大到某一定值（图中 N 点）后，流变曲线近似于一条直线。由 N 点向切应力轴（横轴）做垂线，其垂点相对的切应力值为塑性流体的最大屈服值 τ_a。其直线的延长线与横轴相交的点 A 相对的切应力值为塑性流体的理论屈服值 τ_b，而图中曲线与横轴相交的点相对应的切应力值为实际测得的屈服值。

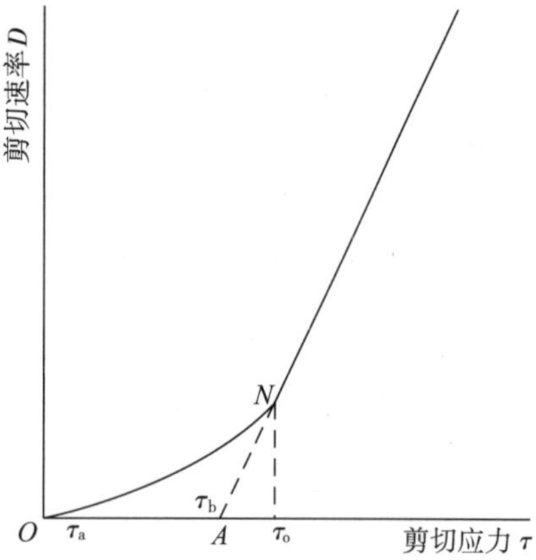

图 5－3　油墨的流变曲线

在含有高比例颜料的油墨中，其性质是施加的动力越大，要搅动这种液体就越困难，也就是说，这种油墨受搅拌时黏度增加，但静置一段时间后，流动性又可恢复原状。这种流体是膨胀性流体，在包装印刷油墨中，这样的流体是很少见的，雕刻凹版印刷油墨的流动性有些类似于此。

与此相比，许多凸印和平印油墨都具有一定的这种阻碍流动的特性，不过，其流动特性都会随搅动程度增加而得到改善。而当停止搅动时，油墨又会恢复到原来不流动的情况。这种性质称为油墨的触变性。油墨、油漆都是典型的具有触变性的物质。我们先渐渐增加切应力值，即增加搅动的程度，然后再慢慢降低搅动的速度，测量其相应的剪切速率，将其关系描绘出来，这样对任何一个给定的切应力都相对有两个黏度值，一个在上边的一条曲线上，一个值在下边的曲线上。将流体静置一段时间后再重复进行同样的试验，还将产生同样的流变曲线。不同的油墨，其触变性也不同，即流动性恢复到最初的高黏度所需的时间长短不等，最短的只要几秒钟，长的则要好几天。

油墨的触变性是由于油墨的内部结构而形成的。当颜料分散到连结料中后，这个分散体系产生了三种力：第一种力是由颜料颗粒表面的离子或带电基团而引起的排斥的静电力；第二种力由于颜料颗粒与连结料之间的介电常数不同而引起的范德华引力；第三种力是由于颜料颗粒表面的不带电基团而引起的阻碍力。在各种类型的油墨中，有的是静电力为优势，有的是范德华引力为优势，它们均可与阻碍力达到平衡，形成油墨内部的网状力场，油墨内部处于絮凝状态。在外力的作用下，这种絮凝状态被破坏，油墨的流动性也就改善了。

油墨的触变性使油墨在印刷机众多墨辊的挤压、剪切作用下流动性变好，油墨就容易从印版转印到承印物上，一旦外力消失，油墨由稀变稠，不向四周溢流，这样才能保证印迹清晰准确。不过触变性也需恰当，否则油墨不仅需有大量的墨辊打匀，墨流也太慢不利于调节。

另一个性质是流动度，它是黏度的倒数，流动度的大小说明油墨的稀稠程度。一般用夹在两块玻璃中一定量油墨在规定时间里铺展开的直径（温度是某一定值）作为流动度的数值。

油墨的黏度、屈服值，触变性及流动度的总和，就是油墨的流动性，也叫油墨的流变性，印刷需要良好的油墨流动性，使油墨在匀墨、传墨、流平性能等方面能满足各自所用的印刷方法和印刷机械的要求。有些操作工着眼于流动度的大小，用调墨油或颜料、填料等来调节油墨的流动度，而忽视了流动性与其他因素，这样操作会导致印刷工作不能顺利进行。

油墨的黏度是油墨流动性中最重要的性质，在印刷中常提到黏度这个概念。黏度与印刷机有关，一般是印刷机的速度越高，黏度应越低，否则油墨不能适应油墨迅速分离的需要。通常每小时印6000印的胶印机所用的油墨黏度在200～500P之间，每小时印20000印的轮转胶印油墨的黏度在100～300P左右，有的还小于100P。

油墨的黏度与承印物的种类有关。如承印物是纸张，由于不同纸张的表面强度不同，其在相同的印刷速度下所能承受油墨的黏度值不同。那些表面强度低的纸张，如凸版纸，就只能使用黏度比较低的油墨，否则就易产生掉毛现象。表面强度比较高的纸张，如胶版纸，就可采用黏度比较高的油墨。

黏度的大小主要是由油墨本身的组分所决定的。如油墨的连结料的黏度大，则油墨的黏度也大；油墨中的溶剂种类与数量，颜料的比例和颗粒大小及其在连结料中的分散状况，这些因素的总和形成了油墨黏度的差异。如颜料量大，制成的油墨的黏度就大，颜料颗粒大的油墨黏度就小，颜料分散得好的黏度就小。黏度也与温度有关，温度越高黏度越低。印刷机工作一段时间后，由于墨辊之间的摩擦使温度升高，油墨的黏度会因此而降低，给印刷品的质量带来影响。

（二）油墨的黏性

油墨在印刷机上转移传递的主要性能除黏度（称为黏滞度）外，黏性（也称为黏着性）也是一个重要的性能。油墨在印刷机上从一个墨辊传到另一个墨辊，从墨辊传递到印版，从印版到橡皮布，从橡皮布到承印材料，这每一次传递中油墨层都要发生一次剥离，油墨的黏性就是阻碍墨层剥离的能力。这里要注意黏性和黏度是油墨的两个独立的性质，两者都很重要。虽然某种油墨黏度下降时，相应地其黏性也下降，当我们比较两种不同的油墨时，这两种性质间就没有什么清楚的联系了。

黏性越大，墨层抗分离的力也就愈大，油墨转移就不均匀，往下一个面传递的油墨就少，越往下传油墨就越少，就易发生辊子上堆墨的情况。如果油墨的黏性大，而纸张的表面强度低的话，纸张在印刷时就易发生剥离的现象，即掉毛或剥纸。另外的一种可能性是，由于油墨不能润湿承印物材料表面，印刷时，油墨的高黏性致使墨层和承印物材料的分界面上发生剥离，这种现象在湿压湿多色印刷中经常发生，因此需特别注意油墨的黏性对其的影响。例如，在第二色印刷或后续的套色印刷时，如果油墨的黏性大，它不仅不会从印版上转移到承印物表面上，而且还把纸张表面的纸毛或上一色印刷的墨层黏过来，即油墨分离发生在两个潮湿的墨层之间。为了使套印能顺利进行，一般按油墨的黏性来套印或使生产的油墨的黏性符合这样的条件：第一色序的油墨具有最高的黏性，以此类推，最后一色序的黏性最低。

（三）油墨的黏弹性

油墨自身有内聚力，其受拉伸时会延伸成丝，最后在中间断裂。油墨拉成丝的长短，对印刷有一定的影响，所以，也作为油墨好坏的一个标准。如照相凹印用墨要求不拉丝或拉短丝，以便于擦拭版面；对凸版印刷和平版印刷用墨来说，也要求油墨拉的丝短一些。

因为在高速印刷时，其拉出的长丝断裂后，在离心力的作用下易造成飞墨，溅脏印刷品。如果油墨拉的丝短，且断裂后丝回缩快，具有很好的弹性的话，就可避免飞出细小的墨微粒。

油墨的拉丝长短可用数值表示。用平行板黏度计测定油墨扩张直径和时间的关系，以直径 d 为纵坐标，时间的对数值 $\ln t$ 为横坐标绘出图来，其关系约略是一直线，则其斜率可用来描述丝头的长短。这一计算过程比较烦琐，人们用 10s 和 100s 时平行板黏度计上测得的直径 d_1 和 d_2 之差作为丝头的长短，即

$$sl = \frac{d_2 - d_1}{\ln 100 - \ln 10} = d_2 - d_1$$

式中 sl——丝头长短；

d_1——10s 时，用平行板黏度计测得油墨试样扩展直径；

d_2——100s 时，试样扩展直径。

用此方法描述油墨丝头长短比较简便，在一定程度上描述了油墨的性质。

油墨黏弹性好的，拉丝后回弹的能力强，印品清晰。显然油墨黏弹性好坏与连结料的黏弹性关系很大。

二、油墨的耐抗性能

油墨是用来印刷图文的，在印刷品使用期间是否能保持原先的颜色，是印刷品质量好坏的表现，也是油墨性质好坏的表现。印刷品在使用时的环境、印刷品的某些特殊用途，给油墨提出了要求。如广告，招贴必须张贴在露天，如果风吹日晒就使油墨退色变色，那必定失去它的宣传效果。同样，肥皂包装纸要能耐肥皂；其他一些包装纸如要能耐油脂、酸、碱、化学药品、溶剂、洗涤剂等，在与这些物质接触时，油墨的颜色不能改变。当然要颜色完全不改变是不可能的，但尽量减少改变的程度却是必要的。

油墨的耐光性对广告、招贴、包装品陈列及其他一些展示材料来说尤为重要。不同的油墨暴露在光线下而不变色、退色的能力有很大的不同。油墨颜色的改变主要是油墨中颜料颜色的改变，油墨中的颜料越少，其耐光性也就越低。

许多颜料在日光的照射下，其分子结构或品质改变从而导致颜色的变化。在光照中，对退色变色影响最大的是紫外线，如果从日光中挡除紫外线，印刷品的退色速度就慢得多了。因此，对印刷品上光可以起阻挡一部分紫外线的作用，提高印刷品耐晒能力。在光照射下，颜料和染料改变颜色的情况可能不同，大多数有机颜料在光照射下容易退色，而大多数无机颜料则不易改变颜色。

颜料的耐光性还受温度、湿度的影响，温度与湿度越高，在相同的光强照射下，颜料的颜色变化就越大。耐光性还随着成膜物质不同而不同。

三、油墨的其他性能

（1）油墨的细度。油墨的细度表示油墨中颜料、填充料等颗粒的大小，以及在连结料中分布的均匀度。细度与印刷也有很大的关系，如果油墨中的颗粒太粗容易填塞在网目版网点之间造成糊版，还有诸如堆橡皮等弊病。对印刷细小网点的印刷品来说，如果油墨颗粒直径为 20μm，则其面积只为线数为 175 线/英寸的网版上一成点子的六分之一，其面积和网点面积比例很接近，这就很容易发生网点扩展或空虚的情况，网点的边缘也不光洁。因此油墨细度越细，则印出的网点越饱满，画面也就显得清晰、精神。而且，细度高的油

墨表明油墨中颜料分布很均匀，着色力也能提高。

（2）油墨的比重。油墨的比重是指 $1cm^3$ 油墨在 20℃时的重量。油墨的比重用来衡量油墨在印刷时的用量和对印刷工艺的影响。如比重大的油墨在印刷过程中容易堆版，尤其在高速印刷时。比重大的油墨在调配油墨时的用量要大一些，而与比重小的油墨调配后容易分层，从而使色彩发生变化。油墨的比重在油墨制造时是试验各种颜料和连结料纯度的很重要的指标。

（3）油墨的着色力。这是表示油墨强度的指标，指颜料分散度的高低，也指颜料含量的高低。着色力高低是往一定量的油墨中加入一定倍数的标准白油墨与标准样进行对比以得到一定的数值的。以标样的数值为 100%，试样的油墨的着色力指标一般在 90% ~ 110%。着色力高的油墨中颜料含量大，印刷同一产品时，比着色力弱的油墨用量少，印刷性能也好，因此着色力关系到印刷的成本和质量问题。

平版油墨印刷时的印迹比较薄，因此需用颜料含量高的油墨。凸版油墨印线条时也需要有较高的着色力，而印大块实地就不必有那么高的油墨着色力强度。

着色力的高低只能说明颜料含量的高低，其并不能完全说明印迹墨色如何，因为油墨的转印性能、干燥性能、纸张的吸收性能等无一不影响印品墨色的浓度。

着色力用下式计算：

着色力 =（冲淡测试墨样所用的油墨量/冲淡标准墨样所用的油墨量）×100%

第四节　包装材料常用的印刷油墨

一、凸版印刷油墨

凡是印版上图文部分高于非图文部分的印刷版印刷，称为凸版印刷。凸版印刷是印刷工业的始祖，是最早采用的一种印刷方法。它包括铅印（包括活版）印刷、铜版（锌版）印刷、轮转（新闻）印刷和柔性凸版印刷等。

凸版印刷油墨对其印刷适性有以下要求。

①要有较好的流动性，以保证油墨在墨斗中旋转，使出墨量均匀。

②油墨的黏度主要视机器的速度而定。如凸版轮转印刷，高速印刷机其黏度约在 500 ~ 1300MPa · s，中速印刷机黏度约在 1000 ~ 1800MPa · s，低速印刷机黏度约在 1600 ~ 2600MPa · s。

③铅印书刊油墨应有一定的触变性，其稠度也比胶印油墨稠些。但轮转油墨要求没有触变性，如果有触变性，会影响油墨在墨井管道里的输送，甚至使管道堵塞，影响油墨在墨斗中的流动，以致不能传输，且油墨易从墨桶中倒出。

④油墨印刷到纸张上后应能尽快地干燥，达到既不蹭背（反印）也不易抹掉，印品的印迹应当清晰。

铜版油墨主要用于印刷高级书籍、商品图案及一般商标等印刷品。铜版油墨一般分为两类：一类是彩色的品红、黄、青三原色油墨；一类是铜版黑墨。

三色油墨的关键是颜色，而颜色的色相取决于色光的反射和吸收，一个完善的三原色油墨应吸收 1/3 而反射 2/3 的光谱色。由于是基于理想存在一定的差距，在现有的条件下，理想的三色版油墨达不到，因此国际上定出的一些标准三原色油墨只能是相对理想。

三色版油墨的透明度和浓度较高。因为油墨透明与否，直接影响到颜色的鲜艳，叠色后的色彩及印刷的次序等。浓度要求高是因为可以使墨层薄一些，这样保证了铜版网点清晰，色彩也鲜艳，另外，对于油墨的流变性也要适中，黏度不宜过大，触变性略高，流动性良好。

对于铜版黑墨其印刷效果应与印刷纸张的吸收性密切配合，如吸收过度则会发生透印，吸收太差或油墨干性过快，则会降低色相效果。所以，这种油墨的设计应结合纸张的质量而增减颜料的用量以及控制油墨的干燥性能。

根据印刷要求，现介绍两例铜版油墨的配方。

①铜版中黄墨。

连结料（亮光快固型）	61%	碳酸钙	3%
胶质油	15%	联苯胺黄	G15%
调墨油（馏程 250～290℃）	6%		

②铜版黑墨。

连结料（亮光快固型）	40%	铁蓝	4%
醇酸树脂（油度 70）	19%	射光蓝（膏）	8%
调墨油（馏程 250～290℃）	7%	炭黑（槽法）	19%
青莲（色原）	3%	萘酸钴（6%）	0.2%

柔性凸版油墨以前称为苯胺油墨。柔性凸版是应用柔软的橡皮版和弹性版来印刷的轮转型凸版印刷法。其应用范围由于印版固有的柔塑性而在包装印刷中占有重要地位。在轮转印刷中通常采用以醇类为主要溶剂的挥发干燥型油墨，可用以印刷玻璃纸、塑料薄膜、涂蜡包装纸、铝箔等。纸箱、牛皮纸纸袋、布袋等的印刷，可采用以干性油为连接料而制成的氧化结膜和干燥型油墨。

柔性版油墨大部分是溶剂型的，但溶剂应不损害橡皮或树脂版材。不能用苯及二甲苯等芳香烃溶剂和酯类溶剂。按所用的溶剂不同，可将挥发型油墨分成三类。

（1）水性油墨。溶剂以水为主体，还加入少量醇等。树脂则采用干酪素、虫胶等。印刷物以渗透干燥为主的吸收性强的纸，如牛皮纸包装袋，一般包装纸等。

水性油墨配方如下：

颜料	12%	醇类等	4.0%
水溶性树脂连结料	82.8%	蜡类	1.2%

（2）醇型油墨。溶剂以乙醇为主，与顺丁烯二酸及硝化纤维素等一起制成连结料，印刷物可以是纸或铝箔等。醇型油墨配方如下：

颜料	13%～15%	醇系溶剂	50%～58%
改性马来酸树脂	14%～15%	酯类溶剂	6%～7%
硝化棉	5%～6%	聚乙烯蜡	2.5%～5%

（3）混合溶剂型油墨。用乙醇和碳氢化合物等混合溶剂，以聚酰胺等树脂制成连结料，与颜料等配制成的油墨。印刷物可以是聚烯烃类塑料、铝箔、玻璃纸等。混合溶剂型油墨配方如下：

颜料	13.5%～15%	硝基纤维素	2%～5%
聚酰胺树脂	22%～25%	醇系溶剂	36%～38%

烃类溶剂	13% ~15%	聚乙烯蜡	3% ~5%
酯类溶剂	1% ~3%	络合物添加剂	3% ~5%

二、平版印刷油墨

平版印刷的图文部分（即亲油吸墨部分）和非图文部分（即亲水排油部分）都在同一块印版的几乎是同一平面上。利用油水排斥原理，通过特殊处理，使印版各部分具有选择性润湿能力——空白部分亲水抗油，而图文部分亲油抗水，印刷时先用润版液涂布印版，使印版空白部分被水润湿，而图文部分亲油不着水，然后再涂布油墨，使图文部分着墨。

与其他印刷方式比较，平版印刷的着墨量最少，墨层薄，因此油墨的色调、浓度及耐摩擦性等都要特别加以考虑。着墨量少会发生透明度上升，色调发白等现象。因此为了达到一定的色密度，必须增加油墨的颜料含量。但要注意，颜料浓度不能过大，否则要影响油墨的流动性。

平版油墨有用干性植物油做连结料的，也有在溶剂中加入树脂做连结料的。较常用的是采用干性油或松香改性的合成树脂，并加入适量干性植物油做连结料。

平版印刷油墨的色料，要求抗水性强，即不溶于水和溶剂，这一特点只有颜料才能满足，因此平版印刷油墨在一般情况下不使用颜料。其所采用的颜料，要求色相能满足标准色样，着色力要强；对颜料的耐晒性、耐酸碱性、耐化学溶剂等特性要求也很严格，否则印刷品很容易发生退色、变色等现象；对颜料的分散性也有要求，因分散性差的颜料制成的油墨的流动性差，着色力不佳。

平版印刷油墨对连结料要求也严格，连结料性能不好的会使油墨抗水性下降，产生乳化现象。连结料性质的好坏还关系到干燥的性能，另外连结料的颜色、黏度、pH 值等都对油墨的性质产生很大的影响。过去做平版印刷油墨的连结料是亚麻仁油，现已被树脂取代，如松香改性酚醛树脂、醇酸树脂和聚氨酯醇酸树脂，并常与石油树脂、油类和其他改性剂并用。

平版印刷油墨的黏度是一个主要的指标，黏度过高或过低都会使油墨得不到好的印刷适性。黏度高的易使油墨胶化，在墨辊之间传递不良，黏度低的油墨易乳化。干燥性能也不好，印刷品容易蹭脏、网点变粗，并发生油墨粉化现象，因此要求平版印刷油墨要选用恰当的连结料，其黏度约在 4000 ~8000cP（20℃）间为佳。

平版油墨的种类很多，有单张胶印油墨（快干油墨、亮光油墨、紫外线固化油墨）、胶印轮转油墨（热固油墨等）、纸板油墨、印铁油墨等。用于印刷金属箔片、纸张、纸板及塑料薄膜等。

1. 亮光胶印油墨

品红墨	重量比	黄墨	重量比
树脂油（油改性）	25	树脂油（硬树脂型）	70
树脂油（硬树脂型）	34	胶质油	10
胶质油	10	煤油（250 ~300℃）	3
煤油（250 ~300℃）	2	胶质碳酸钙	2
胶质碳酸钙	4	联苯胺黄	9
桃红色淀（通那）	23	透明黄	6
洋红 6B	2	萘酸钴（4%）	0.2

萘酸钴（4%）	0.4

青墨	重量比
树脂油（油改性）	25
树脂油（硬树脂型）	42
胶质油	15
煤油（250～300℃）	1
胶质碳酸钙	2
酞菁蓝 BG	15

黑墨	重量比
树脂油（油改性）	25
树脂油（硬树脂型）	47
射光蓝膏 AG	14
炭黑	14
萘酸钴（4%）	0.8

2. 快固着胶印油墨

品红墨	重量比
树脂油（硬树脂型）	11
树脂油（油改性）	6
低碳铝油	48
聚乙烯蜡膏（30%）	6
胶质碳酸钙	4
桃红色淀（通那）	23
洋红 6B	2
萘酸钴（4%）	0.5

黄墨	重量比
树脂油（硬树脂型）	34
低碳铝油	46
聚乙烯蜡膏（30%）	3
煤油（250～280℃）	2
联苯胺黄	9
透明黄	6
萘酸钴（4%）	0.3

青墨	重量比
树脂油（硬树脂型）	23
低碳铝油	52
聚乙烯蜡膏（30%）	5
胶质碳酸钙	5
酞菁蓝 BG	15
萘酸钴（4%）	0.4

黑墨	重量比
树脂油（硬树脂型）	34
树脂油（油改性）	16
低碳铝油	20
煤油（250～280℃）	2
射光蓝膏 AG	8
炭黑	18
酞菁蓝 B	2
萘酸钴（4%）	0.8

三、凹版印刷油墨

凹版就是印刷部分（图文）低于平面（非图文）部分的一种供印刷用的印版。一般分为两大类，一类是雕刻凹版印刷，另一类是照相凹版印刷（影写版印刷）。这两类印刷虽同属凹版印刷，但油墨的组成、用途、性质方面确有很大的差别。雕刻凹版油墨使用较少，本节仅讨论照相凹版印刷油墨。

照相凹版油墨鉴于印版及印刷的基本特点，其油墨的性能不同于凸版与平版油墨。首先要求这种油墨的表面张力比较小（这样可以避免产生斑点）、稀薄而黏度低的流体，一般在 40～500MPa · s 之间，以便于充分充填于版孔内。其次要求附着力要强，以保证承印材料压印后，油墨能最大限度地从版孔内转迁至承印材料的表面，还要求油墨的稳定性要好，不能在印刷过程或存放时发生沉淀。最后要求这种油墨无论印在纸上或印在其他印刷物上应当快速干燥，而且要求干得彻底。

根据上述要求，对油墨的组成——颜料、连结料及溶剂均提出了较高的要求。

颜料除与胶印油墨有相同的要求外，由于油墨有一定的颜色浓度，颜料含量不可能太低。颜料含量高到一定程度后，油墨的流动性会很差。为解决颜料浓度与流动性的矛盾，还要求颜料应以轻质为佳，这样可减少沉淀；颜料在溶剂中的润湿性要好；还要具有一定的耐热性。为了提高着色效果，有时还加入一些染料作为着色剂，其加入量一般为颜料量的0.5%～3%。

照相凹版油墨所用的树脂连结料的品种很多，通常选用软化点高（一般在140℃以上），能形成硬而不脆、干后不黏的油墨膜；颜色浅、光泽大、无气味；在选定的溶剂中树脂要有良好的溶解性，与其他树脂的相容性要好，并具有良好的溶剂释放性；不能与颜料发生化学反应，对颜料的润湿性要好；成膜对承印物质的附着牢度应越大越好等。

酚醛树脂的成膜性比较好，耐磨，溶剂释放性快，在芳香烃中溶解性良好。沥青可用于芳香烃类溶剂中，制造黑墨有独到的色韵，具有溶剂释放性快、亮光大、成膜性及颜料润湿性好的特点，但沥青油墨存放中有发冻的现象，可加入少量醇类克服。

硝基纤维素大量应用于包装油墨中，它味小、溶剂释放性好、稳定、耐光、耐热、相容性也好；缺点是光泽小，套印性差，但由于它用醇－酯性溶剂即可，故对包装工业是很有吸引力的。它与聚酯或聚异氰酸酯系统则可应用于连包装袋一起蒸煮的印刷品。

松香和松香改性树脂可与硝基纤维素或氯化橡胶等共用而得到亮光或硬度。

聚酰胺树脂大多用于聚烯烃、尼龙和聚酯薄膜印刷用油墨的制造，光泽大、附着牢度好、颜料润湿性好、耐水；缺点是耐热性较差。印刷处理过的聚烯烃类塑料薄膜具有独到之处。

制造照相凹版油墨选用的溶剂则有较严格的要求，一般溶剂必须具有适当的沸程（一般在80～150℃之间），挥发速率快，但在墨斗中的油墨表面又不可结皮，干后应使油墨具有一定的滑动性，能耐摩擦、耐划伤、在导辊上不黏墨。还要求溶剂无毒、无气味，对连结料的溶解性好，价廉而易回收。常用的溶剂有甲苯、二甲苯、汽油、酒精等。在氯化溶剂中，氯化甲酯是一种无毒、不燃的溶剂，相对密度为1.34，沸点为163℃，挥发比较快、气味小，可用于大多数食品包装油墨、凹印烫金油墨和铝箔油墨。

凹版油墨的种类很多，包装材料常用的有凹印塑料油墨、玻璃纸油墨、金属箔油墨、纸箱油墨等。

照相凹版油墨配方举例如下：

（1）塑料印刷用大红凹版油墨。

50%萜烯	15%	醋酸乙酯	10%
10%丙烯酸树脂	45%	耐晒大红粉	3%
30%氯化橡胶	4%	金红粉	5%

（2）色片式塑料凹版油墨。

聚酰胺树脂	70%	油墨配方中占40%	二甲苯	20%
5203大红粉	15%		乙　醇	20%
105大红粉	8.75%		异丙醇	20%
613大红粉	6.25%			

四、丝网版印刷油墨

丝网版印刷的名称很多，如丝网印刷、丝印、绢印，也称为丝漆印刷、丝漏、漏花、筛框印花及孔版印刷等。为了方便简称丝印。丝印是一种较简便的印刷方法，其原理就是将承印物放于丝印版的下面，用橡皮刮板将油墨从版的镂空部分刮下去，使其固着于承印物质上。丝印印刷品由于墨层厚、立体感强、图案简练醒目；油墨选择范围广；印刷压力很小，可以对各种形状的成型品印刷；制版简便等，故丝印印刷范围很广，且印刷品别具一格。纸张、塑料、玻璃、金属、搪瓷等都可以采用这种方法来进行印刷。

根据丝网印刷的特点，要求丝印油墨的流变特性应当是稠（厚）、松短，不黏而成奶酪状。这主要是因为丝印印迹比较厚（通常在 8 ~ 30μm 之间甚至在 40 ~ 100μm），使用橡胶刮板将油墨从版的镂空部分刮下去而进行印刷的缘故。

为了有利于印品图案清晰，操作顺利，要求油墨中的颜料含量相应地减少一些。丝印油墨的干燥类型是多种多样的，大致有氧化干燥型、挥发干燥型、催化反应型等几种。不管油墨的干燥类型是哪种，油墨在版上均不应干燥，而当印刷到承印物上以后，其干燥速度越快越好。

根据上述特点，丝印油墨的配方举例如下。

（1）配方 1。

乙基纤维素连结料	15%	芳烃溶剂（馏程 160 ~ 180℃）	25%
苯二甲酸二辛酯连结料	5%	正丙醇	10%
赛璐沙夫溶纤剂	25%	铬　黄	20%

（2）配方 2。

环氧树脂（长油）连结料	82.2%	硅酮消泡剂	0.2%
萘酸钙（4%）	1%	酞菁绿（G）	6%
萘酸钴（6%）	0.6%	钛白粉（R－820）	10%

五、其他油墨

（一）UV 油墨

UV 固化油墨由液态预聚物、单体、颜料、补充剂和光活化剂化合物（紫外光引发剂）混合而成。当有适当光强的紫外光照射该油墨层时，其中的光引发剂便分解成游离基。这些游离基能继续引发预聚物和单体上的不饱和基团快速地发生加成聚合反应。由于采用的是多官能团单体和预聚物，于是油墨膜就会迅速固化为不可溶性的交联网状结构。因此 UV 油墨具有以下优点：①节省能量；②无挥发溶剂；③固化周期短；④无须加热；⑤单组分体系；⑥节约场地。

UV 油墨固化过程由如下步骤组成：光引发剂在 200 ~ 400nm 波长的 UV 辐射下因激发、分解生成游离基；该游离基和 UV 固化树脂中的双键反应，形成增长链；该增长链进一步反应，形成类似于乙烯基单体聚合物的那些聚合物链。若预聚体或活性单体的分子含有一个以上双键，自然就会形成交联网状结构。

UV 油墨在紫外光辐射时会因紫外光源的红外辐射而经受额外的升温。操作时，不要忽视这种热固的重要性。目前的紫外灯依照是否使用滤光片，往往可分为“冷”和“热”

两种。例如，某配方在使用热紫外灯时能得到较坚硬光滑的油墨涂层，但若是接受来自冷紫外灯相等剂量紫外光辐射时，则有可能产生因固化不足而发黏的墨层。这时，很可能必须要变更配方以适应光源，要使该配方适应“冷”紫外灯，如改换光引发剂的类型和浓度等。

现将 UV 固化油墨的通用配方介绍如下：

丙烯酸酯树脂或混合树脂	40%～60%	光增感剂	2%～5%
双官能丙烯酸酯稀释剂	10%～20%	润湿剂和表面活性剂	1%
颜料	15%～23%	石蜡	2%
光引发剂	3%～8%		

目前 UV 油墨被较广泛应用于丝网印刷、胶版印刷等包装印刷领域。

（二）荧光油墨

荧光油墨用于广告、包装箱等的印刷，其颜色鲜艳、装潢效果好。平版、凸版、照相凹版、网版等多种印刷方式都可用荧光油墨。

荧光油墨是用荧光颜料制成的。荧光颜料颗粒比较粗，所以要用润湿性能好的溶剂。

（三）罩光油

为了增加墨层的光泽和牢度，在印完最后一色时，可再上一层罩光油。罩光油是由合成树脂和溶剂制成的透明液体。卫生要求比较高时，可用醇溶性树脂和乙醇配置。如凹版印刷塑料罩光油配方为：氯乙烯－醋酸乙烯二元共聚树脂 11%；二甲苯 34%；环己酮 55%。

（四）金属粉油墨

用金属粉作为着色材料制成的油墨称为金属粉油墨。一般只用金色油墨和银色油墨两种。

金属粉油墨是将金粉（黄铜粉）或银粉（铝粉）与连结料（市售印金油）调和制成。印金油是采用树脂（如酚醛树脂等）、干性油及有机溶剂制成的，印金油应具有适当的干性和黏度，并且易与金属粉调匀。金属粉和印金油的比例要适当，金属粉含量太少时，金感差，遮盖力差。金属粉含量太多时，流动性差。如果制成的油墨太稠，可以加溶剂或印金油稀释。

金属粉较一般颜料的颗粒大，转移性不良，所以选择连结料要特别注意，必须保证油墨有适当的黏度和良好的转移性。

不同印刷方式选用的金属粉规格不同，一般胶印和凹印要用粒度较小的金属粉，凸印要用粒度较大的金属粉。一般来说，在印金油墨中应避免引入黏度太低的连结料，特别是当承印物的吸油度比较大时，否则易产生落粉现象。另外黏度较高的连结料还可以强化油墨皮膜。有时也可将金属粉与着色颜料合用，更能增加装饰效果。

另外还有一种假金色油墨，它是在印刷后，在印刷面上撒下粒度较大的金属粉，利用其高度的光泽。金属粉的底层油墨简称金底墨。金底墨必须对金属粉有良好的附着性，能在规定时间内形成一干燥涂膜，使金属粉牢固附着在墨膜的表面。

思考题

1. 什么叫印刷油墨？对油墨有什么要求？
2. 油墨一般是由哪几种成分组成？各成分起什么作用？
3. 连结料一般分几类？为什么说连结料是油墨质量好坏的基础？
4. 油墨用颜料应具有哪些特性？应如何选择油墨用颜料？
5. 按印刷版型来分，油墨分哪几大类？
6. 柔版油墨、胶版油墨、凹版油墨各对连结料和颜料有哪些性能要求？
7. 印刷油墨的性能有哪些？对印刷有哪些影响？

第六章 涂料

涂料旧称油漆。随着科学技术的发展，各种有机高分子化合物（树脂）作为原料广泛地被利用，使油漆产品的面貌发生了根本变化，因此沿用油漆一词从科学意义上来说就不够恰当了，准确的名称为“有机涂料”。它是有机高分子胶体的混合物，大多数呈溶液或粉末状，涂布于物体表面，能形成完整而坚韧的保护膜。所形成的保护膜称为涂膜，又称漆膜。涂料在包装工业中主要是防腐蚀、装饰与色标的作用。

第一节 涂料的组成及分类

一、涂料的组成

涂料一般由不挥发组分和挥发组分（溶剂或稀释剂）两部分组成。它在物体表面涂布后，其挥发组分逐渐挥发离去，留下不挥发组分而干结成膜。所以，不挥发组分的成膜物质简称涂料的固体分（或固体含量）。挥发组分则称挥发分。

成膜物质按在涂料中所起的作用，又可分为主要成膜物质、次要成膜物质和辅助成膜物质三种。主要成膜物质可以单独成膜也可以黏结颜料等物质共同成膜。所以，它也是涂料中的黏结剂。由于它是涂料的基础，因此也常称为基料、漆料或漆基。涂料的组成与原料如表6－1所示。

表6－1 涂料的组成与原料

组成		原料
主要成膜物质	油料	动物油：鲨鱼肝油、带鱼油、牛油等
		植物油：桐油、豆油、蓖麻油等
	树脂	天然树脂：虫胶、松香、天然沥青等
		合成树脂：酚醛、醇酸、氨基、丙烯酸、环氧、聚氨酯、有机硅等

续表

组成		原料
次要成膜物质	颜料	无机颜料：钛白、氧化锌、铬黄、铁黄、铬绿、氧化铁红、炭黑等
		有机颜料：甲苯胺红、酞菁蓝、耐晒黄等
		防锈颜料：红丹、锌铬黄、偏硼酸钡等
	体质颜料	滑石粉、碳酸钙、硫酸钡等
辅助成膜物质	助剂	增塑剂、催干剂、固化剂、稳定剂、防霉剂、防污剂、乳化剂、润湿剂、防结皮剂、引发剂等
挥发物质	溶剂（稀释剂）	石油溶剂（如20号油漆溶剂油）、苯、甲苯、二甲苯、氯苯、松节油、环戊二烯、醋酸丁酯、醋酸乙酯、丙酮、环己酮、丁醇、乙醇等

（一）主要成膜物质

主要成膜物质也称固着剂，由于它的作用是将其他组分黏结成一个整体，并能附着在被涂基层表面形成坚硬的保护膜，所以这种物质应具有较高的化学稳定性，多属于高分子化合物。如天然及合成树脂，以及成膜后能形成高分子化合物的有机物质，如植物与动物油料。

（1）油料。油料是涂料工业中使用最早的成膜材料。它是制成油性涂料的主要原料，但不是各种涂料都含有油料。在涂料工业中主要是植物油，基本不用动物油。

涂料使用的植物油按其能否干结成膜以及干结成膜快慢可分为干性油、半十性油、不干油。

干性植物油在用于涂料的油类中用量最大。如桐油、梓油、亚麻油、苏子油等。干性油在物体表面，易受空气氧化而自动聚合，一周内而形成坚固油膜，可抗水且富有弹性。半干性油在涂料中的用量仅次于干性油，如豆油、向日葵油、棉籽油。在物体表面形成的油膜软且发黏，一般干燥时间长（一周以后）。

不干性油如蓖麻油、椰子油等，在正常的条件下不能自行干燥。所以，不能直接用来制成涂料。但是经改性后，由不干性油转变为干性油，则可直接使用。如蓖麻油脱水后成为脱水蓖麻油，可以用于制造醇酸树脂涂料。

油料干燥成膜有两种不同的机理：氧化聚合与非氧化聚合。油料在涂料干燥成膜过程中，这两种聚合物可能同时存在。

（2）树脂。单纯由油料制成的涂料，在硬度、光泽、耐水、耐酸碱等性能上，已不能满足科技发展的需要。例如，化工、医药包装要求涂料具有耐酸碱等物质的腐蚀，这些油性涂料就显得无能为力。很早以来，人们就在油料中加入松香、虫胶等天然树脂来提高油性涂料涂膜的硬度、光泽度性能，如酯胶漆。但其性能终究不如以合成树脂作为主要成膜材料所制得的涂料。目前，合成树脂在涂料中广泛的应用，不仅改变了所依赖天然产物为原料来源的状况，同时，使涂膜可以满足各种要求。所以，这类涂料产量最大、品种最多、发展最快。

在现代涂料生产中，因为每种树脂都具有其特性，为了满足各方面的要求，常是多种树脂混合使用，或是树脂与油料混合使用，以取长补短，使性能更加优异。因此，要求应用于涂料中的树脂之间或树脂与油料之间要有良好的相溶性，树脂在一定的溶剂中应有很好的溶解性。另外，还要求使用的树脂应具备化学稳定性、耐热性、耐气候性、耐水性、耐老化性以及较强的附着力。

涂料用的树脂有天然树脂、人造树脂和合成树脂三类。天然树脂如松香、虫胶、沥青等；人造树脂是由天然高分子化合物经加工而制成的，如松香甘油酯（酯胶）、硝化纤维等；合成树脂是由单体经聚合而制得的，如聚氯乙烯树脂、酚醛树脂、醇酸树脂、环氧树脂等。

（二）次要成膜物质

次要成膜物质也是构成涂膜的组成部分，但它不能离开主要成膜物质而单独构成涂膜，这种成分就是涂料中的颜料。在涂料中加入颜料，不仅使涂膜性能得到改善，并使涂料品种有所增加。

颜料是一种不溶于水、溶剂和漆基的粉状物质，但是能扩散于基质中形成均匀的悬浮体。颜料在涂膜中不仅能遮盖被涂面和赋予涂膜以绚丽多彩的外观，而且还能增加涂膜的机械强度，阻止紫外线穿透，提高涂膜的耐久性和抵抗大气的老化作用。有些特殊颜料更使涂膜具有抑制金属腐蚀、耐高温等特殊效果。

颜料的品种很多。按它们的化学组成，可分为有机颜料和无机颜料；按它们的来源，可分为天然颜料和人造颜料；按它们所起的主要作用的不同，分为着色颜料、防锈颜料、体质颜料。

着色颜料的主要作用是着色和遮盖物面，是颜料中品种最多的一类。着色颜料按它们在涂料使用时所显示的色彩可分为红、黄、蓝、白、黑、金属光泽等几种。防锈颜料主要作用是防止金属锈蚀，品种有红丹、锌铬黄、氧化铁红、偏硼酸钡、铝粉等。体质颜料又称填充颜料。它们在涂料中的遮盖力很低，不能防止光线透过涂膜，也不能给涂料以美丽的色彩，但它们能增加漆膜厚度，加强漆膜体质，提高涂膜耐磨性，因而称为体质颜料。主要品种有硫酸钡、碳酸钡、碳酸钙、滑石粉等。

（三）辅助成膜物质

在涂料的组分中，除主要成膜物质、颜料和溶剂外，还有些用量虽小（千分之一至十万分之几）但对涂料性能及涂膜起重要作用的辅助成膜物质（通常称为助剂）。

涂料中所使用的辅助成膜物质品种很多，按它们的作用特性，目前国内外常用的辅助成膜物质有以下几类：

（1）表面活性剂。涂料是液固两相的混合物，因此涂料助剂的很大一部分是表面活性剂。表面活性剂分子中含有亲水和憎水的两个组成部分，它在液体中趋向该液体和另一相的界面，形成薄的分子膜能显著地改变液体的表面张力或液固两相的界面张力，从而具有润湿、乳化、分散、消泡等作用。按化学结构，可分阳离子表面活性剂，阴离子及非离子型表面活性剂。

常用的表面活性剂有卵磷脂、锌皂、三乙醇胺油酸盐等。

（2）催干剂。催干剂俗称干料、燥油等。在涂料中，虽用量很少，但有明显的加速涂膜中干性油氧化、聚合作用的功能，起到促进干燥的作用。因此几乎全部含有干性油在常温下干燥的涂料，都需要加入催干剂，以促进涂膜的固化干燥。

常用的催干剂多属金属氧化物和盐类。如二氧化锰、氧化铝、氧化锌、环烷酸盐、醋酸铅、醋酸钴、氧化钴等。这些类型的催干剂有些主要促进涂膜的聚合作用，如铅催干剂。有些促进涂膜的氧化作用，如钴催干剂。有些既能促进氧化，又能促进聚合，如锰催干剂。通常以几种催干剂混合使用，这样可以优势互补。

一般情况下，涂料出厂时，已加入所需的催干剂，施工涂膜时不必再加。但冬季或涂料贮藏时间过长，可适当补加一定量的催干剂。

（3）固化剂。以树脂为主要成膜物质的涂料，有些可在常温下干结成膜，但有些则需要加入酸、胺、过氧化物等物质作为固化剂与树脂反应，才能使涂膜干结成膜。如环氧树脂是线形结构的热塑性树脂，本身不会固化，需要加入固化剂使线形分子交联成网状结构的分子才能固化，成为热固性的涂膜。同时，使涂层的耐化学性、绝缘性、机械性能大大提高。

（4）增塑剂。增塑剂主要用于无油的涂料中，以克服涂膜硬、脆的缺点，在涂料中它能填充到树脂结构的孔隙中使涂膜塑性增加。一般要求增塑剂无色、无臭、无毒、不燃和化学稳定性高，挥发性小，不至于因外部因素作用而析出或挥发。涂料使用的增塑剂主要品种有不干性油、有机化合物（如邻苯二甲酸的酯类）及高分子化合物（如聚氨酯树脂等）。

（四）溶剂

溶剂是用来溶解和稀释涂料的挥发性液体，在涂料中往往占有很大比重。它可以使涂料的黏度降低，便于施工涂覆。另外还可以增加涂料贮存的稳定性以及提高涂料对物体表面的润湿性，使涂料便于渗入物体的孔隙中去，增加涂层的附着力。所以，溶剂是涂料中的一个重要组成部分，没有它或选用的溶剂不合适，会给涂料的制备、贮存、施工带来困难。根据涂料中成膜物质等成分及溶剂的性质来选择适宜的溶剂。

1. 溶剂的基本性质

（1）溶解能力。某些树脂或油脂只能溶于某些类型的溶剂中。如极性固体易溶于极性溶剂而不溶于非极性溶剂。溶剂具有与成膜物质相类似的官能团时，则有好的溶解能力。例如带有羟基的极性较大的树脂就能很好地溶解在酒精中，过氯乙烯树脂能溶于氯化烃溶剂中。干性油、沥青和弱极性分子的树脂不溶于极性溶剂而能很好地溶解在汽油、松香水、松节油等烃类化合物溶剂中。

选用的溶剂制成的涂料黏度低、浓度大，涂刷后能得到机械强度大的厚涂膜。某些溶剂不能单独使用，只有在助溶剂的作用下才有溶解能力。

可按照溶度参数相似相溶的原则选择溶剂，前面已讲，这里不再重述。

衡量溶剂极性大小的指标是溶解度参数。把两种液体 A 和 B 放在一起时，A 分子如能自由地在 B 分子中间游动，两种液体才能互相溶解。如果 A 与 A 或 B 与 B 之间的吸引力大于 A 与 B 之间的吸引力时，A 与 B 就会分层，这两种液体就不能互相溶解。液体分子间吸引力和液体内聚力有关，其强度叫内聚能密度。内聚能密度的平方根即是溶解度参数。

当溶剂的溶解度参数值相差不大时，两种液体就可以相互溶解。同样，高分子聚合物也要求溶于溶解度参数相接近或相同的溶剂中。而且高分子聚合物的分子量越大，它和溶解度参数值之间所允许的差值越小。这是选择涂料溶剂的理论依据。某些高聚物及溶剂的溶解度参数如表1－16（第一章第四节）所示。

（2）挥发性。溶剂的挥发性决定于它的蒸汽压和成膜物质对溶剂的释放性。使用易挥发的溶剂，涂膜能很快干燥，但溶剂蒸发得过快，能引起涂膜周围空气迅速冷却，会在尚未干燥的涂膜上形成冷凝水，并能引起涂料局部沉淀使涂膜发白。最好使用中等挥发性的溶剂，如乙醇、甲乙酮或各种不同挥发速度的溶剂的混合物。随着溶剂的挥发，涂料的浓度增加，溶剂的挥发速度也随之变得缓慢，常在涂膜形成之后还剩2%～5%的溶剂，有时需几昼夜才能完全挥发掉。

（3）易燃性。除了氯化烃外，有机溶剂几乎都是易燃液体，其蒸汽与空气混合如果浓度适合可具有爆炸性。溶剂的可燃性以闪点、燃点表示。闪点在25℃以下的就是易燃品。从安全考虑，溶剂闪点不应太低，所以常常需要加入其他溶剂以提高溶剂的闪点。

（4）毒性。有些溶剂的蒸汽吸入后能伤害人体，如氯化烃类的蒸汽有麻醉作用，苯蒸汽能破坏人体血球等。常用的如松节油，低浓度蒸汽刺激眼睛，高浓度蒸汽引起头痛、恶心、呕吐等，对中枢神经、肝、肾等都有损害。工业上使用溶剂时，溶剂在空气中最大的容许量，国家都有规定。松香水、松节油也有一定的毒性。

2．溶剂的种类

（1）石油溶剂。石油溶剂主要是链状的碳氢化合物，是由石油分馏而得。在涂料中常用的为150～200℃馏出物，成分为C_5H_{12}～C_6H_{14}，比重为0.635～0.666，俗称松香水。它的溶解能力属中等，可与很多有机溶剂互溶，可溶解油类和黏度不太高的聚合油。价格低廉，在涂料工业中用量最大。

（2）煤焦溶剂。这类溶剂是由煤焦油蒸馏而得。包括苯、甲苯、二甲苯等，多属芳香烃类溶剂。芳香烃类溶剂溶解能力虽然大于烷烃溶剂，能溶解很多树脂，但对人体毒性较大，因此使用时要慎重。常用的是二甲苯和甲苯，溶解能力强，挥发速度适当。

（3）萜烯溶剂。这类溶剂绝大部分取自松树的分泌物如松节油。萜烯溶剂主要是油基涂料的溶剂。多年来松节油是涂料的标准稀料，自从醇酸树脂及其他合成树脂问世以来，已逐步被其他溶剂所取代。

此外，尚有酯类、醇类、酮类等溶剂。

二、涂料的分类和命名

涂料的分类在国际间很不一致，下面介绍我国涂料的分类方法。

（一）涂料的分类原则

涂料产品分类是以其主要成膜物质为基础，若主要成膜物质有多种，则按其在涂膜中起决定作用的一种为基础。结合我国情况，将涂料划分为18类，如表6－2所示。

（二）涂料命名原则

涂料的命名原则规定，产品名称由颜料或颜色名称，成膜物质名称加基本名称所组成。基本名称采用了一部分过去已有的习惯名称，如清漆、调和漆、磁漆、烘漆、底漆等。

表6－2　涂料的分类

序号	代号	名称	序号	代号	名称
01	Y	油脂	10	X	乙烯树脂
02	T	天然树脂	11	B	丙烯酸树脂
03	F	酚醛树脂	12	Z	聚酯树脂
04	L	沥青	13	H	环氧树脂
05	C	醇酸树脂	14	S	聚氨酯
06	A	氨基树脂	15	W	元素有机聚合物
07	Q	硝基纤维	16	J	橡胶类
08	M	纤维酯及醚类	17	E	其他
09	G	过氯乙烯树脂	18		辅助材料

1. 涂料编号原则

（1）涂料。涂料型号分三部分：第一部分是成膜物质，用汉语拼音字母表示；第二部分是基本名称，用二位数字表示；第三部分是序号。如图6－1所示。

（2）辅助材料。辅助材料分两部分：第一部分是辅助材料种类；第二部分是序号。辅助材料种类，按用途划分：X—稀释剂，F—防潮剂，G—催干剂，T—脱漆剂，H—固化剂。如图6－2所示。

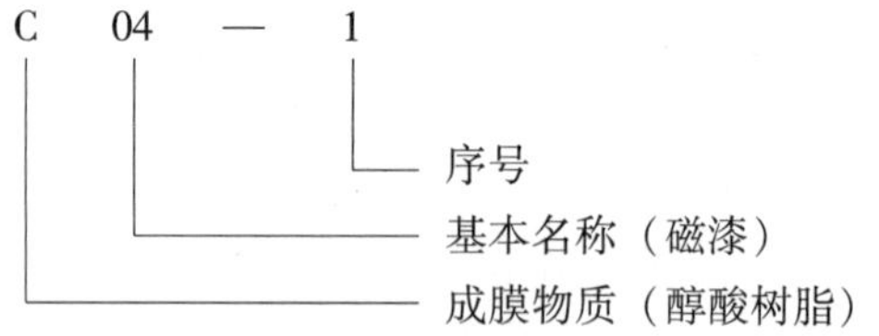

图6－1　涂料编号示例

2. 基本名称编号原则

基本名称编号一般采用00—99两类数字表示，00—09代表基础名称；10—19代表美术漆；20—29代表轻工用漆；30—39代表绝缘漆；40—49代表船舶漆；50—59代表腐蚀漆；60—其他类。

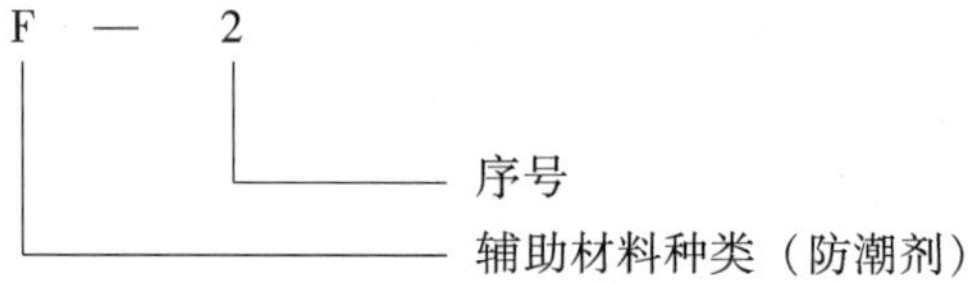

图6－2　辅助材料编号示例

下面给出基础名称的基本含义。

00 清油：又称熟油或半干性油，或干性油与半干性油加热熬炼并加入少量催干剂而成，是浅黄至棕黄色的黏稠液体。

01 清漆：不含颜料的透明漆。主要成分是树脂和溶剂或树脂、油和溶剂。为人造漆一类。

02 厚漆：俗称铅油。由干性油、颜料和填充物经轧研而成的厚浆状漆。所用干性油一般要经过加热聚合，所以又称为聚合厚漆，使用前须加干性油和催干剂，或加稀释剂调稀。

03 调和油：以干性油和颜料为主要成分制成的，称为油性调和漆。稀稠合适，可直接使用。油性调和漆中加入清漆，则是磁（瓷）性调和漆。

04 磁漆：以清漆为基础加入颜料等研磨而制得的黏稠液体。

05 烘漆：涂施于物体表面后需经烘烤才能干燥成膜的漆。

06 底漆：直接涂施在物体表面而作为面层漆基础的涂料。根据施工对象又可分为金属表面底漆和木材表面底漆两种。金属用的头道底漆主要是防锈漆。

07 腻子：用于填补物体不平整表面的浆状漆，涂施于底漆或直接涂施于物体上。是由体质颜料、着色颜料及黏结剂调制的浆体。

08 水溶漆、乳胶漆：皆为可用水稀释的漆，水溶漆是以水溶性树脂为主要成分的漆，乳胶漆是以合成树脂制成的乳胶为主要成分的漆。

09 大漆：采自漆树的汁液制成的漆。

第二节 常用包装涂料

涂料工业发展很快，品种繁多，按其主要成膜物质不同，可分为若干系列。其中主要有以单纯油脂为成膜物质的油性涂料，如清漆、厚漆、油性调和漆；以油、天然树脂为成膜物质的油基涂料，如磁性调和漆；以合成树脂为主要成膜物质的各类涂料三大类。鉴于包装工业上常用涂料多以合成树脂为主要成膜物质，因此下面介绍此类涂料。

一、酚醛树脂涂料

酚醛树脂涂料又称酚醛漆，其主要成膜物质是酚醛树脂（或改性酚醛树脂）。酚醛树脂用于涂料中已有很长的历史，主要是代替天然树脂与干性油配合制漆。酚醛树脂作为主要成膜物质可使漆膜有一定硬度并具有光泽、快干、耐水、耐酸碱等性能，所以被广泛应用。尤其是酚醛树脂的成本较低，所以酚醛树脂涂料在涂料工业中占有很大比重。

酚醛树脂涂料应用较多的有改性酚醛树脂涂料与油溶性酚醛树脂涂料两类。

1. 改性酚醛树脂涂料

在酚醛树脂分子中引入能与油或其他树脂相混溶的基团，而使酚醛树脂得以改性。这样可得具有多种所需性能的涂料。其中以松香改性酚醛树脂涂料最为重要。

松香改性酚醛树脂是将热固性酚醛树脂与松香反应经甘油酯化制得的。它的软化点比松香高 40～50℃，油溶性好。通过改性使酚醛树脂能溶于干性油，同时酚醛树脂又提高了甘油松香脂的耐水、耐油、耐化学等特性。

松香改性酚醛树脂与干性油构成了此类涂料的主要成膜物质。在此基础上加入不同种类的溶剂、颜料、催干剂等，就可制成各种类型的松香改性酚醛树脂涂料。如酚醛清漆、磁漆、底漆、防锈漆等。

2. 油溶性酚醛树脂涂料

油溶性酚醛树脂是用烷基取代酚替代低级酚制成的酚醛树脂。有对苯基酚醛树脂，对环己基酚醛树脂，对叔丁基酚醛树脂，对戊基酚醛树脂，可与干性油混溶，也可溶于一些有机溶剂中。

由于酚环上引入烃基，随着烃基部分的增加，极性受到改变，作为一个整体的酚来看，就更接近烃的性质。这是它能溶入油中的主要原因。

油溶性酚醛树脂具有很好的耐水性、耐气候性等特性，与干性油（桐油）热炼，所制得的涂料的涂膜坚硬而有韧性，干燥快、附着力好，耐气候性虽稍次于醇酸树脂涂料，而耐水性、耐化学腐蚀比醇酸树脂漆好得多。

在包装工业中酚醛树脂涂料主要用于食品容器铁罐外壁涂装。

二、醇酸树脂涂料

醇酸树脂涂料是目前涂料中产量最大的一种合成树脂涂料。不仅它本身可以制成多种性能优越的品种，并且与其他类型树脂的混溶性很强，从而能提高和改进各种类型树脂漆的物理化学性能，因此醇酸树脂涂料应用较广。

醇酸树脂涂料的主要成膜物质是醇酸树脂，但作为涂料用醇酸树脂一般要经过改性，最普遍采用的是干性油改性。

醇酸树脂是多元酸和多元醇的缩聚产物。如用这种树脂直接制作涂料，不仅性能很差，易开裂，而且不能在有机溶剂中溶解，因此，一般在醇与酸的缩聚过程中，加入干性油进行共缩聚。由于干性油是3个长碳链的油酸和甘油的脂化物质，链烃在油的结构中占很大比重，因而结构相似的链烃、环烃、二甲苯就能溶解油脂。所以利用干性油和醇、酸进行共缩聚就可以使醇酸树脂溶入有机溶剂。另一方面油与醇酸共缩聚，能改善成膜物质的脆裂性，提高柔韧性，使涂膜具有良好的弹性、耐冲击性。总之，用油改性不仅改善了醇酸树脂的不溶解性，并提高了它的涂膜性能。

作为醇酸树脂原料的多元酸，主要是邻苯二甲酸或其酐、间苯二甲酸、己二酸、马来酸等；多元醇主要是丙三醇、季戊四醇、山梨醇、三羟甲基丙烷及各种二甘醇等。

醇酸树脂按所采用油的种类不同，可分为干性醇酸油改性树脂和不干性油改性醇酸树脂。干性油醇酸树脂，采用不饱和脂肪酸改性制成，能直接涂成薄层，在室温下通过空气中的氧，转化成连续的固体薄膜。不干性油醇酸树脂，采用饱和脂肪酸改性制成，不能在空气中聚合，故在室温下本身不能固结成膜，主要与其他树脂混用。

干性油改性醇酸树脂与油的比例不同可以区分为长、中、短三种油度。长油度醇酸树脂中油占60%以上，中油度醇酸树脂中油占50%左右，短油度油占35%以下。

把干性油改性醇酸树脂溶入有机溶剂并加入适量的催干剂即制成醇酸清漆。若在漆中加入各种不同颜料就可以制成各色醇酸磁漆。醇酸树脂涂料的溶剂通常采用松香水、松节油和二甲苯。催干剂多采用环烷酸的金属皂。

醇酸树脂涂料具有较好的光泽和较高的机械性能，能在常温中干燥，户外耐久性很好，保光性强，平整、坚韧和金属表面有很好的附着力。因此，被广泛用于包装工业中的金属容器、木材表面的涂饰。

三、氨基树脂涂料

（一）氨基树脂涂料的组成和分类

氨基树脂涂料是以氨基树脂和醇酸树脂或聚酯树脂、丙烯酸树脂等配合作为主要成膜物质的一类涂料。

脲醛树脂、三聚氰胺甲醛树脂等都是氨基树脂，它们是由三聚氰胺与甲醛、尿素与甲醛反应而成的。但单纯的氨基树脂经过加热固化后的漆膜很硬脆，附着力差，不能单独制漆，一般都是与不干性油改性醇酸树脂或其他树脂混合制漆（如短油度蓖麻油及椰子油改性的醇酸树脂）。这样氨基树脂改善了醇酸树脂等的硬度、光泽、烘干速度、漆膜外观以及耐碱、耐水、耐磨的性能。醇酸树脂等也改善了氨基树脂的脆性、附着力。由此所得的漆膜将兼有两种树脂的综合特性。

氨基树脂与醇酸树脂等混合制漆，氨基树脂都要经丁醇醚化改性，才能溶解在有机溶剂中（丁醇、二甲苯），并可与其他合成树脂相混溶。氨基树脂与醇酸树脂配合的涂料一般分为三类：

高氨量——醇酸树脂：氨基树脂 =1 ~2.5∶1

中氨量——醇酸树脂：氨基树脂 =2.5 ~5∶1

低氨量——醇酸树脂：氨基树脂 =5 ~9∶1

氨基含量越高，生成漆膜的光泽、硬度、耐水、耐油、绝缘性越好。但漆膜的脆性增大，附着力差。所以一般使用中氨基含量的涂料较多。

（二）氨基树脂涂料的性能特点及用途

氨基树脂涂料具有下列特点：

①清漆色浅，不易泛黄；

②漆膜坚硬，附着力好，机械强度高，耐气候性好，装饰性很好；

③具有一定耐水、耐油、耐磨性能。

采用脲醛树脂和采用三聚氰胺甲醛树脂制成的两种不同的氨基树脂涂料在性能上不同。三聚氰胺甲醛树脂涂料固化快，经高温烘烤后，保光保色性好、光泽高、硬度也较高，耐水、耐碱、室内耐久性尤好。脲醛树脂涂料，在酸作用下可常温干燥，价格较低、附着力、柔韧性均好。但耐水性、耐碱性、耐溶剂性比三聚氰胺树脂涂料差。

氨基涂料的膜色浅光亮，在加入颜料后色彩丰满，保光性强，同时还具有不少优良性能。因此，它被广泛用于各种具有烘烤条件的金属制品上，而成为装饰性用涂料不可缺少的品种。由于氨基树脂涂料中含有一定的甲醇，因此要使氨基树脂涂料中的甲醇控制在允许的范围内。氨基涂料主要用于包装工业中的罐头容器及机械工业中电机、电器设备等方面的涂装。

四、环氧树脂涂料

环氧树脂涂料是以环氧树脂为主要成膜物质的涂料的总称，具有很多独特的性能，被广泛地应用于国防工业、民用工业和包装工业上，发展很快，品种越来越多，产量也越来越大。在实际生产中，并不是全部用纯环氧树脂制成。因为环氧树脂还存在一些不足的地方，例如耐气候性较差，耐酸性也不好等。为了更好地利用环氧树脂的性能，降低成本，提高某些性能，需加入其他树脂进行交联或改性，以满足使用的要求。

大多数环氧树脂是由环氧氯丙烷和二酚基丙烷双酚 A 在碱作用下缩聚成的高分子聚合物。根据配比和操作条件的不同，可制得分子量大小不同的环氧树脂。其平均分子量一般在 300 ~1000 之间，如表 6 –3 所示。

环氧树脂涂料突出的性能是附着力强，特别是对金属表面的附着力更强，耐化学腐蚀性好。这是由于环氧树脂中含有脂肪族羟基、醚键及极为活泼的环氧基的缘故。羟基和醚键的极性使得环氧树脂分子和相邻表面之间产生引力，而且环氧基能与含活泼氢的金属表面起反应，形成化学键，因而附着力特别强。当环氧树脂中加入固化剂以后，变成热固性涂膜，得到不溶不熔的产物。其中苯环上的羟基形成醚键，还含有属脂肪族的羟基，因而耐化学及溶剂性好，所含脂肪族羟基与碱不起作用，故耐碱性好。环氧树脂的这个特点比酚醛树脂、聚酯树脂好，酚醛树脂中含有的羟基是在苯环上面，在氢氧化钠的作用下，羟基上的氢会被钠取代，生成可溶性产物；聚酯树脂含有酯键，在碱的作用下，被水解，生成醇和酸性盐，因此对碱不稳定。此外，环氧树脂还具有较好的稳定性和电绝缘性。

环氧树脂涂料被广泛用于包装容器上，如作为软管（牙膏、鞋油等）、罐头及其他包装容器内壁涂料等。另外目前在食品罐头涂料中使用较多的是以高分子量环氧树脂和酚醛树脂共聚而成的环氧酚醛涂料，将这种涂料印在镀锡薄钢板上，经高温烘烤成涂膜，可用于水果、蔬菜、肉类、禽类、水产等食品罐头的内壁。

表 6－3　常用于涂料的几种环氧树脂

国家统一牌号	树脂型号	软化点/℃（环球法）	环氧量/（当量数/100g 树脂）	平均分子量	备　注
E－20	601	64～76	0.18～0.22	900～1000	中等分子量环氧树脂
E－14	603	78～85	0.10～0.18	1000～1200	中等分子量环氧树脂
E－12	604	85～95	0.09～0.15	1500	高分子量环氧树脂
E－06	607	110～135	0.04～0.07	2900	高分子量环氧树脂
E－03	609	135～155	0.02～0.045	3000～4000	高分子量环氧树脂
E－42	634	20～28	0.38～0.45	450～500	低分子量环氧树脂
E－35	637	20～35	0.26～0.40	700	低分子量环氧树脂
E－44	6101	14～22	0.40～0.47	400～450	低分子量环氧树脂

五、丙烯酸树脂涂料

丙烯酸树脂涂料是以丙烯酸树脂为主要成膜物质涂料的总称。是一种比较新型的绿色包装用涂料。由于石油化学工业的迅速发展，合成丙烯酸树脂的单体品种增加，其成本大幅度降低，而使其成为发展速度最快的合成树脂涂料之一。

丙烯酸树脂涂料一般是用甲基丙烯酸酯和丙烯酸酯的共聚物制成的涂料。为了改进共聚树脂的性能和降低成本，在涂料配方的组成上，除了采用甲基丙烯酸酯、丙烯酸酯外，往往还采用一定比例的其他不饱和的烯烃单体与之共聚，例如，丙烯腈、（甲基）丙烯酰胺、（甲基）丙烯酸、醋酸乙烯、苯乙烯等。

由于制造合成树脂时选用的单体不同，丙烯酸树脂涂料可分为热塑性和热固性两大类。热塑性丙烯酸树脂涂料是一种线形结构的高分子，在其分子结构上不含有活性官能团，在加热的情况下，不会与其他外加的树脂交联成体形结构。热固性丙烯酸树脂涂料中的大分子带有活性官能团，在加热的情况下，会与其他外加树脂进行交联反应，从而变成不溶不熔的体形结构的聚合物。若通俗来说，热塑性丙烯酸树脂涂料相当于一般的挥发性喷漆，而热固性丙烯酸树脂涂料则为烘漆。

丙烯酸树脂具有如下一些特点：

①具有优良的色泽及良好的保色、保光性能。这是由于丙烯酸树脂在大气中及紫外光照射下不易发生断裂、分解或氧化等化学变化。因此，其颜色及光泽可以长期保持稳定，并可制成中性涂料，所以可调入铜粉、铝粉，使涂层具有类似金银一样光辉夺目的色泽，并且不会变暗。涂料长期保存也不会变质。

②具有良好的耐热性（可在180℃以下使用），耐化学性及突出的防湿、防霉等性能，也可以通过改变配方及工艺来控制漆膜的硬度、柔韧性、耐冲击性、抗水抗油等性能。

由上述可知，丙烯酸树脂涂料是一种优良的装饰性涂料，用于各类罐头容器中内壁、蒸煮消毒的保护性涂装、包装用木制品、轻金属表面的涂装等方面。

思考题

1. 涂料一般由哪几种成分组成？各成分在涂料中起什么作用？
2. 涂料的分类原则和命名原则是什么？
3. 我国的涂料编号原则与基本名称编号原则是什么？
4. 说明酚醛树脂涂料的特点及用途。
5. 说明醇酸树脂涂料的特点及用途。
6. 说明氨基树脂涂料的性能特点及用途。
7. 说明环氧树脂涂料的性能特点及用途。
8. 说明丙烯酸树脂涂料的性能特点及用途。

第七章　金属包装材料

第一节　金属包装材料

一、金属包装材料应用概述

金属包装材料是传统包装材料之一。金属容器从暂时储存内装物品的机能演变到今天的食品罐头、饮料容器、运输包装等，从生产到流通、消费形成流动容器，成了长期保存内装物品的手段，可以说金属给人类的日常生活带来了很大的变革和进步。

金属包装材料其应用虽然只有一百多年的历史，但随着现代化的冶金工业的发展，为工农业各部门大量提供各种金属，成为各部门现代化生产的基础，广泛使用于工业产品包装、运输包装和销售包装中，而相应地大量制作金属包装容器，这是最主要的包装材料之一。目前在各类包装材料中，日本和欧洲各国，金属约占 13.7%，仅次于纸和塑料包装，占第三位，而美国包装消费金属材料比塑料要多，约占第二位。我国的金属材料包装在 1983 年约 30.85 万吨，占包装材料的 7.24%，仅次于塑料包装。

在各种包装技术日新月异地发展的今天，新型包装材料不断出现，相互竞争十分激烈，金属包装材料在某些方面的应用已部分地被塑料或复合材料所代替。但由于金属包装材料具有优良的综合性能，且资源丰富，所以金属包装仍然保持着生命力，应用形式更加多样。特别是在复合材料领域找到了用武之地，成为复合材料中主要的阻隔材料层，如以铝箔为基材的复合材料和镀金属复合薄膜的成功应用就是很好的证明。

二、金属包装材料的性能特点

金属包装材料有以下性能特点。

（1）金属包装材料的机械强度优良。金属包装容器可以制成薄壁、耐压强度高、不易破损的容器。这样使得包装产品的安全性有了可靠的保障，并便于储存、携带运输和装卸。

（2）金属包装材料具有优良的综合防护性能。金属的水汽透过率很低，完全不透光，能有效地避免紫外线的有害影响。其阻气性、防潮性、遮光性和保香性大大超过了塑料、纸等其他类型的包装材料。因此金属包装能长时间保持商品的质量，货架寿命长达3年之久，这对于食品包装尤为重要。

（3）金属包装材料的加工性能优良，加工工艺成熟，能连续化、自动化生产。金属包装材料具有很好的延展性和强度，可以轧成各种厚度的板材、箔材。板材可以进行冲压、轧制、拉伸、焊接制成形状大小不同的包装容器；箔材可与塑料、纸等进行复合；金属铝、金、银、铬、钛等还可镀在塑料膜和纸张上。因而金属能以多种形式充分发挥优良的、综合的防护性能。

（4）金属包装材料具有特殊的金属光泽，也易于印刷装饰。用金属包装的商品外表华贵富丽，美观适销。另外，各种金属箔和镀金属薄膜是非常理想的商标材料。

（5）金属包装材料可回收利用。金属包装容器可回炉再生，循环利用，不污染环境。

金属包装材料虽然有以上特点，但也有不足之处，主要是：化学稳定性较差，耐蚀性不如塑料和玻璃，尤其是钢质包装材料容易锈蚀。因此金属包装材料多需在表面再覆盖一层防锈物质，以防止来自外界和被包装物的腐蚀破坏作用，同时也要防止金属中的有害物质对商品的污染。例如，金属材料中不同程度地含有重金属离子Pb、Sn等，这些重金属离子能够与商品作用，特别是食品，不仅污染食品，而且这些重金属对人体危害较大。

三、金属包装材料的分类

金属包装材料分为钢材和铝材两大类。而每一类又包含若干品种，各有自己的适用范围。

1. 钢材

钢材来源较丰富，能耗和成本也较低，至今仍是占首位的金属包装材料。包装用的钢材主要是低碳薄钢板，具有良好的塑性和延展性，制罐工艺性好，有优良的综合防护性能，但冲拔性能没有铝材好。钢质包装材料的最大缺点是耐蚀性差，易锈，必须采用表面镀层和涂料等方式才能使用。按照表面镀层成分和用途的不同，钢质包装材料主要有下面几种：

（1）运输包装用钢材。主要用于制造运输包装用大型容器，如集装箱、钢罐、钢桶等以及捆扎材料。

（2）镀锌薄钢板。又称白铁皮，是制罐材料之一，主要用于制作工业产品包装容器。

（3）镀锡薄钢板。又称马口铁，是制罐的主要材料，大量用于罐头工业，也可用来制作其他食品和非食品罐。

（4）镀铬薄钢板。又称无锡钢板，是制罐材料之一，可部分代替马口铁，主要用于制作饮料罐。

2. 铝材

铝质包装材料的使用历史较短，但由于铝具有某些比钢优异的性能，特别是铝资源丰富，且铝的提炼方法有了很大的改进，故铝作为包装材料发展很快，在某些方面已取代了钢质包装材料。铝材的主要特点是质量轻、无毒无味、可塑性好，延展性、冲拔性能优良，在大气和水汽中化学性质稳定，不生锈、表面洁净有光泽。铝的不足之处是在酸、碱、盐介质中不耐蚀，故表面也需要涂料或镀层才能用做食品容器。而且它的强度比钢低，成本比钢高，故铝材主要用于销售包装，很少用在运输包装上。包装用铝材可以下面几种形式使用。

（1）铝板。为纯铝或铝合金薄板，是制罐材料之一，可代替部分马口铁，主要用于制作饮料罐、药品管、牙膏管。

（2）铝箔。采用纯度在99.5%以上的电解铝板，经过压延制成，厚度在0.20mm以下，一般包装用铝箔都是和其他材料复合使用，作为阻隔层，提高阻隔性能。

（3）镀铝薄膜。底材主要是塑料膜和纸张，在其上镀上极薄的铝层。可成为铝箔的代用品而被广泛使用。因为是在塑料膜和纸上镀上极薄的铝层，所以其隔绝性能比铝箔差，但耐刺扎性优良，在实用性能方面超过了铝箔。这种镀铝薄膜材料常用于制作衬袋材料。

第二节　金属包装材料的晶体结构

金属包括纯金属和合金。固态时，一切纯金属和合金都是由晶体组成。所谓晶体构造是指晶体的形状、大小、分布以及晶体内部原子的排列情况，它与金属的性质有着密切的关系。

一、金属晶体的概念

所谓“晶体”是指其原子、离子或分子呈规则排列的固体。图7－1（a）为以最简单的晶体结构示例。在自然界中，除了少数的物质（如普通玻璃、松香及赛璐珞等）以外，包括金属在内的绝大多数固体都是晶体。晶体之所以具有这种规则的原子排列，主要是由于各原子之间的相互吸引力与排斥力相平衡的结果。由于晶体内部原子排列的规律性，有时甚至可以见到某些物质的外形也具有规则的轮廓，如水晶、食盐及黄铁矿等，但金属一般都看不到这种规则的外形。

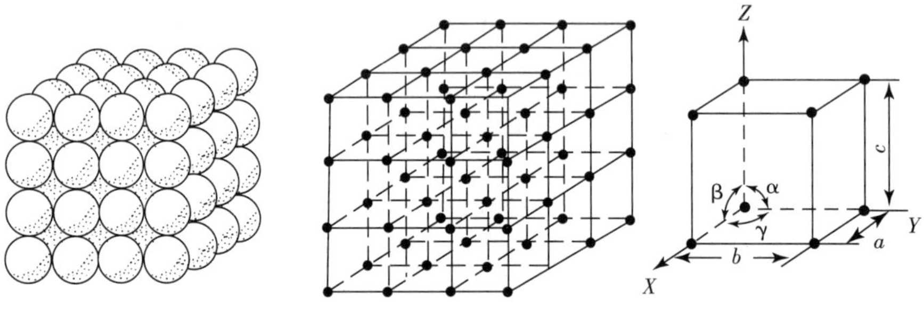

（a）简单立方晶体　　（b）晶格　　（c）晶胞

图7－1　简单立方晶体、晶格及晶胞的示意图

晶体的结构就是指晶体内部原子的排列状况。为了便于分析晶体中的原子排列规律或形式起见，可以把每个原子看作一个点，并用直线连接起来，形成晶体的空间格子，简称晶格，如图7－1（b）所示。晶格中的基本单元则称为晶胞，如图7－1（c）所示。晶胞各边的尺寸a、b、c叫“晶格常数”，其大小常以nm（纳米）为计量单位（$1nm=10^{-9}m$）；晶胞各边之间的相互夹角常分别以α、β及γ表示。如图7－1（c）所示的晶胞，其晶格常数$a=b=c$，而$\alpha=\beta=\gamma=90°$，这种晶胞称为简单立方晶胞。具有简单立方晶胞的晶格称为简单立方晶格。简单立方晶格只见于非金属晶体中，在金属晶体中则见不到。常见的金属晶格类型有体心立方晶格、面心立方晶格和密排六方晶格，如图7－2所示。

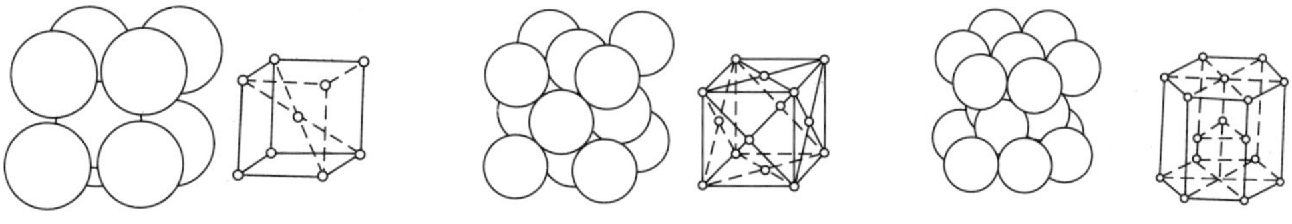

图7－2　常见的金属晶格类型

一般金属材料都是多晶体，每颗晶体包含有很多个晶胞，每个晶胞里的原子则按一定的规则排列着。由于每颗晶体内原子排列的方位不同，所以相邻的晶体之间存在着明显的界限，称为晶界。

关于金属晶体颗粒的大小，即晶粒的大小，在铸件的断口上用肉眼就能看到大概的情况；至于晶格，即使在高倍的电子显微镜下观察也无法看到。上述晶体中原子排列形式是通过 X 射线或电子衍射和计算后才得知的。

二、纯铁的晶体结构

大多数金属的晶格类型都是一成不变的。但是，铁、锰、锡、钛等金属的晶格类型都会随温度的升高或降低而发生改变。这种现象称为同素异构转变。

纯铁发生同素异构转变的冷却曲线，如图7－3所示。在1534～1390℃的温度区间，纯铁为体心立方晶格，称为δ铁；在1390～910℃之间为面心立方晶格，称为γ铁；在910℃以下，又转变为体心立方晶格，称为α铁。纯铁的这种特性，使得钢铁材料能用各种热处理方法来改变晶体结构，以获得各种工件所要求的不同性能。

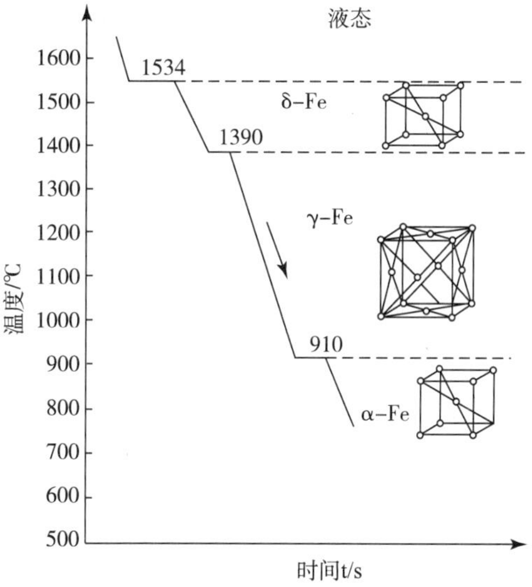

图7－3　纯铁的冷却曲线示意图

工业纯铁的机械性能与其组织中晶粒大小有密切关系，在其他条件不变时，晶粒越细，强度越高。工业纯铁的机械性能大致为 $\sigma_b = 180 \sim 230$MPa；$\sigma_{0.2} = 100 \sim 170$MPa；$\delta = 30\% \sim 50\%$；$\psi = 70\% \sim 80\%$；$A_K = 128 \sim 160$J；$HB = 50 \sim 80$。工业纯铁虽然塑性好，但强度较低，所以很少用它，常用的是它的合金。在工业上应用最广的是铁碳合金。

三、铁碳合金的基本组织及其晶体结构

1. 化合物和固溶体

铁碳合金的晶体结构分为化合物和固溶体两大类。

化合物的组成元素是按一定的比例处于化合状态，它的晶体结构与组成的元素都不相同，而是一种特殊类型的新晶格。化合物的性能特点是硬度高、脆性大。

固溶体的组成元素在固态下处于溶解状态，构成单一均匀的晶体。其中含量较多的元素称为溶剂，含量较少的成为溶质。溶剂原子保持着其原有的晶格；溶质原子则处在溶剂

晶格的空隙里，或者置换了某些溶剂原子的位置。大多数固溶体的溶解度都是有限的，其饱和溶解度都随温度的升降而增减。

2. 铁碳合金的基本组织

铁碳合金的基本组织及其机械性能如表 7－1 所示。

表 7－1　铁碳合金基本组织的机械性能

组织名称	符号	结构类型	σ_b/MPa	HB	δ/%	α_K/(J/cm^2)
渗碳体	Fe_3C	铁和碳的化合物	30	800	≈0	≈0
珠光体	P	铁素体和渗碳体的层片状机械混合物	750	180	20～25	30～40
碳素体	F 或 α	碳在 α 铁中的固溶体	250	80	50	300
奥氏体	A 或 γ	碳在 γ 铁中的固溶体	—	—	—	—

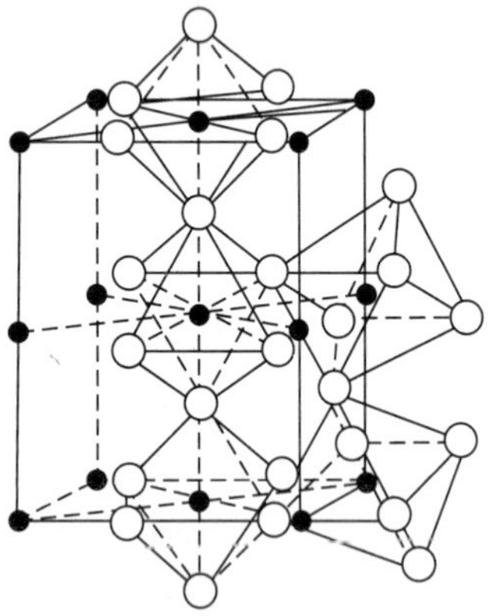

○ 铁原子　● 碳原子

图 7－4　渗碳体的结晶结构

渗碳体就是 Fe_3C，含碳量为 6.69%，它的晶胞是八面体，晶格构造十分复杂，如图7－4所示。渗碳体的性能很硬很脆，但少量渗碳体以十分细小的粒状存在，则能使钢铁强化而仍保持足够的韧性。

（1）铁素体。它是碳溶解在 α 铁中所组成的固溶体亦称 α 固溶体，如图 7－5（a）所示。由于 α 铁晶胞中的空隙很小，因此在 727℃时，碳的最大溶解度仅为 0.02%；室温时的溶解度降至0.006%，几乎是纯铁。碳素体的强度和硬度较低，塑性和韧性则很高。

（2）奥氏体。它是碳溶解在 γ 铁中所组成的固溶体，亦称 γ 固溶体，如图 7－5（b）所示。由于 γ 铁晶胞中的空隙较大，因此在 727℃时，能溶解 0.8% 的碳，在 1148℃时的最大溶解度达到 2.11%。奥氏体存在于 727℃以上的高温区间，具有较低的强度和硬度，以及很高的塑性，所以钢料总是加热到奥氏体温区内进行热轧的。

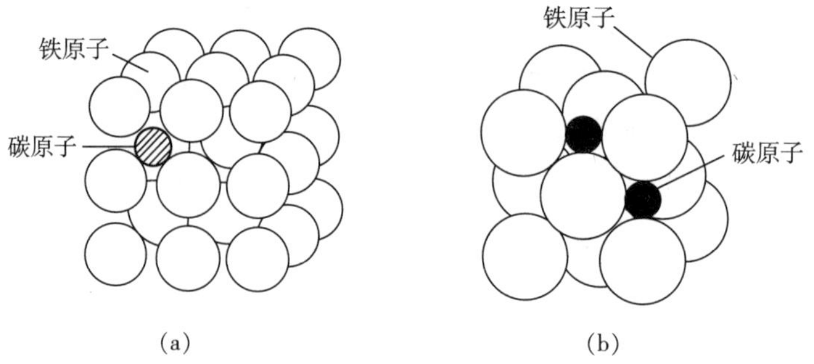

图 7－5　碳溶于 α 铁和 γ 铁中的示意图

（3）珠光体。它为铁素体与渗碳体所组成的机械混合物，用符号 P 表示。在室温平衡的状态下，珠光体中铁素体占大多数，此时含碳量为 0.77%。在高倍显微镜下，可以清楚地看到珠光体中的渗碳体是呈条状分布在铁素体基体上的，如图 7－6（a）所示。由于渗碳体对铁素体的强化作用，使得珠光体具有较高的强度，同时保持着良好的塑性和韧性。当含碳量超过0.77%后，钢的平衡组织中除珠光体外，还含有微量的二次渗碳体。当含碳量达到1.20%时，二次渗碳体就呈细网状分布如图7-6（b）所示。

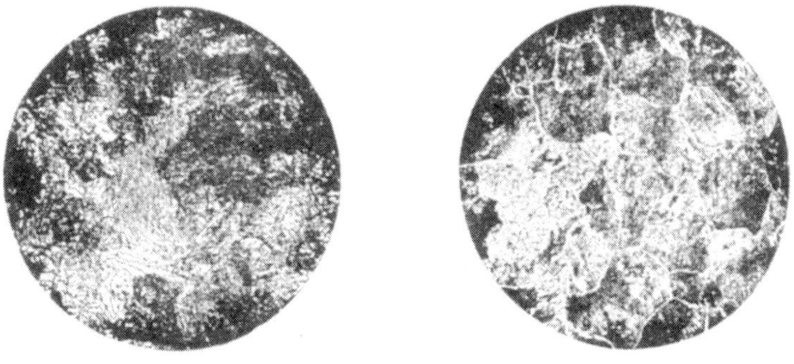

（a）含0.77%C的铁碳合金（钢）的显微组织　　（b）含1.20%C的铁碳合金（钢）的显微组织

图7-6 含0.77%C和1.20%C的铁碳合金的显微组织

四、钢的含碳量对机械性能的影响

图7-7为热轧碳素钢的含碳量对机械性能的影响。从图中可知，低碳钢的强度和硬度较低，而塑性和韧性则很高。原因是低碳钢的结晶组织大多数为铁素体，只有少量的珠光体，如图7-8所示。随着含碳量的增加，铁素体量逐渐减少，而珠光体量则不断增加，因此钢的塑性和韧性急剧下降，而强度和硬度则直线上升。

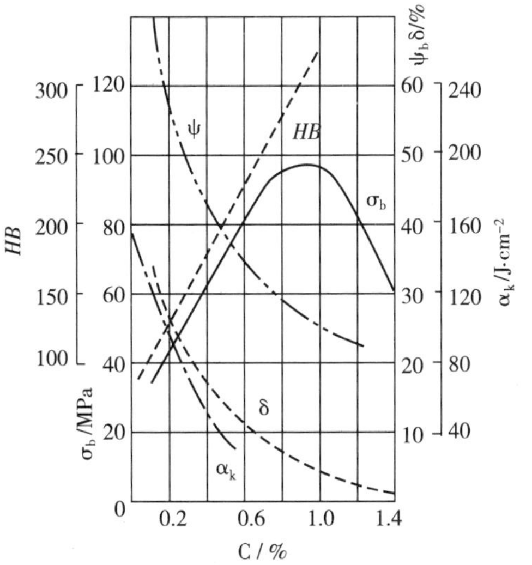

图7-7 钢的含碳量对机械性能的影响

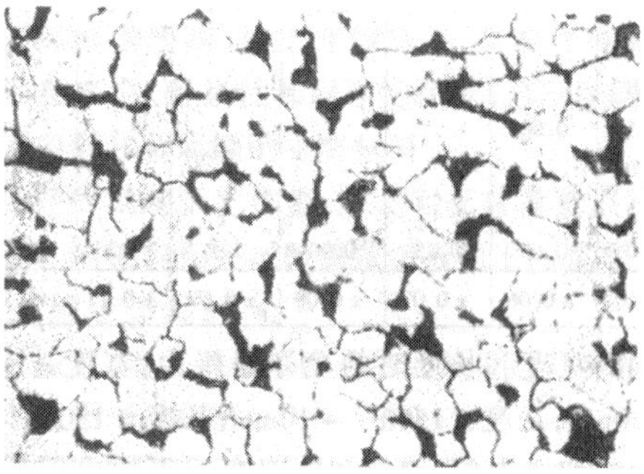

图7-8 10号钢的室温显微组织（200×）

为了保证包装工业中使用的铁碳合金（钢）具有一定的强度和足够的塑性和韧性，使用的都是低碳钢，其含碳量都低于0.25%。

第三节　包装用钢铁材料

一、低碳薄钢板

（一）概述

根据包装工业的特点，金属包装材料大多制成箱、桶、罐类等包装容器，其生产制作过程是将薄板经冲压、成型或拉拔、成型，这就要求包装材料具有一定的强度和足够的塑性和韧性，也就是要求钢中的组织大多数为铁素体。因此，包装用的钢材主要是含碳量低于0.25%的低碳薄钢板，它是采用平炉或转炉生产的镀锌用原板或酸洗薄钢板。低碳薄钢板的厚度在0.25～2mm之间，共有23个不同厚度，其厚度及厚度允许偏差如表7－2所示。

表7－2　低碳薄钢板规格表　mm

钢板厚度	0.25 0.27 0.30 0.35 0.40 0.45 0.50	0.55 0.60 0.65	0.7 0.75	0.8 0.90	1.0 1.1	1.2 1.3	1.4 1.5	1.6 1.8	2.0
允许偏差	±0.05	±0.06	±0.07	±0.08	±0.09	±0.11	±0.12	±0.14	±0.15

钢板不同的宽度和长度的允许偏差分别为：宽度≤800mm，允许误差为6mm；宽度＞800mm，允许误差为10mm；长度≤1500mm，允许误差为10mm；长度＞1500mm，允许误差为15mm。

钢板四角应切成直角，切斜和镰刀弯不得超出钢板宽度和长度的允许偏差。

低碳薄钢板的主要生产过程为：平炉或转炉生产的低碳钢→热轧→板坯→热轧→带钢→酸洗→冷轧→电解清洗→退火→平整→剪切整齐、呈矩形→低碳薄钢板。低碳薄钢板表面应平整、光滑，不得有氧化铁皮和泥土痕迹，并按表面质量分成两组。其表面质量规定如表7－3所示。

表7－3　低碳薄钢板的表面质量

组　别	表面质量特征
1组	①掀板时所造成的轻微折印； ②表面上轻微的粗糙面和有局部麻点，其深度不大于钢板厚度负偏差； ③股长不超过20mm的折角或缺角； ④在保证钢板公称尺寸的条件下，边部裂口不得超过3个； ⑤锖色和酸洗

续表

组　别	表面质量特征
2组	①掀钢板时所造成的折印； ②两面有深度不大于厚度偏差的局部麻点； ③股长不超过30mm的折角或缺角； ④距板边5mm以内的裂口不超过5个； ⑤在钢板厚度负偏差范围内的轻微压痕以及宽度不大于10mm的不显著的厚边； ⑥锖色及酸洗后轻微的黄色薄膜

注：钢板每米的波浪度和瓢度1组不超过10mm；2组不得超过20mm。

（二）低碳薄钢板的性能

低碳薄钢板机械强度高，加工性能良好，具有优良的综合防护性能，遮光性强，导热率高、耐热性和耐寒性优良，易于印刷装饰，是制作运输包装用金属容器和金属罐的主要材料。

为了保证良好的制罐工艺性能，必须对低碳薄板原材料进行杯突试验和冷弯试验。钢板的杯突试验值按钢板的不同厚度分为S和P两个级别，其试验值规定如表7－4所示。

表7－4　钢板的杯突试验值

钢板厚度/mm	深冲级别	
	杯突深度不小于	
	S	P
0.25	6.9	5.7
0.30～0.35	7.2	6.2
0.40～0.45	7.5	6.5
0.50～0.55	8.0	6.9
0.60～0.65	8.5	7.2
0.70～0.75	8.9	7.5
0.80	9.3	7.8
0.90	9.6	8.2
1.00	9.9	8.6
1.15	10.2	8.8
1.25	10.4	9.0
1.50	11.0	9.2
1.75	11.4	9.5
2.00	11.8	9.9

冷弯试验钢板在冷状态下，垫以钢板厚度两倍的垫片进行弯曲180°的试验，弯曲后应能伸直到原来的状态。

（三）低碳薄钢板的用途

低碳薄钢板的用途主要有：制作运输包装用金属容器和钢质金属罐基材。

1. 运输包装用金属容器

低碳薄钢板制成的金属容器强度高、密封性好、载重量大，能长期反复使用，十分适用于运输包装。在运输包装中低碳薄钢板主要制成各种大型容器，如集装箱、钢桶、钢箱、钢托盘等。

（1）集装箱是大型密封的包装箱，具有1m³以上容积的容器。各种物品采用集装箱做运输包装，具有安全、简便、迅速、节省人力和包装材料的优点，并适用于各种运输工具的联运和机械化装卸，是一种先进的运输方式。能显著减少货损，对贵重、易碎、怕潮的高档商品尤为重要。集装箱在途中转运时，可不动箱内货物，直接进行换装，并能进行快速装卸。

（2）钢箱。是一种小型的运输包装容器，用于代替木质周转箱，适用于工业产品的运输包装。钢箱坚固耐用，商品破损率小，可节约大量木材和运输包装费用，减少损失。现已大量用于自行车、玻璃、机电产品、汽车配件等产品的包装运输。

（3）钢桶。钢桶主要用于液体货物的运输和贮存，例如，蜂蜜、食用油及化工产品（农药、溶剂）等。

用于装贮食品如蜂蜜等的钢桶，其内壁必须涂刷有机涂料（如环氧树脂609）以防生锈及溶出重金属离子铅、铁、锌等污染食品，并延长钢桶的使用寿命。近年来还出现了一种新型液体产品贮运容器——铁塑桶。它是由外层为钢桶和内胆为塑料装配而成，此种铁塑桶特别适合于不能用钢桶贮运周转的腐蚀性较强的化学试剂、药品或液体食品，如酱油、醋、饮料等。

2. 钢质金属罐基材

钢质罐材均系以低碳薄钢板为基材，再经表面防锈镀层处理而成的板材。主要有镀锡薄钢板（俗称马口铁），镀锌薄钢板、镀铬薄钢板等。

二、镀锌薄钢板

（一）概述

镀锌薄钢板又叫白铁皮，它是在酸洗薄钢板后，经过热浸镀锌处理，使钢板表面镀上厚度为0.02mm以上的锌保护层。因为锌的电极电位比铁低，化学性质比较活泼，在空气中能很快生成一层氧化锌薄膜，这层氧化锌薄膜非常致密，保护了里面锌和钢板不受腐蚀，即使擦破了镀锌层，由于锌先发生氧化而保护了铁，这样大大提高了钢板的耐腐蚀性能。用镀锌板制成容器后，就不必再进行表面防腐处理，因此镀锌薄钢板广泛用来制作金属包装容器，特别是镀锌板所制的容器，强度高、密封性能好，是工业产品包装中应用较多的一种包装材料。

（二）镀锌薄钢板质量要求

镀锌薄钢板按其表面质量和形状分为三组，其表面质量规定如表7－5所示。

表7－5　镀锌薄钢板的表面质量

组　别	表面质量特征
1组	①股长不超过10mm的折角或缺角一个； ②在钢板一侧边缘上3mm以内的裂口不超过3个； ③镀锌后仍能看到由于酸洗除去氧化皮而生成的轻微麻点； ④在钢板的两面上有局部细小的锌粒以及在钢板端部宽度不超过20mm的镀锌厚边，不允许有锌的块状堆积； ⑤在不损坏锌层的条件下，钢板全长上允许有由于传送装置的拉料辊引起的长带
2组	①股长不超过20mm的折角或缺角一个； ②在钢板一侧边缘上6mm以内的裂口不超过5个； ③边缘上有高度不超过3mm，宽度不超过50mm的波浪形； ④在钢板的一面上直径不超过3mm的气泡不多于10个或直径不超过5mm的气泡不多于3个； ⑤在钢板的表面上有细小的锌粒以及在钢板一端上自边缘算起宽度不超过15mm的锌堆积； ⑥直径不超过5mm的表面暗斑不多于5个；此暗斑易于用刮刀刮去而不损坏镀锌层； ⑦钢板表面有镀锌良好的粗糙不平、麻坑、锖色斑点与未损坏镀锌层的轻微的锌疤、锌瘤、毛刺、划伤和压印
3组	①股长不超过30mm的折角或缺角一个； ②在钢板的两面上直径不超过10mm的气泡不多于8个或直径不超过20mm的不破裂的气泡不多于5个； ③直径不超过25mm的未洗去的黑斑不多于3个或宽度不超过12mm；长度不超过75mm，总面积不超过1cm^2的带状黑斑； ④边缘上有高度不超过8mm，宽度不超过100mm的波浪形

另外镀锌薄钢板在每米上的挠曲度和波浪度，每一组不超过10mm；第二组不超过20mm；第三组不超过25mm。

镀锌薄钢板除按上述划分质量外，还应达到下列性能试验要求：

（1）反复弯曲试验：试样夹在钳口半径为3mm的虎钳中向两边弯曲90°至折断时应经受的反复弯曲次数为：

①板厚0.35～0.75mm折断时，应经受6次。

②板厚0.75～0.80mm折断时，应经受5次。

③板厚0.9～1.20mm折断时，应经受4次。

④板厚1.3mm以上折断时，应经受2次。

（2）镀锌强度试验：厚度0.35～0.80mm的镀锌薄钢板试样，垫以厚度相等的垫片，弯曲到180°时不应有露出钢板表面的镀锌层脱落或裂缝。

（三）镀锌薄钢板的用途

镀锌薄钢板是制罐材料之一，它主要用于制作工业产品包装容器；还可用于制作汽车润滑油、油漆、化学品、洗涤剂等方面的金属罐。

三、镀锡薄钢板及镀铬薄钢板

（一）概述

镀锡薄钢板简称镀锡板，俗称马口铁，是两面镀有纯锡的低碳薄钢板。马口铁是传统的制罐材料，至今仍是制作食品罐的主要罐材。马口铁有光亮的外观，良好的耐蚀性和制罐工艺性能，易于焊接，适于涂敷涂料和印刷。但其冲拔性能比不上铝板，因此大多数制成以焊接和卷封工艺成型的三片罐结构，也可以做成冲拔罐。马口铁除大量用于罐头工业外，还用来制作糖果、饼干、茶叶、奶粉等听盒，也用于某些工业产品如化学产品、化妆品等的罐装和盒装。此外还是玻璃瓶罐的良好制盖材料。

（二）生产过程和板的组织性能

马口铁的镀锡多采用酸性电镀工艺，也可采用热浸镀锡工艺。钢板经电镀锡后表面呈银白色，这种锡镀层厚度约为0.4～2.0μm，在技术上一般以单位面积的镀锡量来表示（g/m^2）。马口铁电镀后的镀锡层孔隙很多，抗蚀性能不好。因此必须在电镀后进行软熔处理和钝化处理，使其表面分别生成锡铁合金层和氧化锡层，使镀层光亮，并使镀层与钢板的结合力增强和孔隙减少，这样才能有效地提高耐腐蚀性能。

马口铁表面电镀锡，主要是锡的电极电位比铁高，化学性质稳定，因此可对钢板起防锈保护作用。但必须保持镀锡层的完整，若被划破，甚至仅有微小的孔隙而暴露出钢基，也会因产生阳极腐蚀而使钢板很快被锈蚀。

马口铁的主要生产过程为：酸洗低碳薄钢板→电镀锡→软熔处理→钝化处理→涂油→检查→剪切→分类→包装。

马口铁板经金相分析其组织结构由里往外共五层为：

①钢基板：一般制罐用，其厚度为0.2～0.3mm。

②锡铁合金层：为锡铁合金结构，电镀锡板含锡量≤$1g/m^2$，热浸镀锡板为$5g/m^2$。

③锡层：纯锡，电镀锡板镀锡量为5.6～22.4g/m²，热浸镀锡板为22.4～44.8g/m²。

④氧化膜：主要是氧化亚锡、氧化锡等。

⑤油膜：为棉籽油或癸二酸二辛酯。

各层的厚度、结构和性能特点如表7－6所示。

表7－6 马口铁各层结构性能

结构名称	厚度		成分		性能特点
	热浸镀锡板	电镀锡板	热浸镀锡板	电镀锡板	
油膜	20mg/m²	2～5mg/m²	棕榈油	棉籽油或癸二酸二辛酯	润滑和防锈
氧化膜	3～5mg/cm²（单面）	1～3mg/cm²（单面）	氧化亚锡	氧化亚锡 氧化锡 氧化铬等	具有防锈、防蚀、防硫化斑痕
锡层	22.4～44.8g/m²	5.6～22.4g/m²	纯锡	纯锡	美观、易焊、耐蚀且无毒
锡铁合金层	5g/m²	小于1g/m²	锡铁合金结构	锡铁合金结构	耐腐蚀、如过厚加工性和可焊性不良
钢基板	制罐用0.2～0.3mm	制罐用0.2～0.3mm	低碳钢	低碳钢	加工性良好、制罐后具有一定的强度

（三）马口铁的主要技术标准及包装单位

1. 镀锡量

马口铁表面镀锡量的多少，以单位面积镀锡的质量表示，单位是g/m²。镀锡量是决定马口铁的耐蚀性能的指标之一。使用时根据罐装物的不同要求，可选用不同镀锡量的马口铁。根据两个表面镀锡量是否相等可分为等厚电镀锡板和差厚电镀锡板两种，前者两面镀锡量相等，后者则是内壁一侧镀锡量多，外壁一侧少。对于外壁尚需进行彩印铁的空罐可选用差厚镀锡板。马口铁镀锡量详细标准及牌号可从有关标准中查到。对于等厚电镀锡板，我国标准［GB/T 2520—2008］规定：E_1 级为（1.1/1.1）g/m²，E_2 级为（2.2/2.2）g/m²。对于差厚电镀锡板，D_1 级为（1.1/2.8）g/m²，最低平均镀锡量为（0.90/2.45）g/m²；D_2 级为（1.1/5.6）g/m²，最低平均镀锡量为（0.90/5.05）g/m²。

详细镀锡量标准如表7－7所示。

表7－7 镀锡量标准（GB/T 2520—2008）

镀锡方式	镀锡量代号	公称镀锡量/（g/m²）	最小平均镀锡量/（g/m²）
等厚镀锡	1.1/1.1	1.1/1.1	0.90/0.90
	2.2/2.2	2.2/2.2	1.80/1.80
	2.8/2.8	2.8/2.8	2.45/2.45
	5.6/5.6	5.6/5.6	5.05/5.05
	8.4/8.4	8.4/8.4	7.55/7.55
	11.2/11.2	11.2/11.2	10.1/10.1

续表

镀锡方式	镀锡量代号	公称镀锡量/(g/m^2)	最小平均镀锡量/(g/m^2)
差厚镀锡	1.1/2.8	1.1/2.8	0.90/2.45
	1.1/5.6	1.1/5.6	0.90/5.05
	2.8/5.6	2.8/5.6	2.45/5.05
	2.8/8.4	2.8/8.4	2.45/7.55
	5.6/8.4	5.6/8.4	5.05/7.55
	2.8/11.2	2.8/11.2	2.45/10.1
	5.6/11.2	5.6/11.2	5.05/10.1
	8.4/11.2	8.4/11.2	7.55/10.1
	2.8/15.1	2.8/15.1	2.45/13.6
	5.6/15.1	5.6/15.1	5.05/13.6

2. 规格尺寸

马口铁的规格尺寸包括板的厚度、宽度和长度。使用时可根据用途、罐型和罐号的要求来选用。罐头空罐用镀锡板厚度一般在 0.15 ~ 0.30mm 之间，最常用厚度 0.2mm、0.23mm、0.25mm、0.28mm 四种规格，可按照罐型大小、内状物性质进行选择。

镀锡板长度和宽度可根据用户（制罐厂）要求即根据各种罐型计算出制罐时产生最小边角料的尺寸订购。目前我国使用较多的规格是 714mm × 510mm 和 827mm × 730mm。宽度取决于轧机轧辊的宽度，武钢供应镀锡板宽度为 775mm、880mm、825mm、850mm、875mm、900mm、975mm、1000mm、1025mm、1050mm，长度在 400 ~ 1200mm 范围内任意选择。一般长与宽之差不超过 200mm。做底盖的镀锡板原裁成正方形，但方形板在冲下圆形底盖后产生较多边角料，近年来开发了专用底盖特殊尺寸的波形板，使边角料减少到最低程度。波形板尺寸与形状随盖径而异，用户根据不同盖径的尺寸订货。

3. 调质度

调质度是表示马口铁综合机械性能的一项指标。通常以洛氏表面硬度 HR30T 表示（当板厚≤0.22mm 时，用 HR15T 表示），在表面洛氏硬度计上测定。HR30T（HR15T）采用直径 1/16in 的钢球为压头，硬度计主载荷为 300N（150N），初载荷为 30N。如对于马口铁，GB/T 2520—2008 规定：T－1 级，HR30T 为 49 ±4；T－2 级，HR30T 为 53 ±4；T－3 级 HR30T 为 57 ±4。表面洛氏硬度标准可从有关标准中查出。

4. 钢种

指低碳薄钢板的钢种，不同的钢种在成分、质量以及应用上有一定差异。我国将低碳薄钢板分为：L、MR、D 三种（GB/T 2520—2008）。其中 L 类钢是低杂质钢，这种钢的 Ni、Cr、Cu、Mo、As 等有害元素含量极低，适用于需要深拉深和高耐腐蚀性的场合。例如，在食品罐头工业中用于包装要求极严的高腐蚀性食品。D 类铝镇静钢，超深冲耐时效用镀锡板钢基，能使垂直于弯曲方向的折痕和拉伸变形现象减至最低程度。我国采用的钢种主要是 MR 类，MR 类钢种是中等杂质钢，应用最广，比 L 类钢种的有害元素量稍多，其限制又不像其余两种钢那样苛刻，多用于食品罐。美国 ASTM 标准中将低碳薄钢板分为 L、MR、MC 三种，其具体化学成分如表 7－8 所示。

表 7 - 8　镀锡薄钢板钢种及其化学成分（%）

<table>
<tr><th>钢种</th><th>调质度</th><th>C</th><th>Mn</th><th>S</th><th>P</th><th>Si</th><th>Cu</th><th>Ni</th><th>Cr</th><th>Mo</th><th>用途</th></tr>
<tr><td>L</td><td>T1 ~ T4</td><td>0.05 ~ 0.08</td><td>0.03 ~ 0.04</td><td>0.05 以下</td><td>0.015 以下</td><td>0.01 以下</td><td>0.06 以下</td><td>0.04 以下</td><td>0.06 以下</td><td>0.05 以下</td><td>制作高耐腐蚀性容器</td></tr>
<tr><td>MR</td><td>T1 ~ T4</td><td>0.05 ~ 0.11</td><td>0.25 ~ 0.50</td><td>0.05 以下</td><td>0.015 以下</td><td>0.01 以下</td><td>0.2 以下</td><td rowspan="3" colspan="3">无严格限制</td><td>一般食品容器</td></tr>
<tr><td rowspan="2">MC</td><td>T4 ~ T5</td><td>0.08 ~ 0.11</td><td>0.30 ~ 0.45</td><td>0.05 以下</td><td>0.07 ~ 0.10</td><td>0.01 以下</td><td>0.2 以下</td><td rowspan="2">高拉应力镀锡铁皮、大型啤酒罐的盖与底</td></tr>
<tr><td>T6</td><td>0.08 ~ 0.11</td><td>0.30 ~ 0.50</td><td>0.05 以下</td><td>0.10 ~ 0.15</td><td>—</td><td>—</td></tr>
</table>

5. 涂料

马口铁根据镀锡后表面是否有涂料，可分为素铁和涂料铁两类。

素铁不经涂料，主要适用于大部分水果罐头，这样可利用素铁表面锡的还原性，使少量锡溶入罐内，可增强水果的光泽（注意：必须控制溶锡量不超过国家标准的规定）。

涂料铁则是在内壁一侧涂布了有机物涂料的马口铁，适用于大部分食品罐头。涂料是由有机高分子树脂（如环氧树脂、酚醛树脂）和溶剂（如二甲苯、环己酮等）及少量添加剂按一定比例制成的具有适当黏度的糊状物，用滚筒印涂到马口铁的内壁表面再经200℃以上的温度烘烤。涂料的作用是隔离罐壁与内容物，防蚀和阻止溶出的重金属离子铅、铁、锌等对食品的污染。

按涂料的种类和性能的不同，又可分为抗酸抗硫两用涂料铁、抗硫涂料铁、防黏涂料铁、冲拔罐抗硫涂料铁等几种，适用于不同的食品罐装，其中以两用涂料铁用量最大。

由于上述几项指标的不同，马口铁可分成许多不同类别，使用时应根据具体用途和要求的不同，对各项标准进行合理的选择即“选铁”。

国际上通用的马口铁包装单位是“基箱”。“基箱”是一种面积单位，一基箱包含112张尺寸为355mm×508mm的马口铁，总面积为20.23m^2。由于马口铁具有不同的厚度，因此每基箱的质量分别为45.0kg、41.5kg、36.0kg、31.5kg，而相应的板厚分别为0.28mm、0.25mm、0.23mm、0.20mm它们之间的关系符合下式：

$$\text{厚度} = \frac{20.23 \times M}{7.85 \times 112}$$

式中　M——基箱质量，kg；

7.85——钢铁密度，kg/m^3；

20.23——基箱总面积，m^2。

（四）马口铁的用途

马口铁具有一定强度，容易加工成型，可以钎焊，能进行涂料印花，并具有光亮的外观和良好的耐腐蚀性能，所以大量作为包装材料，制作商品包装容器和对工业产品的包装，特别是在食品工业和药品工业应用很广，大量用于各种食品（水果、肉类等）、饮料罐头盒、糖果、茶叶、饼干盒等。

四、镀铬薄钢板

镀铬薄钢板简称镀铬板，又称无锡钢板。是20世纪60年代初为减少用锡而发展起来的一种马口铁代用材料。它是表面镀有铬和铬的氧化物的低碳薄钢板。镀铬板的耐蚀性比马口铁差，因此均须经内外壁涂料后使用。涂料后的镀铬板，其涂膜附着力特别优良，宜于制作罐底、盖和冲拔罐。

镀铬板的结构通过镜像分析为由钢基板、金属铬层、水合氧化铬层和油膜构成。

镀铬薄钢板主要用于制作腐蚀性较小的啤酒罐和饮料罐。为方便冰镇，一般均采用彩印商标，印铁效果良好。

第四节　包装用铝材

一、铝包装的特点

铝材是除钢以外的另一大类包装用金属材料。它除了具有金属材料固有的优良阻隔性能、气密性、防潮性、遮光性之外，还具有下列一些特点：

（1）质量轻。铝是轻金属，相对密度为2.7，约为钢等金属1/3，因此铝包装具有质量轻的优点，可节约运输费用。

（2）加工性能好。铝的延展性、拉拔性优良，因此铝罐均为一次拉拔的两片罐，铝可以做得很薄，还能以铝箔和镀铝的形式用于包装。

（3）在空气和水汽中不生锈。铝材表面光洁美观，不必另镀金属保护层，而经表面施涂后可耐酸、碱、盐介质。

（4）无味无臭。铝材不影响被包装物的风味质量，再加上无硫化物和重金属污染，这对食品、医药品和化妆品的包装尤为重要。

（5）循环使用较容易。铝罐可回收再生利用，从而降低成本和能耗。目前国际市场对铝包装的主要争议是认为铝的生产能耗太高，增加了包装成本。其相应的解决办法是加强铝罐的回收，再生铝可节能95%。缺铝的日本非常重视铝罐的回收工作，由于铝包装有上述一系列的优点，故现在铝包装的应用方兴未艾。

包装用铝材主要以铝板、铝箔和镀铝薄膜三种形式应用。铝板主要用于制作铝质包装容器，如罐、盆、瓶及软管等。铝箔多用来制作多层复合包装材料的阻隔层，制成的铝箔复合薄膜用于食品包装（主要为软包装）、香烟包装、药品、洗涤剂和化妆品等方面的包装。镀铝薄膜是复合材料的另一种形式，这是一种新型复合软包装材料，它是以特殊工艺在包装塑料薄膜或纸张表面（单面或双面）镀上一层极薄的金属铝，即成为镀铝薄膜。这种镀铝薄膜复合材料主要用做食品，如快餐、点心、肉类、农产品等的真空包装，以及香烟、药品、酒类、化妆品等的包装及商标材料。

二、包装用铝和铝合金薄板及其制品

1. 铝板

制作铝包装容器的板材多采用铝合金板材。

铝合金主要是铝－镁、铝－锰合金，有15个品种。板材的强度较纯铝为高。由于铝对酸、碱、盐不耐蚀，所以铝板均须经涂料后使用。

铝板的生产过程是：铸铝→热轧→冷轧→退火→冷轧→热处理→校平→钝化处理（生成致密的氧化铝膜）→涂料→铝板。

铝板主要用于制作铝质包装容器如罐、盒、瓶管等。此外，铝板因加工性能好，是制作易开罐盖的专用材料。

2. 铝冲拔罐

铝板是一种新型的制罐材料，加工性能优良，但焊接较困难，因此铝板均制作成一次冲拔成型的两片罐。目前铝罐生产线的速率可达120～150个/分。铝罐轻便美观，外壁不生锈，罐身无缝隙不泄漏，且由单一金属制成，保护性能好，用于鱼、肉类罐头无硫化斑，用做啤酒瓶、饮料罐无风味变化等现象。铝罐的一个缺点是强度较低，较易碰凹，但只要改进运输包装，这个问题就能较好的解决。

现在铝冲拔罐在欧洲应用较多，约占金属罐的1/3，主要用于销售量很大的啤酒饮料罐，一般制成易开罐形式。非食品包装的喷雾罐中也有部分为铝罐。

3. 铝管和铝管包装

挤压软管包装容器中约有2/3是铝管，主要用于牙膏、化妆品、药膏等的包装。铝管用于食品包装则是一种新型简便的包装方法，流行于欧洲和澳大利亚。铝管特别适用于罐装半流质或膏状食品，如果酱、肉酱、奶油、蜂蜜、浓缩食品和调味品等。铝管包装不仅具有质量轻、优良的综合防护性能、强度好、不易破碎、便于携带的特点，而且具有易开启、可挤压折叠、使用后食品易于再存放，保持新鲜度的时间较瓶、罐装为长，不需进行冷冻处理，使用方便的优点，因此颇受消费者的欢迎，并被用于军用食品和宇航食品的包装。铝管一般由99%的纯铝制成，以便挤压卷曲，外表可进行印刷装潢，内壁涂有有机树脂，如环氧树脂、酚醛树脂、乙烯基树脂等，既可进一步提高耐蚀性，又能防止铝管在卷曲时破裂的作用。

铝管的生产方法，是把一定厚度的铝板用精密落料冲床进行冲压，落料成小圆片坯料，经过退火，然后在100～350吨的挤压机进行冲击挤压，使圆片坯料沿一定长度和直径向外延伸成管状，最后达到一定尺寸。成型后的铝管还要经过热处理消除加工硬化作用，以免在挤压和卷曲时产生破裂。最后在铝管内壁上施涂料、烘干，并在管表面进行印刷装潢。

铝管尺寸大小不等，直径1.27～5.08cm，长度3.81～19.05cm。其长度由圆片坯料的厚度决定。

三、铝箔及铝箔复合材料

（一）铝箔

用于包装的金属箔中，应用最多的是铝箔。铝箔是采用纯度为99.3%～99.9%的电解铝或铝合金板材压延而成，厚度在0.200mm以下。一般包装用铝箔系和其他包装材料复合使用，作为阻挡层，可提高阻隔性能。生产上为了降低包装成本希望尽量减薄铝箔的厚度，但当铝箔过薄时，会产生针状小孔，使阻隔性能下降。因此必须努力提高铝箔的生产技术，使针孔发生率尽量减少。针孔的多少和大小可根据透气透湿数据来衡量。另外，对铝箔还要求有较高的机械性能的同时又要保持一定的柔软性，以减少折裂。

我国现在生产的工业用铝箔有4种宽度范围，18种不同厚度，其系列产品如下：

①铝箔宽度：10～39mm、39～130mm、130～220mm、220～600mm。

②铝箔厚度：0.005mm、0.0075mm、0.010mm、0.012mm、0.014mm、0.016mm、0.020mm、0.025mm、0.030mm、0.040mm、0.050mm、0.060mm、0.070mm、0.080mm、0.100mm、0.120mm、0.200mm。

铝箔的机械性能、厚度与透湿度的关系分别如表7－9、表7－10所示。

表7－9 不同厚度铝箔的机械性能

厚度/mm	抗拉强度/MPa	伸长率/%
0.0075～0.011	30～100	0.5
0.012～0.04	30～100	0.5～0.2
0.05～0.20	30～100	0.5～3.0

表7－10 铝箔的厚度与透湿度的关系

铝箔厚度/mm	透湿度/g·$(m^2 \cdot 24h)^{-1}$
0.007～0.008	7以下
0.008～0.010	5以下
0.010～0.015	2.5以下
0.015～0.020	1.0以下
0.020～0.025	0以下

铝箔虽然很薄，但作为包装材料，具有以下优点：

①重量轻。有利于降低费用。

②隔绝性与遮光性良好。能防潮、不透气及具有保香性能，可以防止包装物的吸潮、氧化和挥发变质。

③耐热性很好。高温和低温时形状稳定，并可作为烘烤用的容器使用。

④保护性强。使包装物不易受细菌、霉菌、昆虫的损害。

⑤光的反射和光泽性好。对热和光均有较高的反射能力，其反射率达83%～85%，因此展销效果优良。

⑥机械特性良好。能满足自动包装机械使用。

⑦二次加工、模压性和压花性好。

⑧印刷和复合适应性好。便于着色，很容易与纸、塑料等贴合。

⑨无毒。不易产生公害。

铝箔虽然具有上述优点，但铝箔由于本身强度低，耐撕裂性差，折叠时容易裂口，不耐酸碱介质，不能热黏合封口，因此很少单独使用。绝大多数铝箔是与塑料薄膜、纸张等材料经过复合加工，以复合材料的形式使用。这样既保持了铝箔的优良性能，又弥补了铝箔在某些包装性能方面的不足。复合状态用的铝箔厚度可降至0.007～0.009mm，含铝箔的复合材料比起无铝箔的复合材料，其阻隔性尤其是遮光性高，能满足真空、无菌、充氮等包装技术的要求，是一种适应性强、使用范围广的新型包装材料，既可用于软包装材料，又可用于半硬和硬包装材料。现已广泛用于食品包装，并已取代部分金属罐。例如，为了节能和防止废弃瓶罐所造成的公害，过去的镀锡铁皮罐和玻璃瓶饮料容器已被大量使用的立式铝箔袋（果汁）和纸包装容器（内贴铝箔）等取代。

（二）铝箔复合薄膜

铝箔复合薄膜属软包装材料，是由铝箔与塑料薄膜或薄纸复合而成。常用的塑料薄膜有聚乙烯、聚丙烯、聚对苯二甲酸乙二醇酯（聚酯）、聚偏二氯乙烯、尼龙等。铝箔的厚度多为0.007～0.009mm或0.012～0.015mm，复合后已有足够的隔绝作用。据统计，铝箔复合薄膜70%用于食品包装，17%用于香烟包装，13%用于药品、洗涤剂和化妆品包装等。具体应用情况如表7－11所示。

表7－11　铝箔复合薄膜应用情况

结　构	用　途	铝箔厚度/μm
铝箔/浆糊/薄纸	香烟包装	9
铝箔/石蜡/薄纸	水果糖包装	7
铝箔/浆糊/羊皮纸	黄油、人造奶油包装	8～9
玻璃纸/浆糊/铝箔	糖果包装	7～9
铝箔/浆糊/纸/聚乙烯	洗发粉、粉状食品包装	8
铝箔/聚乙烯	巧克力、药品包装	20
玻璃纸/聚乙烯/铝箔/聚乙烯	药品、粉末状食品包装	7～9
玻璃纸/聚乙烯/铝箔/纸/聚乙烯	茶叶包装	7～9
纸/聚乙烯/铝箔/聚乙烯	汤、羊羹包装	7～9

铝箔复合薄膜的一个有代表性的应用是制成软质容器——蒸煮袋（称软罐头），它的出现被认为是自150年前出现的金属罐头以来最重大的包装突破。目前较通用的蒸煮袋，其一般结构是：PET薄膜/铝箔/改性PP或高密度PE薄膜。PET薄膜在最外一层（或用尼龙薄膜），提供了极好的韧性、耐用性；中间一层铝箔则是最经济的防潮、阻氧、阻光、防微生物的材料，也是保持蒸煮袋稳定货架寿命的关键；内层的聚烯烃则有极好的热封性和卫生性。因此蒸煮袋具有质量轻、耗能小，不需要冷藏，运输携带和使用方便的优点，是一种很有前途的包装。目前已取代了部分金属和玻璃罐头、冷冻食品。

铝箔复合薄膜还可用做商标材料，装潢效果良好。

（三）铝箔复合容器

铝箔复合材料还可用于制作半硬质和硬质容器，主要制品为复合罐。这是国外流行的一种新型半硬质或硬质包装形式，是金属、玻璃和塑料容器的良好代用品。

复合罐的形状与普通金属罐一样，有圆柱形、椭圆形、方形、六角形等。罐的结构由罐身、罐盖与罐底三部分组成，各有不同材料制成。罐身一般为三层结构，里层为涂有聚偏二氯乙烯的铝箔，中层为塑料复合薄膜，外层为单层或多层纸板卷绕而成。铝箔的厚度一般较大，常用的厚度为30～40μm，最大可达150μm，根据容器大小而定，容器较小则铝箔也较薄。罐底、盖可用马口铁、铝合金、塑料和复合纸板制成并可采用易开罐盖结构，复合的密封隔绝性好，可用于无菌包装、真空包装或奶粉、食用油以及机械油、清洁剂等，食品的货架寿命在一年以上。由于复合罐包装经济、轻便，易于装潢，用后易处理，因此是一种特别受欢迎的容器，欧美各国目前都在包装行业中大力推广，年销售量达几十亿只。

四、镀铝薄膜

（一）镀铝薄膜的性能、种类和应用

镀金属薄膜是一种新型复合软包装材料，其中镀铝薄膜是应用最多的一种。此外还可镀 Au、Ag、Cu、Zn 等。采用特殊工艺在塑料薄膜或纸张表面（单面或双面）镀上一层极薄的金属铝，即成为镀铝薄膜。由于镀铝层较脆弱，容易破损，故一般在其上再复合一层保护用塑料膜如聚乙烯、聚酯、尼龙等。镀铝层厚度约 30nm，比铝箔还薄。镀铝薄膜有许多与铝箔复合材料相同的优良性能：①阻隔性优良，货架寿命长，适用于食品、药品等的包装；②具有金属光泽，光反射率可达 97%，使商品增添华贵高档感，提高销售价值；③镀铝层导电性能好，能消除静电，因此封口性好，尤其包装粉末状产品时不会污染封口部位，保证了包装的密封性，大大减少了渗漏；④镀铝层厚度可任意选择；⑤易于印刷加工。此外，镀铝薄膜还有优于铝箔复合材料之处：①具有优良的耐折性和良好的韧性，很少出现针状孔的裂口，无柔曲龟裂现象，因此隔氧性也更为优越，这对包装敏感和易失风味食品，以及保持外观美是重要的；②镀铝层比铝箔薄得多，因此成本也较低。几种常见的镀铝薄膜在镀铝前后的阻隔性能对比如表 7－12 所示。

表 7－12　几种常见镀铝薄膜的镀铝前后阻隔性能

指标 \ 基材	聚酯	尼龙	低密度聚乙烯
厚度/μm	12	12.7	51
透湿度/[g·(m²·24h)⁻¹]	0.78（后）	3.1（后）	0.45（后）
	44.49（前）	310（前）	9.3（前）
透氧率/[cm³·(m²·24h)⁻¹]	1.24（后）	0.78（后）	34.57（后）
	124（前）	46.5（前）	427.65（前）

镀铝薄膜的基材（载体膜）是塑料膜和纸。最常见的塑料薄膜有聚酯（PET）、尼龙、双向拉伸聚丙烯、聚乙烯、聚氯乙烯等。前三种镀铝薄膜有极好的黏结力和光泽，是性能优良的镀铝复合材料。镀铝聚乙烯薄膜则因价格低、装潢性好而受到欢迎。镀铝聚丙烯薄膜还可制成易启封的封口，用于药品的易开包装。值得一提的还有镀铝基材，其优点是首先是成本比塑料膜低，它和铝箔/纸复合材料比较，既更薄而又价廉，性能也可媲美。而它的加工性能则较铝箔/纸好得多，例如，模切标签时利落整齐，印刷中不易产生卷曲，不留下折痕，因此，大量取代铝箔纸而成为新型商标标签及装潢材料。

鉴于以上种种优点，镀铝薄膜是一种既成功又经济的新型复合包装材料。近十年来，在欧美等国逐渐推广，已在不少产品上取代了铝箔复合材料（例如在香烟包装方面，镀铝纸正在逐步取代铝箔纸）。镀铝薄膜主要用于食品如快餐、点心、肉类、农产品等的真空包装，以及香烟、药品、酒类、化妆品等的包装以及商标材料。

（二）镀铝层厚度与阻隔性能的关系

镀铝薄膜的阻隔性能与所镀的金属铝量成正比，即镀铝量越多越厚、隔绝性能越好。此外，隔绝性还与基材有关，并要求在复合工艺过程中铝层的擦损情况减少到最低限度。镀铝量多少可以通过测量铝层的厚度或电阻率，或者镀铝薄膜的光密度来表示。国外有关资料把镀铝薄膜分为薄型和厚型两种，光密度小于2.0的属于薄型，光密度大于2.5的属于厚型。薄型一般用来包装货架寿命少于30天的食品，厚型用于包装吸潮食品，调味品及其他敏感食品。例如用0.012mm厚度的聚酯薄膜单面镀铝，光密度大于2.5，镀金属的一面与0.05mm厚的低密度聚乙烯膜复合，这种包装材料具有较稳定的小于0.83cm^3/（m^2·24h）的透氧率和小于0.8g/（m^2·24h）的透湿率和良好的不透光性，可使货架寿命达一年之久而无须使用防氧食品添加剂。镀铝薄膜的光密度与透湿率、透氧率、可见光透过率、紫外线透过率的关系曲线如图7－9、图7－10、图7－11、图7－12所示。

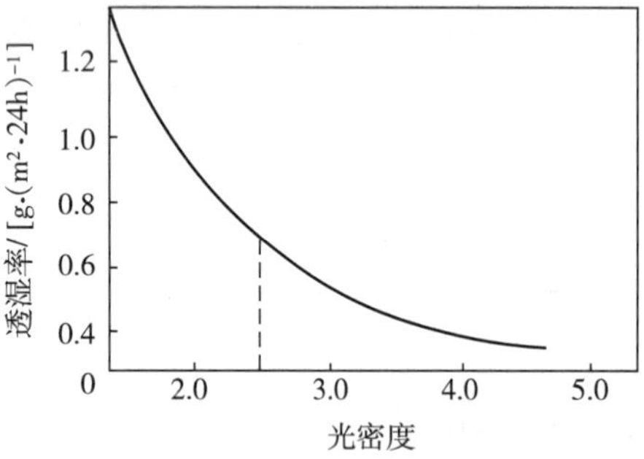

图7－9　镀铝薄膜透湿度与光密度的关系

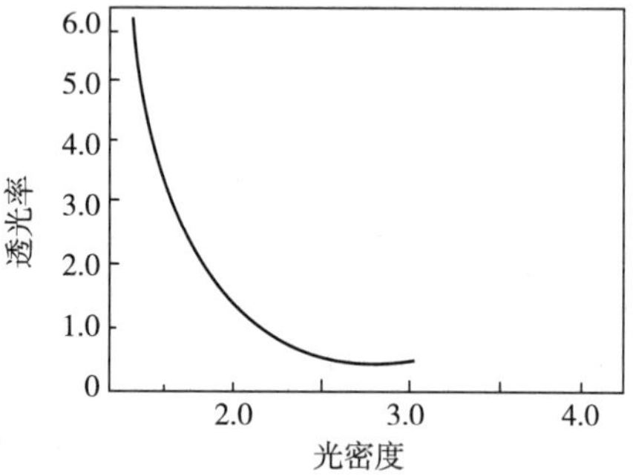

图7－10　镀铝薄膜可见光透过率与光密度的关系

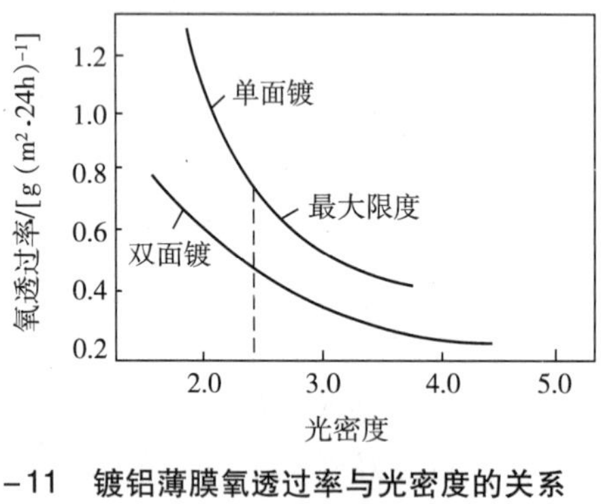

图7－11　镀铝薄膜氧透过率与光密度的关系

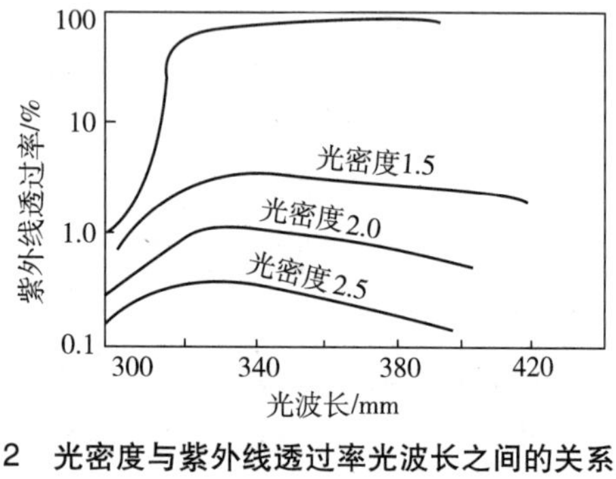

图7－12　光密度与紫外线透过率光波长之间的关系

由图7－9、图7－10、图7－11、图7－12可见，随着光密度即镀铝层厚度的增大，各种透过率便显著下降，光密度大于2.5的镀铝薄膜，即具有优良的阻隔性。

（三）真空镀膜法简介

镀铝薄膜的工艺是在真空中进行的，即真空镀膜法，使用的机器叫真空镀膜机。其具体工艺是：先用真空泵把镀室抽成真空，压力仅是大气压的万分之一，同时加热坩埚使铝丝熔化，并蒸发成气态。当这种蒸气在移动着的塑料薄膜表面凝固后，就沉积成一层均匀的铝膜。这就是所谓真空蒸（发）镀法，是最常用的方法。此外还有真空室溅射镀和真空离子镀。镀膜的隔绝性与镀铝量成正比，因此生产过程中需要以一定的仪器对镀铝量进行控制和监测。镀铝量的多少主要决定于金属蒸发的速度、薄膜基材的移动速度、以及镀室的真空度。其中后两者的控制容易实现，因此关键是控制金属的蒸发速度 V。

$$V = 5.85 \times 10^{-2} p_s \, (M_d / T)^{\frac{1}{2}}$$

式中　M_d——金属的摩尔数；

T——加热温度，K；

p_s——金属在 T 时的饱和蒸气压。

由上式可知，当所镀金属（M_d）确定后，只要通过控制加热功率来控制加热温度，即可满足对 V 的要求。例如铝的熔点是650℃，镀铝时加热到1300℃的饱和蒸气压 $p_s = 10^{-2}$MPa，因此可计算出蒸发速度 $V \approx 10^{-3}$g/(cm^2 · s)。一般来说，V 宜在$10^{-5} \sim 10^{-3}$g/（cm^2 · s)，所得铝膜厚度约为25.4nm。为了提高经济效益，薄膜基材应尽可能宽，现已达2m，因此需要设置数个坩埚加热，以保证所需的蒸发速率。

至于镀铝纸，并非所有纸都可以镀铝，还必须考虑到纸的湿度（含水量）以及挥发成分和粗糙表面。因此在往包装纸上镀铝时，设备中还须采用干燥系统去除纸中的大部分水分，才能实现快速镀铝。

总之，由于镀铝薄膜有较为全面的保护功能，良好的加工性和具有宣传魅力的装潢效果，在近十年以来，已成为发展迅速、工艺技术日益成熟、生产能力和产品品种不断增加的新型复合包装材料。

思考题

1. 解释下列名词：
调质度、基箱。
2. 金属材料包装具有哪些性能特点？
3. 钢质材料包装主要有哪几种？包装用料有哪几种？各有什么特点？
4. 包装用低碳薄钢板有哪些性能？其用途是什么？
5. 镀锌薄钢板的质量要求及用途有哪些？
6. 马口铁的组织性能、主要技术标准用途是什么？
7. 简述包装用铝板的生产过程及制品类型。
8. 铝箔作为包装材料有何特点？铝箔的机械性能、透湿量与厚度间有何关系？
9. 铝箔复合薄膜的特点、种类及用途有哪些？
10. 简述镀铝薄膜的性能、种类及用途。

第八章 陶瓷玻璃包装材料

第一节 陶瓷材料概述

一、概述

陶瓷材料（主要由 Al_2O_3 和 SiO_2 组成）由于硬度高，对高温、水和其他化学介质腐蚀有抗力以及特殊的光学和电学性能，在包装领域中得到广泛的应用。由黏土制成的陶瓷产品是历史上人类制造和使用的最早物品之一。早在氏族社会，人类就已经把黏土制成的罐，经过烧结以后作为盛装食物和水的容器。在整个人类历史时期，甚至在今天，陶瓷作为包装容器，仍然在包装领域中占有相当的比例。

传统概念上的陶瓷是指陶器和瓷器。陶瓷广义的概念指硅酸盐类制品或窑业产品，包括水泥、玻璃、陶瓷、耐火材料、砖瓦等。近代发展的新型陶瓷，所用原料、生产方法等已超出硅酸盐制品的范畴，如氮化物、硼化物等。现代用的陶瓷包装容器主要指传统陶瓷，是以黏土为主要原料，加水制成泥料，经成型→干燥→脱模→干燥→修坯→素烧→施釉→清理→检验等工序制成。之所以作为包装容器已有数千年历史，至今人们还大量使用，是因为有许多优良的特性。

二、陶瓷材料的性能

陶瓷的性能受许多因素的影响，波动范围很大，但还是存在一些共同的特性。

（一）陶瓷材料的机械性能

1. 刚度

刚度由弹性模量衡量，弹性模量反映结合键的强度，具有强化学键的陶瓷都有很高的弹性模量（表 8－1），比金属高若干倍，比高聚物高 2～4 个数量级。几种典型陶瓷的弹性模量如表 8－2 所示。

表 8－1　各种常见材料的弹性模量和硬度

材　料	弹性模量/MPa	硬度（Hv）	材　料	弹性模量/MPa	硬度（Hv）
橡胶	6.9	很低	钢	207000	300～800
塑料	1380	17	氧化铝	400000	1500
镁合金	41300	30～40	金刚石	1171000	6000～10000
铝合金	72300	170			

弹性模量对晶粒大小和晶体形态不敏感，但受气孔率的影响很大。气孔降低材料的弹性模量，温度的升高也使其降低。

表 8－2　几种典型陶瓷的弹性模量和强度

陶　瓷	弹性模量/MPa	硬度（Hv）
滑石瓷	69×10^3	138
莫来石瓷	69×10^3	69
氧化硅玻璃	72.4×10^3	107
氧化铝瓷（90%～95% Al_2O_3）	365.5×10^3	345
烧结氧化铝（≤5%气孔率）	365.5×10^3	207～345
烧结尖晶石（≤5%气孔率）	273.9×10^3	90
烧结硅化钼（≤5%气孔率）	406.9×10^3	690
热压碳化硼（≤5%气孔率）	289.7×10^3	345

2. 硬度

和刚度一样，硬度也决定于键的强度，所以陶瓷也具有很高的硬度。这是它的最大特点。例如，陶瓷的硬度（Hv）多为 1000～5000，淬火钢硬度（Hv）约为 500～800，高聚物最硬不超过硬度（Hv）20（表 8－1）。

陶瓷的硬度随温度的升高而降低，但在高温下仍有较高的硬度。

3. 强度

按照理论计算，陶瓷的强度应该很高，约为$\frac{E}{10}\sim\frac{E}{5}$，但实际上一般只为$\frac{E}{1000}\sim\frac{E}{100}$，甚至更低。例如，玻璃的强度约为 70MPa，高铝瓷的强度约为 350MPa，均约为其弹性模量的千分之一的数量级。表 8－2 中给出了一些典型数据。

陶瓷的实际强度受致密度、杂质和各种缺陷的影响很大。热压氮化硅陶瓷，在致密度增大、气孔率近于零时，其强度可接近理论值；刚玉陶瓷纤维，如果减少了缺陷，强度可提高 1～2 个数量级；而微晶刚玉由于组织细化，强度比一般刚玉高许多倍。

陶瓷对应力状态特别敏感，同时强度具有统计性质，与受力的体积或表面有关。它的抗拉强度很低，抗弯强度较高，而抗压强度非常高，一般比抗拉强度高一个数量级。

4. 塑性、韧性或脆性

陶瓷在室温下几乎没有塑性。陶瓷塑性开始的温度约为 $0.5T_m$（T_m 为熔点）。例如 Al_2O_3 为 1237℃，SiO_2 为 1038℃。由于开始塑性变形的温度很高，所以陶瓷都具有较高的高温强度。

陶瓷常温下受到拉伸力或冲击力作用时，未发生塑性变形就断裂，因此韧性低或脆性高。脆性是陶瓷的最大弱点，是其广泛应用的主要阻碍，也是当前被研究的重要课题。为了改善陶瓷的韧性，可以从以下几个方面去努力：第一，预防在陶瓷中特别是表面上产生缺陷；第二，在陶瓷表面造成压应力；第三，消除陶瓷表面的微裂纹。目前，在这些方面已取得了一定的成果。例如，在表面加预压应力，能降低工作中承受的拉应力，从而可做成“不碎”的陶瓷。

（二）陶瓷的物理和化学性能

1. 热膨胀

热膨胀是温度升高时物质的原子振动振幅增大，原子间距增大所导致的体积胀大现象。热膨胀系数的大小与晶体结构和结合键强度密切相关。键强度高的材料热膨胀系数低；结构较紧密的材料的热膨胀系数大，所以陶瓷的线性膨胀系数［$\alpha=(7\sim300)\times10^{-7}$/℃］比高聚物［$\alpha=(5\sim15)\times10^{-5}$/℃］低，比金属［$\alpha=(15\sim150)\times10^{-5}$/℃］低得多。

2. 导热性

导热性为在一定温度梯度作用下热量在固体中的传导速率。陶瓷的热传导主要依靠于原子的热振动。由于没有自由电子的传热作用，陶瓷的导热性比金属小，受其组成和结构的影响，导热系数 λ 为 $10^{-2}\sim10^{-5}$W/（m·K）。陶瓷中的气孔对传热不利，所以陶瓷多为较好的绝热材料。

3. 热稳定性

热稳定性就是抗热振性，为陶瓷在不同温度范围波动时的寿命，一般用急冷到水中不破裂所能承受的最高温度来表征。例如，日用陶瓷的热稳定性为 220℃。它与材料的线膨胀系数和导热性等有关。线膨胀系数大和导热性低的材料的热稳定性不高，所以陶瓷的热稳定性很低，比金属低得多。这是陶瓷的另一个主要缺点。

4. 化学稳定性

由于陶瓷的结构非常稳定，因此陶瓷对酸、碱、盐等腐蚀性很强的介质均有较强的抗蚀能力。

由以上讨论可知，陶瓷性能的特点是：具有高耐热性、高化学稳定性、高耐老化性、高硬度和良好的抗压能力，但脆性很高，温度急变抗力很低，抗拉、抗弯性能差。

第二节　黏土和黏土制品

一、黏土的成分

由于黏土容易成型，故黏土制品的应用极为普遍。黏土是一种土状的含水铝硅酸盐矿物，常含有铁的氧化物等杂质。其主要成分为 Al_2O_3、SiO_2 和水。其熔点很高，分别为 2050℃和 1728℃。由于大部分黏土中还有其他成分，使得黏土在约 900℃温度范围内将发生某些融合。黏土制品的性能与黏土的成分、原材料颗粒的大小、形状和尺寸分布有密切关系。不同成分的黏土可以制造许多制品，如陶器、粗陶器和瓷器。

瓷器是最纯的黏土制品，一般由 Al_2O_3 和 SiO_2 组成。其成分范围在 SiO_2 和高铝红柱石（$Al_2O_3 \cdot 2SiO_2$）之间，即含有 Al_2O_3 大约20%～50%。为了调整熔点，还加入一些如碱金属氧化物那样的其他物质。

陶器和粗陶器也是黏土制品，它们并不是很纯的，而且烧成温度较低。陶器制品在成分上并不严格控制，在低温烧成，并有很多孔洞。粗陶器在较高的温度烧成，密度也较大。

二、黏土制品的制造

制造黏土制品时，要添加水以便使黏土具有可塑性。当其表面覆盖了水分子时，鳞片状黏土颗粒可以比较自由地彼此运动，并力求彼此平行地排列起来。水分布在粒子之间的间隙处和粒子表面的空洞处。必须给予足够的水，以防止混合物变弱和易碎。这一最少量的水，就是所谓塑性极限，可以加入稍多于这个限度的水，当加入的水达到了上限，即所谓水限后，更多的水则将使黏土变湿、变稀、变黏。黏土所需水的精确数量，在很大程度上取决于黏土的类型和黏土颗粒的表面状态。此外，还向黏土加入一些添加剂，使黏土在制造或使用时具有某些特殊性能。

黏土成型后，还要干燥和烧成。在干燥时，间隙处的水分蒸发了，干燥的黏土强度比湿的黏土要大一些。干燥速率很重要。如干燥过快，则干燥时的正常收缩将会引起制品的开裂。所以必须控制从表面排出水的速率，使它大致与水通过间隙扩散到表面的速率相等。在干燥以后要进行烧成，烧成分为以下四个阶段：

（1）低温阶段（室温～300℃）。此阶段是进一步排除坯土中的残余水分。

（2）分解及氧化阶段（300～950℃）。此阶段是排除黏土等矿物中化合水（约600℃）；有机物、碳素和无机物等的氧化；碳酸盐、硫化物等的分解，通过分解与氧化反应，就可以除掉黏土中的各种有机和无机杂质。

（3）高温阶段（900℃～烧成阶段）。上述氧化、分解反应继续进行。在900℃时开始了制品的融合或玻璃化。当温度增加到900～1400℃，玻璃化可以进行得相当完全，但实际上很少这样做，这是因为完全融合的黏土制品，虽然强度大，但在生产过程中容易在高温下变软和塌陷。一般黏土制品仅仅部分融合，因而在玻璃基体中还有没反应的 Al_2O_3 和 SiO_2 颗粒。当要求无孔洞的上釉的表面时，还要在经过焙烧以后的制品上，涂以低熔点陶瓷成分的表面涂层，随后在高温烧成时，使上釉材料变为完全的液体，冷却后成为一层坚固的玻璃。

（4）冷却阶段（烧成温度～室温）。陶器通常在800～900℃之间烧成。粗陶瓷和瓷器要求更高的玻璃化，特别是瓷器，薄断面时接近完全的玻璃化。

三、传统陶瓷

传统陶瓷为黏土－长石－石英所组成。长石是由 $R_2O \cdot Al_2O_3 \cdot 6SiO_2$ 组成，分为钾长石（$K_2O \cdot Al_2O_3 \cdot 6SiO_2$）、钠长石（$Na_2O \cdot Al_2O_3 \cdot 6SiO_2$）和钙长石（$CaO \cdot Al_2O_3 \cdot 6SiO_2$）等。石英（$SiO_2$）主要来自石英砂。石英砂的主要成分是石英（$SiO_2$），高质量的石英砂中石英的含量在99.8%以上。其他为 Al_2O_3、TiO_2、CaO、MgO、Fe_2O_3、Na_2O、K_2O 等杂质。改变传统陶瓷组成的配比，控制组成中的杂质和助熔剂，以及细度和致密度，可以获得不同特性的陶瓷。

传统陶瓷一般要求良好的白度、光泽度、热稳定性和机械强度，主要为瓷器。按采用的瓷质分为长石质瓷、绢云母（$K_2O \cdot 3Al_2O_3 \cdot 6SiO_2$）质瓷、骨灰［磷石灰，含大量$Ca_3(PO_4)_2$］质瓷和日用滑石（$3MgO \cdot 4SiO_2 \cdot H_2O$）质瓷四种类型。长石质瓷是目前国内外普遍采用的，可作日用瓷器及一般工业瓷制品；绢云母质瓷是我国的传统日用瓷；骨灰质瓷是较少用的高级日用瓷；日用滑石质瓷是近年来我国创造的一类新型日用瓷。这四种日用陶瓷的配料、性能特点及应用如表8－3所示。

表8－3　四类日用陶瓷的配料、性能特点和应用

日用陶瓷的类型	原料配比/%	烧成温度/℃	性能特点	主要应用
长石陶瓷	长石20～30 石英25～35 黏土40～50	1250～1350	瓷质洁白、半透明、不透气、吸水率低、坚硬强度高、化学稳定性好	餐具、茶具、陈设陶瓷器、装饰美术瓷器、一般工业制品
绢云母质瓷	绢云母30～50 高岭土30～50 石英15～25 其他矿物质5～10	1250～1450	同长石质瓷，但透明度、外观色调较好	餐具、茶具、工艺美术品
骨灰质瓷	骨灰20～60 长石8～22 高岭土24～45 石英9～20	1220～1250	白度高、透明度好、瓷质软、光泽柔和但较脆，热稳定性差	高级餐具、茶具、高级工艺美术瓷器
日用滑石质瓷	滑石约73 长石约12 高岭土约11 黏土约4	1300～1400	良好的透明度、热稳定性能，较高的强度和良好的导电性	高级日用器皿，一般电工陶瓷

普通工业陶瓷主要为炻器（陶器与瓷器之间的陶瓷）及精陶。对于化学化工瓷主要要求耐各种化学介质的能力强，因此加入MgO、ZnO、BaO、Cr_2O_3等氧化物，以提高强度和耐碱能力；加入Al_2O_3、ZrO_2等提高强度和热稳定性；加入滑石或镁砂降低热膨胀系数；还可加入SiC来提高导热性和强度。化学瓷和化工瓷是化学、化工、制药、食品等工业和实验室中的重要材料，用于制作试验器皿、食品及医药包装容器、耐蚀容器、管道等。

第三节　玻璃制品

一、玻璃的化学组成

所谓玻璃的化学组成，是指该玻璃由何种氧化物和其他辅助原料所组成。玻璃的组成是决定玻璃物理化学性质和生产工艺的主要因素，所以经常借助调整玻璃的组成，来改变玻璃的性质，使之适应生产工艺条件和满足制品的使用要求。

玻璃在包装工业中，主要用于制成玻璃瓶罐。其原料分为主要原料和辅助原料两大类。主要原料是引入各种组成氧化物的原料，如石英砂、长石、石灰石、白云石、纯碱等；辅助原料是使玻璃获得某些必要性质和加速熔制过程的原料，它们的用量较少，但它

们的作用是重要的，如白砒、三氧化锑、硝酸钠、芒硝、莹石、炭粉、食盐、着色剂、脱色剂等。碎玻璃也作为一种原料。

（一）玻璃的组成氧化物及主要原料

按玻璃组成氧化物在玻璃结构中的作用，可分为玻璃形成氧化物、中间体氧化物和网络外体氧化物三大类。

1. 玻璃形成氧化物

玻璃形成氧化物为二氧化硅（SiO_2）和氧化硼（B_2O_3）。单独的二氧化硅可以形成石英玻璃。在一般玻璃中，二氧化硅以硅氧四面体结构单元形成结构网络，如图8－1和图8－2所示。

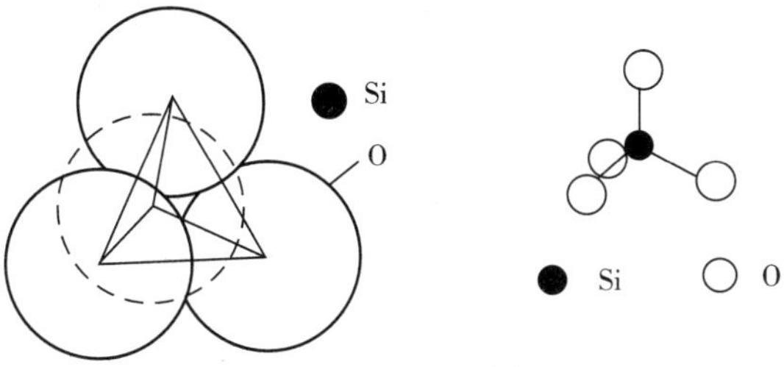

(a)示意图　　(b)硅氧四面体模型的照片

图8－1　硅氧四面体

浅色圆点原子表示未被其他离子或分子连接的不饱和氧

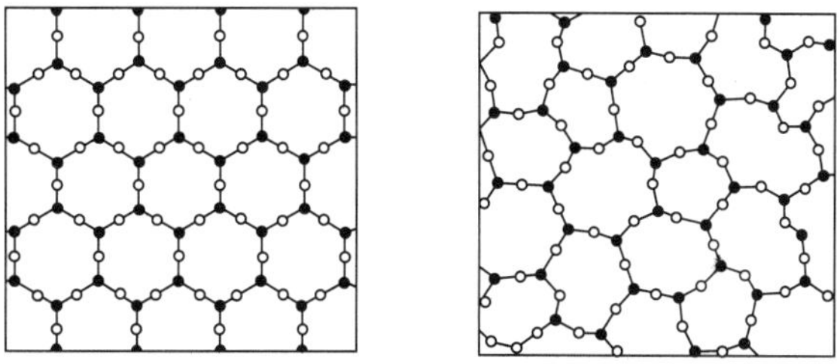

(a)晶体　　(b)低序玻璃结构

图8－2　二氧化硅二维网络结构示意图

二氧化硅能降低玻璃的热膨胀系数、密度，提高玻璃的热稳定性、化学稳定性、黏度、机械强度等；但含量高，需要较高的熔融温度。一般瓶罐玻璃二氧化硅含量约为73%。

氧化硼也可以单独形成玻璃，它以硼氧三角体（BO_3）和硼氧四面体（BO_4）为结构单元。在硼硅酸盐玻璃中与硅氧四面体共同组成结构网络。氧化硼能降低玻璃的热膨胀系数，提高玻璃的化学稳定性和热稳定性，改善玻璃的光泽、提高玻璃的机械强度。氧化硼在高温时，降低玻璃的黏度，在低温下则增加玻璃的黏度。少量的氧化硼有助熔作用，加速玻璃的澄清，降低玻璃的结晶能力。当氧化硼引入量高时，由于结构中（BO_3）量增多，玻璃的热膨胀系数等反而增大，发生反常现象。

2. 中间体氧化物

中间体氧化物自身不能形成玻璃，但可以连接二氧化硅（玻璃）链使其保持玻璃态（图8－3）。例如加入大量的氧化铅（最高达60%）能产生一种灿烂发光的装饰玻璃。中间体氧化物不但能变为玻璃网络结构的一部分，而且可改进结构内部的位置。中间体氧化物主要有氧化铝（Al_2O_3）、氧化铅（PbO）、氧化锌（ZnO）等。

当玻璃中游离氧多时，氧化铝、氧化铅和氧化锌分别形成铝氧四面体（AlO_4）和锌氧四面体（ZnO_4），与硅氧四面体组成连续的网络结构。当玻璃中游离氧少时，它们又分别形成铝氧八面体（AlO_6）和锌氧八面体（ZnO_6）居于网络之外。它们都能降低玻璃的热膨胀系数，提高玻璃的热稳定性、化学稳定性、机械强度和黏度，但用量不宜过多。

3. 网络外体氧化物——改性剂

这种氧化物不参加玻璃的结构网络，居于网络之外，但能促使玻璃网络破裂而改变玻璃的性质。因此有时也称网络外体氧化物，为玻璃改性剂（图 8－4）。如氧化锂（Li_2O）、氧化钠（Na_2O）、氧化钾（K_2O）、氧化镁（MgO）、氧化钙（CaO）、氧化钡（BaO）等。但网络外体氧化物只能加入有限的量。这样可以降低熔点和简化工艺。

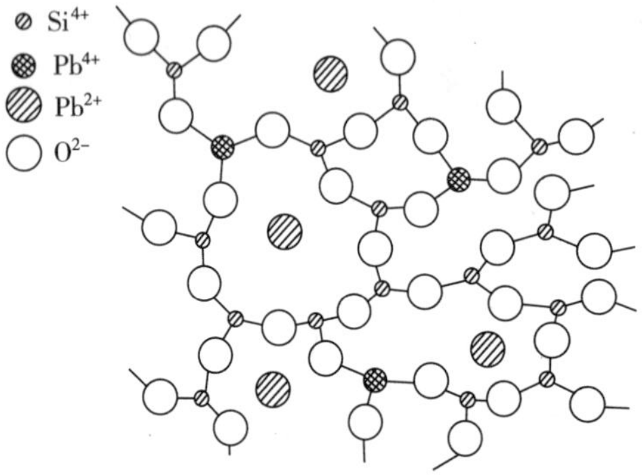

图 8－3　作为中间体氧化物的氧化铅，其离子既出现于网络上（如 Pb^{4+}），作为改性剂也出现于网络内部（如 Pb^{2+}）

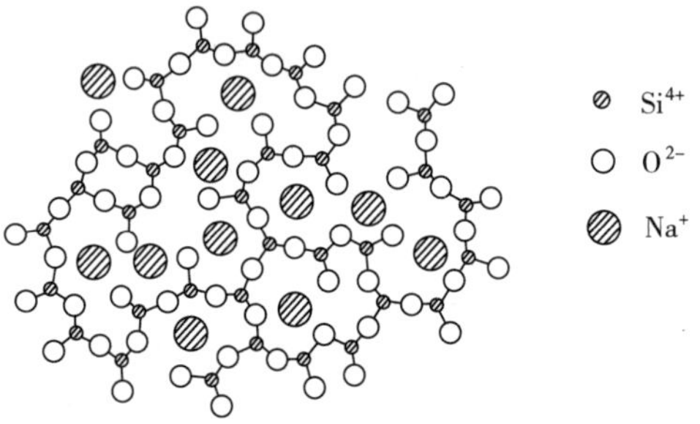

图 8－4　改性剂（Na^+）对二氧化硅玻璃网络结构的影响

表 8－4 列出了几种商业玻璃的成分。对于一般瓶罐，可选用 NaO－CaO－SiO_2 系统为基础的硅酸盐玻璃（钠钙玻璃）；对于医药用瓶（如盐水瓶、血浆瓶）和化工用品（酸瓶、试剂瓶），因为对玻璃化学稳定性要求较高，可选用硼硅酸盐玻璃，它是以 Na_2O－B_2O_3－SiO_2 为基础；对于高级化妆品用瓶，可采用含铅钡或锌的晶质玻璃。表 8－5 列出了几种瓶罐玻璃的组成。

表 8－4　商业玻璃的成分

玻璃类型	成分/%							
	SiO_2	Na_2O	K_2O	CaO	PbO	B_2O_3	Al_2O_3	MgO
钠钙玻璃	70～75	12～18	0～1	5～14	—	—	0.5～2.5	0～4
铅玻璃	53～68	5～10	1～10	0～6	15～40	—	0～2	—
硼硅酸盐玻璃	73～82	3～10	0.5～1	0～1	1～10	5～20	2～3	—
铅硅酸盐玻璃	57	1	—	5.5	—	4	20.5	12
高硅氧玻璃	96	—		—		3	—	—

表 8－5　几种瓶罐玻璃的组成

名称 \ 玻璃组成/%	SiO_2	Al_2O_3	B_2O_3	Fe_2O_3	CaO	MgO	BaO	ZnO	Na_2O	K_2O	Cr_2O_3	MnO_2
绿色啤酒瓶	68.0	3.6	—	0.51	8.5	2.3	1.0	—	15.7		0.07	0.09
棕色啤酒瓶	66.3	5.8	—	0.70	6.6	2.2	—	—	15.5		—	2.7
酒瓶	71.5	3.0	—	0.06	7.5	2.0	—	—	15.0		—	—
罐头瓶（淡青料）	69.0	4.5	—	0.27	9.0	2.5	0.6	—	15.0		—	—
汽水瓶	65.0	8.0	—	0.50	11.0	4.0	0.3	—	11.0		—	—
盐水瓶	74.5	4.5	2.4	—	5.8	—	—	—	12.8		—	—
试剂瓶	74.0	4.8	6.0	—	3.7	—	—	—	11.5		—	—
药用瓶（茶色）	71.0	4.0	—	0.30	7.5	2.0	0.1	—	15.2		—	—
文教用瓶	72.0	6.0	—	—	5.5	0.5	0.5	—	15.5		—	—
化妆用瓶	75.0	2.5	—	—	5.5	0.5	0.5	1.5	14.5		—	—
雪花膏用瓶	64.0	5.0	—	—	8.2	—	—	9.4 (F)	13.4		—	—
美国瓶罐玻璃	72.15	2.13	—	0.11	10.06	0.91	0.08	0.04 (SrO)	13.83	0.57	0.14 (SO_2)	—
日本无色瓶罐玻璃	72.1	1.80	—	0.10	5.60	4.20	0.30	—	15.6		—	—

4. 主要原料

因为玻璃是由各种氧化物所组成，因此玻璃的主要原料是引入各种组成氧化物的原料，如石英砂、长石、石灰石、白云石、纯碱等。并对这些原料有一定的质量要求。

（1）引入 SiO_2 的原料。有石英砂（硅砂）、砂岩、石英岩等。石英砂的主要成分是石英，它是由石英岩、长石等受气候变化与水和二氧化碳等作用风化生成的。其主要成分是 SiO_2，常含有 Al_2O_3、TiO_2、CaO、MgO、Fe_2O_3、Na_2O、K_2O 等杂质。高质量的石英砂 SiO_2 含量应在 99.8% 以上。Al_2O_3、CaO、MgO、Na_2O、K_2O 是玻璃组成氧化物，但其含量应当稳定，Fe_2O_3、TiO_2 等能使玻璃着色，降低玻璃的透明度，是有害杂质，应当控制含量。

（2）引入 B_2O_3 的原料。有硼砂（$Na_2B_4O_7 \cdot 10H_2O$）和硼酸（H_3BO_3）。对硼砂和硼酸的质量要求分别是：$B_2O_3 > 35\%$、$Fe_2O_3 < 0.01\%$、$SO_2 < 002\%$，$H_3BO_3 > 99\%$、$Fe_2O_3 < 0.01\%$、$SO_2 < 0.2\%$。

（3）其他氧化物原料的引入。从相应的盐类、碱类和天然石料中选择。例如，对引入 Al_2O_3 原料，可选用长石（$R_2O \cdot Al_2O_3 \cdot 6SiO_2$）、氧化铝（$Al_2O_3$）及氢氧化铝［$Al(OH)_3$］。

（二）辅助原料

为了使玻璃获得某些必要的性质和加速熔制过程，必须在玻璃的组成中加入某些辅助原料。例如，为了消除由于铁、铬等化合物对无色玻璃所造成的不希望的颜色，必须在玻璃的组成中加入脱色剂；为了促使和加速玻璃熔制过程，需要加入助熔剂等。这些辅助原料用量虽少，但它们的作用是非常重要的。这些辅助原料有：澄清剂、着色剂、脱色剂、助熔剂、乳浊剂、氧化还原剂及碎玻璃等。

1. 澄清剂

在玻璃配合料或熔体中加入，高温时本身能气化或分解放出气体，以促进玻璃中气泡排除的物质，称为澄清剂。瓶罐玻璃常用的澄清剂有白砒（As_2O_3）、三氧化二锑、硝酸盐、硫酸盐、萤石、氧化钠、氧化铈等。

2. 脱色剂

用以消除由于铁、铬等化合物对无色玻璃所造成的不希望的颜色的物质称为脱色剂。瓶罐玻璃中常用的有化学脱色剂和物理脱色剂两类。脱色剂的用量，随玻璃中铁化合物的含量而不同。化学脱色，主要是借助于脱色剂的氧化作用，使玻璃中着色能力大的氧化为着色能力小的，降低其着色强度。瓶罐玻璃中常用的化学脱色剂有：硝酸钠、白砒或三氧化二锑、氧化铈等。

物理脱色是向玻璃中加入少量着色剂，使 FeO、Fe_2O_3、Cr_2O_3 所产生的红色或黄绿色得到互补。瓶罐玻璃中常用的物理脱色剂是：硒、氧化钴、二氧化锰等。

3. 着色剂和乳浊剂

使玻璃着色的物质称为着色剂。瓶罐玻璃的着色剂主要有：二氧化锰、氧化铁、铬化合物、硫化合物等。

使玻璃产生不透明的乳白色的物质，称为乳浊剂。常用的乳浊剂为氟化合物，如冰晶石（$3NaF \cdot AlF_3$）。

4. 助熔剂和氧化还原剂

能促进和加速玻璃熔制过程的物质称为助熔剂。瓶罐玻璃中常用的助熔剂有：氟化合物（萤石）、硝酸钠、硫酸盐等。

在玻璃熔制时，能进行分解放出氧的原料称为氧化剂，反之能夺取氧的原料称为还原剂。瓶罐玻璃中，常用的氧化剂有硝酸盐、硫酸盐、白砒等；还原剂主要为炭粉（煤粉、焦炭粉等）。

5. 碎玻璃

在玻璃工业中，常把碎玻璃作为一种原料进行重熔。采用碎玻璃，不但可以废物利用，节省原料、降低玻璃熔制的热量消耗，而且可以促进玻璃的熔制过程，提高质量，增加产量，碎玻璃已成为玻璃生产中不可缺少的原料。

（三）玻璃原料的质量要求

对于玻璃原料的质量要求，一般从下面四个方面来控制。

（1）纯度。原料的化学成分，应当符合要求，所含有的有害杂质，如 FeO、Fe_2O_3、Cr_2O_3、TiO_2 等要求尽量少，无害杂质如 SiO_2、Al_2O_3、CaO、MgO、Na_2O、K_2O 等，也要求含量稳定。一般采用化学分析对其纯度进行控制。

（2）颗粒组成。原料的颗粒度大小及其比例，对于玻璃的熔制和质量都很重要，各种原料对颗粒组成的要求不同，一般采用筛分析进行控制。

（3）矿物组成。原料中不希望含有重矿物及难熔的矿物，一般借助于偏光显微镜、X 射线仪及差热分析等方法进行检验。

（4）水分。原料所含水分各有一定的规定，而且要求稳定。

二、玻璃的性能

因为玻璃具有一些独特的性能，所以是一种非常重要的包装材料。其主要性能有化学稳定性、强度、硬度、不渗透性、光学性质、热性能等。

1. 化学稳定性

玻璃具有较高的化学稳定性，只有氢氟酸除外，其他酸都不能使玻璃发生腐蚀。玻璃对碱抗力较差。高温受热，水也可以侵蚀玻璃，加压可使腐蚀加剧。如硅酸盐类玻璃长期受水汽作用，能水解生成碱和硅酸。

$$Na_2O \cdot 2SiO_2 + (n+1)\ H_2O \rightarrow 2NaOH + 2SiO_2 \cdot nH_2O$$

玻璃中氧化物耐水侵蚀的顺序为：

$$ZrO > Al_2O_3 > SnO > ZnO > PbO > MgO > CaO > Li_2O > K_2O > Na_2O$$

2. 强度和硬度

玻璃的强度决定于化学组成、制品形状、表面性质和加工方法。玻璃的理论强度很高，约为10000MPa，而实际强度为理论强度的1%以下。这是因为玻璃制品内存在未熔夹杂物、结石、节瘤或表面具有微细裂纹，造成应力集中，从而急剧降低其机械强度。

抗拉强度是决定玻璃品质的主要指标，通常为抗压强度的1/15～1/14，约40～120MPa。

玻璃的硬度取决于其组成成分。玻璃的硬度比较大，用普通的刀、锯等不能切割。各种氧化物对硬度的影响是：

$$SiO_2 > B_2O_3 > (MgO、ZnO、BaO) > Al_2O_3 > Fe_2O_3 > K_2O > Na_2O > PbO$$

3. 不渗透性

对于所有的气体、溶液或溶剂，玻璃是完全不渗透的。经常把玻璃作为气体的理想包装材料。玻璃作为包装容器，其气密性能是无与伦比的。

4. 玻璃的热性能

玻璃的导热性很小，导热系数一般为0.004～0.012J/(cm·s·℃)。所以一般玻璃不耐温度急剧变化。玻璃的热膨胀系数较小，一般在$5.8 \times 10^{-7} \sim 150 \times 10^{-7}$之间。玻璃的热膨胀性决定于化学组成及其纯度，纯度越高热膨胀系数越小。

玻璃的热稳定性决定玻璃在温度急剧变化时抵抗破裂的能力。玻璃的热膨胀系数越小，热稳定性越高。热稳定性还与导热系数的平方根成正比。凡玻璃制品越厚、体积越大、热稳定性也越差。由于制品的热胀冷缩，其内部会产生压、拉应力，所以玻璃制品抵抗温度急剧上升的热稳定性比急剧下降时大。玻璃常含有游离的SiO_2，具有残余膨胀的性质，会影响制品的热稳定性。因此须用热处理的方法加以消除，以提高制品的热稳定性。

5. 玻璃的光学性质

玻璃既能透过光线，还有反射光线和吸收光线的能力，所以厚玻璃和重叠多层的玻璃，往往是不易透光的。

玻璃对光线的吸收能力随着化学组成和颜色而异。无色玻璃可透过各种颜色的光线。各种颜色的玻璃能透过同色光线而吸收其他颜色的光线。

三、玻璃的熔制过程及瓶罐的制造

（一）玻璃的熔制过程

玻璃的熔制工艺是玻璃生产过程中最为关键的一环，其目的是将配合料经过高温加热形成均匀的、无气泡（把气泡、条纹和结石缺陷减少到容许限度），并符合成型要求的玻璃液。玻璃熔制是一个非常复杂的过程，它包括一系列的物理的、化学的变化和反应。通过这些变化和反应，使均匀混合的配料形成复杂的熔融物即玻璃液。

玻璃的熔制过程，大致分为五个阶段：硅酸盐形成、玻璃形成、澄清、均化和冷却。

（1）硅酸盐形成。硅酸盐的形成反应在很大程度上是固体状态下进行的，配料中的各组分在加热中经过一系列的物理和化学变化，结束了主要的固相反应，大部分气态产物逸散，到这一阶段结束时，配合料变成了由硅酸盐和 SiO_2 组成的不透明烧结物。对于普通的硅酸盐玻璃，这一阶段约在 800～900℃时基本结束。

（2）玻璃的组成。烧结物继续加热时即开始熔融。易熔的低共熔混合物首先开始熔化，原先形成的硅酸盐与 SiO_2 相互扩散与溶解。这一阶段结束时，烧结物变成了透明体，再没有未起反应的配合料颗粒。但此时的玻璃带有大量的气泡、条纹，在玻璃液的化学成分上是不均匀的。对于普通的瓶罐玻璃——钠钙玻璃而言，此阶段于 1200℃左右结束。

（3）玻璃液的澄清。玻璃液继续加热，其黏度进一步降低，并放出玻璃中的气体，直到可见气泡基本排除。对通常的钠钙玻璃而言，其澄清温度为 1400～1500℃，黏度为 1Pa · s。

（4）玻璃液的均化。当玻璃液长时间地处于高温下，其化学组成就逐渐趋向均化。玻璃液中的条纹由于扩散、溶解而消除。熔制普通玻璃时，均化在低于澄清的温度下完成。

（5）玻璃液的冷却。将以澄清和均化的玻璃液降温，使玻璃液具有成型所需的黏度，在冷却阶段中，以不损坏玻璃的质量为前提。

玻璃熔制过程中的五个阶段，互不相同，各有特点，但又彼此相互密切联系和相互影响。在实际熔制中，常常是同时进行或交错进行的。熔制的五个阶段，在窑炉中是在不同空间，同一时间内进行的。在坩埚炉中是在同一空间不同时间内进行。

（二）玻璃瓶罐的制造

玻璃瓶罐的成型，是熔融的玻璃液在一定的温度范围内转变成为具有固定几何形状的瓶罐制品的过程。成型时，玻璃液以黏性液态转变成为可塑态，最后转变成为脆性固态。这种过程受到传热过程的制约，与玻璃本身及其周围介质的热物理性质，即比热、导热率、透热性、传热系数等有关。

玻璃瓶罐的成型过程可分为两个阶段：第一阶段为成型阶段，它赋予制品以一定的几何形状；第二阶段为定型阶段，把制品的形状固定下来。这两个阶段是连续进行的，第二阶段是第一阶段的延续。影响成型的主要因素是玻璃的流变性，即黏度、表面张力、可塑性、弹性以及这些性质的温度变化特征；而决定玻璃定型的因素是玻璃的热性质以及在周围介质影响下的玻璃硬化速度。

玻璃瓶罐的成型方法可分为人工成型、半机械化成型和机械化或自动化成型。还可以根据采用的方法不同分为吹制法、压制法、吹－吹法、压－吹法、吸－吸法等。压制与吹制方法如图 8－5 所示，它广泛应用于玻璃瓶罐制造。它是先将黏性玻璃放入模子里，并进行压制。然后移去下半个模型，并用最终形状的模型代替。经吹制操作可得到所要求的外形。不成型的玻璃称为型坯。

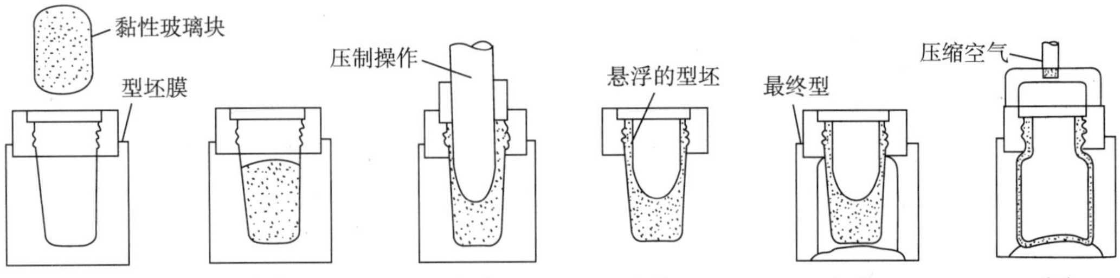

图 8－5　压制与吹制法成型宽口容器

（三）玻璃的主要成型性质

1. 玻璃的黏度

在玻璃成型中，玻璃的黏度起着十分重要的作用。玻璃的黏度随温度的下降而增大的特性，是玻璃制品成型和定型的基础。在1000℃左右玻璃的黏度增加很快，即黏度的温度梯度突然增大。在这一区域玻璃具有自动定型的某种速度。玻璃的黏度温度梯度大的，称短性玻璃。反之称为长性玻璃。不同组成的玻璃具有不同的黏度－温度特性。

玻璃制品成型开始和终结时的黏度变化，随着玻璃的组成、成型方法、制品尺寸大小和质量等是不相同的。玻璃瓶罐成型开始时的黏度约为$0.1\times10^{2.15\sim3.25}$Pa·s；小型轻量瓶为$0.1\times10^{2.7}$Pa·s；大型重瓶为$0.1\times10^{3.25}$Pa·s；拉管及人工成型为$10^{3\sim4}$Pa·s。成型终结的黏度为$10^{5\sim7}$Pa·s。总的来说，一般玻璃的成型其黏度范围为$10^2\sim10^6$Pa·s。

玻璃的黏度越小，流变性就越大。通过温度的控制，改变玻璃的黏度，即改进玻璃的流变性，以达到成型和定型。

利用黏度的可逆性，可在成型过程中多次对玻璃进行加热，使之反复达到所需要的成型黏度，以制造形状复杂的制品。在吹制成型中，黏度还可以自动调节制品壁的厚薄。

2. 玻璃的表面张力

表面张力表示表面的自由能，使表面有尽量缩小的倾向，因而使自由的玻璃液滴成为球形。随着温度降低其表面张力增高，但变化较小。在高温时，如在黏度$10^{3\sim4}$Pa·s时，玻璃的表面张力对成型影响较大。而在低温时，对成型的影响不大。

3. 玻璃的弹性、比热容、导热率、热膨胀和透热性

玻璃由液体变为弹性材料的范围，称为黏弹性范围。瓶罐玻璃的黏弹性范围是在黏度低于10^6Pa·s。对于瓶罐玻璃来说，黏度在10^6Pa·s以下称为黏滞性液体，黏度在10^7或10^6Pa·s至10^{14}Pa·s之间为黏弹性材料，黏度为10^{15}Pa·s以上则为弹性固体。所以黏度在$10^5\sim10^6$Pa·s时，已存在弹性作用了。在成型过程中，如果维持玻璃为黏滞性状态，不管如何调节玻璃的流动，都不会产生微裂纹等缺陷。在大多数成型过程中，可能已达到了弹性发生作用的温度，至少在制品的某些部位或某些部分已接近这样的温度。因此在成型操作中，弹性作用以及消除弹性影响所需要的时间是要引起注意的。

玻璃的热性质，是成型过程中影响热传递的重要因素，对玻璃的冷却和硬化速度以及成型温度的确定关系极大。

玻璃的比热容决定着成型过程中需要放出的热量。导热率、表面辐射强度和透热性越大，玻璃的冷却速度越大，成型的速度也就越大。

玻璃的热膨胀性质，对玻璃中应力的产生和制品尺寸的公差都有很大关系。在成型时，玻璃与模壁表面解除因冷却而发生收缩，在最冷点上，玻璃表面上收缩最大，这样在玻璃表面上存在着张应力。但当部分玻璃到达弹性固体状态的同时，模型表面因受热膨胀，玻璃制品的收缩和模型的膨胀约有1%～2%的差值，因而导致制品表面裂纹的产生。因此成型中应当考虑玻璃的膨胀性质，注意成型时的允许公差及模型尺寸。

（四）玻璃的退火

玻璃制品的生产过程中，将在冷却的制品中留下一些残余应力，这种残余应力能降低制品的热稳定性和机械强度。若不经过退火使其自然冷却，很可能在成型后的冷却、存放

以及机械加工的过程中自行破裂。退火就是为了消除或减少玻璃中的残余应力，使玻璃中存在的残余应力降低到允许值的范围。退火过程实际上就是按一定规程进行热处理的过程。就是将成型后的玻璃制品加热到玻璃化转变温度 T_g 附近的某一温度，并在该温度保温一定的时间，以使制品各部分的温度均匀，由于玻璃内部微观黏滞性流动的结果，使残余应力消除。这个选定的保温均热温度，称为退火温度。在退火温度范围内，只经过几分钟就能消除应力的5% ~95%。

不同类型的玻璃，由于其玻璃化温度 T_g 不同，其退火温度范围也就不同，对于瓶罐玻璃（钠钙玻璃）的退火温度大约在 550 ~600℃。随后就在这一温度范围或低于这一温度范围保温。冷却速率必须是很缓慢的，以保持产品不再引起新的应力产生。

（五）玻璃瓶罐的强度要求

包装工业中，有用于贮存输送一定量液体（汽酒、橘子汁）、试剂（甲醇、乙醇）等的小口瓶，还有广泛用于包装食品、药品、罐头制品以及日化生产的油脂、雪花膏之类产品的大口瓶。对这些玻璃瓶罐除要求具备一定的化学稳定性等性能外，还要求其具备一定的强度。

玻璃瓶罐强度一般包括：内压强度、热冲击强度、机械冲击强度、翻倒强度、垂直荷重强度。

1. 内压强度

瓶子盛装充气饮料时，其内压力在常温下为 0. 2 ~0. 4MPa，若温度上升到 40℃，内压力就会上升到 0. 35 ~0. 6MPa，玻璃瓶必须能承受住这个压力，这个压力即为内压强度。这是瓶子的主要强度指标，体现了瓶子的综合机械性能。

一般说瓶形越复杂，其内压强度就越低，以圆形截面的瓶子的内压强度为 1MPa 为例，则长短轴为 2∶1 的椭圆形截面瓶子的内压强度仅为 0. 5MPa，正方形截面的瓶子内压强度仅有 0. 1 ~0. 25MPa。

圆柱形瓶子其瓶表面应力 S 与受内压力的关系为：

$$S=\frac{D}{2t}P \tag{8-1}$$

式中 S——瓶子表面圆周方向应力，N；

P——瓶内压力，MPa；

D——瓶体直径，cm；

t——瓶壁厚度，cm。

由上式可知，壁厚对瓶表面应力有一定的影响。

我国规定，充气酒瓶内压强度不低于 1. 0MPa，不充气酒瓶不低于 0. 5MPa，啤酒瓶大于 1. 2MPa。

2. 热冲击强度

温度发生变化时，玻璃瓶罐就会发生热胀冷缩，瓶表面受热或受冷时，由于瓶各部位的膨胀或收缩程度不同，而瓶子的形状又不能变，这样使得各个部位不能自由伸缩，就产生复杂的应力，当其应力超过玻璃强度时，瓶子就破裂。

温度变化时，玻璃瓶所受张应力大致可用下式计算：

$$S=3.5\Delta T\sqrt{t} \tag{8-2}$$

式中 S——张应力，N；

ΔT——温差，℃；

t——瓶壁厚，cm。

由上式可知，壁厚越大，其受急冷急热时产生的张应力越大，因而也越易破碎，其热冲击强度就越低。

玻璃瓶的急热冲击强度与急冷冲击强度不同，急热时压应力为主，急冷时则相反，以张应力为主。由于瓶子破裂往往由张应力引起，因此各国的热冲击标准试验方法都采用急冷进行试验。

3. 机械冲击强度

玻璃瓶在生产和使用过程中要经受多次的冲击和划伤，正是这些机械冲击而引起了瓶子破裂的直接原因。由于冲击部位、冲击性质、瓶子状态与所造成的破损有关，因而不能制定出定量的机械冲击强度标准。在玻璃瓶生产中，一般采用适当地增加瓶子壁厚的方法来提高机械冲击强度。

4. 翻倒强度

翻倒强度指瓶子放在某一平面上倒下时的强度，这也就是冲击强度的一种。瓶子翻倒时所受到的冲击力与瓶子质量、重心位置和瓶子形状关系很大。设计瓶形时应使之稳定性高，使其瓶底加大，重心降低以提高翻倒强度。

5. 垂直荷重强度

瓶子运输时，下层的瓶子受到上层瓶子重力的垂直荷重。其荷重强度较差的有4000N，好的瓶子可达50000N。一般瓶子受垂直荷重时，瓶肩处产生一个最大的张应力，因而瓶肩的形状不同，其垂直荷重强度也不同。另外，垂直荷重强度也与瓶身和瓶底直径有关。

上述的种种强度中，内压强度、机械冲击强度是最重要的。

思考题

1. 简述陶瓷包装材料的机械性能，化学、物理性能。
2. 黏土的主要成分是什么？简述其制品的制造过程及用途。
3. 什么叫玻璃的化学组成？玻璃的组成氧化物有哪些？
4. 玻璃的主要原料有哪些？对其有什么质量要求？
5. 玻璃的主要成型性质有哪些？其性能对玻璃的成型有何影响？
6. 对玻璃瓶罐有哪些强度要求？玻璃瓶罐的形状对其强度有何影响？

第九章 防潮缓冲及其他包装材料

第一节　防潮包装材料

在包装工程中经常将防水、防潮、防锈包装并列而论。它们三者之间有密切的联系，但又是各自独立的包装技术。往往防潮包装兼防水，但防水包装却未必有防潮的功能，准确地讲，两者的原理是不同的。

通常防水包装是为防止被包装物品受雨淋或海（河）水淋等所实施的包装技术方法。

防潮包装的目的在于防止被包装物品受空气中水蒸气的损害，如变质、发霉、腐烂、受潮、生锈等。

防锈包装与防水和防潮都有密切的关系。例如很多金属制品在进行清洗和防锈处理之后，还要采用防水、防潮包装材料（防雨水材料、隔湿材料、干燥剂等）进行包装。

防水包装材料比较简单，本书不另作介绍，仅讨论防潮包装材料。

一、防潮包装材料的作用和被包装物的种类

对于那些吸湿后质量会受到影响的产品来说，防潮包装是非常重要的。通过防潮包装，可以防止商品（产品）在贮存和运输过程中因受外界潮气作用而受到损害。例如，药品、酥脆食品、精密仪器仪表、金属制品等长时间受潮后品质都会下降，甚至会失去使用价值。

对于那些自身含水分比较多，并且失去水分变干后，质量会受到影响的产品来说，防潮包装同样是非常重要的。例如，面包、蛋糕、化妆品等失去自身水分后，质量都会下降，甚至会失去使用价值。

从防潮包装的角度，可将被包装物大致按如下分类。

- 防潮被包装物
  - 吸湿性
    - 自身含水率低的：吸收外界水分对质量有影响。通过防潮包装可以防止产品吸潮，如药品、水泥等
    - 自身含水率高的：产品失水质量会下降。通过防潮包装可以避免水分散失，如面包、化妆品等
  - 非吸湿性：产品本身无吸湿性，但在高湿气环境中，对产品质量有影响。通过防潮包装可将产品与高湿度的环境气氛分隔开，如金属

（一）吸湿性物品

吸湿性被包装物种类很多，从防潮包装的角度出发，又可分下面三种类型：

1. 具有吸湿（脱湿）等温线的产品

产品吸收空气中的水分或向空气中蒸发出水分后，就增加或减少了各自的含水量。这种变化的比例随时间的增加而减少，最后达到再也不吸湿或脱湿的状态。只要空气的温湿度条件不改变，产品的含水率也不会改变。因此，在一定的温湿度条件下，产品的水分与外界的水分平衡时，产品的含水率是一定的。这时产品所含的水分叫平衡水分。在一定的温度下，空气的湿度越高，相应的平衡水分也就越多。

在一定温度下将环境的相对湿度与产品的平衡水分作图，即可得到该产品的吸湿等温线（或脱湿等温线）。在防止被包装产品的吸湿或脱湿的防潮包装中，吸湿或脱湿等温线是很重要的。图9－1是一种饼干的吸湿等温线。不仅糕点类，很多食品原料和以有机高分子化合物为主要成分的吸湿性物品都有吸湿（脱湿）等温线。

2. 具有平衡湿度的产品

化学肥料、工业药品等以无机盐类为主要成分的产品都各自有一定的平衡湿度。一般平衡湿度都随温度的变化而改变，但食盐在常温下的平衡湿度几乎不随温度的变化而改变。图9－2为食盐和几种肥料的平衡湿度与温度的关系曲线。

对于具有平衡湿度的被包装产品来说，当外界的相对湿度高于该产品的平衡湿度时，产品就吸收空气中的水分，使包装空间的空气湿度趋向该产品的平衡湿度；当包装空间的相对湿度低于该产品的平衡湿度时，该产品就向空气中蒸发水分，使包装空间的空气湿度趋向该产品的平衡湿度。

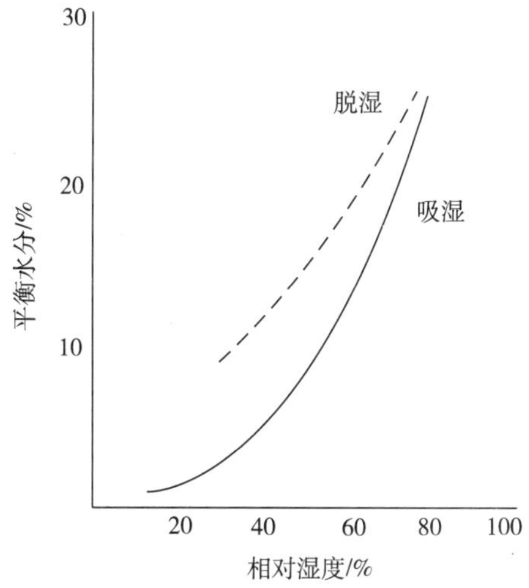

图9－1　一种饼干的吸湿等温线

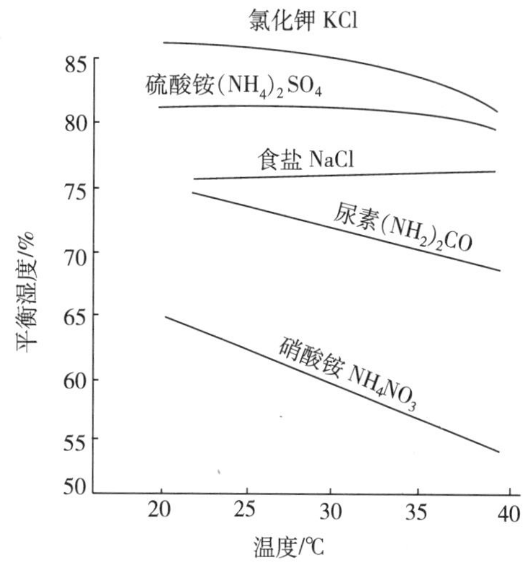

图9－2　食盐和几种化肥的平衡湿度与温度的关系

3. 液体产品

像饮料、化妆品等水溶液或水乳液产品，包装容器内部的相对湿度可高达90%～100%。这类产品要进行防潮包装，以防止水分散失而影响产品质量。

（二）非吸湿性产品

像玻璃、陶瓷、金属等都属非吸湿性的。这类产品本身不含水分或者没有吸湿性，但有些非吸湿性产品也要进行防潮包装，特别是金属产品，从防锈的目的出发，更需要防潮。

二、防潮包装材料

不能透过或难于透过水蒸气的包装材料称为防潮包装材料。用密封的防潮包装材料可以把产品与外界水蒸气隔开。常用的防潮包装材料有金属、玻璃、塑料、复合材料、油脂或蜡的加工材料等。

在防止产品水分增加的那些防潮包装中，还常常在包装空间放入吸湿性防潮材料——干燥剂。

防潮包装材料除具有常规的包装材料的功能之外，在防潮包装中的特殊要求是透湿度要小。防潮包装材料的透湿度越小，防潮性能就越好。各种防潮包装材料的透湿度的差别很大，究竟透湿度在多少以下的材料才算是防潮包装材料，还没有明确的规定，但在防潮包装材料的实际应用中，可大致分为6类（表9－1）。

表9－1　材料防潮程度的大致分类

透湿度/g·(m^2·24h)$^{-1}$	材料防潮程度
100以下	轻度防潮材料
50以下	普通防潮材料
15以下	相当高度防潮材料
5以下	高度防潮材料
1以下	极高度防潮材料
0以下	真正防潮材料

（一）温度和湿度对透湿度的影响

对塑料薄膜类的防潮包装材料来说，湿气的透过主要受温度对薄膜内部水分子活性扩散引起的防潮材料透湿系数的影响，透湿系数随温度的变化可用下式表示：

$$P_V = P_0 \cdot e^{-\Delta E/RT} \tag{9-1}$$

式中　P_V——透湿系数，g/m^2·24h·atm；

P_0——材料常数，g/m^2·24h·atm；

ΔE——活化能，J/mol；

T——热力学温度，K；

R——摩尔气体常数，J/mol·K。

透湿度可用下式表示：

$$J = \frac{P_V}{L}(P_1 - P_2) \tag{9-2}$$

式中　J——水蒸气透过塑料薄膜的量，g/m^2·24h·atm；

P_V——水蒸气渗透性系数，g·cm/cm^2·s·atm；

L——塑料薄膜厚度，cm；

P_1、P_2——塑料薄膜两侧的压力 $P_1 > P_2$，atm。

由式（9－1）可见，透湿系数的对数 $\ln P_V$ 和绝对温度的倒数$\frac{1}{T}$呈直线关系。

对于已知某温度下透湿度的防潮材料，可以按式（9－2）求出该温度下的透湿系数；在用该材料于另一温度下的透湿度，求出另一温度下的透湿系数，如此类推。将这些透湿系数的自然对数值与绝对温度的对数作图，可以得到一条直线。反过来，又可以利用这条直线查出该材料在其他温度下的透湿系数，再根据式（9－2）求出透湿度。

湿度或湿度差对透湿系数也有影响，因为透湿系数等于扩散系数和溶解系数的乘积，而扩散系数和溶解系数又受湿度的影响。

一般来说，湿度对透湿系数的影响，随材料对湿气的亲和性的增大而增大。例如，由于聚氯乙烯对湿气的亲和性较聚乙烯对湿气的亲和性大，所以聚氯乙烯加工纸的透湿系数受相对湿度的影响较聚乙烯加工纸的透湿系数受相对湿度的影响大。

（二）复合材料的透湿度

由不同材质的材料制成的复合防潮材料在进行防潮包装时还须注意下面的情况：用不同的材料接触高湿侧，整个材料的透湿度不相同。这是因为湿度对各层材料的透湿系数影响的程度有差别，即各层材料的透湿系数的湿度依赖性有差别。

用复合材料进行防潮包装时，应该把透湿系数对湿度依赖性大的材料放在低湿侧，把透湿系数对湿度依赖性小的材料放在高湿侧，这样才能使整个材料的透湿度小。相反，如果把对湿度依赖性大的材料放在高湿侧，则会降低材料的防潮性能。透湿系数的湿度依赖性与表 9－2 中的湿度比（A/B）的数值相同。

表 9－2 一些防潮材料在不同温湿度条件下的透湿度

防潮材料类		备 注	透湿度/g·（m^2·24h）$^{-1}$ 测定条件			湿度比 A/B	温度比 A/C
			A 温度 40℃ 湿度 90%	B 温度 40℃ 湿度 65%	C 温度 25℃ 湿度 90%		
单层薄膜	低密度聚乙烯	厚度为 0.03mm	15	10.2	4.0	1.57	4.00
	高密度聚乙烯	厚度为 0.03mm	9.0	6.4	2.2	1.41	4.09
	聚丙烯	厚度为 0.03mm	10.0	7.1	2.3	1.41	4.35
	聚酯	厚度为 0.03mm	17	10.3	4.8	1.65	3.54
	聚偏二氯乙烯	厚度为 0.03mm	2.5	1.5	0.5	1.66	5.00
	聚乙烯共聚物	厚度为 0.03mm	100	62	28	1.61	3.57
	无增塑剂的聚氯乙烯	厚度为 0.03mm	30	19	28	1.57	2.73
复合薄膜	聚乙烯/赛璐珞	聚乙烯在高湿侧	16	10	4.1	1.60	3.81
		赛璐珞在高湿侧	19	12	5.1	1.58	3.73
	聚乙烯加工纸（1 种 40）	聚乙烯在高湿侧	30	20	8	1.50	3.75
		牛皮纸在高湿侧	18	25	10.5	1.52	3.58
	聚乙烯加工纸（1 种 25）	聚乙烯在高湿侧	17	11.4	4.5	1.49	3.78
		牛皮纸在高湿侧	20	13	6	1.54	3.33
	聚乙烯加工纸（1 种 50）	聚氯乙烯在高湿侧	44	14	16	3.14	2.75
		牛皮纸在高湿侧	40	13	14	3.08	1.86
	聚乙烯加工纸（1 种 20）	聚氯乙烯在高湿侧	10.5	5	3	2.10	3.50
		牛皮纸在高湿侧	12	5.8	4	2.07	3.00
	柏油防水纸（3 种）		22	12.2	6	1.80	3.67

注：括号中的材料种类为 JIS 的规格。

由式（9－2）可以看出，防潮材料的透湿度与其厚度成反比；透湿度的倒数——防潮性则与其厚度成正比（表 9－3）。

表 9－3 聚乙烯薄膜的透湿度与厚度的关系

聚乙烯薄膜厚度/mm	透湿度/g·（m^2·24h）$^{-1}$	单位厚度（0.1mm）的透湿度	防潮性
0.018	43.7	7.78	2.3
0.029	17.2	4.99	5.8
0.039	12.2	4.76	8.2
0.052	9.0	4.68	11.1
0.065	7.4	4.81	13.5
0.078	5.9	4.60	16.9
0.102	4.6	4.69	21.7
0.122	3.8	4.64	26.3

当聚乙烯薄膜厚度大于 0.03mm 时，将薄膜的厚度与其防潮性作图可以得到一条直线，如图 9－3 所示。

有些较薄的防潮材料，如薄铝箔及 0.03mm 以下的聚乙烯膜等，在制造过程中会产生构造不均匀性及气孔，湿气会通过这些气孔透过，所以这些材料的防潮性与薄膜厚度之间没有正比关系，如图 9－4 所示。

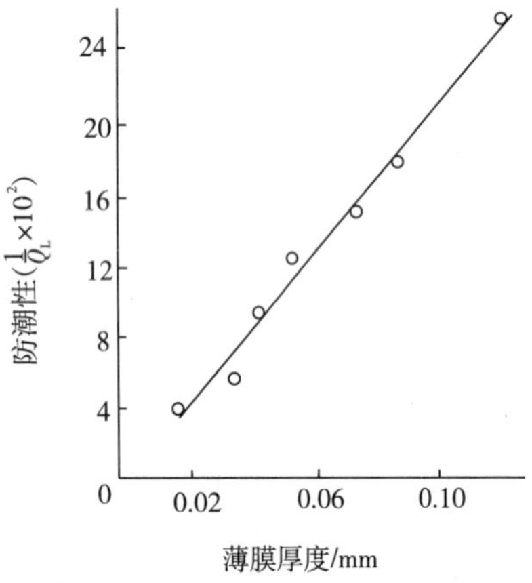

图 9－3 聚乙烯薄膜厚度与防潮性的关系

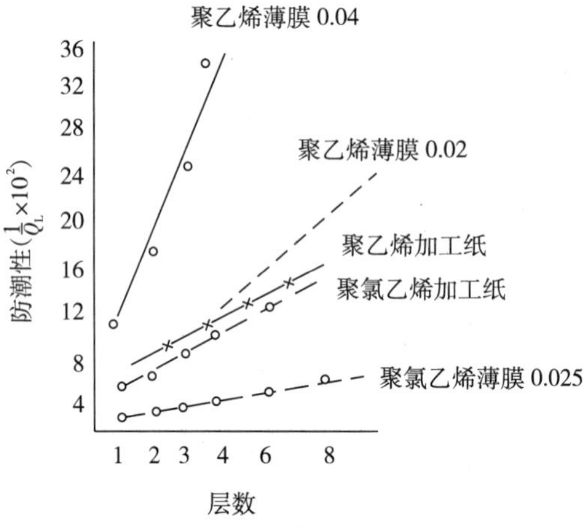

图 9－4 层合薄膜的层数与防潮性的关系

（三）防潮包装材料的选择

进行防潮包装时，首先根据下面数据算出要求的材料透湿度，再根据透湿度找出符合要求的防潮材料。

假设有一个如下条件的包装：

①被包装物品的净质量为 m，单位为 kg。

②被包装物品包装时的水分 C_1，单位为%。

③被包装物品能维持商品价值的界限水分 C_2，单位为%。

④防潮包装容器的表面积 A，单位为 m^2。

⑤防潮包装的必要时间 t，单位为 d。

⑥在此期间内保存包装环境的平均气温 T，单位为℃。

⑦该平均气温下相应的平均湿度 h_1，单位为%。

⑧在平均气温下的饱和水蒸气压 P_0，单位为 Pa。

⑨包装空间的湿度 h_2，单位为%。

对于上述包装，所用防潮材料的透湿度应不大于 R，R 可用式（9－3）计算：

$$R=\frac{m\cdot(C_2-C_1)\cdot K\times 6.7\times 10^3}{A\cdot t\cdot(h_1-h_2)\cdot P_0} \tag{9-3}$$

式（9－3）中的 K 是根据包装贮存期间的平均气温 T 和所用防潮材料的种类来定的系数，如表 9－4 所示。

表 9－4　几种防潮材料在不同温度下的 *K* 值

防潮材料 \ 温度/℃	40	35	30	25	20
柏油防水纸	1	1.18	1.37	1.61	1.89
聚氯乙烯薄膜	1	1.12	1.26	1.43	1.59
聚乙烯加工纸（牛皮纸在高湿侧）	1	1.14	1.28	1.47	1.67
玻璃纸	1	1.18	1.40	1.68	1.98
低密度聚乙烯薄膜	1	1.20	1.45	1.75	2.08

三、被包装物的贮存期和贮存的湿度条件

如果用已知透湿度为 R 的防潮材料包装某物品时，用下面公式可以求出被包装物能安全存放多少天：

$$t=\frac{m\cdot(C_2-C_1)\cdot K\times 6.7\times 10^3}{A\cdot R\cdot(h_1-h_2)\cdot P_0} \tag{9-4}$$

被包装物一般都有一个理想的贮存湿度条件，在这个湿度范围内，商品将不会受到潮湿或失水的损害。假设被包装物最理想的保存湿度范围在 B%～A% 之间。这个湿度下限 B% 和湿度上限 A% 所包括的范围与实际空气湿度变化范围差距越大，就越需要高度防潮包装；这个理想湿度范围与实际空气湿度变化范围差距越小，对防潮的要求也越低；如果理想湿度范围正好包括实际空气湿度变化范围，则不需要防潮。这几种情况如图 9－5 所示。

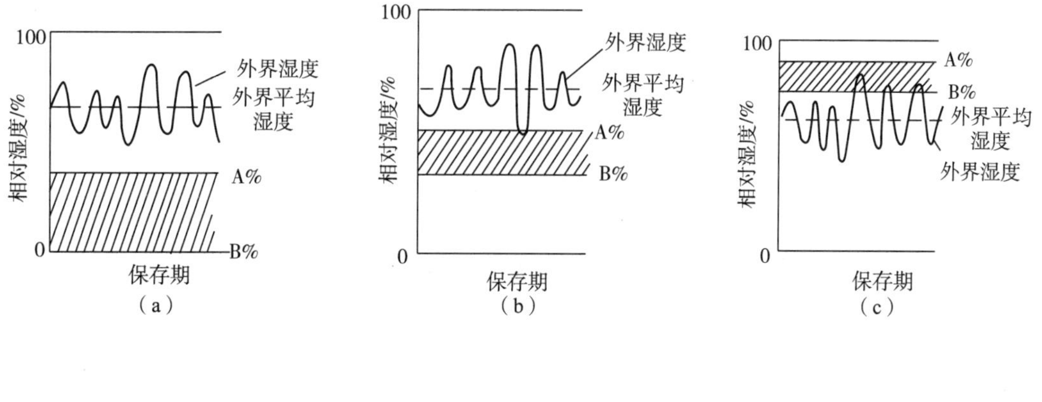

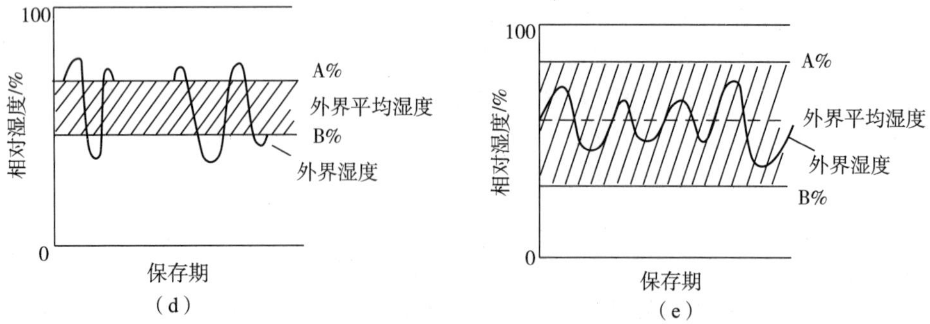

图 9－5　外界湿度与防潮包装的关系

注：1. （a）阴影部分为产品理想保存湿度范围。此种情况需要进行防潮包装。防止产品吸湿。
2. （b）此种情况也要进行防潮包装，防止产品吸湿。
3. （c）此种情况要进行防潮包装，防止产品水分散失。
4. （d）虽然外界平均湿度在产品理想保存湿度范围，但理想保存湿度范围小于外界湿度变化幅度，所以也需进行防潮包装。
5. （e）此种情况不需防潮包装。

根据包装物的种类、特性、理想的保存湿度范围、保存器件、产品流通区间的温湿度变化范围等诸多方面条件，选择具有一定的防潮能力的防潮材料、干燥剂，通过合理的包装技术方法，进行防潮包装。

对防潮要求不太高时，可以采用防潮能力较差的材料，如柏油防水纸、石蜡纸、防潮玻璃纸、聚氯乙烯加工纸等；对防潮要求稍高时，可采用具有一定厚度的铝箔及镀铝复合材料等；对防潮性能要求特别高时，可采用具有一定厚度的金属或玻璃容器。

四、干燥剂

干燥剂是一种容易吸收水分的物质，它能吸收一定空间的水蒸气，降低这一空间的相对湿度。

在密封包装中封入干燥剂，可以降低包装容器内的湿度，防止金属生锈或非金属变质、发霉等。在环境封存或封套式防锈包装中都必须使用干燥剂。在很多防潮包装中也要使用干燥剂。干燥剂是密封防锈包装和防潮包装的重要辅助材料。

使用干燥剂的包装，要尽量缩小包装空间的容积；所使用的防潮包装材料的透湿度要小，密封要好；被包装物及内衬材料必须事先干燥好，而后放入包装容器内。

干燥剂使用之前必须烘干，然后迅速密封于包装容器中。干燥剂一般不要直接放在被包装物上，应当用粗布或沙袋包好，悬挂于包装容器内适当的位置。对于像药品等的小型包装，可将干燥剂压成片状，放于瓶盖与衬垫之间的空间。

对于包装用干燥剂的要求：

①吸湿力强。靠物理吸附除掉包装内的水分。

②化学性质稳定，不分解、不挥发，吸水后不产生腐蚀性物质，且吸水后没有明显升温。

③干燥剂应是具有一定强度的颗粒状物质，不致在储运中粉碎而污染被包装物。

④在产品储运期间的温度范围内，干燥剂的吸湿能力没有显著变化。即在温度稍高时，不会放出已吸收的水分。

⑤最好能回收使用，价廉。

1. 包装常用的干燥剂

在包装中最常用的干燥剂是硅胶。硅胶是乳白色或半透明的非晶颗粒状物质，具有多孔高表面积结构。它无毒、无味，质地坚硬，不易破碎。硅胶表面覆盖着羟基，所以有较强的吸湿能力，但不溶于水，有较高的热稳定性和化学稳定性。硅胶的这些性能都比较符合防潮包装的要求。

硅胶的种类很多，在防潮包装中常使用的是孔径 1.0 ~ 2.0nm 的细孔硅胶。在精密仪器的防潮包装中，最好使用球形硅胶，以防掉落粉末，划伤产品表面。

为了能直接观察到硅胶的吸湿程度，常将硅胶用氯化钴溶液处理，制成变色硅胶。这种变色硅胶干燥状态为蓝色，当吸湿度高于 40% 时就会变成淡红色。也可将原色硅胶中掺入部分变色硅胶，用以指示硅胶的吸湿程度。

硅胶吸湿后可以通过加热，使其脱水再生，反复使用多次。

硅胶的吸湿等温线（在一定的温度下，相对湿度与硅胶的平衡水分作曲线图）随温度的变化很小，也就是说，硅胶的吸湿能力受温度的影响较小，所以不致因温度变化而引起包装容器内的湿度发生急剧变化。

近年来国外又出现一种新型干燥剂，这种干燥剂以一种天然黏土为原料，经物理处理，加热干燥后，得到灰白色的固体颗粒，这种黏土的主要成分是硅石和矾土等。这种黏土是先在法国发现的，用于法国军用品的防潮包装中。后来在美国也发现了这种黏土，并大量制造干燥剂，用在军用精密仪器机械、武器及电子工业产品等的防潮包装中。这种干燥剂的干燥能力强，稳定性好，质地优良，在美国、法国、日本等国的应用量都比较大。这种黏土干燥剂的主要成分如表 9 -5 所示。

表 9 -5　特殊黏土干燥剂的主要成分　%

SiO_2	Al_2O_3	Fe_2O_3	CaO	MgO
61.5	17.3	1.67	2.71	6.51

分子筛也可做包装干燥剂，它常用于充氮环境封存时氮气的预干燥。活性氧化铝、氯化钙、过氯酸镁等也可做包装干燥剂。充分干燥的纸制品也可做干燥剂。

在实际应用中常将两种干燥剂联合使用。如动态法预干燥氮气时，可先使氮气通过干燥能力较差的氯化钙干燥剂，再使氮气通过干燥能力较强的硅胶干燥剂；在静态干燥（在包装容器内放置干燥剂）时，也可以同时使用两种干燥剂，既可节省干燥剂，又可保持一定的干燥效果。图 9 -6为几种干燥剂在 25℃ 时的水蒸气吸附量与相对湿度的关系。

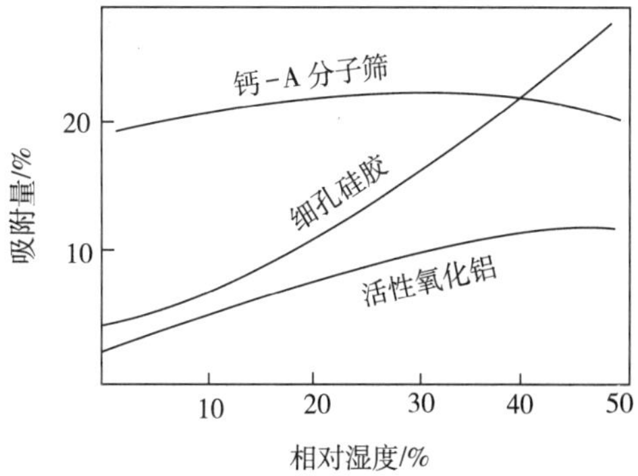

图 9 -6　25℃时集中干燥剂的吸水量与相对湿度的关系

2. 干燥剂用量的计算

在密封防潮包装中，干燥剂的用量与防潮材料的透湿度、储存期、包装容器的容积等多种因素有关，以硅胶为例可用下面经验公式计算：

$$m_1 = \frac{A \cdot R \cdot t}{K} + \frac{m_2}{2} \qquad (9-5)$$

式中 m_1——干燥剂用量，kg；

K——包装环境的气候条件系数；

A——包装全面积，m^2；

t——包装期限，月；

R——包装材料的平均透湿度，$g/(m^2 \cdot 24h)$；

m_2——包装内吸潮性包装材料（缓冲衬垫材料等）的质量，kg。

如果所用的防潮包装材料的透湿度为零，并且在包装容器内不放吸湿性缓冲材料，即 $R=0$、$m_2=0$ 的情况，可用（9－5）式计算干燥剂的用量：

$$m = 0.5V \qquad (9-6)$$

式中 V——包装容器的体积，m^3。

必要时也可以采用式（9－7）比较精确地计算干燥剂的用量：

$$m_1 = K_1 \cdot A \cdot R \cdot t + K_2 \cdot m_2 \qquad (9-7)$$

式中 m_1——防潮材料的透湿气面积，m^2；

K——防潮材料的平均透湿度，$g/(m^2 \cdot 24h)$

A——储存期限，月；

t——吸湿性缓冲材料的质量，kg；

R——温度湿度的关系系数（表9－6）、（表9－7）；

m_2——缓冲材料的关系系数（表9－8）。

其中包装材料的透湿度可参考下面数据：①金属容器和玻璃容器：$R=0$；②聚乙烯/铝箔/纤维布等复合材料：$R\approx0$；③塑料膜的透湿度与其厚度、外界温湿度等因素有关，其 R 值可按 GB 1037—1988《塑料薄膜和片材透水蒸气性试验方法杯式法》测得。

表9－6 气候条件系数表

外界气候条件			K
温湿度概况	平均温度/℃	平均相对湿度/%	
特别高温高湿场合	35～40	>90	12
高温高湿场合	30	90	20
稍高温高湿场合	25	80	30
一般温湿度	20	<70	60

表9－7 干燥剂用量计算中温度湿度关系系数 K_1 值

相对湿度/% 温度/℃	90	80	70	60
40	0.120	0.102	0.083	0.065
30	0.048	0.041	0.033	0.026
20	0.019	0.016	0.013	0.010
10	0.0067	0.0057	0.0047	0.0037
0	0.0023	0.0019	0.0016	0.0012

表 9-8　干燥剂用量计算中缓冲材料种类的关系系数 K_2 值

吸湿性缓冲材料的种类	K_2
用橡胶黏合的动物毛、合成纤维、植物纤维等	0.48
玻璃纤维	0.16
橡　胶	0.40
纸或其他纤维材料	0.64

例 1　有一精密光学仪器，用 0.2kg 的缓冲材料包好，放在金属罐中，求干燥剂的用量？

解：用公式 $m_1 = \frac{A \cdot R \cdot T}{K} + \frac{m_2}{2}$

因为金属材料的透湿度 $R = 0$

$$m_1 = \frac{m_2}{2} = \frac{0.2}{2} = 0.1\ (\text{kg})$$

例 2　在一防潮包装中，防潮包装材料的透湿度为 $4\text{g}/(\text{m}^2 \cdot 24\text{h})$，包装全面积为 1m^2，储存期限为 2 个月，包装内装有 1kg 吸湿性缓冲材料，外界温度为 35 ~ 40℃，平均相对湿度 >90%，求所需干燥剂量？

解：用公式 $m_1 = \frac{A \cdot R \cdot T}{K} + \frac{m_2}{2}$

查表 9-6，找出 $K = 12$

将各值代入公式，则

$$m_1 = \frac{1 \times 4 \times 2}{12} + \frac{1}{2} = \frac{7}{6}(\text{kg})$$

例 3　防潮包装材料的平均透湿度为 $20\text{g}/(\text{m}^2 \cdot 24\text{h})$，包装全面积为 1m^2，包装期限为 2 个月，没有使用吸湿性缓冲材料，外界温度 35 ~ 40℃，外界相对湿度大于 90%，求干燥剂用量？

解：查表 9-6 找出 $K = 12$

因为　没有使用吸湿性缓冲材料

所以　$m_2 = 0$

将各值代入公式 $m_1 = \frac{A \cdot R \cdot T}{K} + \frac{m_2}{2}$，则

$$m_1 = \frac{1 \times 20 \times 2}{12} + \frac{0}{2} = \frac{10}{3}(\text{kg})$$

例 4　将一金属产品放入容积为 0.1m^3 的密封金属罐中，没用吸湿性缓冲材料，求干燥剂用量？

解：因为用密封金属容器

所以 $R = 0$

又因没用吸湿性缓冲材料

所以 $m_2 = 0$

用公式 $m_1 = 0.5\text{V}$，则

$m_1 = 0.5 \times 0.1 = 0.05\ (\text{kg})$

第二节　缓冲包装材料

包装用缓冲材料，是指包装物品在流通过程中，因受外力的作用而遭受到冲击和振动时，能吸收外力产生的能量，以防止产品遭受损坏而使用的保护材料。此类材料包括的范围非常广泛，有天然的材料也有人造的材料，但一般都采用具有高度的压缩性能和复原性能的弹性材料。

一、缓冲材料的分类

缓冲材料的分类方法一般有两种：按形状分类和按材质分类。

按形状分类：①垫块状；②成型品；③细片状、纤维状；④粒状；⑤隔板、衬垫、框架、压板；⑥缓冲结构（螺旋形弹簧、板状弹簧）。

按材质分类：①纤维状物质。纤维素类，如木丝、纸、纸浆、稻草、麦秆、合成纤维；动物纤维，如猪鬃、羊毛、毛毡；矿物纤维，如玻璃纤维、石棉、矿物棉；②气泡结构物质。具有适当柔软性能的天然橡胶、合成橡胶、泡沫塑料、气泡塑料薄膜。③瓦楞纸、蜂窝纸板、皱纹纸；④缓冲装置。弹簧、悬挂装置。

二、缓冲材料的特性

包装中使用缓冲材料主要目的是用来缓和被包装产品在运输、装卸中受到的冲击和振动外力，以达到保护产品不被损坏。所以缓冲材料是指一些具有高度压缩和复原性的弹性材料，因此它应具有如下特性：

（1）冲击能量的吸收性。缓冲材料应能吸收受到冲击所产生的能量，但要注意材料的吸收性大小应与所受冲击能量相适应，绝不是吸收性越大的材料就越好。一般硬性缓冲材料，具有较大的冲击能量吸收性，适合应用于受冲击力较小的场合，所以在选择缓冲材料时，应根据各种材料的应力－应变曲线图来选用适当的材料。

（2）振动吸收性。包装产品被损坏的原因，除受外力产生较大的冲击加速度以外，就是振动加速度。一般在运输、搬运、装卸的时候，包装往往受到这两种外力的共同作用，振动外力使包装产品产生共振现象，增加振幅而易造成损坏。缓冲材料应具有吸收振动外力，达到衰减振动的性能。

（3）复原性。缓冲材料加上负荷以后产生变形，当除去外加负荷后，材料变形消失恢复原来形状的程度称为复原性。材料负荷有受长期静压荷重和受冲击、振动的荷重，这两者的区别，前者为静复原性，后者为动复原性。对于吸收能量大而复原性不好的材料则不宜作为缓冲材料。

（4）温湿度安定性。缓冲材料应在广泛的温湿度范围内，保持其缓冲性能。一般纤维材料中的纤维素易受湿度的影响。热塑性塑料缓冲材料则受温度影响，缓冲性能变化较大，主要是在低温时材料变硬。各种材料的最低安全使用温度如表 9－9 所示。

(5) 吸湿性。吸湿性大的纸、木丝等材料作为缓冲材料和金属制品直接接触时，易引起金属表面生锈，同时吸湿后的纸质材料，缓冲性能将大大降低。连续发泡的泡沫塑料能吸收较多的水分，也易引起金属锈蚀，非连续发泡的泡沫塑料则不吸收水分。

(6) 酸碱性。缓冲材料的水溶物的 pH 值应在 6 ~ 8 的范围内，与包装物品直接接触时，其 pH 值最好是 7 的中性，否则当在潮湿条件下易促使被包装物品腐蚀。

为了对各种常用缓冲材料的特性有一个基本的认识，将它们的性质列于表 9 – 10 中。

表 9 – 9　各种材料的最低安全使用温度

材　料	最低安全温度/℃
聚氨酯泡沫塑料	– 30
泡沫橡胶	– 20
动物纤维	– 40
聚苯乙烯泡沫塑料	– 20
聚乙烯泡沫塑料	– 50

表 9 – 10　各种常用缓冲材料特性比较

特性项目 缓冲材料	复原性	冲击特性	相对密度	腐蚀性	吸水性	含水量	耐菌性	耐候性	柔软性	加工性		使用温度范围	燃烧性能
										成型性	黏胶性		
聚乙烯泡沫材料	好	优	低	无	无	无	良	良	优	良	良	大	易燃
聚苯乙烯泡沫材料	差	优	低	无	无	无	良	良	差	优	良	小	易燃
聚氨酯泡沫材料（软）	好	良	低	无	大	有	良	良	优	良	良	大	易燃
动物纤维缓冲材料（成型）	好	优	低	小	好	有	不良	差	优	优	不良	大	易燃
丝状泡沫材料	因材质异	良	低	无	因材质异	—	良	良	优	—	—	因材质异	易燃
成型硬橡胶垫	无	优	高	小	大	小	不良	不良	优	良	良	小	易燃
木丝	差	不良	一般	小	大	小	不良	不良	良	—	—	大	易燃
瓦楞纸	差	不良	一般	无	大	小	不良	良	不良	不可	良	大	易燃
醋酸纤维	差	良	高	无	无	无	良	良	优	优	—	小	易燃
软聚氯乙烯泡沫塑料	差	良	低	小	无	无	良	差	优	不可	良	小	自熄性
金属弹簧	好	不良	高	无	无	无	良	良	差	不可	不可	大	不燃

三、常用缓冲材料

(一) 泡沫塑料

一些合成树脂经过发泡处理，可以制成不同性能的泡沫塑料，主要有聚乙烯泡沫塑料、聚氯乙烯泡沫塑料、聚苯乙烯泡沫塑料、聚氨酯泡沫塑料、聚丙烯泡沫塑料等热塑性树脂泡沫塑料。同时一些热固性树脂，如酚醛树脂、脲醛树脂、环氧树脂等也能制成泡沫塑料。泡沫塑料的性能除决定于本身材质外，还主要决定于发泡程度和泡沫结构。

泡沫结构决定于气泡结构，气泡结构分为两种状态：一种是一个个气泡成为薄壁气泡，相互隔离而成独立气泡泡沫；另一种是气泡之间相互连通，成为连续的气泡泡沫。通常塑料发泡体的气泡直径平均为50～500μm，气泡膜的厚度在1～10μm范围内。在$1m^3$的泡沫塑料中有（800～8000）万个气泡存在。一般热塑性塑料发泡，往往使用各种发泡剂。不同的发泡剂和用量可以得到不同发泡倍率和不同气泡结构的泡沫塑料。几种泡沫塑料的性质比较如表9－11所示。

表9－11　泡沫塑料性质比较

性质＼塑料名	聚乙烯	软聚氨酯	聚苯乙烯	软质聚氯乙烯
密度/(g/cm^3)	0.03～0.4	0.02～0.06	0.016～0.03	0.05～0.10
气泡	独立	连续	独立	独立
机械强度	强	弱	脆	较强
吸水性	极少	吸水	较少	较少
最高使用温度/℃	85	120	80	60
耐药品性	极好	好	差	差
耐燃性	可燃	可燃（有毒气）	可燃（有毒气）	自熄（有毒气）
柔软性	较硬	软	硬	较软
耐候性	好	差	差	差
冲击特性	好	不好	不好	较好

（二）兽毛填充橡胶缓冲材料

猪毛、马毛、合成纤维等弹性纤维，用有弹性的黏合剂，如天然橡胶作为弹性黏合剂，制成缓冲胶垫。由于它结构特殊，采用的是有弹性的纤维和弹性的黏合剂，并有非常大的空隙率，具有很好的冲击吸收性能，所以在欧美各国广泛用来作为仪器和精密机械的缓冲包装材料。这种缓冲材料，根据其密度的不同，可以从超软质到超硬质的范围制成不同的品种，并有纵横方向的区别，密度在0.043～0.1g/cm^3范围内，可以根据包装内容物的质量，脆性强度，接触面积等包装设计条件来选用不同品种的胶垫。

（三）气泡塑料薄膜

气泡塑料薄膜和泡沫塑料不同，它是采用特殊的加工方法，在两层塑料薄膜之间封入空气，在一面形成一个个气泡。一般采用聚乙烯薄膜，其上涂敷聚偏二氯乙烯，可以减少空气的透出。基层面薄膜的厚度为形成突出气泡薄膜厚度的两倍。气泡的形状分为圆筒形、半圆形和钟罩形三种，其尺寸如表9－12所示。

气泡塑料薄膜是充分利用封入气泡内的空气的弹性来吸收冲击能量，使这种缓冲材料相对密度很小，在0.008～0.030之间，同时具有不腐蚀金属，没有吸湿性和有较好的防潮性能，而且是唯一透明的缓冲包装材料。在每平方厘米负荷20g的条件下可以长期使用。这种缓冲材料可以直接用来包装产品，所以很适合用来包装小型机械产品和药品等，但这种材料不宜于包装质量较大，负荷集中的尖锐产品，以免刺破气泡而使其失去缓冲作用。

表9－12 气泡塑料薄膜气泡的形状

气泡形状	直径/mm	高度/mm	每1m^2有气泡数
圆筒形	9.5	4.8	9700
半圆形	2.5	6	—
钟罩形	31.5	13	990

（四）蜂窝纸板

1. 概述

蜂窝纸板是根据自然界蜂巢结构原理制作的，纸芯是把无数个空心立体六角形，用胶接方法连接成一个整体受力件。亦称蜂窝夹层纸板、网状立楞夹层纸板。最早应用于军事上，人们应用牢固而质量又轻的铝蜂窝板造出了超音速飞机和大型运输机，使航空工业发生了质的飞跃。在第二次世界大战以后，蜂窝技术转向民用，生产出纸蜂窝结构复合材料。到了20世纪60年代，随着造纸工业和制造业技术的发展，纸制蜂窝纸板才得以问世。蜂窝纸板成为包装基材家族成员的历史不过几十年，但却在许多方面显示出其他包装材料无法比拟的优越性和良好的发展前景。

蜂窝纸板已在发达国家广为使用，技术早已成熟，应用领域不断扩大，特别是英国、荷兰，这些国家的技术装备的现代化水平很高，产品质量稳定，在航空、航天、建筑、包装、交通运输等很多领域广泛应用，相应配套技术也很完善。我国的蜂窝技术，首先是由航天工业引进的，用于制造航天材料。我国的蜂窝纸板的研制始于20世纪80年代后期，经过十几年的研究开发和不断改进完善，至今已成功研制出第五代生产蜂窝纸板的专用设备。在设备加工精度、蜂窝纸板成型强度、幅宽的适应范围、降低生产成本等方面都有较大的改进，整条生产线的资金投入仅为进口生产设备的七分之一左右。在蜂窝技术发展方面，有关的发明专利和实用新型专利已达30余项，生产方法和加工工艺有了突破性的进展。

1998年9月，美国方面提出：从1998年12月17日起，禁止我国未经处理的实心木板包装的商品进入美国，或必须经过杀虫处理后的木质包装才能允许进口。随着美方提出这一新规定，加拿大、澳大利亚、欧共体等各国也相继做出同样的决定，这样给我国的外贸出口带来了巨大的冲击。我国经贸委等有关部门当即下发紧急通知，研究对策。有关专家提出取代木制品的五种包装材料。而其中蜂窝纸板生产成本最低，并具有优越的抗压性能，是唯一可取代木质托盘的优良材料。而且蜂窝纸板是一种节省资源、保护生态环境、成本低廉的新型绿色包装材料，使用1吨的再生蜂窝纸板，可以替代大约30～50m^3的木材。全国包装改进办公室已将推广使用蜂窝纸板作为包装改进工作的重点，大力支持蜂窝纸板在我国的应用。蜂窝纸板在包装领域的应用已经成为不可阻挡的发展趋势，前景非常广阔。

蜂窝纸板是以牛皮纸、再生纸等为原料，通过专用设备制成类似蜂窝状的网芯，并在其两面黏合面纸而成的一种纸制板材。其结构如图9－7所示。

2. 蜂窝纸板的性能特点

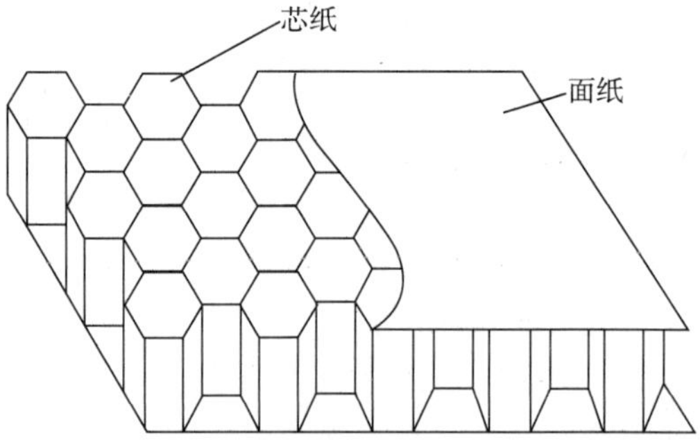

图 9－7　蜂窝纸板结构图

①由于纸蜂窝夹芯是把无数个空心立体六角形用胶接法连接成一个整体受力件，所以蜂窝纸板承载能力大，抗压性能好（纸蜂窝夹芯平压强度比瓦楞纸芯强度大 20 倍以上）。

②重量轻并且省纸张（1 张 1m^2 的纸，可以制作一张 5mm 厚、1m^2 大小的纸蜂窝夹芯。用纸蜂窝夹芯做包装箱，比同规格瓦楞纸包装轻 1/3）。

③由于纸蜂窝夹芯的结构，吸收物体撞击能量大，所以防振性能好，隔热、隔声效果好。

④蜂窝纸板易于切削、钻孔，可以加工成各种所需的形状和尺寸。同时，它与其他结构材料有很好的相容性，适合用做缓冲衬垫。

⑤蜂窝纸板可回收利用，有利于环境保护。外表易装饰，产品种类多，应用广。

⑥从力学角度分析，封闭的等六边形蜂窝结构相比其他结构，能以最少的材料承受最大的受力；蜂窝纸板受垂直于板面的载荷时，它的弯曲刚度与同材料、同厚度的实心板相差无几，但重量却轻 70% ~90%，而且不易变形，使得蜂窝纸板可以被广泛用于多种应用领域。

3. 蜂窝纸板与其他常见缓冲包装材料的性能比较

（1）蜂窝纸板与瓦楞纸板。在重量上相比，蜂窝纸板具有重量轻的优点，其重量是同面积瓦楞纸板的 70%；在强度上，蜂窝纸板因其独特的结构，具有较强的抗压、抗折能力，10mm 厚的蜂窝纸板的抗压强度是瓦楞纸板的 27 ~75. 6 倍，抗折强度是五层瓦楞纸板横向强度的 2 倍，是纵向强度的 29. 2 倍；

在成本上，蜂窝纸板比瓦楞纸板用材少，同时可采用廉价的再生纸、草浆纸生产，原料成本仅为同规格的瓦楞纸板的三分之二，而且蜂窝纸板制作的纸箱比瓦楞纸箱破损率减少 20 ~25 倍，大幅地减少了运输包装费用。

（2）蜂窝纸板与泡沫塑料。泡沫塑料属于一种软而韧的材料，在很低的应力下就可以达到材料的屈服值，刚度较差，在较小的外力下，泡沫塑料就能够对产品起到缓冲的作用，因此，在外力不大的情况下，泡沫塑料具有比蜂窝纸板较好的缓冲性能。可是泡沫塑料对环境的污染也是不可忽视的，虽然已经研究出可以降解的塑料，但是价格昂贵，处理的条件要求严格，而且不能够完全降解，因此它的应用也受到了很大的限制。而作为纸制品的蜂窝纸板完全属于绿色包装材料，可以回收再利用，容易进行处理，具有很好的前景。

4. 蜂窝纸板在包装中的应用

蜂窝纸板在包装中的应用主要有：缓冲衬垫、托盘、角撑、护棱、隔衬、夹衬挡板和包装箱。

蜂窝纸板作为缓冲衬垫是因为它具有良好的弹性，可以起到很好的缓冲保护作用，而且厚度变化范围大，比瓦楞纸板容易加工。角撑、护棱、隔衬和夹衬挡板的作用和缓冲衬垫类似，只是作用的部位不同而已。角撑和护棱用在单元包装之间，可以避免单元包装外棱损坏，同时可以防止单元与单元之间，单元与运输工具之间的碰撞和摩擦损坏。隔衬、夹衬和挡板主要是防止运输工具或托盘对产品集合单元的损坏。隔衬也可以防止产品之间的相互摩擦碰撞损坏。

5. 纸浆模塑

纸浆模塑制品除具有质轻、价廉、防震等优点外，还具有透气性好、有利于生鲜物品的保鲜等特点，在商品流通上，被广泛用于蛋品、水果、玻璃制品等易碎、易破、怕挤压物品的周转包装上。纸浆模塑包装制品是以废纸为主要原料，通过可排水的金属网模塑造成各种形状后，经压实、干燥而成。有软质、硬质两类，如鸡蛋托盘等属于软质的。

欧美国家在设备生产和制品成型工艺上都处于领先水平。从 1984 年湖南湘潭纸浆模塑总厂从法国引进了我国第一条纸浆模塑生产线，到目前为止，我国年轻的纸浆模塑行业已走过了 20 多年的历程。目前高新技术的开发研制和移植应用已成为纸浆模塑行业的主体潮流。

目前国内外比较普及的纸浆模塑制品有以下几种：

（1）禽蛋托盘。纸浆模塑制品尤其适用于鸡蛋、鸭蛋及鹅蛋的大批量包装运输。分别用于 4 ~71g 的鲜蛋包装。

（2）工业托盘。取代可发性聚苯塑料泡沫包装，主要作为家用电器、空调机、电风扇、缝纫机、收录机、计算机、传真机、电话机、仪表仪器、瓷器、玻璃瓶、半导体器件、医疗器械、饮具、工艺品等产品的包装。

（3）农用托盘。主要用于秧田、农作物的营养钵，花卉苗木护罩，粮食、蔬菜、鲜肉类的包装，以及蚕用方格簇等。农用托盘在农副产品的保鲜，提高农作物的成活等方面具有独特的优点。

（4）军工产品。子弹、手雷、火药类武器。因为能克服塑料泡沫包装的静电现象，安全性高。

（5）食品包装。快餐盒，啤酒，罐头，一次性碗、碟等产品。

（6）特种材料。纸浆模塑制品除了上述用途外，还具有特殊的美化作用，如在销售包装中制成外表着色的盒形包装，又如在纸浆中添加合成树脂模塑成硬质纤维板，用于室内装潢。此外，在服装、家具等行业中也大有用武之地。

四、缓冲材料厚度的计算

在材料面积相同的情况下，缓冲效率高的材料能用最小厚度的材料吸收最多的能量。

压缩缓冲材料的力会使缓冲材料产生相应的位移。如果分别以应力（压缩缓冲材料的力除以材料面积）为纵坐标，以缓冲材料的应变（缓冲材料的位移除以材料的厚度，即单位厚度的材料的压缩量）为横坐标绘图，所得曲线称为应力 - 应变曲线。这种曲线与缓冲材料的厚度和面积无关。压缩应力与材料应变之比叫弹性系数。弹性系数是缓冲材料的重要特性，在包装设计中经常用到。

$$\text{弹性系数} = \frac{\text{压缩应力}}{\text{单位厚度材料的位移}}$$

应力 - 应变曲线为直线的材料叫线性缓冲材料。绝大多数材料的应力 - 应变曲线不是直线。只有弹簧在弹性限度内是线性缓冲材料。图 9 - 8 是一种聚乙烯泡沫塑料的应力 - 变形曲线。

缓冲材料的保护作用就在于：当被包装物体在运输过程中受到冲击时，缓冲材料可以吸收一部分冲击能量，而使被包装物免遭破坏。

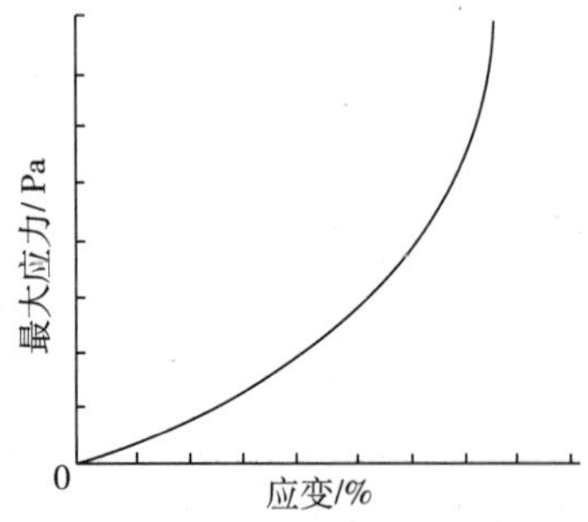

图 9－8　聚乙烯泡沫塑料的应力－变形曲线示意图

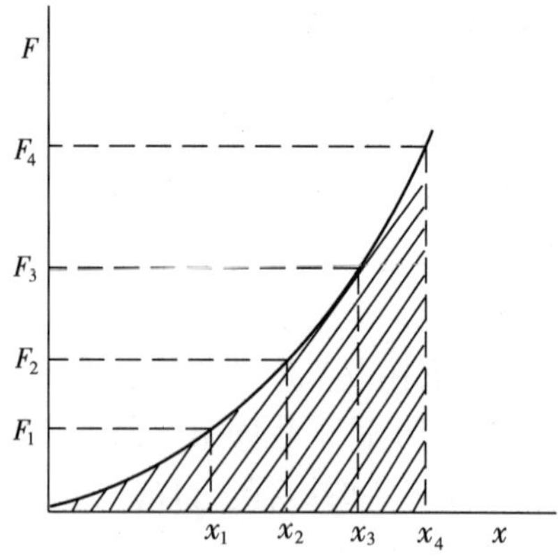

图 9－9　压缩缓冲材料的力－变形与能量的关系

设质量为 m 的被包装物体从高度为 h 的位置落下，缓冲材料因此被压缩了位移 x，物体停止下落。这个落差所产生的能量为 $mg(h+x)$。根据能量守恒定律，落下的位能除了被缓冲材料吸收一部分外，其余转变成动能。被缓冲材料吸收的能量等于因载荷压缩材料的力 F 而产生压缩位移 x 的积分值，这个值等于压缩材料的力－压缩位移曲线与横坐标之间的面积，如图 9－9 的阴影部分。这种能量关系可用式（9－8）表示：

$$\frac{1}{2}mv^2 = mg(h+x) - \int_0^x F \cdot \mathrm{d}x \tag{9-8}$$

缓冲材料产生最大压缩的一瞬间，即被包装物体停止下落的一瞬间，式（9－8）左边等于零，则：

$$mg(h+x_m) = \int_0^{x_m} F \cdot \mathrm{d}x \tag{9-9}$$

式中　x_m——缓冲材料被压缩的最大位移。

缓冲材料积蓄的能量 E 是单位体积的缓冲材料的变形能 ε 与材料的面积 A 和厚度 t 的乘积，即

$$E = mg(h+x_m) = \int_0^{x_m} F \cdot \mathrm{d}x = A \cdot t \cdot \varepsilon \tag{9-10}$$

$$\varepsilon = \int_0^{x_m} \sigma \cdot \mathrm{d}x \tag{9-11}$$

式中　E——缓冲材料吸收的能量，J；
F——压缩整个缓冲材料的力，N；
x_m——缓冲材料被压缩的最大位移，mm；
t——缓冲材料的厚度，mm；
A——缓冲材料的面积，mm^2；
ε——单位体积的缓冲材料吸收的变形能，J/mm^2；
σ——单位面积缓冲材料受到的力，N/mm^2。

单位面积所受的力 σ 除以单位体积所吸收的能量 ε 所得的商称为该材料的缓冲系数：

$$C = \sigma/\varepsilon \tag{9-12}$$

缓冲系数的倒数就是该材料的缓冲效率。

缓冲系数－最大应力曲线、缓冲系数－单位体积吸收能力曲线、缓冲系数－压缩变形曲线等在缓冲包装设计中都有重要的作用。

最大应力 σ_m 是整个缓冲材料受到的最大冲击力 F（被包装物质量与所产生的最大加速度的乘积）除以材料面积所得的商：

$$\sigma_m = F/A = m \cdot G_m/A$$

式中　m——被包装物品的质量；

G_m——所产生的最大加速度。

将式（9－12）代入式（9－10）中，并整理，得：

$$t = \frac{m \cdot (h + x_m)}{\varepsilon \cdot A} = \frac{(h + x_m) \cdot \sigma_m}{G_m \cdot \varepsilon} = C \cdot \frac{h + x_m}{G_m}$$

当落下高度 h 远远大于缓冲材料的最大位移时，x_m 可忽略不计，则

$$t = C\frac{h}{G_m} \qquad (9-13)$$

根据式（9－13），如果可以预计物品的落下高度，可以测量或指定出被包装物品的最大允许速度 G_m 的值，并已知材料的缓冲系数，就可以求出材料所必须的最低厚度。

通过计算得到缓冲材料的厚度，可以决定最经济合理的材料尺寸，既可以防止因材料太薄而达不到缓冲目的，又可以防止材料过厚造成浪费。

第三节　捆扎材料

一、包扎细绳

为了捆扎纸板及纸包装裁片，在大多数情况下，采用植物韧皮纤维制作的细绳。捆扎主要用六股绳，这种绳具有高的强度，直径为3mm的细绳抗拉载荷可达740～800N。

二、缝制线

为了缝制纸袋需采用缝制线。为了缝制防水性纸袋，采用氯纶纤维与棉混纺，或采用其他含棉混纺的合成线。由合成材料制成的各种缝制线，可用于增强纸袋的缝制，也可用在纸板包装箱封合用的增强纸带中。为此，可采用玻璃纤维、尼龙以及聚氯乙烯线绳。增强绳带的一些比较数据如表9－13所示。

表9－13　增强带所用绳线的性能

绳线材料	密度/$g \cdot cm^{-3}$	抗拉强度/MPa	延伸度/%
玻璃纤维	2.5	300～1400	2
棉线	1.5	350～750	7～10
真丝	1.25	400～550	13～31
聚酰胺纤维	1.14	450～600	26～32

三、金属丝

为了订合纸板箱而使用金属丝。金属丝具有圆形或矩形的断面。订箱机所用的圆形断面的金属丝，其直径为0.7～1mm。自动订箱机所用的矩形断面的金属丝尺寸为2.5mm×5.0mm。为了提高金属丝的耐用度，一般需有防锈层（镀锌等）。

为了将某些物品捆扎成包，可采用直径为2mm（如棉花打包用低碳镀锌钢丝的直径为2.20mm、2.50mm、2.80mm）的圆断面金属丝。其机械性能应符合如表9－14所示的数据。

表9－14　镀锌钢丝的机械性能

抗拉强度/MPa	伸长率/%	反复弯曲/次
390～470	≥15	≥14

四、捆扎钢带

钢带主要用来捆合包装箱，对装入式的包装箱主要是为了提高包装箱的强度。我国所使用的包装用钢带是用普通碳素结构钢、优质碳素结构钢、低合金结构钢、合金结构钢所制造。包装用钢带的主要性能指标需按上述钢材所规定的技术指标要求。

钢带的厚度有0.25mm、0.30mm、0.36mm、0.40mm、0.45mm、0.50mm、0.56mm、0.60mm、0.70mm、0.80mm、0.90mm、1.00mm、1.12mm、1.20mm、1.26mm、1.50mm、1.65mm。带宽为8～51mm。

成卷的钢带涂以防锈油并包以防潮纸，然后用包装材料（如袋子、蒲席、包装织物、皱纹纸等）包装起来。

五、压敏胶带

不需加热和溶剂的配合，只要用手指一按就能黏合的黏结剂称为压敏胶，把这类压敏胶涂在薄膜基材上，就是压敏胶带。目前压敏胶带大量应用于包装工业中。

（一）压敏胶带的组成和用途

1. 组成

压敏胶带由基材、黏附剂、剥离剂（也称隔离剂）三大部分组成。具体的组成材料如下：

（1）基材。

①纸质：牛皮纸、皱纹纸及其他纸张。

②布质：人造棉、棉花、合成纤维等织物或无纺布等。

③塑料薄膜：玻璃纸、聚氯乙烯、聚酯、聚乙烯、聚丙烯、醋酸纤维素、聚酰胺等。

④金属：铜箔、铝箔等。

⑤橡胶薄膜：天然橡胶、丁基橡胶、氯丁橡胶或硅橡胶等。

⑥其他：发泡体及各种复合材料等。

（2）黏附剂。

①合成树脂黏结剂：橡胶类、纤维素类、聚丙烯酸酯类、聚乙烯基树脂类、硅橡胶类等。

②赋黏剂：松香、松香酯、氢化松香、聚萜烯树脂、各种石油树脂、二甲苯树脂、环氧树脂或酚醛树脂等。

③增塑剂：苯二甲酸酯类、氯化石蜡或其他油脂类。

④防老剂、稳定剂、交联剂、着色剂及填料等。

⑤剥离剂：通常用硅烷或其他特殊配制的处理剂。如丙烯酸的高级酯、纤维素及其衍生物、长链的烷基乙烯基醚与异氰酸酯的反应物等。

2. 用途

人们日常接触的“医用橡皮胶”、“玻璃胶水纸”及“绝缘黑包布”就是典型的压敏胶带。压敏胶带不仅只是这几种，它是一类品种多、用量大、涉及面广的黏合捆扎材料，据统计全世界每年发表关于压敏胶与压敏胶带的专利达数百篇，占全部黏结剂专利的10%～15%，可见它是黏结剂的一个重要分支。在包装工业中，它的用途大致包括如下几个方面：

①各种纸箱、纸盒的封口、捆扎。

②集束结扎。

③商标、标签、铭牌的粘贴等。

（二）常用的几种包装用压敏胶

早期的压敏胶都是以天然橡胶为主要成分，后来随着合成化工工业的发展，用合成橡胶、合成树脂代替了天然橡胶，其中丙烯酸酯及其共聚物应用得最为普遍。下面介绍几种常用的包装用压敏胶。

1. 乳液型压敏胶

丙烯酸共聚乳液高强度压敏胶，其制法如下：把100份43%固含量的丙烯酸丁酯－丙烯酸乙基己酯－醋酸乙烯共聚物乳液（组成比为50∶17∶33）与30份50%固含量的乙烯－醋酸乙烯－氯乙烯共聚乳液（组成比为19∶36∶45）混合，涂在用电晕放电处理过的聚丙烯薄膜上，在110℃干燥1min，就制成压敏胶带。这种胶带对不锈钢的剥离强度为6N/25mm。

2. 热熔压敏胶

压敏型热熔胶由于具有良好的压敏性而减缓了对黏结剂的热老化。它是由聚酯类、改性丙烯酸酯类、苯乙烯、共轭丁二烯嵌段共聚物或其他聚烯烃等作为基材。采用的树脂有：萜烯树脂与非结晶的聚丙烯、戊二烯与异戊间二烯共聚物组成的固体树脂和W形液体树脂的混合物、乙丙橡胶与非结晶聚烯烃加有机过氧化物的反应生成物等。现在有一种具有良好耐油性能的压敏型热熔黏结剂，是由石油树脂50份、乙丙烯胶10份、聚丁烯（分子量920）39.75份、抗氧剂（1010）25份配制而成。在177℃时的熔融黏度为200P，黏合剂剥离强度为13.6N/25mm，黏附性为63.6N/25mm。在1kg外力作用下，每6.25cm^{2}的黏合面积，在23℃可保持1200min，可见压敏胶黏合力较佳。其热稳定性也很好，在180℃经24h加热后，黏度约降低10%。它对聚烯烃塑料和大量增塑剂迁移的聚氯乙烯具有良好的黏合性能。

3. 低温用压敏胶带

一种可以在冷冻食品工业中使用、亲水的，但温度对其黏结性影响小的压敏胶带可由下法制得：

先将软水126.25份、亚磷酸钠1份、二乙基苯碘酸钠0.5份、聚氧乙烯基辛基酚醚2份置于容器中，在50r/min的搅拌速度下于80℃形成乳液。

然后将由丙烯酸丁酯52.25份、丙烯酸2－乙基己酯42.75份、甲基丙烯酸聚乙二醇酯（甲基丙烯酸与平均分子量500的聚二乙醇的反应生成物）10份、5%过硫酸钾水溶液15份组成的混合物滴入乳液，在80℃以上花3h加完，再于90℃反应2h，冷却后得到稳定的乳液聚合物，含固量为43%。按照30g/m² 的量将它涂布在牛皮纸上即成。

另一种自身稳定的，可在低温下使用的压敏胶带由下法制成：

先制备溶液（A），其配方是：

丙烯酸2－乙基己酯	45份	过氧化苯甲酰	0.3份
丙烯酸丁酯	52份	醋酸乙酯	150份
N－羟甲基丙烯酰胺	3份		

把这些物料置于反应器中，在氮气保护下经6h回流，随后再加入过氧化苯甲酰0.3份，甲苯36份，于80℃下反应4h，得到固含量为34.8%、黏度为53P（25℃）的黏稠液体。再按下述配方制备溶液（B）：

丙烯酸－2－乙基己酯	52份	丙烯酸	3份
丙烯酸丁酯	20份	过氧化苯甲酰	0.35份
丙烯酸乙酯	35份	醋酸乙酯	150份

在氮气保护下经7h回流反应，再加入过氧化苯甲酰0.35份，甲苯36份，于80℃反应2h，得固含量为34.7%、黏度为46P（25℃）的溶液。

将（A）75份与（B）25份混合，在室温下搅拌3h，按30g/m² 的量涂在聚酯薄膜上，在－10℃时压敏黏合力达10N/20mm。

4. 密封用压敏胶带

对于纸箱、罐头、瓶子等运输过程中密封性能好的压敏胶带，在其制造过程中，由于在丙烯酸酯共聚物中引入了两性离子的单体——胺基酰亚胺，从而在不使用交联剂的情况下，增加了剪切强度。其组成如下：

丙烯酸异辛酯	69kg
1，1－二甲基－1－（2－羟丙基）胺甲基丙烯酰亚胺	5.2kg
蒸馏水	160L
癸基苯磺酸钠	2.2kg
过硫酸钾	0.3kg

在氮气保护下，把除过硫酸钾以外的物质加入四口容器内，再加入过硫酸钾，于60℃加热24h（整个过程始终要通氮气）。随后取出，加入甲醇使固态物凝聚析出，再用7∶3的正己烷/异丙醇混合物使之溶解，最后以甲醇使之重新凝聚。通过这样精制的黏结剂，其干燥物中含胺基酰亚胺3.3%（重量份，以分析含氮量测得）。将此黏结剂溶解在正丁醇中，制成压敏胶带，剪切强度达4.3N/10mm。

第四节　密封材料

包装的效果与密封有关，低劣的包装密封，会大大缩短产品的储存及货架寿命。包装密封与选择封口材料有着重要的关系，若密封材料选择不当，将会由于污染、腐蚀、水蒸气等的侵入而影响产品质量。

各种包装物品的密封材料有压盖、螺旋盖、滑盖等、此外还有热封、黏结密封、收缩包装密封等。

一、预制螺旋盖

传统的螺旋盖，是一个带有衬垫和带螺纹的黏面盖壳。衬垫是由软木片（用明胶或树脂黏结）、纸板或毡片制成的。这就提供了一个有弹性的底层，使封口部凹陷。如果需要，可用牛皮纸（必要时浸以热蜡）加贴在衬垫上。

衬片材料必须对产品起到保护作用，一般可选用下列材料。

①铝箔。用0.025mm厚的铝箔或同样厚的铝箔并涂上微晶蜡。

②硬皮盖。漂白的亚硫酸盐纸材涂以白色的三聚氰胺甲醛树脂涂料，表面相当硬，但不适用于挥发性的溶剂。

③浇胶衬垫。用聚氯乙烯或发泡聚乙烯材料。

④高强度聚酯薄膜。厚度0.01～0.02mm，相当硬。

⑤聚乙烯。涂布在牛皮纸上，厚度一般为0.05mm。

⑥聚四氟乙烯衬片（0.05mm）。

⑦高强度聚酯/锡箔：0.03mm锡箔加0.01mm高强度聚酯薄膜。

盖子可由下列材料制造。

①金属。锡片，可用面瓷漆（可印刷）和内部喷漆的方法以增强防腐性能。

②铝合金。也可上瓷漆、印刷和喷漆。

③塑料。热固性塑料（如酚醛塑料、脲醛树脂）。这些塑料可用木粉、纸或其他粉末作为填料。热塑性塑料有聚苯乙烯（硬性、刚性或脆性）会受化学作用而脆化。低密度聚乙烯较柔软，可不用衬垫，但可能发生应力开裂；中密度聚乙烯和高密度聚乙烯柔性较差。聚丙烯（相当硬），如果加了专用的密封圈可不再用衬垫，但在低温下会脆裂。

除了常用的金属和塑料螺旋盖外，还有其他种类的螺旋盖或回旋盖：

①双层金属盖——具有像塑料盖那样光滑的外表面。

②真空密封——金属或玻璃的不固定的垫圈和密封环，加一个外螺纹环卡住垫圈。

③卡口盖——这是一种内螺纹塞子，采用塑料加上橡胶密封圈，用于酒类和软性碳酸饮料的包装。

目前还有一种无衬垫的盖，这种螺旋盖采用聚乙烯、聚氯乙烯和聚丙烯，利用这些材料的回弹性和耐化学性，使得衬垫和粘贴面结合为一体。

二、滚压和滚压防盗盖

这个工艺仅适用于由铝合金制造的金属壳。这类盖包括常用的衬垫或浇胶垫片，由于铝合金较软，若金属壳成型螺纹较浅，会使盖子滑动。

三、用于玻璃、塑料的其他金属盖

①皇冠盖。又称齿冠式瓶盖，此瓶盖使用很广，多用于啤酒瓶及汽水饮料之类。盖子外壳由低碳钢薄片制成，外表面喷涂上涂料，盖子内部有一层橡胶衬垫，衬垫与瓶口紧密接触，因而形成密封。

②金属撬启盖。这种盖一般采用锡铁皮加衬垫密封，衬垫一般采用橡胶密封圈。

③中心压盖。这种盖一般用于玻璃罐，但主要用于金属桶。这类盖所采用的材料也是

锡铁皮加衬盖。

④金属真空密封盖。这类盖主要采用两种材料制造，一种是铝合金加浇胶密封圈，另一种是采用锡铁皮加橡胶垫圈或浇胶（封口胶）在颈部进行边密封。

⑤其他塑料容器。塑料材料，尤其是聚乙烯，专门用做瓶塞和搭锁型容器。根据塑料的许多特性，它已用于各种分配式盖子制造。例如，用于粉末产品包装的旋转盖、药品包装的泵式给料器接压盖。

⑥热封金属箔。近年来，能热封的金属箔的使用发展很快。它可用来制造箔容器、吸塑包装，注射模制的容器，塑料、金属和玻璃瓶的密封材料。

四、其他封口材料

比较早的封口形式之一是采用软木塞。今天它仍广泛用于酒瓶上。橡胶软木塞也在一定范围内使用。

思考题

1. 防潮包装材料主要有哪几种？各有什么性能特点？
2. 防潮包装材料按其防潮程度大致分为哪几类？影响其防潮性能的因素有哪些？
3. 用复合材料进行防潮包装时，应注意什么？为什么要这样做？
4. 干燥剂主要有哪几种？对干燥剂有什么性能要求？如何确定干燥剂用量？
5. 缓冲包装材料具有什么性能特点？常用缓冲包装材料有哪几种？各有什么特点？
6. 什么是弹性系数？为什么说弹性系数是缓冲材料的主要特性？
7. 常用捆扎材料主要有哪几种？各有什么性能特点？
8. 常用密封材料主要有哪几种？各有什么性能特点？

参考文献

[1] 邓舞扬，王强，朱普坤编．新型塑料薄膜．北京：中国轻工业出版社，1996. 6.

[2] 沈晓辉编．实用印刷配方大全．北京：印刷工业出版社，1996. 3.

[3] O. G. 皮林格（德），A. L 巴纳（美）主编．范家起，张玉霞译．食品用塑料包装材料．北京：化学工业出版社，2004. 9.

[4] 马德柱，何平笙，徐种德，周漪琴编．高聚物的结构与性能．北京：科学出版社，2003.

[5] H. R. 阿尔库克，F. W. 兰普，J. E. 马克（美）著．张其锦，董炎明，宗惠娟等译．当代聚合物化学（第三版）．北京：化学工业出版社．2006. 4.

[6] 实用技工技术教材编写组．现代包装材料与技术应用．广州：广东省出版集团．广东科技出版社．2008. 4.

[7] 金日光，华幼卿编．高分子物理（第三版）．北京：化学工业出版社．2007. 2.

[8] 刘喜生编．包装材料学．长春：吉林大学出版社，2009. 7.

[9] 何曼君，张红东，陈维孝，董西侠编．高分子物理（第三版）．上海：复旦大学出版社．2007. 3.

[10] 应宗荣编．高分子材料成型工艺学．北京：高等教育出版社，2010. 7.

[11] 潘祖仁编．高分子化学．北京：化学工业出版社，1986.

[12] 成都科技大学，天津轻工业学院，北京化工学院合编．高分子化学及物理学．北京：中国轻工业出版社，1989.

[13] 严瑞宣编．水溶性高分子（第二版）（苏）．北京：化学工业出版社，2010. 7.

[14] 陈国符，邬义明编．植物纤维化学．北京：中国轻工业出版社，1986.

[15] д. и. 费利雅捷（苏）著，陈有庆、石淑兰等译．纸的性能．北京：中国轻工业出版社，1985.

[16] 达尼列夫斯基（苏）著，西安包装装潢研究所译．纸和纸板包装．西安：陕西科学技术出版社，1986.

[17] 张玉龙，王化银等编．淀粉胶黏剂（第二版）．北京：化学工业出版社，2008. 1.

[18] 谢来苏编．纸浆原理与工程（第二版）．北京：中国轻工业出版社，2001.

[19] 李荣兴编著．油墨．北京：印刷工业出版社，1988.

[20] 王忠厚．制浆造纸工艺．北京：中国轻工业出版社．2006. 2.

[21] 徐国葆编．储运包装技术．北京：机械工业出版社，1990.

[22] R. A. 弗林、P. K. 特著简（美）合著．陈敏熊主译．工程材料及其应用．北京：机械工业出版社，1986.

[23] 李云凯，周张建编．陶瓷及其复合材料．北京：北京理工大学出版社，2007. 8.

[24] 梁戈，时惠英编．机械工程材料与热加工工艺．北京：机械工业出版社．2006. 7.

[25] 潘才元编．高分子化学．合肥：中国科学技术大学出版社，2001.

[26] 丁浩编．塑料工业实用手册（上册）．北京：化学工业出版社，1998. 5.

[27] Cowie J. M. G. Polymers Chemistry and Physics of modern Materials. Second Edition. Chapman and Hall, 1991.

[28] 马庆麟编．涂料工业手册．北京：化学工业出版社，2001.

[29] 王少君，崔励，焦利勇等编．印刷油墨生产技术．北京：化学工业出版社，2004.

[30] 唐志祥编．包装材料与实用包装技术．北京：化学工业出版社，1996.

[31] 王箴编．化工词典．北京：化学工业出版社，1993.

[32] 骆光林编．印刷包装材料．北京：中国轻工业出版社，2002.
[33] 骆光林编．绿色包装材料．北京：化学工业出版社，2005.
[34] 骆光林编著．包装材料．北京：印刷工业出版社，2005.
[35] Osswald. Baur. Brinkmann，Oberbach. Schmachtenberg，任冬云等著．国际塑料手册（原著第四版）北京：化学工业出版社，2010. 08.